방송통신 및 음성데이터의

디지털 컨버전스 기술

남상엽 · 이경근 공저

도서출판 상 학 당

머리말

최근 들어 첨단 통신기술의 발전으로 통신 서비스 분야에서 '융합화'는 이제는 새로운 개념이 아닌 기본적인 것으로 인식되고 있다. 특히 유비쿼터스 환경이 가까운 미래에 도래할 것으로 기대되고 있는 상황에서 융합화 현상은 유비쿼터스 환경으로 나가는 중간과정이다. 즉, 융합화(Convergence)란 디지털 기술의 발전과 전송망의 광대역화에 따라 기존에 통신과 방송으로 각각 분리되었던 콘텐츠, 네트워크, 단말기 및 서비스의 경계가 허물어지는 현상이라 정의할 수 있다.

가전, 방송, 통신, 컴퓨터가 서로 결합하는 디지털 컨버전스(Digital convergence) 추세가 빠르게 확산하면서 전통산업과 IT 산업이 융합화하여 언제, 어디서나 IT 기술을 활용하는 IT의 생활화(IT everywhere)가 급진전하여 경제, 사회 전반에 걸쳐 IT 기술을 응용한 새로운 산업이 지속적으로 창출될 것이다.

이러한 유비쿼터스 시대에 디지털 컨버전스한 기술들의 기본적인 개론을 이해하고자 한다.

첫 번째로 초고속 인터넷을 배경으로 안정적이고 빠른 유선 인터넷 서비스와 이동성을 바탕으로 무선인터넷 서비스의 결합이 유무선 통합기술에 의해 실현되는 유선과 무선의 융합화(Fixed mobile convergence)이다.

두 번째로 전화선으로만 서비스되던 기존의 유선전화는 IP망을 통한 인터넷전화(Voice over Internet Protocol : VoIP)로 진화하고 있으며 이를 통한 음성신호가 패킷(네트워크를 통해 전송하기 쉽도록 자른 데이터의 전송단위)화되어 데이터망을 타고 흐르는 것을 의미하는 음성과 데이터의 융합화(Voice-data convergence)이다.

세 번째로 방송 분야와 통신 분야의 경계가 모호해지면서 방송과 통신 네트워크 및 서비스 시장간 융합현상이 나타나는 방송과 통신의 융합화(Broadcasting-telecom convergence)는 대표적인 융합화의 큰 흐름을 보여주는 현상이다.

이러한 대표적인 컨버전스 기술에 대하여 이해를 돕고자 《방송통신 및 음성데이터의 디지털 컨버전스 기술》을 발간하게 되었다.

이 교재는 컴퓨터, 전기, 전자, 제어, 통신 분야의 관련 학생 및 초보 개발자를 대상으로 한 디지털 컨버전스에 대한 기본이론 및 디지털 컨버전스에 대한 기본적인 개념에서 응용 프로젝트에 대한 개괄적인 이해를 단기간에 소화할 수 있도록 준비된 교재로, 처음으로 기초 전자, 전기, 통신, 컴퓨터, 제어 및 응용을 접하는 학생에게 기본적이며 쉽고 빠르게 접근할 수 있도록 초점을 맞추었으므로 기초 이론 및 응용에 대한 이해와 전반적인 기술 트랜드 및 시장을 이해하는 감각을 키우는 데 부족함이 없을 것으로 생각된다. 좀 더 깊이 있고 보다 전문적인 내용은 이 교재를 통하여 개념을 이해하고 추가적인 참고서적을 통하여 학습하는 것이 효과적일 것이다.

이 교재의 주요 구성은 다음과 같다.

Chapter 1은 디지털 기술의 융합으로서 각 분야에 대한 융합의 기본적인 개념을 간략히 서술하였고, Chapter 2는 유선과 무선의 융합기술에 대한 중점 기술의 정의 및 표준화 현황에 대하여 기본적인 이해를 서술하였다.

Chapter 3은 음성과 데이터의 융합기술에 대하여 기술의 특성 및 개발동향에 대하여 기본적인 서술을 하였고, Chapter 4는 디지털 방송의 기술로서 디지털 방송의 기본적인 특성 및 구성, STB의 구조와 동작 및 표준화에 대하여 간단히 서술하였다.

Chapter 5는 유선통신과 방송융합기술로서 IPTV 및 D-TV에 대하여 간략히 서술하였다.

Chapter 6은 무선통신과 방송융합기술로서 DMB 및 텔레매틱스에 대한 기본적인 개념과 특징을 서술하였다.

Chapter 7에서는 모바일 IPTV의 구성에 대한 개념, 최근 동향, 표준화 동향 및 앞으로 전망에 대하여 간단히 서술하였다.

Chapter 8은 차세대 방송·통신융합기술로서 새로운 융합기술과 기술진화에 관한 예측 및 융합시대의 전파정책 방향에 대하여 서술하였다.

Chapter 9는 방송·통신융합과 디지털 콘텐츠 기술로서 콘텐츠와 네트워크의 융합, 방송·통신 융합 콘텐츠 산업 및 기술동향, 콘텐츠 진흥전력에 대하여 서술하였다. Chapter 10은 미래의 방송·통신융합으로서 방송·통신융합 2.0 및 미디어 빅뱅과 디지털 융합의 전개방향에 대하여 기술하였다.

끝으로 이 책을 집필하는 데 많은 도움을 주신 도서출판 상학당의 관계자 여러분께 감사의 마음을 전한다. 이 교재를 집필하면서 융합 관련 기존 도서를 출판하신 교수님들, 기존 융합 관계자 여러분 및 융합 관련 분야 전문가의 조언과 자료제공에 대하여 깊이 감사드린다.

어떤 일이든 첫발을 내딛고 개척하는 것이 가장 힘든 일일 것이나 그 어려움을 극복하고 얻는 것이 무엇보다 값진 결실이 될 것이다. 아직은 열악하고 힘든 개발환경이지만 이 책이 더욱 많은 디지털 컨버전스 기술 관련 인력 양성에 힘이 되어주길 바란다.

저 자 씀

차 례

Chapter 1 디지털 기술의 융합

Chapter 2 유선과 무선의 융합기술

Chapter 3 음성과 데이터의 융합기술

Chapter 4 디지털 방송의 기술

Chapter

1 디지털 기술의 융합

01 디지털 기술융합의 개요

최근 들어 첨단 통신기술의 발전으로 통신 서비스 분야에서 '융합화'는 더 이상 새로운 개념이 아닌 기본적인 것으로 인식되고 있다. 특히 유비쿼터스 환경이 가까운 미래에 도래할 것으로 기대되고 있는 상황에서 융합화 현상은 유비쿼터스 환경으로 나가는 중간과정이다.

즉, 융합화(Convergence)란 디지털 기술의 발전과 전송망의 광대역화에 따라 기존에 통신과 방송으로 각각 분리되었던 콘텐츠, 네트워크, 단말기 및 서비스의 경계가 허물어지는 현상이라 정의할 수 있다.

1. 유선과 무선의 융합화

초고속 인터넷을 배경으로 안정적이고 빠른 유선인터넷 서비스와 이동성을 바탕으로 무선인터넷 서비스의 결합이 유무선 통합기술에 의해 실현되는 유선과 무선의 융합화(Fixed Mobile Convergence)이다.

2. 음성과 데이터의 융합화

전화선으로만 서비스되던 기존의 유선전화는 IP망을 통한 인터넷전화(VoIP : Voice over Internet Protocol)로 진화하고 있으며 이를 통한 음성신호가 패킷(네트워크를 통해 전송하기 쉽도록 자른 데이터의 전송단위)화되어 데이터망을 타고 흐르는 것을 의미하는 음성과 데이터의 융합화(Voice-Data Convergence)이다.

3. 방송·통신의 융합화

방송분야와 통신분야의 경계가 모호해지면서 방송과 통신 네트워크 및 서비스 시장간 융합현상이 나타나는 방송과 통신의 융합화(Broadcasting-Telecom Convergence)는 대표적인 융합화의 큰 흐름을 보여주는 현상이다.

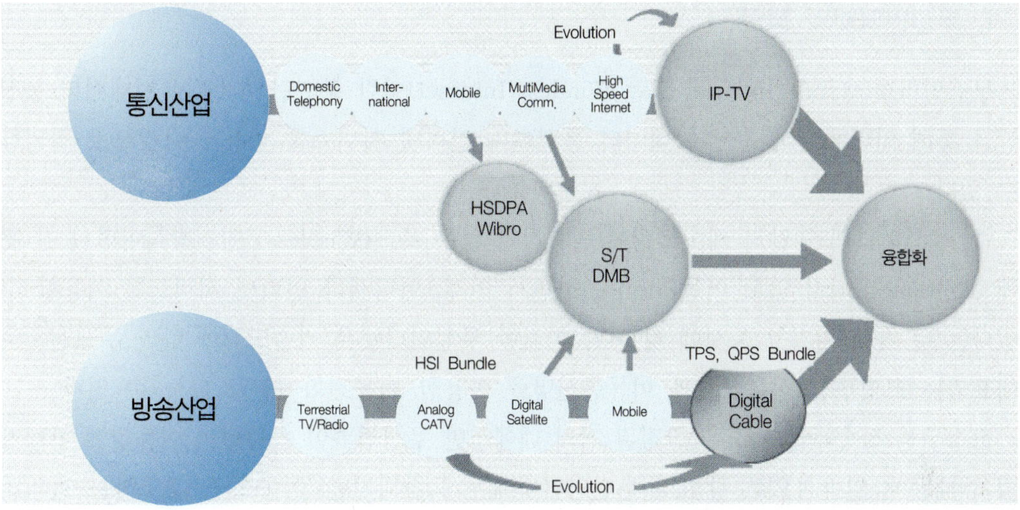

그림 1-1 ▪ 방송·통신 패러다임 변화의 진화과정

02 유선과 무선의 융합화

개인의 정보통신에 대한 수요 증가와 더불어 음성에서 데이터로 유선통신에서 무선통신으로 그 무게 중심이 이동되고 있다. 그리고 무선통신에 있어서도 음성중심에서 데이터 중심으로 이동하면서 등장한 것이 인터넷과 이동통신의 결합인 무선인터넷이다.

특히, 20세기 말에 이어 21세기 화두를 장식하고 있는 정보통신기술의 양대 축은 인터넷과 무선통신이라고 할 수 있다. 이러한 두 개의 축이 하나로 합쳐서 부르는 새로운 정보통신 서비스가 무선인터넷인 것이다. 무선인터넷이란 전화선이나 전용선 등의 유선을 컴퓨터에 연결하여 사용하는 유선인터넷과 대별되는 것으로 선 없이 무선단말기나 무선모뎀 등을 통해 인터넷 서비스를 사용하는 것이다.

무선인터넷은 최근 인터넷과 이동전화의 인기가 불붙기 시작하면서 각광받기 시작했지만, 과거부터 WLL(Wireless Local Loop) 서비스나 IS95 규격을 이용한 무선 데이터 서비스가 존재해 왔다. 최근 무선 인터넷은 그 특별한 장비 및 기기가 필요치 않은 휴대용 단말기를 중심으로 대중화될 것으로 전망되며, 향후 다양한 접속기기로 발전해 갈 것으로 예상한다.

1. 무선인터넷의 정의

무선인터넷(Mobile Internet 또는 Wireless Internet)이란 무선단말기와 무선데이터 통신망을 통해 인터넷에 접속하여 데이터 통신이나 인터넷 서비스를 이용하는 것으로 정의할 수 있다.

즉, 유선인터넷과 달리 케이블링이 필요하지 않는 무선(Wireless) 연결방식이면서 한 곳에 고정(Fixed)되지 않고 이동(Mobile)하면서 언제, 어디서나 인터넷 서비스를 이용할 수 있다는 두 가지 의미를 동시에 갖는다. 이러한 무선인터넷은 기술방식에 따라 무선랜으로 대표되는 고정무선 접속계열과 이동통신망을 이용한 이동전화계열로 나눌 수 있다.

고정무선 접속계열의 경우 한정된 거리 내에서만 무선접속이 가능하여 이동성에 한계가 있기 때문에 일반적으로 광의의 무선인터넷에는 포함되지만 '이동성'을 강조하는 협의의 무선인터넷 개념에는 포함되지 않는다.

그러나 최근보다 넓은 커버리지를 제공하는 휴대인터넷(Wibro), WiMAX 등 3.5세대 광대역 무선인터넷 접속 서비스가 개발되면서 고정무선 접속계열의 '제한된 이동성'이라는 한계가 극복되고 있다. 또한, 이동전화계열 역시 HSDPA 등의 3.5세대 이동통신 서비스가 제공되면서 기존보다 빠른 고속의 데이터 전송이 가능해졌다.

WCDMA/HSDPA는 이동통신망을 통한 광대역 무선인터넷 서비스로 이동전화(SKT 3G+, KTF 쇼)로 직접 접속하거나 USB 형태의 전용 모뎀(SKT T로그인, KTF 아이플러그)을 노트북PC, PDA 등에 연결하여 인터넷 서비스를 이용한다.

	음성 서비스	데이터 서비스
무선	이동전화	무선인터넷
유선	시내전화 시외전화 국제전화	초고속 인터넷

	비면허주파수	면허주파수
이동전화 계열		무선인터넷
고정무선 접속계열	블루투스 무선 LAN	LMDS/MMDS

그림 1-2 ▪ 무선인터넷 서비스의 정의

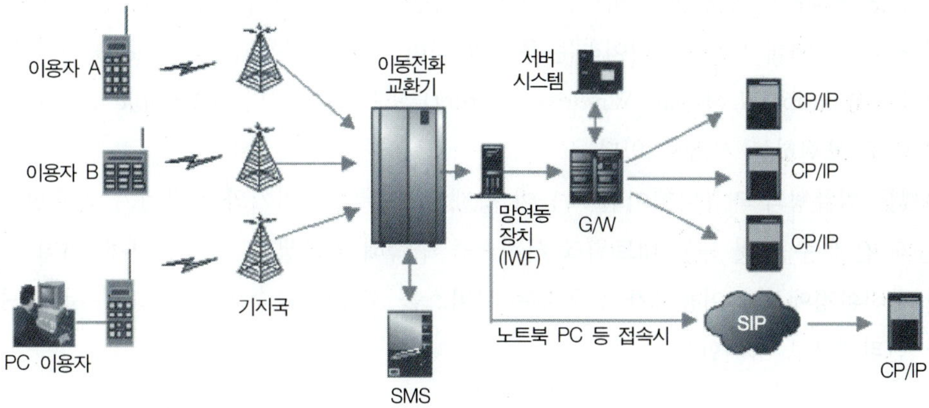

그림 1-3 ▪ 무선인터넷 시스템 구성도

와이브로(휴대인터넷)는 무선데이터 통신망을 통한 광대역 무선인터넷 서비스로, 와이브로 전용단말기나 USB 형태의 전용모뎀(KT 와이브로, SKT T로그인)을 노트북 PC, PDA 등에 연결하여 인터넷 서비스를 이용한다.

이처럼 새로운 무선인터넷 서비스가 개발됨에 따라 이동전화계열과 고정무선 접속계열의 경계가 모호해지고 있으며, 기존의 이동성을 강조하던 무선인터넷의 정의도 이동전화계열에서 고정무선 접속계열로까지 확대할 필요성이 제기되고 있다.

무선인터넷은 유선인터넷만큼의 광대역 통신이 어려웠지만, 무선통신 기술의 급격한 발달로 인해 진정한 광대역 무선인터넷 구현이 가능할 것으로 기대되고 있다. 궁극적으로 차세대 무선인터넷 기술은 광대역 데이터 전송이 가능한 지역화, 사물이나 기기의 구분능력을 가질 수 있는 센서 네트워크의 출현, 모든 사물과의 정보 공유가 가능하며 근거리부터 원거리까지 휴대이동성이 보장되는 무선인터넷 기술로 발전해 나갈 전망이다.

무선인터넷(Wireless Internet)에 대한 정의는 통상 휴대폰이나 PDA 등의 무선단말기를 통해 무선상에서 인터넷에 접속해 데이터 통신이나 인터넷 서비스를 제공받을 수 있는 아키텍처와 기술, 그리고 서비스를 말한다.

넓은 의미로는 무선 LAN이나 B-WLL을 포함해 무선으로 인터넷에 접속하는 것이고, 좁은 의미로는 웹이나 WAP 브라우저를 통해 이동전화 단말기로 인터넷에 접속하는 것이다. 즉, PDA는 물론 노트북 PC 같은 모든 휴대용 단말기로 인터넷에 접속하여 이용이 가능한 기술을 말한다.

이러한 무선인터넷의 의미는 차세대 무선인터넷(Next Generation Wireless Internet)으로 보다 확장되고 있는데 유비쿼터스(Ubiquitous) 환경구현을 위한 '언제, 어디서나 어떤 단말기'를 통해서도 인터넷 서비스를 제공할 수 있는 의미까지 포함하고 있다.

최근에는 차세대 무선인터넷이라는 용어의 의미가 자주 이용되는 관계로 광대역 무선이동인터넷(Broadband Mobile Wireless Internet) 또는 휴대인터넷(Portable Internet)이라는 용어로 표현하는 사람도 있다.

어쨌든 컴퓨팅과 커뮤니케이션 기능이 탑재된 모든 전자기기와 사용자가 착용할 수 있는 물체 간에 수동 및 능동 네트워크 서비스를 구축해 일상생활 속에서 언제, 어디서든 어떠한 통신환경에서도 이용자가 선호하는 서비스를 제공받을 수 있는 인터넷 서비스를 차세대 인터넷으로 정의한다.

2. 무선인터넷 기술

그림 1-4와 같이 무선인터넷 방식은 기존 인터넷 방식에 무선에 맞는 프로토콜로의 변환과 데이터의 변복조를 수행하는 프록시 서버를 둔 형태이다. 이는 WAP(Wireless Application Protocol) 방식의 무선인터넷으로 1997년 6월 Ericsson, Nokia, Motorola, Phone.com 등 4개사를 중심으로 WAP 포럼의 결성으로 표준화가 급진전하게 되었다.

현재 WAP 포럼 진영은 Alcatel, BT Cellnet, C&W, Deutsche Telekom Mobilnet GmbH, France Telecom 등 유럽의 주요 사업자 및 제조업체를 비롯하여 AT&T Wireless, China Telecom 등 500여개 업체들이 참여하여 무선인터넷 표준 제정을 위한 활동을 전개하고 있다.

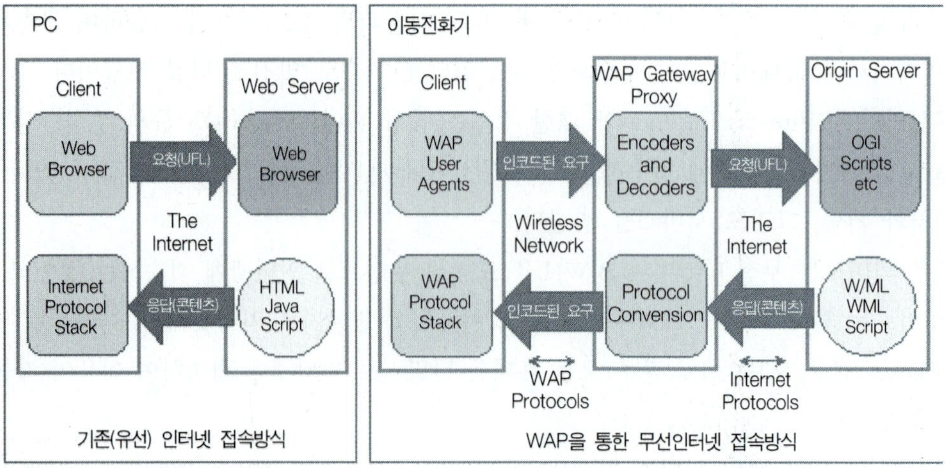

그림 1-4 ▪ 유무선 인터넷 방식의 비교

무선통신은 유선통신에 비해 낮은 전송속도(IS95B의 경우 57.6Kbps, IMT-2000의 경우 2Mbps), 작은 화면, 저성능의 단말기 등의 약점으로 인해 기존 인터넷 포맷을 전부 수용하기 어렵다. 따라서 WAP 방식은 이러한 약점을 커버하기 위해 새로운 프로토콜과 새로운 표현언어를 사용하게 된다. 하지만, 이러한 연유로 인해 WAP은 기존 HTML 문서를 새로운 WML이라는 문서로 변환해야 하는 부수적인 작업이 필요한 단점을 안고 있다.

따라서 기존 HTML 문서를 그대로 수용할 수 있는 무선인터넷 방식이 선보이기 시작하였으며, 가장 대표적인 방식으로 일본 NTT DoCoMo가 채택하여 가장 성공적인 무선인터넷 서비스로 평가받고 있는 i-mode와 퀄컴과 마이크로소프트사에서 발표한 Stinger를 꼽을 수 있다. 1999년 2월에 선보인 i-mode는 Compact NetFront라는 브라우저가 내장된 단말기를 이용해 NTT DoCoMo의 i-mode 인터넷 서버에 접속하여 다양한 정보를 제공한다. NTT DoCoMo는 서비스 개시 1년 만에 560만 가입자를 확보하는 성공을 거두었다. i-mode 방식은 HTML4.0의 서브셋인 C-HTML이라는 표현언어를 사용하며, 9.6Kbps 패킷 통신망을 통해 인터넷에 접속하는 방식이다. i-mode의 특징은 사용시간에 따라 과금하는 WAP 방식과는 달리 콘텐츠 전송에 적합하도록 데이터양에 따라 과금하는 방식을 취하고 있다.

Stinger는 퀄컴과 마이크로소프트사가 제휴하여 작년 10월에 발표한 방식으로 별도의 프로토콜을 정의하지 않고 기존 TCP/IP 기반의 솔루션을 그대로 이용함으로써 유선인터넷기술을 그대로 채택할 수 있는 장점이 있다. 특히, 마이크로소프트는 무선인터넷용 브라우저인 Mobile Explorer를 개발한 상태이며, 운영체제로도 Win CE와 더불어 향후 Stinger OS를 통하여 무선인터넷 시장을 장악할 예정이다.

표 1-1 ▪ 무선인터넷 솔루션 비교

항 목	WAP	Mobile Explorer	I-mode
개발주도업체	Nokia Phone com Ericsson Motorola 등	Microsoft Qualcomm	NTT Docomo
주요 서비스 지역	전 세계	한국, 영국	일본
콘텐츠 기술언어	WML/WML Script	m-HTML	C-HTML
전송 프로토콜	WSP/WTP/WDP	HTTP	HTTP
단말기 브라우저	WAP 브라우저	Mobile Explorer	Compect NetFront
보안 메커니즘	WTLS	SSL	SSL
특징	• 코드단위 전송 • 무선기반 기술로 재정의 • Low-bend에 강함 • 프록시 서버의 프로토콜 변환시 일시적인 보안 결핍	• 아스키코드로 전송 • 기존 유선인터넷 기술에 기반 • HTML 기반 사이트에 대한 호환성 부여 • 기존 PC 기반 스크립트 확장이 용이 • 단 대 단 보안으로 보안성이 뛰어남	

표 1-2 ▪ 유선인터넷과 무선인터넷 비교

구 분	유선인터넷	무선인터넷
네트워크 구조	• CP가 인터넷/전용선에 직접 연결된 구조로 되어 있어 유선으로 인터넷에 접속이 가능한 상황이면 모든 CP가 제공하는 서비스를 이용할 수 있는 구조	• CP가 인터넷/전용선에 직접 연결된 구조로 되어 있는 점에서는 유선인터넷과 동일하나, 이와 연결을 위한 이동통신망이 존재하고, 이동통신망과 유선인터넷망이 게이트웨이로 연결된 구조이며 현재 게이트웨이 개방으로 인해 다양한 CP 콘텐츠 이용 가능
서비스 제공 대상	• 불특정 다수	• 불특정 다수
ISP 게이트웨이 접속 필요성	• 접속 게이트웨이 경유가 필요 없는 상황	• 개방된 이동통신사의 게이트웨이 접속 필요함
서비스 제공 구조	• 하나의 인터넷 접속망에 다수의 ISP들이 서비스하는 구조	• 이동통신 S사의 개방된 게이트웨이에 각각 접속하여 서비스 제공
단 말	• 일반 단말(PC, 노트북)에 따른 개방성	• 이동통신사의 전용단말(SKT의 Nate, KTF의 Magicⓝ, LGT의 ez-i)에 따른 폐쇄성
사이트 접속	• 각종 포털사이트 등이 여러 가지 옵션과 자동 업데이트를 통해 사용자의 첫 화면을 확보하려 하고 있음(이용자의 CP, 포털 및 ISP 선택권 무제한) • URL 입력을 통해 모든 사이트에 접속할 수 있어 기술적으로 '개방성' 보장	• 사용자가 가입한 이동통신사에서 제공하는 포털사이트와 외부 포털 및 CP 콘텐츠 이용이 가능 • URL 입력, 초기 메뉴, WINC 및 검색을 통하여 접속 가능하나 콘텐츠의 다양성은 유선 대비 부족한 상황

현재 WAP이 관련 제품의 개발과 콘텐츠 개발이 지속적으로 이루어지고 있고, 사실상의 업계 표준으로 자리를 잡아가고 있다. 하지만, 일본의 i-mode나 마이크로소프트의 Stinger가 비록 늦게 출발하였지만, 그 영향력을 무시할 수 없는 실정이라 향후 표준 간 경쟁이 치열해질 전망이다.

기존 정의를 보면 휴대폰이나 PDA 등을 통해 인터넷에 접속하는 것을 무선이동 인터넷이라 하고 블루투스(Bluetooth)나 무선 LAN, B-WLL 등을 이용하여 인터넷에 접속하는 것을 무선고정 인터넷이라 했다. 또한, 일반적인 개념에서 무선인터넷이라 하면 무선이동 인터넷을 의미한다.

무선인터넷은 이동통신과 인터넷의 특성을 동시에 가지는 것으로 이동통신의 이동성, 양방향성, 개인화적 특성과 인터넷의 탈중심적, 개방적, 양방향적인 특성을 모두 가지고 있다. 그러나 무선이동 인터넷의 경우 현재까지 무선의 한계로 인해 유선인터넷만큼의 광대역 인터넷 통신이 불가능하지만 최근 무선통신 기술의 급격한 발달로 인해 진정한 광대역 무선이동 인터넷의 구현이 가능할 것으로 기대되고 있다.

무선인터넷은

① 이동통신 사업자들 간의 경쟁심화에 따른 통신요금 하락에 의한 새로운 수익창출원을 모색하는 측면

② 인터넷과 PC, 전화 및 비디오를 합한 차세대 이동통신 IMT-2000으로 넘어가기 위한 관문으로서 이동통신 사업자들의 선점을 위한 공급자 측면에서 주도되어 시작되었으나, 현재는 인터넷의 붐과 함께 사용자들의 요구를 반영하여 발전하고 있다.

이러한 이유로 무선인터넷은 이동통신 사업자 및 인터넷 CP(Content Provider), 통신장비업체, 이동통신 단말기업체, 솔루션 업체, SW를 비롯하여 주요 IT 산업을 바꾸는 전기가 될 것으로 전망된다.

3. 무선인터넷망의 진화

무선인터넷은 ISM-WLAN 중심의 무선고정 인터넷과 IS-95B 및 1xEVDO 중심의 무선이동 인터넷으로 분류된다. 그러나 무선고정 인터넷과 무선이동 인터넷의 차이점은 광대역의 무선통신이 가능한가 또는 이동에 제약조건이 없는가로 구분한다.

따라서 무선고정 인터넷의 특징은 이동성이 제한된 반면 전송용량 및 속도에서 우위를 가지며 무선 멀티미디어 서비스가 제공 가능하다는 것이다. 무선이동 인터넷은 이동성은 좋으나 전송용량 및 속도에 대한 제약이 높다.

이러한 특징은 이동성을 포함한 광대역 무선통신에 대한 기술구현이 가능해지면서 휴대인터넷 서비스도 이루어지게 되었다. 휴대인터넷 서비스의 경우 아직까지 실제 서비스되고 있지는 않지만, 구현 가능한 기술이며 향후 무선인터넷 서비스 개념을 바꿀만하다.

특히 IMT-2000 이후의 기술인 4G가 휴대인터넷이 추구하는 광대역 이동인터넷 서비스 구현을 목표로 하고 있기 때문에 휴대인터넷 서비스를 Pre-4G로 명명하는 사람들도 있다.

휴대인터넷 서비스를 위해 현재까지 제시된 다양한 기술들은 표 1-3과 같이 나타낼 수 있다.

휴대인터넷 기술은 아직 검증되지는 않았지만 다양한 기술 접근을 통해 가까운 미래에는 다양한 휴대 이동인터넷 서비스가 가능할 것으로 보인다.

표 1-3 ▪ 휴대인터넷 서비스의 다양한 기술

	flash OFDM	Band	RIpwave	Burst	DVB-T/ DVB-RCT	WLAN	HPI	CDMA2000 1xEV/DO	HSDPA
다중접속 다중화방식	FH-OFDMA/ TDMA	OFDMA/ TDMA	MC-SCDMA	SDMA/ TONA	OFDMA/ TONA	CSMA/CA	OFDMA/ TONA	CDMA TDM/CDM	CDMA TO
듀플렉싱	FDD	TDD	TDD	TDD	FDD	TDD	TDD	FDD	FDD/TDD
표준규격	IEEE 802.20	IEEE 802.16	UNITS TOS-CDMA	IEEE 802.20	DVB-RCT, IEEE 802.16a	IEEE 802.11a/b/g	IEEE 802.16	3GPP-2	3GPP
원천기술사	Flarion	Broadstorm	Navini	ArrayComm	Runcom	OPEN	ETRI	Qualcomm	OPEN

현재까지 무선인터넷을 대표하고 있는 이동통신망의 기술진화를 살펴보면 1995년 이전에 초기 1세대 AMPS망을 이용한 CDPD에서 우리나라와 북미 중심의 2세대인 IS-95 방식과 유럽 중심의 GSM을 거쳐 2000년부터 2001년까지는 우리나라 중심의 CDMA2001x와 유럽중심의 EDGE 기술이 형성됐다. 2003년 현재는 1xEVDO 릴리즈 A와 W-CDMA 기술인 3세대 IMT-2000 기술로 발전중에 있다.

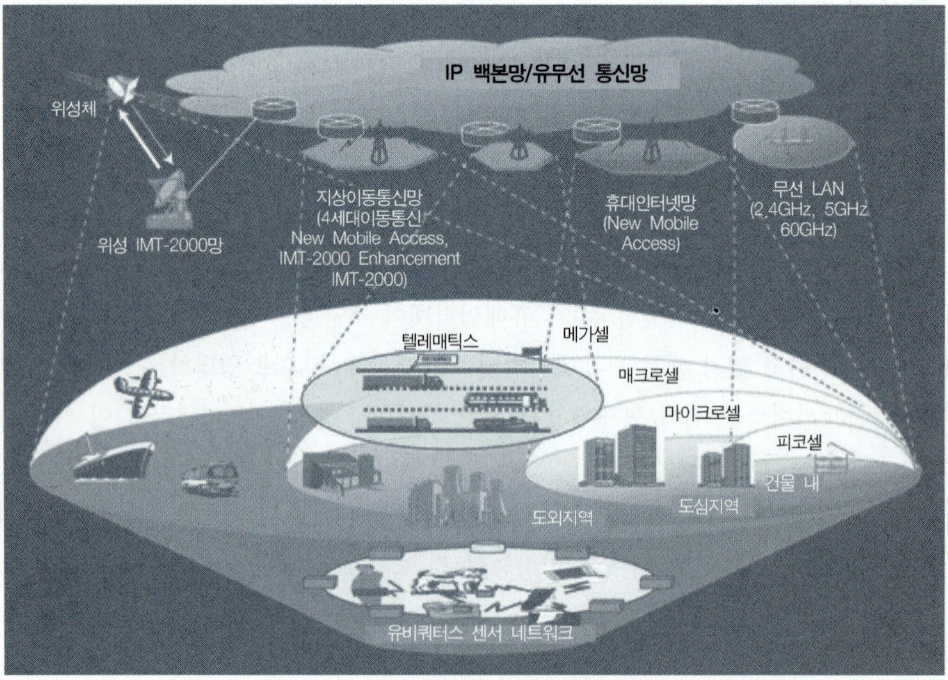

그림 1-5 ▪ IP 기반 유비쿼터스 네트워크

이동통신 기반망 진화와 함께 현재 2세대 이동통신망에서 서비스 기반으로 인식되었던 WAP, ME, I-Mode 등의 무선용 프로토콜은 차세대 이동통신망인 All-IP망에서는 기본적으로 XML 기반의 무선접속 프로토콜로 진화되고 있다.

그러나 무선단말기를 통한 인터넷 서비스는 단말기 자체의 인터페이스 제약, 무선망 환경의 제한 등 다양한 서비스를 하기에 여전히 한계가 따른다.

무선단말기를 이용한 이동성과 휴대성에 적합한 서비스는 크게 3가지 종류로 나눌 수 있다.

1) 개인정보관리 및 통신 서비스

이메일, 팩스 등을 포함하는 개인정보관리 및 통신 서비스가 가능하다. 이는 유럽, 미국, 일본에서는 매우 중요한 서비스로 중앙에서 사용자의 개인 DB를 관리해 이동통신 사업자는 가입자들의 이탈방지 및 매출증대를 유발할 수 있도록 한다.

2) 문자정보 서비스

여러 부가정보를 문자로 제공하는 문자정보 서비스이다. 교통, 여행, 기상, 뉴스 등의 정보제공 서비스와 단말기 간의 문자통신 서비스는 젊은 계층 사이에 넓게 퍼지고 있다. 특히 교통 및 도로 이용상황의 경우 LBS 개념을 포함한 멀티미디어 통신 서비스로 확대되고 있으며 그 기능 활용이 최근 급속히 확산되고 있다.

3) 전자상거래 서비스

이동중의 전자상거래이다. 이동통신 서비스의 이동성을 고려해 시간, 장소에 구애됨이 없이 전자상거래를 할 수 있는 수단을 제공한다. 주식거래, 은행 입출금 및 잔고확인, 전자지갑 등이 이런 서비스에 속한다.

4. 무선인터넷 서비스의 발전

이동전화 같은 무선단말기를 통한 인터넷 서비스는 단말기 자체의 인터페이스 제약과 무선망 환경의 제한이 따르지만, 현재 이동통신망의 빠른 진화와 무선인터넷 서비스의 다양화, 특히 카메라 폰과 같은 다기능 폰의 보급이 활성화되면서 무선인터넷 서비스의 보편화가 이루어지고 있다.

이러한 무선인터넷 서비스의 진화로 IP 기반 유비쿼터스 네트워크 환경이 가능하며 서비스는 사용자 관점과 시스템 관점으로 접근할 수 있다.

먼저 사용자 관점에서 보면 이동(Mobility) 서비스, 대화(Interactive) 서비스, 분배(Distribution) 서비스 등이 있으며 시스템 관점에서는 위치기반 서비스, 실시간 서비스, 음성기반 서비스, 개인화 서비스 등 4가지 항목으로 구분해 정리할 수 있다.

사용자 관점에서 언급된 이동, 대화, 분배 서비스의 경우는 이미 차세대 무선인터넷의 핵심기술에 포함되어 IMT-2000이나 향후 4G에 적극적으로 반영될 것으로 분석되고 있다. 특히 광대역 이동 무선인터넷 구현이 가능해지면 이러한 3가지 기능은 모두 보편화될 것으로 기대되고 있다.

또 시스템 관점에서 구분한 서비스의 경우 시스템 구현과 서비스 제공에 필요한 기술들의 발전이 가속되고 있다.

1) 위치기반 서비스

위치기반 서비스(Location Based Service)는 보통 사용자의 위치에 기반하여 관련된 정보나 콘텐츠를 제공받을 수 있다. 예를 들어 군가의 위치정보를 알고 싶거나 도로상에서 어느 방향으로 가야 할지에 대한 정확한 정보가 없는 경우, 또는 어떤 상점 앞을 지나갈 때 그 상품에 대한 정보를 받는 서비스도 포함하고 있다.

2) 실시간 서비스

실시간 서비스(Real Time Service)는 자신의 관심 분야에 대한 정보를 시간 및 장소에 구애됨이 없이 제공받을 수 있는 서비스를 포함한다. 현재 유선인터넷상에서 푸시 방식으로 긴급속보 정보를 받거나 언제, 어디서든 무선인터넷에 접속해 실시간 정보를 얻을 수 있게 하는 서비스가 포함된다.

3) 음성기반 서비스

음성기반 서비스(Voice Based Service)의 경우 현재는 무선단말기의 인터페이스에 대한 제약으로 입력에 어려움이 있고, 또한 조그만 액정으로 인해 디스플레이에도 정보를 충분히 전달하는데 애로가 따른다. 그러므로 차후에는 음성인식을 통해 입력하고 음성으로 들려주는 인터페이스 방식의 서비스가 포함될 것이다.

4) 개인 서비스

개인 서비스(Personalized Service)는 모든 사람에게 동일한 서비스를 제공하고 있지만 사용자마다 기호에 따라 불필요한 정보는 줄이고 기호에 맞는 정보를 더욱 많이 제공하는 서비스를 요구한다. 그러므로 앞으로는 개인 서비스의 경우 다양한 서비스 기술을 통해 개인에게 맞는 맞춤정보 서비스로 발전할 것이다.

5. 무선인터넷 발전방향

유선인터넷은 이미 우리나라 도시지역의 경우 가가호호 광대역 및 초고속화가 이루어져 있으며 무선인터넷의 경우 이동통신기반으로 보편화돼 있다. 그러나 유무선을 통한 인터넷 서비스는 무선의 한계로 인해 끊김없는 정보의 공유가 원활히 이루어지지 않고 있다. 따라서 일반적인 통신시스템 기능 외에 모든 사물과 기기에 대한 효율적 관리와 정보의 상호 교환을 통한 종합적인 유무선 인터넷 서비스가 이뤄져야 한다.

궁극적으로 차세대 무선인터넷 기술은 현재의 기능에서 벗어나 광대역 데이터 전송이 가능한 지역화(Localization)와 사물 및 기기의 구분능력을 가질 수 있는 센서 네트워크의 발달, 모든 사물과 정보 공유가 가능하고 근거리부터 원거리까지 휴대이동성이 보장되는 무선인터넷 기술로 발전할 것이다.

1) 무선단말기의 진화

무선단말기는 기존 음성 서비스 위주의 이동통신 단말기로부터 초고속 데이터 전송이 가능한 스마트 단말기까지 다기능화된 시스템이 등장해 있다. 이러한 무선단말기는 사물과 기기 간의 통신이 가능한 유비쿼터스 인터넷 서비스가 가능하도록 발전할 것이다. 뿐만 아니라 유비쿼터스 인터넷 서비스가 보편화되기 위해서는 사용하기 편리한 인터페이스가 제공되어야 하기 때문에 복잡한 단말기와 무선인터넷 네트워크 간의 상호운용성이 보장돼야 한다. 따라서 보다 인간의 오감에 가까운 프로세서와 연계되어 발전하는 것이 당연하며 현재 기술동향의 경우 부착 컴퓨팅(Wearable computing)을 위한 단말기 진화가 한 가지 예일 것이다.

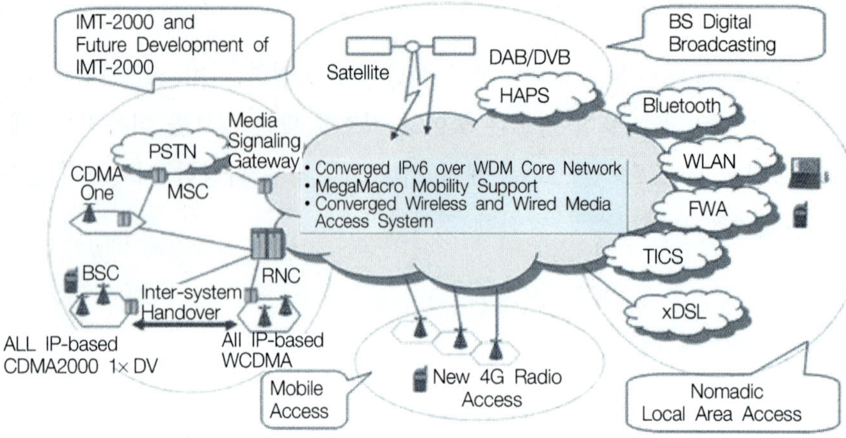

그림 1-6 ▪ Beyond IMT2000에서 무선접속 네트워크 구조

2) 무선인터넷 네트워크 진화

ITU-R WP8F에서 정의한 무선인터넷 네트워크 종류는 5개 이상의 복잡한 구조로 되어 있다. 위성인터넷 서비스의 예를 봐도 단순히 위성통신을 이용한 인터넷 서비스 네트워크 기반에서 성층권 무선통신 시스템(HAPS), DVB, DAB 등 비정지궤도의 이동위성을 이용한 시스템으로 발전하고 있다.

유비쿼터스 센서 네트워크 기반의 무선인터넷 기술은 보다 더 복잡한 구조로 되어 있다. 뿐만 아니라 자동차나 비행기 등 이동체를 통한 텔레매틱스 서비스(ITS, TICS 등) 네트워크가 본격적으로 개발되면 보다 더 복잡한 구조를 가질 수도 있을 것이다.

3) 기타 무선인터넷 기술들의 진화

무선인터넷 서비스와 유비쿼터스 서비스에서 없어서는 안될 항목으로 기기의 다양화로 인해 발생하는 기기 정보의 자동확인(Auto ID) 기능이 매우 중요하다. 더불어 단순 메시지 교환뿐 아니라 대용량의 스트림(Stream) 서비스까지를 원활히 하기 위해서는 시스템 간 주소관리는 필수적으로 여겨지고 있다.

이미 조금씩 무선인터넷의 기반요소로 작용하고 있는 기술로 IPv6를 대표할 수 있다. IP의 경우 차세대 무선인터넷의 핵심망을 대표하고 있기 때문에 IPv4에서 IPv6로의 전이는 매우 중요한 사항이다.

따라서 진정한 IPv6 구현이 가능해지면 Always-Connected된 세계 속에서 에어컨과 자동차, 냉장고와 같은 인터넷이 가능한 장치들이 아닌 다른 차원의 거대한 인터넷 이용자들이 생겨날 것이며 어마어마한 제3의 인터넷 물결이 출렁일 것이다.

6. IEEE 802.11 표준

IEEE 802.11과 와이파이라는 용어가 번갈아 사용되기도 하지만 와이파이 얼라이언스는 "와이파이"라는 용어를 다른 집합의 표준으로 정의하고 있다. 따라서 IEEE 802.11과 와이파이는 동의어가 아니다.

IEEE 802.11은 현재 주로 쓰이는 유선 LAN 형태인 이더넷의 단점을 보완하기 위해 고안된 기술로, 이더넷 네트워크의 말단에 위치해 필요 없는 배선작업과 유지 관리비용을 최소화하기 위해 널리 쓰이고 있다.

보통 폐쇄되지 않은 넓은 공간(예를 들어, 하나의 사무실)에 하나의 핫스팟을 설치하며, 외부 WAN과 백본 스위치, 각 사무실 핫스팟 사이를 이더넷 네트워크로 연결하고, 핫스팟부터 각 사무실의 컴퓨터는 무선으로 연결함으로써 사무실 내에 번거로이 케이블을 설치하고 유지보수를 하지 않아도 된다.

무선인터넷(無線, Wireless Internet). 케이블 대신 전파를 이용하는 무선통신을 기반으로 인터넷을 하는 것을 통칭하며, 무선인터넷 규약(Wireless Internet Protocol)에 의해 사용하는 WAP과 넷스팟 등의 무선랜을 사용하는 방법이 있다.

IEEE 802.11은 흔히 무선랜, 와이파이(Wi-Fi)라고 부르는 좁은 지역(Local Area)을 위한 컴퓨터 무선 네트워크에 사용되는 기술로, IEEE의 LAN/MAN 표준위원회(IEEE 802)의 11번째 워킹 그룹에서 개발된 표준 기술을 의미한다.

1) 핫스팟

핫스팟(Hot spot)은 이더넷 허브와 비슷한 역할을 하는 장비로, 하부구조(인프라스트럭처) 네트워크 모델에서 핫스팟 주변에 위치한 무선 클라이언트들을 하나의 네트워크로 묶어 서로 통신할 수 있게 하며, 핫스팟에 연결된 이더넷 회선을 통해 다른 핫스팟, 백본이나 WAN 망으로 연결할 수 있도록 해준다. 각 핫스팟에는 고유의 SSID와 BSSID가 부여되어 있어 클라이언트가 특정한 핫스팟에 연결할 수 있게 도와준다. 하나의 핫스팟은 장애물이 없는 지역에서 최대 100미터, 최대 20여대까지 네트워크를 구성할 수 있다.

2) 하부구조(인프라스트럭처) 네트워크와 애드혹 네트워크

IEEE 802.11 네트워크 환경은 인프라(Infrastructure) 방식과 애드혹(Ad-Hoc) 방식으로 구성할 수 있다. 핫스팟에 여러 대의 클라이언트가 접속해 네트워크를 구성한다면 인프라망(하부구조 네트워크)이라고 부르고, 각 클라이언트가 핫스팟 없이 서로 데이터를 주고받는다면 애드혹 네트워크라고 부른다. 보통 인프라망에는 핫스팟이 필요하므로 초기 설치비용이 많이 들지만, 더 많은 클라이언트를 받아들일 수 있고 더 넓은 접속 반경을 제공해 주기 때문에 자주 쓰인다.

3) 보 안

IEEE 802.11 네트워크를 구성하는 장비들은 암호화되지 않은 상태로 통신할 수도 있고 64비트, 128비트의 WEP 암호화를 사용해 보안성을 높일 수도 있다. 하지만 WEP 자체의 구조적 취약점 때문에 WEP로 암호화된 데이터는 쉽게 해독될 수 있어서 잘 쓰이지 않는다. 지금은 발전된 형태의 WPA, IEEE 802.11i(WPA2), IEEE 802.1x 등의 보안책을 사용한다.

4) 전송방식 표준

(1) IEEE 802.11(초기 버전)

802.11은 2Mbps의 최고속도를 지원하는 무선 네트워크 기술로, 적외선 신호나 ISM 대역인 2.4GHz 대역 전파를 사용해 데이터를 주고받으며 여러 기기가 함께 네트워크에 참여할 수 있도록 CSMA/CA 기술을 사용한다. 하지만, 규격이 엄격하게 정해지지 않아서 서로 다른 회사에서 만들어진 IEEE 802.11 제품 사이에 호환성이 부족했고 속도가 느려서 널리 사용되지 않았다.

(2) IEEE 802.11b

IEEE 802.11b는 IEEE 802.11 규격을 기반으로 더욱 발전시킨 기술로, 최고 전송속도는 11Mbps이나 실제로는 CSMA/CA 기술의 구현과정에서 6-7Mbps 정도의 효율을 나타내는 것으로 알려졌다.

표준이 확정되자마자 시장에 다양한 관련 제품이 등장했고, 이전 규격에 비해 현실적인 속도를 지원해 기업이나 가정 등에 유선 네트워크를 대체하기 위한 목적으로 폭넓게 보급되었으며, 공공장소 등에서 유·무상 서비스를 제공하는 업체도 생겨났다.

(3) IEEE 802.11a

세 번째로 등장한 전송방식인 IEEE 802.11a는 5GHz 대역의 전파를 사용하는 규격으로, OFDM 기술을 사용해 최고 54Mbps까지의 전송속도를 지원한다.

5GHz 대역은 2.4GHz 대역에 비해 다른 통신기기(무선 전화기, 블루투스 기기 등)와의 간섭이 적고, 더 넓은 전파대역을 사용할 수 있다는 장점이 있지만, 신호의 특성상 장애물이나 도심 건물 등 주변환경의 영향을 쉽게 받고, 2.4GHz 대역에서 54Mbps 속도를 지원하는 IEEE 802.11g 규격이 등장하면서 현재는 널리 쓰이지 않고 있다.

(4) IEEE 802.11g

네 번째로 등장한 IEEE 802.11g 규격은 a 규격과 전송속도가 같지만 2.4GHz 대역 전파를 사용한다는 점만 다르다. 널리 사용되고 있는 802.11b 규격과 쉽게 호환되어 현재 널리 쓰이고 있다.

(5) IEEE 802.11n

IEEE 802.11n은 상용화된 전송규격이다. 2.4GHz 대역과 5GHz 대역을 사용하며 최고 300Mbps까지의 속도를 지원하고 있다. 대한민국은 기술규격 내 주파수 점유대역폭의 문제(2개의 채널점유)로 135~144Mbps로 속도가 제한되었으나, 2007년 10월 17일 전파연구소의 기술기준고시로 300Mbps까지 사용할 수 있게 되었다. IEEE 802.11n은 현재 대한민국에서 상용화되었으나 이 기술의 표준안은 최근 제정되었다. 다른 규격보다 승인 규격이 엄격하고 출력 규제가 심하여, 일부 회사에서는 이 규제를 지키지 않고 있다.

03 음성과 데이터의 융합화

VoIP는 PSTN망을 통해 회선 교환방식으로 이루어지던 음성 서비스를 인터넷 프로토콜(IP : Internet Protocol)을 사용하여 패킷 교환방식으로 제공 가능하도록 하는 기술로, 음성과 데이터 정보를 IP 기술을 이용하여 동시 전송이 가능하게 한다고 해서 "음성 데이터 통합기술"이라는 말로 많이 불리어 왔다.

1. 음성 패킷망(VoIP)의 개요

음성 패킷망(音聲一網, VoIP)은 인터넷을 통해 통화할 수 있는 통신기술로써 기존부터 사용되고 있는 데이터 통신용 패킷망을 인터넷폰에 이용하는 것으로 VoIP(Voice over Internet Protocol)라고 한다.

음성 데이터를 인터넷 프로토콜 데이터 패킷으로 변화하여 일반 전화망에서의 통화를 가능하게 해주는 통신 서비스 기술이다. 케이블을 통하여 여러 명이 동시에 사용할 수 있고 확장성도 뛰어나며 기존 전화에 비하여 요금도 훨씬 저렴하다.

프로토콜은 H.323와 SIP · MGCP · MEGACO가 있는데, 우리나라에서 사용되는 VoIP 장비는 현재 대부분 H.323으로 되어 있다. 세계기술표준은 VoIP를 비롯해 VoFR · VoATM 등 3가지가 있다. 구축하는 방법은 다이얼 패드처럼 단순히 컴퓨터만 있으면 되는 경우도 있고, 시스코(CISCO) 등 전문 네트워크 장비회사에서 판매하는 IP전화기나 전용 라우터 등을 사용할 수도 있다.

2. VoIP 단말 구성요소

VoIP는 인터넷 프로토콜을 이용하여 음성전화 서비스를 기본으로 하며 다양한 멀티미디어 서비스를 제공하는 통신기술로서, 인터넷망이 PSTN망과 연동되면서 다양한 VoIP장비들에 의해 여러 가지 형태의 응용서비스를 개발해 나가고 있다.

VoIP 서비스를 제공받기 위해 통신망과 단말에서 설치 운용되는 장비로는 VoIP 이용자 단말, 액세스/게이트웨이 그리고 VoIP 서비스 사업자 장치로 나누어진다.

VoIP 사용자 단말에는 IP폰, IP 팩스, PDA, 웹 클라이언트, DSL 모뎀, 케이블 모뎀 등 다양한 형태의 단말들로 구성될 수 있으며, 액세스/게이트웨이는 VoIP 게이트웨이, 라우터/스위치 등으로 이루어지고, VoIP 서비스 사업자 장치로는 SS7 시그널링 게이트웨이, 소프트스위치 및 IP-PBX 등이 있다.

VoIP 서비스를 제공하기 위해 사용되는 프로토콜은 ITU-T에서 표준화하고 있는 H.323, IETF의 SIP(Session Initiation Protocol)가 있으며, 미디어 게이트웨이 컨트롤러와 미디어 게이트웨이 간의 프로토콜로 IETF의 MGCP(Media Gateway Control Protocol), ITU-T와 IETF의 공동 표준인 H.248/MEGACO(MEdia Gateway Control protocol)을 이용되고 있다. 현재 대부분의 장비 업체들이 H.323과 SIP 프로토콜을 동시에 지원하고 있으며 MGCP에 이어 향후 H.248/MEGACO도 널리 지원될 것으로 예상된다.

VoIP 단말로 대표적인 IP 폰은 음성통신과 데이터 네트워킹을 위한 기능을 가지며 기존 PSTN 전화기와 동일한 형상으로 IP망을 통해 음성 서비스를 제공하며 독립적으로 사용되거나 PC와 함께 IP를 공유할 수 있는 구조를 갖고 있다.

그림 1-7은 다양한 네트워크 기능을 갖는 IP폰의 기능 구성도를 나타내며, IP폰 단말의 구성형태에 따라 IrDA, USB, WLAN, ATM 등 다양한 네트워크 인터페이스를 갖는다.

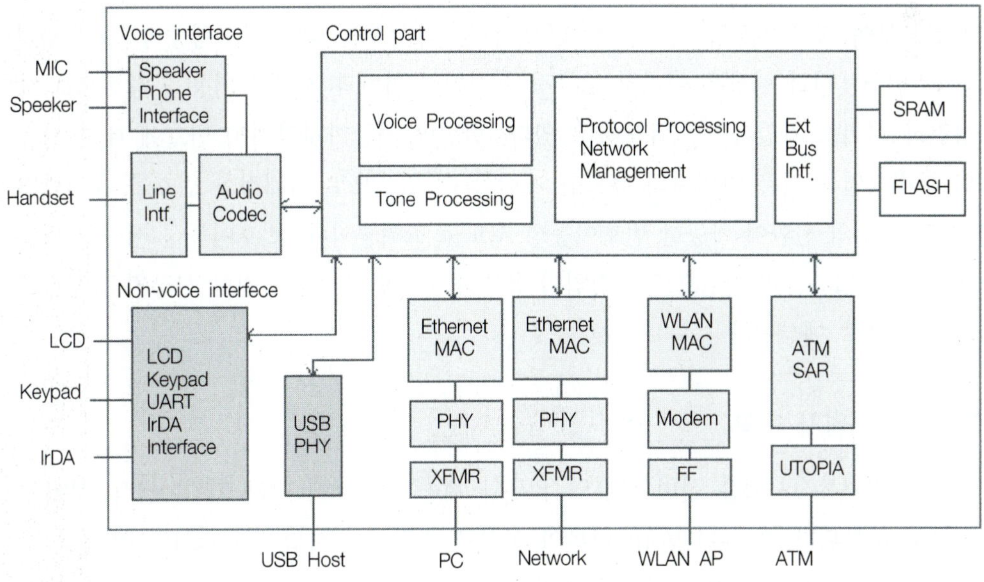

그림 1-7 ▪ IP폰 단말구성도

3. VoIP의 시장동향

1) 국내외 VoIP 시장 범위의 확대

초고속 인터넷 보급률의 급증과 비용절감을 도모하는 기업들의 전략적 방안으로 VoIP 도입 추세가 가속화되면서 전 세계적으로 VoIP 시장이 크게 성장하고 있는 추세이다.

VoIP 시장의 성장은 VoIP 관련 기술의 발전, 서비스 업체 간 경쟁의 심화, 기업차원의 VoIP 도입, 그리고 PSTN 대체재로서 VoIP 시장의 가능성이 주요 요인으로 작용한 것이다.

2) VoIP 국내시장 현황 및 전망

인터넷 프로토콜을 사용하여 음성정보를 전달하는 기술인 VoIP 서비스의 국내도입은 1999년 새롬 기술의 다이얼패드를 이용한 서비스가 시초이다.

국내 VoIP 시장이 2009년 9천 689억원 규모, 관련 장비시장은 2천 635억원 이상이다. 인터넷전화시장이 급속히 발달함에 따라 이에 적합한 정부 차원의 규제 및 제도적 대응 마련이 지속적으로 이루어지고 있다.

번호이동성 제도의 시행으로 인터넷전화 시장의 경쟁이 점차 심화될 것으로 전망한다. 인터넷전화의 시장 활성화를 위해 정부 차원의 노력은 인터넷전화 규제 마련, 사업자허가, 070 번호부여, 인터넷전화 상호접속 및 대가 등 다각적인 방안이 시행중이다.

VoIP 인터넷전화 시장은 이러한 적극적인 정책적 기반과 저렴한 비용을 장점으로 하여 음성전화 서비스 가입자들을 유도하고 있다. 반면에 지금까지의 070 번호에 대한 사용자들의 부정적인 인식은 가입자의 유도를 제한할 수 있으므로 시내전화 번호를 유지하면서 인터넷전화로의 전환이 가능한 번호이동성 제도를 고려중이다. 번호이동성 제동의 도입은 향후 후발 사업자들의 산업으로의 진입이 용이하게 되면서 인터넷전화 시장의 경쟁과열이 심화될 것으로 예상된다.

3) VoIP 사업자 현황

국내의 전기통신사업은 설비 보유의 유무와 제공 서비스에 따라 기간, 별정, 부가통신 사업자로 분류된다. 2004년 VoIP 역무의 신설로 별정통신 사업자의 VoIP 서비스를 수행하여 왔으며 2005년 VoIP 서비스가 기간통신 역무로 전환되었다.

기간 및 별정통신 사업자들은 한국정보통신기술협회의 품질인증서 획득 후 070 번호를 부여받는다. 정보통신설비의 상호접속 기준 22조에 따르면 망이용 사업자가 망제공 사업자에게 인터넷 접속을 위한 가입자망 이용 대가를 지불해야 한다. 기간통신 사업자는 총 9개 업체, 수 십여 개의 별정통신 사업자와 군소 소프트 폰 사업자들이 VoIP 서비스를 수행하고 있다.

표 1-4 ▪ VoIP 사업자

기간통신 사업자	별정통신 사업자	소프트폰 사업자
(주)케이티, (주)한국케이블텔레콤, (주)엔터프라이즈 네트웍스, 드림라인(주), SK네트웍스(주), SK텔링크(주), (주)온세통신, 하나로텔레콤(주), (주)LG데이콤	삼성네트웍스, 애니유저넷, 무한넷코리아, 한화 S&C, 솔본, 새롬씨앤티 등	다음, 네이버 등

현재의 인터넷전화 시장의 가치 사슬은 대부분 기존 통신 서비스 사업자들이 차지하고 있다. 기간통신 사업자들은 인터넷전화 시장에서 기존 통신 서비스 사업의 로컬루프를 확보하고 있다. 대표적인 사업자들은 탄탄한 PSTN 가입자 기반을 보유한 KT, LG텔레콤, SK네트웍스, SK텔링크와 같은 SK 계열 사업자 등이 시장을 주도하고 있다.

별정통신 사업자의 경우로 기업고객 공략에서 상당한 성과를 얻은 삼성 네트워크가 시장에서 강세를 보이고 있다.

국내 인터넷전화 시장은 3(KT, LG데이콤, SK그룹), +2(하나로 텔레콤, KCT) +1(삼성네트웍스)의 경쟁구도를 당분간 유지해 나갈 것으로 예상된다.

상당한 시장지배력 및 영업력, 막강한 자금력을 기반으로 기간통신 사업자들이 시장경쟁에 참여하고 통신 역무의 통합 및 결합상품의 판매 허용으로 인해 VoIP 인터넷전화 시장의 환경이 변화하고 있다.

대표적인 유선통신 사업자로서 KT는 기존 유선망을 기반으로 FMC(Fixed Mobile Convergence) 결합상품을 통한 요금경쟁에 집중할 것으로 예상되고 있다. 향후 결합상품이 시장에서 본격화되면 인터넷전화 시장에서의 입지가 확대될 수 있을 것이다.

고객에게 끊김없는 음성과 데이터 통신 서비스 환경을 제공하고자 유무선 단말 네트워크 서비스 조직 등을 결합하는 것을 의미한다. 주로 유선통신 서비스를 제공하는 통신사업자들을 중심으로 듀얼 단말형태의 FMC 전략이 추진중이다.

반면에 LG데이콤의 경우는 확보하고 있는 PSTN시스템이 부재하므로 VoIP 서비스를 적극적으로 도입해야 한다.

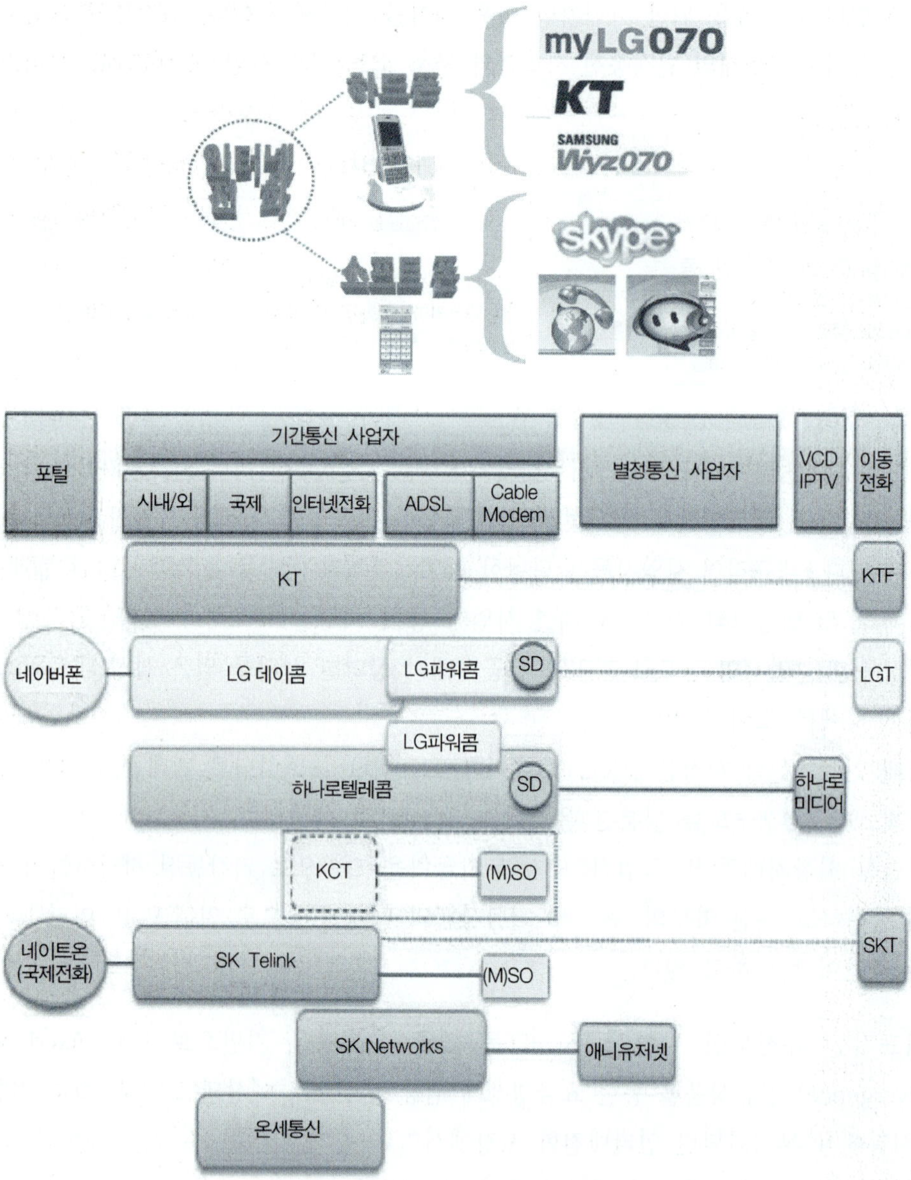

그림 1-8 ▪ 인터넷전화 시장 경쟁구도

2007년부터 결합 서비스가 허용되면서 계열사별 서비스를 위한 협력이 가능해짐에 따라 VoIP시장에서 SK그룹의 유리한 포지셔닝이 기대된다. 현재 SK그룹은 인터넷전화 및 국제전화 사업자인 SK 텔링크, 기업 브로드밴드 사업자인 SK네트웍스, 이동통신시장의 강자인 SK텔레콤이 초고속 인터넷 가입자 약 400만 명, 시내전화 가입자 200만 명을 보유한 하나로텔레콤을 인수하면서 시장경쟁이 치열해질 전망이다.

4) 국내 VoIP 서비스 현황

국내 VoIP 시장은 통신 서비스 사업자들뿐만 아니라, 유선전화, 초고속 인터넷, 망설비 및 IT 솔루션, 케이블 TV 등 다양한 사업자들이 진출한 상태이며, 갈수록 경쟁이 치열해지고 있다. VoIP 시장의 활성화로 사업자들에게 장비 판로가 확대되어 선발 벤더와 후발 벤더들이 시장 확대를 위해 노력을 집중하고 있다. 시장 경쟁의 심화와 거대 기간통신 사업자로 인해 VoIP 결합상품 허용에 소규모 인터넷전화 업체들의 어려움이 커지고 있다. 국내 VoIP 서비스의 가입자 수와 매출액은 정보통신부에서 집계하고 있으나, 해외 서버를 활용하는 개인사용자 및 소프트 폰의 정확한 수치는 집계되지 못한다.

현재 국내 인터넷전화 시장은 가입자 수의 증가추세를 보이고 있으며, 동일시장에 다수의 사업자들이 진출하여 다양한 서비스를 제공하고 있다. 인터넷전화 시장의 가입자 규모는 총 88만 명에 달하고 있으며 인터넷전화 사업자 수는 기간통신 사업자 8개사, 별정통신 사업자(이하 별정사업자) 165개에 육박한다. 그러나 실질적인 서비스를 제공하는 사업자 수는 38개사에 불과하다.

수익 측면에서는 서비스를 제공하는 사업자들인 38개사의 월평균 매출액은 76억원으로 조사되었으며, 연간 매출액으로 환산하면 913억원으로 추정된다.

기업용 시장에서는 기업들의 관리 감독 및 TCO(Total Cost of Ownership) 절감, 상호 호환성 증대, 단일통신구축을 통한 통합관리, 콜센터 관리 등을 위해 VoIP 보급률이 증대되고 있다.

TCO 클라이언트인 개인용 컴퓨터나 서버 등의 도입비용과 업그레이드나 유지 보수 등과 같은 도입 후 비용을 포함한 컴퓨터시스템의 총비용, 네트워크 컴퓨터, 망 PC 등의 비용도 포함된다.

향후 시장잠재력이 기대되는 무선 VoIP 기술로는 VoIP over Wi-Fi, VoIP over WiMax, VoIP over Wi-Fi/Cellular Convergence, VoIP over Wireless Mesh 등이 있다.

국내 인터넷전화 서비스의 가입자 규모는 상당 부분을 대기업이 차지함으로써, 일반 개인가입자보다는 기업가입자의 비중이 큰 경향을 보인다.

국내 시장의 가입자 보유현황을 살펴보면 LG데이콤이 50만 명 이상의 가입자를 보유하며 가입자 기준 61% 이상을 점유하고 있다.

KT의 경우, 2만 명 수준으로 시장점유율은 3%에 불과하지만, 월 12억 2,000만 원의 매출을 기록하면서 시장점유율 20.3%의 성과를 달성하였다. 삼성 네트웍스는 16억 8,000만 원으로 30.7%의 시장점유율을 보인다.

전반적으로 KT와 삼성 네트웍스가 가입자 규모에서 시장점유율이 다소 낮은 상황에서 실익 측면에서는 높은 매출을 산출한 것은 기업고객 기반이 커서 월매출이 높게 나오는 것으로 분석된다.

결과적으로 현재까지 국내 인터넷전화 시장은 일반 개인가입자 기반의 시장형성이 저조하고, 주로 기업가입자 기반 중심으로 형성되어 있음을 시사해 주는 것으로 평가된다.

(1) LG데이콤의 동향 및 사업전략

LG데이콤은 가정용 컨버전스 시장에 집중하여 인터넷전화 시장확대에 총력을 기하고 있다.

기간사업자 중에서 인터넷전화 시장공략에 적극적인 전략형태를 취하고 있는 LG데이콤은 2006년 기업용 WiFi폰을 출시하였고, 기본료와 통화요금을 업계 최저수준으로 낮추는 매우 공격적인 마케팅 전략을 펼친다. 주로 기업용 시장공략에 집중해 온 LG데이콤의 기본료는 KT 시내전화 대비 최고 81% 가량 저렴하고 또한, 시외전화, 국제전화 통화료도 각 최고 85%, 88% 수준에 불과하다.

2006년부터는 가정용 VoIP, IPTV, FMC 등 신규 성장동력 비즈니스 모델을 공략하기 위한 전담사업주(컨버전스 사업부)를 신설하면서, 국내 가정용 컨버전스 시장공략에 적극적이다. 통화량이 많은 개인고객을 위한 정액 요금제를 출시하였고, 2007년 2월부터는 본격적으로 개인시장을 공략하기 위해 WiFi 폰 출시와 함께 가정용 인터넷전화인 'myLG070' 출시하였다. LG데이콤은 가정용 컨버전스 시장공략뿐만 아니라, 전체그룹 차원에서 결합상품을 내세워 시너지효과를 극대화하는 전략을 펼치고 있다.

(2) SK 텔링크의 동향 및 사업전략

SK 텔링크는 인터넷전화 시장을 공공부문 기반 고객을 중심으로 공략하는 사업전략과 MSO와의 제휴를 핵심전략으로 추진중이다. 현재 SK 텔링크는 기업뿐만 아니라 공공기관에도 인터넷전화 서비스를 제공하고 있으며, 최근에는 점차 가정용 인터넷전화 가입자 유치에도 적극적인 전략을 취하고 있다.

주요 인터넷전화 상품으로는 IP Centrex, IP PBX, SOHO, 가정용, 영상 전화 등이다. 2007년 2부터 MSO 인씨앤엠과 5개의 SO와의 제휴를 통해 방송, 인터넷, 전화를 결합한 결합상품인 TPS(Triple Play Service)를 출시하였다.

SK 텔링크는 TPS 출시를 사업적 기회로 하여 기업공략에서 확대하여 케이블 TV 일반 가입자를 위한 서비스를 제공하는 기반을 마련하였다. 향후 가입자 기반확대를 위해 SK 커뮤니케이션즈의 네이트 온과 연계된 '네이트 온 폰'을 활용할 계획이며, 가정용 영상전화를 타사와의 서비스 차별화 전략으로 제시한다.

(3) 하나로텔레콤의 동향 및 사업전략

하나로텔레콤은 2007년12월 SK 텔레콤에 인수되면서 유무선 연계 전략을 통해 이동통신, IPTV, 초고속 인터넷, 유선전화의 결합 상품경쟁이 본격화되었다.

2007년 1월 '초고속 인터넷 + 전화 + 하나TV' 서비스 등의 결합 상품인 '하나세트'를 국내통신 업체 최초로 출시하였다. 이는 단독 상품대비 최대 20%까지 할인된 요금으로 제공하는 결합 서비스이다.

하나세트는 초고속 인터넷 + 전화 + 하나TV를 모두 포함한 TPS과 초고속 인터넷+ 전화, 초고속 인터넷 + 하나TV 등 2가지를 결합한 DPS(Double Play Service)로 세 종류이다.

TPS는 개별 서비스를 단독으로 이용하는 것보다 각각 20% 할인된 요금으로 제공되며, DPS는 10% 할인된 요금으로 제공된다. 하나로텔레콤은 인수합병 이후, 기존 하나세트에 이동전화와 위성 DMB까지 포괄하는 QPS(Quadruple Play Service) 서비스를 제공할 전망이다.

(4) KT의 동향 및 사업전략

KT는 듀얼모드 단말로 법인 시장을 상대로 고객 기반 형성에 집중하고 있다. VoIP 서비스의 기업고객 기반의 확대를 목표로 KT는 기업용 IP PBX 지원사업을 추진중이다. 이를 위해 내부적으로 무선 VoIP(WiFi폰), 이동전화와 무선 VoIP의 결합형 듀얼폰 서비스 등 인터넷전화 사업을 적극적으로 진행하고 있다.

최근 법인 시장공략을 위해서 기업용으로 이동전화와 WiFi폰 서비스의 통합지원을 위해서 듀얼 폰 서비스를 제공하여 이는 일반 가정용 시장에서도 파급 효과가 클 것으로 기대된다.

가정용 시장, 즉 일반 가입자 고객 유치를 위해서는 영상전화가 가능한 070 인터넷전화 상품을 출시한다.

새로운 통신규제 정책에서 결합 상품의 판매가 허용되면서 자사 초고속 인터넷인 메가패스와 유선전화, IPTV, 무선인터넷 WiBro, 계열사인 KTF의 2G/3G 이동전화의 결합 상품을 다양하게 출시할 예정이다.

(5) SK 네트웍스의 동향 및 사업전략

SK 네트웍스는 다소 안정적인 서비스 제공에 역점을 두고 있다. 인터넷전화 사업의 초기 단계는 IP망 가입자들의 요구를 충족하는 정도였으나, 기간통신 사업자로 선정된 이후 인터넷전화 사업을 강화하고 있다. 현재 'TONETZ i-fone' 비즈니스 모델을 중심으로 기업 공략을 추진하고 있다.

전용회선 사업을 통한 2,000여 기업고객에게 2만 4,000회선을 서비스하고 있고, 7만 5,000km에 달하는 전국규모의 광케이블 전용회선의 망 관리운영 경험이 핵심강점으로 평가된다.

SK 네트웍스의 인터넷전화 서비스의 특징으로는 기존 음성전화에서 지원되지 않은 화상전화, 기업홍보 컬러링, 보안 서비스 등의 부가 서비스를 들 수 있다. 또한, 서비스 청약에서 개통 및 민원처리까지의 원스톱 단일창구 지원을 통한 가입자 중심의 서비스 제공이다.

4. VoIP 기술 환경 변화

1) VoIP의 주요 환경 변화

초고속 인터넷의 성장과 함께 등장한 인터넷전화 서비스는 PC기반의 서비스에서 현재 기존의 유선전화를 보완하는 상품으로 포지셔닝하고 있다. All-IP 네트워크의 진화와 차세대 무선인터넷 기술의 발전과 더불어 인터넷전화 서비스는 이동성과 다양한 부가 서비스 기능이 결합된 신규 서비스로 부상할 것이다.

모바일 VoIP 구현을 위한 기술 및 장비가 발달하면서 각국에서는 서비스를 제공하기 위한 준비가 한창이다.

모바일 VoIP 서비스는 향후 점차적으로 기존의 이동전화 음성통화 시장을 대체해 나갈 것이다. 핫스팟 VoIP 서비스는 핫스팟지역 내에서 있는 지의 여부에 따라 사용자가 수동적으로 스위치를 변경해 주어야 하는 사용상의 복잡성이 존재한다.

표 1-5 ■ VoIP 장비 및 밴더 업체 현황

공급자	모 델	장비/장치	공 급 처	목표대상
AVAYA				공공기관/금융권
CISCO			하나로텔레콤, SK텔레콤, KT, 삼성 네트웍스, 드림라인, SK네트웍스, SK텔링크	
	IPCC		대신증권	
NORTEL		VoIP Solution VoWLAN Solution	데이콤 NGN, 서울 워커힐호텔, 서원대	
		IP Telephoncy Solution	블랙스톤 골프&리조트, 해군3함대, 용평리조트, GM대우, KBS, 공군기지	
		IPCC	중소기업연합회, 오토브레인, 조선일보, 신세계백화점	
	BCM50	Business Communications Manager		소호 및 소규모 지사
ALCATEL			한국애로우, 코그니스, 대법원, 인천교대, 평택한전 발전소, 대성글로벌, 보건복지부	공공기관, 보험사, 콜센터 아우소싱 기업
Lucent	LFS	IP contrex 장비		
	애크미 패킷	VoIP 호처리 장치 SBC (Session Bonder Controller)	하나로텔레콤–VoIP Solution	기업고객용 서비스를 준비하고 있는 통신사업자
SIEMENS	Hipath8000	대용량 소프트스위치 –Hipath4000 엔터프라이즈급 IP-PBX를 게이트웨이로 활용		VoIP 사업자 서비스
	HiPath4000			대기업(엔터프라이즈)
	Hiparh3000			중소기업
MITEL	MN3300 LX/MX/Cxi		리저스코리아, 푸르넷, 휴니드, 캡스톤	공공, 엔터프라이즈, -w/대신정보통신, 공공-w/시스케이프 군-w/gbstem
Juniper	J-Voice	서비스 사업자용 패킷 음성 솔루션	퓨전(Fusion), 텔레콤뉴질랜드	

2) VoIP 기술변화의 유인

(1) 네트워크 기술의 발전 : IP망으로의 전이 및 융합화

통신시장은 네트워크 기술의 발전을 통해 기존의 서킷망에서 효율성 증대된 IP망으로 전이되고 있는 과도적 단계에 있다. 별도의 망이었던 음성 · 데이터, 방송 · 통신, 유선 · 무선망이 IP 기반 네트워크로 통합되고 있다.

망 융합 환경에 따라 통신사업자들은 단말장치, 네트워크 요소 등을 IP망 기반에 적합한 형태로 업그레이드하기 위해 준비중이다. All-IP가 진전됨에 따라 서킷 기반 음성통화에서 완전한 IP망에서 구현되는 패킷 기반의 음성통화로 점진적으로 전이될 것이다.

(2) 무선인터넷에 대한 사용자 필요의 증대

실제적인 물리공간과 사이버 전자공간의 통합환경에서 이동성 있는 무선인터넷을 사용하는 소비자들의 필요가 증대되며 다양화되고 있다.

사용자들은 이동하면서 단순히 음성통화뿐만 아니라, 음악, 게임, 영화, 텔레매틱스 등과 같은 다양한 콘텐츠를 이용하기를 원한다. 향후 콘텐츠의 다양성은 디지털 컨버전스의 영향으로 쇼핑, 금융 등의 산업 영역으로까지 꾸준히 증가할 것이다.

(3) 자원의 효율적 사용

망 활용시 패킷 음성은 서킷 음성보다 효율적이다. 모바일 VoIP를 통해 이동전화 사업자는 전송망을 효율적으로 사용할 수 있다. 서킷망은 송 · 수신회선이고 정적이므로, 비통화시에도 일정망을 계속 점유하고 있어야 한다. 패킷망은 데이터를 패킷 형태의 소단위의 패킷으로 분류하여, 라우터가 지정하는 최적경로로 IP주소를 전송한다. 따라서 패킷 전송시 만회선을 점유하므로, 빈 공간 없는 망 활용이 가능하다.

(4) 소비자 효용증진

원가 우위 측면에서 패킷망은 서킷망에 비해 소비자에게 보다 저렴하게 음성 통화요금을 제공한다. 패킷망은 모든 트래픽이 패킷의 형태로 전송되므로, 다양한 유형의 부가 서비스 구현이 가능하다. 대표적인 부가 서비스로는 세 명 이상의 음성통화가 가능한 컨퍼런싱 기능, 토의시 사용 가능한 스프레드 시트 기능이 있다. 음성통화시 사진전송이 가능한 혼성 세션기능, SMS와 전자우편을 통합한 메시지 기능 등도 포함된다. 이는 이동전화 사업자의 ARPU에 긍정적으로 영향을 줄 수 있다.

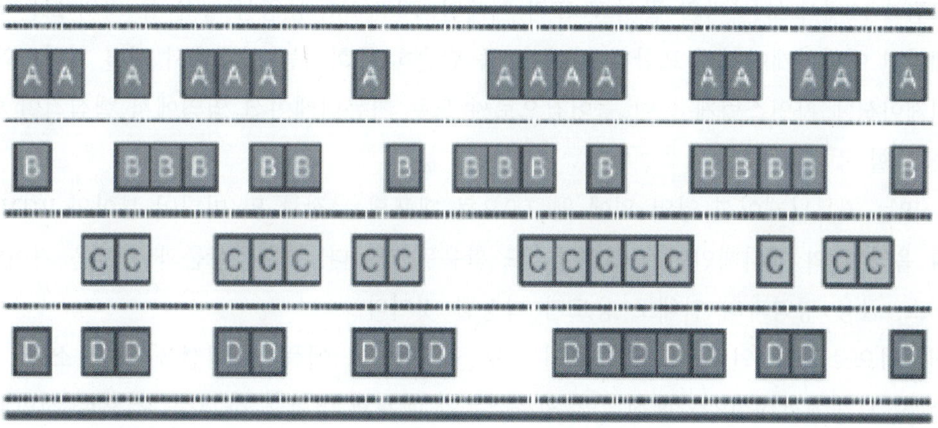

그림 1-9 ▪ 서킷화된 음성

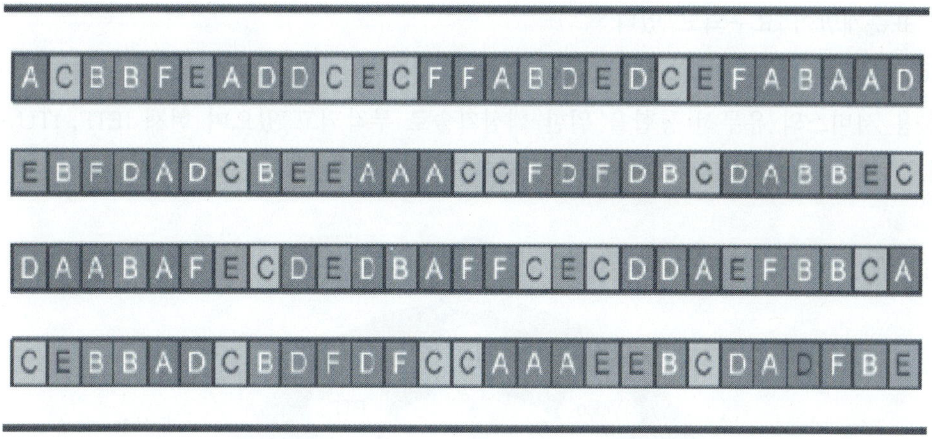

그림 1-10 ▪ 패킷화된 음성

5. VoIP 미래 통신 서비스

VoIP 서비스는 3G, WLAN 및 WiMAX 등 다양한 무선기술을 통해 제공되면서 시장수요가 증대됨에 따라 네트워크 사업자, 기기 벤더, 이해관계자들에게 상당한 비즈니스 기회를 제공 하나 음성 서비스의 이용이나 수익에 미치는 영향은 불확실한 상태이다.

미래 통신시장이 UC 환경으로 진화함에 따라 인터넷전화(VoIP)는 여러 단말과 서비스들의 통합과 공유가 가능한 전 영역에 걸친 통합 서비스의 제공이 가능해질 것으로 전망된다.

그림 1-11에서 보는 바와 같이 VoIP가 이메일, PTT, IM, 동영상 공유 등 거의 모든 커뮤니케이션 애플리케이션에 포함될 것이다. 즉 단순히 통화기능 형태에서 개별 서비스와 애플리케이션에 자연스럽게 녹아 들어감으로써 모든 커뮤니케이션 영역에서 핵심적인 역할을 담당할 것이다.

VoIP는 커뮤니케이션 영역 외에 웹 2.0으로 대표되는 정보 및 미디어 분야와 IPTV, 게임과 음악 등의 엔터테인먼트 영역에서도 활용될 것이다. 또한, 상품과 자본을 거여하는 커머스, 금융 영역과의 연계로 용도가 확장될 것이다.

결론적으로 향후 인터넷으로 제공되는 모든 콘텐츠와 애플리케이션을 생산, 소비, 유통하는 전 과정에서 VoIP가 핵심적인 의사소통의 매개체 역할을 하게 될 것으로 전망된다.

차세대 통신망인 NGN/BcN, B3G 등이 All IP 기반으로 구축됨에 따라 IP 기반의 다양한 멀티미디어 응용서비스를 지원하기 위해 MoIP(Multimedia over IP) 기술에 대한 종합적인 표준개발이 요구되고 있다.

MoIP 기술은 NGN, BcN, 3G/4G 이동통신망 등의 차세대 통신망 환경에서 IP 멀티미디어 응용 서비스의 유무선 통합을 위한 핵심기술로 부각되고 있으며 현재 IETF, ITU 등을 중심으로 활발한 국제표준화 작업이 추진되고 있다.

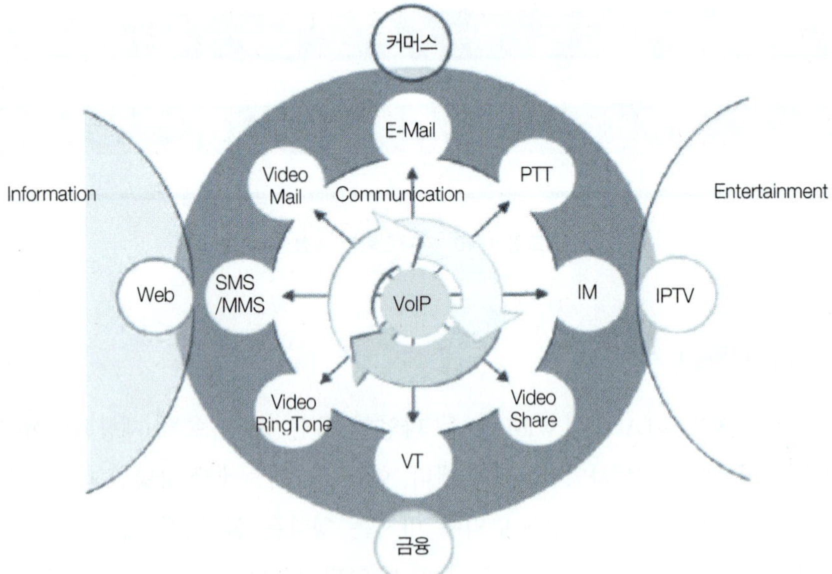

그림 1-11 ▪ 미래 통신 서비스 영역에서의 VoIP 위상

국내 BcN 및 차세대 이동통신망으로의 진화계획과 연계하여 VoPN 핵심 프로토콜 및 응용서비스에 대한 국내표준의 체계적 정립이 요구되며, 서비스 활성화를 위한 공공안전기술에 대한 표준화 작업이 요구된다. 최근 3GPP에 의해 제안된 IMS를 기반으로 NGN 국제표준화 작업이 추진되고 있으나 이에 대한 국내 대응이 미흡하고, 국내 BcN, 3G/4G 이동통신망 구축과 연계하여 IMS 이후 단계를 목표로 하는 차세대 VoPN 기술에 대한 선행 표준기술 확보 및 국제표준화를 통한 국내 산업경쟁력 기반확보를 위한 표준화 노력이 요구된다.

04 방송과 통신의 융합화

1. 디지털 컨버전스와 방송·통신 환경

방송과 통신은 개념에서 차이가 나타날 뿐 아니라, 정책적 측면에서는 규제논리나 규제근거의 차이를 보이고 있으며, 산업이나 기업 측면에서는 사업 분류나 가치창출 방향에서 많은 다른 부분이 있다.

피들러는 미디어 산업을 대인 커뮤니케이션, 방송 커뮤니케이션, 문자 혹은 문서 커뮤니케이션의 세 가지 형태로 분류하였다.

여기서, 대인 커뮤니케이션은 양방향 정보교환이 가능하고, 방송 커뮤니케이션은 일방적 정보교환이 가능하며, 문자 혹은 문서 커뮤니케이션은 휴대 가능한 시각정보 배포의 특징을 가진다고 하였다.

방송은 방송법을 기초로 방송 프로그램 콘텐츠를 기획, 편성 또는 제작하여 불특정 다수의 공중을 대상으로 전기통신설비를 통해 단방향으로 송신한다(방송법 제2조). 방송은 통신보다 전파의 공공재, 주파수의 희소성 및 사회적 영향력을 감안하여 엄격한 진입규제와 콘텐츠 편성·운영에 대한 규제가 따르며, 주요 방송사업자로는 지상파방송, 종합유선방송, 위성방송, 방송채널사용사업으로 구성되어 있다.

통신은 전기통신기본법과 전기통신사업법을 기초로 유선·무선·광선 및 전자적 방식을 통해 특정 사용자를 대상으로 양방향성 음성 및 데이터 정보를 송수신한다(전기통신기본법

제2조). 통신은 선택된 참여자들 간의 원활한 커뮤니케이션을 위한 물리적 도구로서, 경제적 산업적 측면이 강조되며, 효율성과 시장원리가 적용된다. 따라서 기술 및 독과점 규제, 공정경쟁 환경조성이나 통신비밀보호 등과 같은 이용자 보호에 관한 기술적, 경제적 규제가 주요하다. 주요 통신사업자로는 기간통신, 별정통신, 부가통신 사업자로 구성되어 있다.

요컨대, 방송은 과거 희소한 전파자원을 통한 사회전체의 이익에 기여하는 '공익성'에 근거하고, 통신은 개인적 차원의 복지 및 정보교환의 '효율성'에 근거하고 있다.

상기한 차이점이 존재함에도 불구하고, 방송과 통신은 '특정 정보의 전달'이라는 공통점으로 인해 융합의 필요성이 증대되고 있다.

2. 방송 · 통신융합의 개념

디지털 컨버전스 환경에서 방송 · 통신 산업은 디지털화로 정보의 형태가 통일됨으로써, 같은 목적을 가진 두 가지 매체 간 경쟁구도의 양상을 보여 준다. 즉, 디지털 기술 이전에는 같은 목적의 산업으로, 매체의 기반설비에 따른 다른 정보의 형태를 소유해온 반면 융합에서는 여러 매체 혹은 산업에 적용 가능하게 된다.

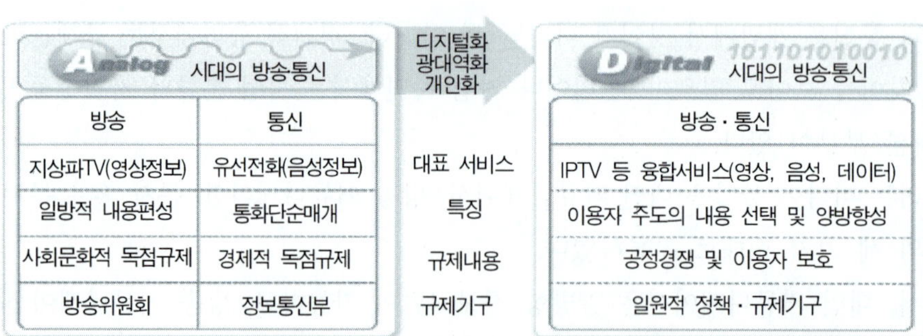

그림 1-12 ▪ 방송 · 통신융합의 개념

방송 · 통신의 융합기술의 유형을 네 가지로 분류하면 다음과 같다.

① 유선통신과 방송 간 융합(A영역)

② 무선통신과 방송 간 융합(B영역)

③ 유선통신과 무선통신 간 융합(C영역)

④ 유선통신, 무선통신, 방송 세 영역이 교차하는 융합(D영역)으로 분류된다.

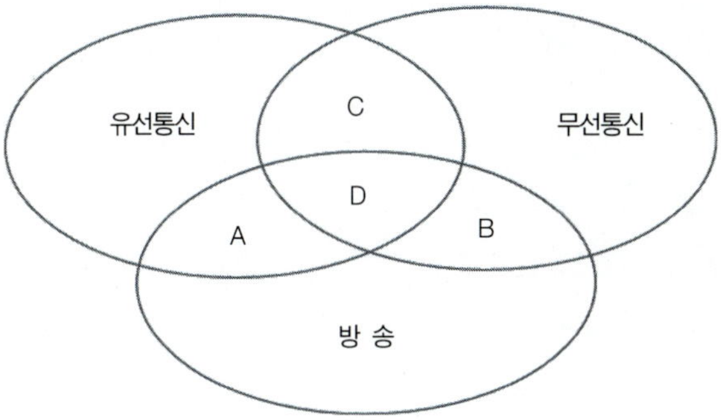

그림 1-13 방송 · 통신융합 산업구조

영역별 관련 사례들을 살펴보면 다음과 같다.

(1) 유선통신과 방송의 융합

유선통신과 방송의 융합인 A영역의 해당 서비스로는 국내의 경우 현재 IPTV(KT 등이 추진), D-TV(케이블 사업자들이 추진), TPS(Triple Play Service)(KT와 케이블 방송사업자들이 추진)가 여기에 속한다.

(2) 무선통신과 방송의 융합

무선통신과 방송의 융합인 B영역의 대표적인 서비스에는 국내 이동통신 산업에서 지배적 사업자인 SKT가 제공하고 있는 위성 DMB(Digital Multimedia Broadcasting), 텔레매틱스(Telematics), 휴대폰 방송 서비스가 있다.

(3) 유선통신과 무선통신의 융합

유선통신과 무선통신의 융합인 C영역의 서비스 사례는 KT의 '원폰' 서비스를 들 수 있다.

(4) 유선통신, 무선통신, 방송영역이 교차하는 융합

모든 영역의 교차부문인 D영역은 세 개의 산업이 겹치는 유선통신, 방송, 무선통신의 융합영역이다. 여기에 해당하는 서비스는 KT와 SKT 등의 홈네트워크 서비스(HNS, Home Network Service)가 대표적이다.

HNS 서비스는 초고속 인터넷과 무선이동통신과 같은 유무선 네트워크 인프라를 기반으로 댁내 A/V, 데이터 통신, 정보기기 및 가전기기들이 상호 네트워크 연결되어 시간과 공간에 구애받지 않는 다양한 홈서비스를 제공하기 때문에 전혀 새로운 IT 융합기술의 결정체라 할 수 있다.

Chapter

2 유선과 무선의 융합기술

01 유무선 융합 중점기술의 정의

유무선 통합기술은 다양한 액세스 네트워크에서 혼재하는 차세대 이동통신망과 기존의 이동통신망 환경에서 서비스 이용자가 이종 액세스 네트워크 간의 이동시에 심리스 핸드오버 서비스 제공과 단말의 글로벌 이동성을 보장하기 위하여 IP 기반의 이동성을 동시에 지원하기 위한 이동성 제공기술이다.

차세대 이동통신망의 이종 액세스망 간 연동 프레임워크 기술, 라디오 도메인의 심리스 핸드오버 지원기술, 이종망 간의 심리스 핸드오버 지원기술, IP 기반의 글로벌 이동성 지원 등의 이동성 관리기술과 BcN 환경에서 패킷 기반의 네트워크 기술을 활용하여 음성과 데이터, 유선과 무선, 방송과 통신, 인터넷 등 모든 종류의 통신망을 통합 수용하는데 소요되는 전달망 및 서비스 기술로, 모든 서비스의 융합 및 고품질 서비스를 품질보장형으로 안전하게 제공할 수 있는 BcN 전달망 및 서비스 기술을 대상으로 한다.

연관 관련 기술은 그림 2-1과 같다.

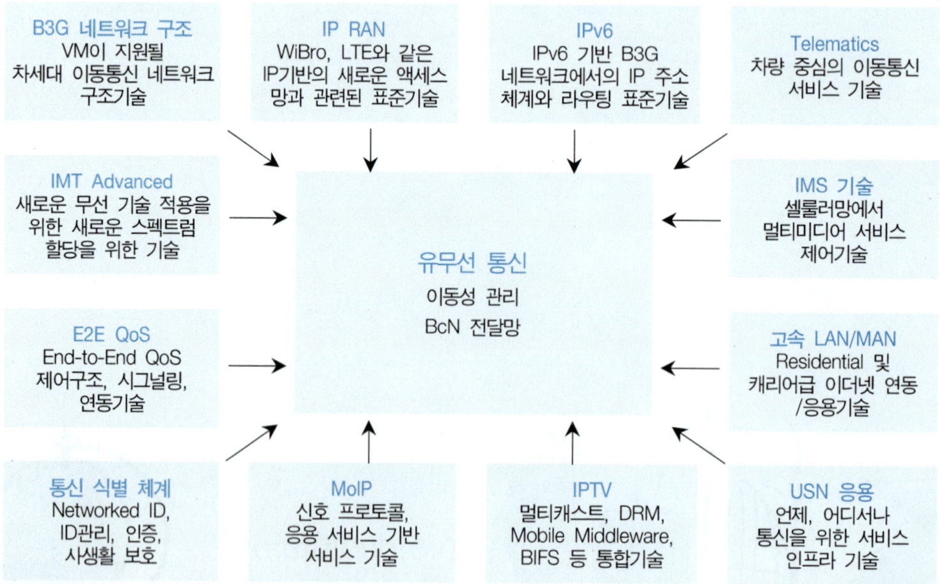

그림 2-1 ■ 유무선 융합 연관 관련 기술

표 2-1은 연관 관련 기술별 분석표이다. 이 표에서 연관 관련 기술내용 및 국내외 표준 관련 단체, 표준화 수준, 기술개발 수준 과정을 설명하였다.

유무선 통합기술은 이동통신 분야의 이동성 관리(Mobility Management)기술과 BcN 분야의 전달망 및 서비스 기술로 구성된다.

표 2-1 ■ 연관 관련 기술별 분석표

연관기술	내 용	표준화 기구/단체		표준화 수준		기술개발 수준	
		국내	국외	국내	국외	국내	국외
B3G 네트워크 구조 표준기술	Vertical Mobility가 적용될 차세대 이동통신 네트워크의 전체 구조에 대한 표준기술	TTA/ITU-T연구반/BcN포럼	ITU-T, NGN-GS/ETS/ATS	표준안 개발/검토	표준안 개발/검토	구조안 개발중	프로토타입
IMT Advanced 기술	새로운 무선 기술을 적용하기 위한 새로운 무선 스펙트럼 할당 기술	TTA/ngmc	ITU-R WP8F	표준안 개발/검토	표준안 개발/검토	기술 기획	기술 기획
IP RAN 기술	IP 기반 서비스를 효율적으로 제공하기 위한 새로운 IP기반 액세스 네트워크 기술	TTA	3GPPa/IEEE WiMax포럼	표준안 개발/검토	표준안 개발/검토	상용화	상용화
IPv6 기술	IP 기반의 차세대 이동통신 시스템에서 IP 주소할당 및 라우팅을 위한 표준 기술	TTA/IPv6 포럼	IETF/IPv6포럼	표준안 개발/검토	표준안 개발/검토	상용화	상용화
MS 기술	셀룰러망에서 멀티미디어 서비스를 제공하기 위한 표준화된 망 기술	TTA	3GPP	표준제정	표준제정	상용화	상용화
Telematics	차량 중심의 이동통신 서비스 기술	TTA/KOTRA	IEEE/ISO	표준안 개발/검토	표준안 개발/검토	설계	설계
E2E QoS	End-to-end QoS, 제어구조, 시그널링, 이종 도메인 간 QoS 연동기술	TTA,OSIA	ITU-T, IETF	표준 기획	표준 개발	기술 기획	설계 시제품
USN 응용	IP 인프라 기반으로 광범위한 확장성을 갖는 센서노드, 게이트웨이 및 싱크노드의 이동성을 보장하는 USN 서비스 기술	TTA PG302	IEEE 802 16e, 802 16g	표준 제정	표준 제정	상용화	시제품
PTV	보안 및 신뢰성이 보장된 IP망을 통하여 제공되는 텔레비전, 비디오, 오디오 및 데이터 등 멀티미디어 서비스 기술	TTA, 차세대 방송포럼, MPEG-Korea 포럼	ITU-T, TVAF, ATSC, JTCI	표준 개발	표준 개발	구현	일부 상용화
MoIP	IP 기반으로 제공하는 유무선 음성전화, 고품질 음성전화 등 멀티미디어 통화 부가/응용 서비스	TTA PG208, VoIP 포럼	ITU-T, IETF, IETS, 3GPP	표준 제정	표준 제정	상용화	상용화
LAN/MAM	Residential 이더넷, Carrier 이더넷 기술 연동 및 응용기술	TTA, 한국이더넷 포럼	IEEE802.1, 802.3	표준 기획	항목 승인	기획	시제품
LAN/MAN 통합 식별체계	망 ID 및 응용 ID를 통합하여 하나의 id로 통용토록 하기 위해 관리, 인증 개인 사생활 보호 기술 등을 표준	TTA	ITU-T id MFG, Liberty Alience	표준 기획	표준 기획	기획	설계, 시제품

1. 이동성 관리기술

이동성 관리(Mobility management)기술은 IEEE 802.16m/11n, 3GPP-LTE, 4G 등 차세대 이동통신망과 기존의 이동통신망 간의 심리스 핸드오버 서비스를 제공하기 위한 것으로, 각 액세스망에서의 Inter-RAT(Radio Access Technology) 지원기술, 이기종 액세스 네트워크 간의 핸드오버 기술, IP 기반의 이동성 지원 등과 같은 핵심 요소기술과 MIH (Media Independent Handover) 기반, 펨토 셀 기반, IMS 기반의 컨버전스 서비스 제공기술을 정의한다.

1) 수직적 핸드오버 지원기술

IEEE802 계열 액세스 네트워크에서 수직적 핸드오버(Vertical Handover) 지원기술은 이기종 네트워크 간 핸드오버를 목적으로 IEEE 802.21의 MIH(Media Independent Handover) 기능을 지원하기 위해 IEEE 802 계열의 유무선 LAN, MAN 기술에 대한 요구사항 및 추가 기능구조를 다루는 표준기술이다. 세부기술 항목은 IEEE802.3/802.11/802.15/802.16에서의 MIH 지원을 위한 구조 정의 및 프리미티브 맵핑, SAP 맵핑 등이다.

3GPP 액세스 네트워크에서 수직적 핸드오버(Vertical Handover) 지원기술은 3GPP의 SAE에서는 3G evolution 네트워크에서 액세스 네트워크 간 이동성 지원을 위한 프레임워크 기술로 기존의 3G 액세스 네트워크와 LTE(Long Term Evolution) 액세스 네트워크 간의 이동성 관리, LTE 내부의 이동성 관리, 3GPPx 액세스 네트워크와 비 3GPPx 액세스 네트워크 간의 핸드오버를 지원하기 위한 핵심/액세스 네트워크 구조 및 필요 엔터티를 규정하기 위한 표준기술을 포함한다.

2) MIH(Media Independent Handover) 확장기술

IEEE 802.21 MIH 확장기술은 IEEE 802.21 워킹 그룹(WG : Working Group, 이하 WG)에서 표준화가 진행중인 Media Independent Handover(MIH, 이하 MIH) 기술을 멀티모드 이동단말의 실제 상용 이기종 무선 네트워크 간 핸드오버 시 기존 기본 MIH 표준안에 보완하여 적용되어야 할 기술을 의미한다.

세부적으로는 수직적 핸드오버 정책(Vertical Handover Policy) 전달 및 관리기술, 수직적 핸드오버(Vertical Handover)를 위한 L2 확장기술 및 수직적 핸드오버를 위한 시그널링 기술을 포함한다.

3) 수직적 핸드오버 정책 전달 및 관리기술

수직적 핸드오버 정책(Vertical Handover Policy) 전달 및 관리 기술은 이기종 네트워크 간 핸드오버 시 적용해야 할 수직적 핸드오버 정책(Vertical Handover Policy) 정의, 관리 및 이동 단말과 네트워크 MIH 엔터티 간 수직적 핸드오버 정책 전달 프로토콜 정의를 포함한다.

4) 수직적 핸드오버를 위한 L2 확장기술

수직적 핸드오버(Vertical Handover)를 위한 L2 확장 기술은 MIH Functional Entity(MIHF)를 지원하기 위하여 WiFi, WiBro 및 3G 등의 네트워크 하부 PHY 및 MAC 계층에서 확장 지원해야 하는 기술을 의미한다. 수직적 핸드오버(Vertical Handover)를 위한 시그널링 기술은 이동 단말 및 네트워크 엔터티 간 및 이기종 네트워크 엔터티들 간 이동 단말의 이기종 무선 네트워크 간 심리스 이동성을 지원하기 위하여 상호 전달되어야 할 시그널링 메시지 정의 및 처리절차를 포함한다.

5) 다중 모드 단말을 위한 전력 관리기술

다중 모드 단말을 위한 전력 관리기술은 두 개 이상의 무선접속 인터페이스를 갖는 멀티모드 단말이 여러 무선접속 인터페이스 사용에 따라 발생되는 전력소모를 최소화하기 위한 기술이며, 최적 전력 관리를 위한 인터페이스 제어기술 및 다중 모드 단말을 위한 위치 관리 기술을 포함한다. 최적 전력 관리를 위한 인터페이스 제어기술은 특정 무선접속 인터페이스를 통하여 응용 서비스의 사용 여부, 각 무선접속 인터페이스의 전력소모 특성 및 이기종 무선접속 셀 내 이동 단말의 위치 등에 따라 무선접속 인터페이스의 상태를 제어하는 기술이다. 다중 모드 단말을 위한 위치 관리기술은 다중 모드 단말을 위한 페이징 및 위치 업데이트 처리를 지원하는 기술이다.

6) 디지털 방송 네트워크를 위한 수직적 핸드오버 기술

디지털 방송 네트워크를 위한 수직적 핸드오버(Vertical Handover) 기술은 DMB, DVB-H 및 Media-FLO 등 디지털 방송 네트워크와 WiBro, WiFi 및 HSDPA 등 무선 데이터 액세스 네트워크 간 디지털 방송 스트림의 끊임없는 서비스를 지원하기 위하여 제공해야 할 기술로서 이기종 무선 링크 상태 감시기술, 이기종 무선 링크 선택 및 제어기술 및 디지털 방송 콘텐츠 동기화 기술을 포함한다.

이기종 무선 링크 상태 감시 기술은 디지털 방송 링크 및 무선 액세스 링크의 상태를 측정하여 특정 링크의 신호 세기 감소 및 보다 나은 품질의 링크 감지시 해당 링크에 대한 정보를 상위 계층으로 전달하는 기술이다.

이기종 무선 링크 선택 및 제어기술은 하부에서 측정된 링크 상태를 바탕으로 보다 나은 품질을 제공하는 네트워크를 선택하여 해당 네트워크로 새로운 링크 접속을 시도하는 등 하부 무선 링크의 접속 상태를 제어하는 기술이다.

7) 디지털 방송 콘텐츠 동기화 기술

디지털 방송 콘텐츠 동기화 기술은 특정 디지털 방송 스트림을 디지털 방송 네트워크와 무선 데이터 액세스 네트워크로 전송시 서로 다른 무선 네트워크에서 전송되는 동일 방송 스트림에 대한 시간 동기를 맞추는 기술이다.

8) 이동성 관리 프로토콜 최적화 기술

Inter-RAT 핸드오버시 이동성 관리 프로토콜 최적화 기술은 IEEE 802.21 MIH를 기반으로 이기종 접속 네트워크 간의 핸드오버를 지원하는 시스템에서 IP 이동성 관리 프로토콜의 최적화를 위한 요구사항 기능구조를 다루는 표준기술로 MIH의 이벤트, 명령어 및 정보 서비스를 활용하여 상위 IP 이동성 프로토콜의 동작을 최적화하는 기술이다.

세부기술 아이템으로는 Proxy Mobile IP(for IPv4 & IPv6) 최적화 기술 및 Mobile IP(for IPv4 and IPv6) 최적화 기술을 포함한다.

9) 인증처리 최적화 기술

수직적 핸드오버(Vertical Handover)를 위한 인증처리 최적화 기술은 이기종 네트워크 간 핸드오버시 각 이기종 무선 액세스 네트워크 측에서 이동 단말의 존재를 확인하여 각 단말에 적합한 네트워크 접근 권한을 결정하여 자원을 할당하는 인증처리 과정은 수초의 지연을 유발하여 사용자 응용서비스의 단절을 초래하므로, 이기종 네트워크 간 심리스 핸드오버를 지원하기 위해서는 필수적으로 선결되어야 하는 문제이다.

이러한 이기종 네트워크 간 핸드오버시의 인증에 따른 시간지연을 해결하기 위하여 선 인증처리 및 인증키 구조 재정의 기술 등이 IEEE 802.21 WG 산하 Security Study Group(SG, 이하 SG) 및 IETF Handover KEYing(HoKEY) WG 등에서 표준화가 진행중이다.

이기종 네트워크 간 선 인증처리 기술은 새로운 무선접속 액세스 네트워크에서 처리되어야 할 인증처리 과정을 이동단말이 현재 접속한 네트워크에서 사전 처리하는 것을 주요 골자로 하고 있다.

이기종 네트워크 간 인증키 구조 재정의 기술은 이기종 네트워크 간 핸드오버를 위한 보안 도메인을 설정하여 해당 보안 도메인 내에서는 보안키를 공유하는 것이 특징이다.

이러한 보안키 공유에 따라 이동 단말이 특정 보안 도메인 내 이기종 네트워크 간 이동 시 이동 단말의 홈네트워크에 위치한 보안 서버를 통하여 보안키를 재생성하지 않고, 보안 도메인 내에서 공유하고 있는 보안키를 재사용함으로써 인증키 생성에 따른 지연을 최소화이다.

10) All IP 기반의 이동성 관리 프로토콜 및 최적화 기술

All IP 기반의 이동성 관리 프로토콜 기술은 All IP 기반의 이동 무선 네트워크 환경에서의 호스트의 이동시에도 IP 서비스를 계속해서 유지하기 위한 IP 이동성 관리 표준기술이다. 대표적인 세부표준은 IETF에서 표준화된 호스트 기반기술인 모바일 IP(IPv4/IPv6)와 네트워크 기반기술인 Proxy Mobile IP(IPv4/IPv6)이다.

로컬 이동성을 위한 이동성 관리 프로토콜 최적화 기술은 IETF에서는 로컬 이동성을 위한 이동성 관리 프로토콜로 네트워크 기반 이동성 관리 프로토콜을 표준화하였는데 이 기술은 이동성을 위한 프로토콜이 없는 단말이 네트워크 기반 이동성 관리 네트워크에 들어오면 망에서 링크 상태를 모니터링하여 단말을 연결을 보장하는 것으로 로컬 이동성 관리 프로토콜과 링크 상태를 모니터링하기 위한 IEEE 802.21 MIH 서비스 사이의 절차를 최적으로 결합하는 기술이다.

11) 차세대 이동통신망(4G)의 심리스 핸드오버 프레임 및 서비스 기술

차세대 이동통신망(4G)의 심리스 핸드오버 프레임 기술은 3GPP의 SAE에서는 3G 혁신 네트워크에서 액세스 네트워크 간 이동성 지원을 위한 프레임워크 기술로 기존의 3G 액세스 네트워크와 LTE(Long Term Evolution) 액세스 네트워크 간의 이동성 관리, LTE 내부의 이동성 관리, 3GPPx 액세스 네트워크와 비 3GPPx 액세스 네트워크 간의 핸드오버를 지원하기 위한 핵심/액세스 네트워크 구조 및 필요 엔터티를 규정하기 위한 표준기술을 포함한다.

이기종 무선 액세스망 간의 심리스 핸드오버 서비스 기술은 사용자에게 통신망 종류에 상관없이 일관되고 끊김없는 서비스를 제공하는 것을 목표로 한다.

3G 이동통신과 멀티미디어 통신의 보편화로 사용자는 물론 통신망 입장에서도 음성과 데이터의 구분이 사라지고 있는데, FMC(Fixed Mobile Convergence)는 이동통신망 및 유선전화망과 블루투스, 무선랜, UWB(Ultra Wide Band)와 같은 UMA(Unlicensed Mobile Access)망에 대한 제반 서비스를 IP 기반으로 통합하는 것이다.

무선통신의 기술 발전으로 다양한 무선망이 혼합적으로 사용되는데 WLAN을 기본으로 3G, HSDPA, WiBro 등이 상용화되어 사용되고 있으며, 이들 무선망은 서로 각각 다른 특성을 지니고 있어 대역폭, 커버리지, 요금 등과 같은 측면에서 많은 차이를 보인다.

따라서 이용자들의 요구사항 또는 망의 상태에 따라 이들 중 적절한 무선망을 선택하여 사용하게 되므로 WiBro와 Cellular 간 수직적 핸드오버 기술, WLAN은 WiBro와 WLAN 간 수직적 핸드오버 기술, WLAN과 Cellular 간 수직적 핸드오버 기술이 요구된다.

2. BcN 전달망 및 서비스 기술

BcN 전달망 및 서비스 기술은 국제적인 정의에 따르는 차세대 네트워크(NGN) 기술인 패킷 기반의 통합 기술에 기반하고 있으며 기존의 자원 및 시설의 재활용을 최대화하고, 새로운 IP 기반의 멀티미디어 서비스를 수용하기 위한 방향으로 전개한다.

따라서 패킷 기반의 멀티서비스 기간망과 기존의 유무선 통신망 간의 다양한 상호연동 및 통합 운용관리 기술을 정의한다.

1) IMS 기반 이동성 지원기술

IMS 기반 이동성 지원기술은 IP 멀티미디어 서비스를 모바일, 유선, 그리고 컨버전스 환경에서 가능하게 해주는 개방형 아키텍처로 SIP(Session Initiation Protocol) 시그널링을 기반으로 한다.

IMS 아키텍처에서는 네트워크이나 플랫폼 유형에 관계없이 애플리케이션을 생성, 제어, 변화시킬 수 있으며, 영상이나 대용량 데이터 등 멀티미디어 통신을 효율적으로 구현할 수 있는 기술이다.

BcN에서는 기본 IMS 구조를 바탕으로 이를 유무선 통합망에 적용하고 또한 통방융합 서비스를 제어하기 위한 All IP 기반 통합 네트워크 및 서비스 제어기술을 연구중이다.

이동망의 표준으로 개발된 IMS는 새로운 서비스를 통한 수익창출 및 네트워크 관리 효율성을 필요로 하는 유선 사업자들에 의해 그 적용이 활발해지고 있으므로 사업자망 간 상호접속 관련 표준 확장기술이 요구된다.

2) QoS(RACF 포함) 기술

QoS(RACF 포함) 기술은 BcN 망을 품질보장형 망으로 발전시키는 기술로, 품질보장을 위한 목표 기준값 산출(Y.1541, Y.1542, Y.NHNperf, Y.NGNQoS 등) 분야, 통신망 구현 분야(Y.RACF, RACFCentralMPLS,Y.enet 등) 및 Flow-based QoS 메커니즘 분야(Y.2121, Y.FAinX 등)의 표준이다.

3) 모니터링 · 관리 기술

모니터링 · 관리(Monitoring · Measurement)기술은 BcN을 품질보장망으로 발전시키기 위해 필요한 BcN 망 및 서비스 관련 품질기준과 측정, 측정절차 및 관리 전반을 다루는 표준(Y.1541, Y.2173, Y.mpm-R2 등)이다.

4) 유비쿼터스 네트워킹 지원기술

유비쿼터스 네트워킹 지원(Ubiquitous Networking Support)기술은 BcN을 통해 유비쿼터스 네트워크를 수용하고 지원하는 기술에 대한 요구사항 및 기능 구조를 다루는 표준기술이며, 유비쿼터스 네트워킹의 개념은 유비쿼터스 네트워크로 물리공간에 펼쳐진 각종 사물을 네트워크로 연결하여 세상 모두가 연결 및 접속할 수 있는 것을 의미하는데, 유비쿼터스 네트워킹을 통하여 물류, 의료, 가전, 통신, 미디어, 교통 등의 산업 전반적인 영향력을 제공할 것으로 예상되며 미래 사회, 문화, 산업을 견인할 핵심 주체의 역할을 할 것이다. 이를 위해 BcN 전달망을 코어 백본망으로 사용하기 위한 필요한 표준이다. 유비쿼터스 네트워킹 기술은 주로 네트워크 분야를 중심으로 타분야와의 연계수용 전달 등 관련 분야의 폭이 광범위하다.

5) 멀티캐스팅 기술

멀티캐스팅 기술은 데이터의 효율적 전송을 위해 다수의 수신자들에게 동시 전송이 가능하게 하는 전송기술로, 송신자와 수신자의 관계에 따라 1 : N, N : 1, N : N 유형의 멀티캐스트 전송방식으로 구분한다.

또한, 구현 기법에 따라 IP 멀티캐스트 기술, 오버레이 멀티캐스트 기술(혹은 응용 멀티캐스트 기술) 그리고 MAC 계층 멀티캐스트 기술 등으로 구분하기도 한다.

이러한 멀티캐스트 기술은 인터넷방송, IPTV, 개인방송, 인터넷 화상회의, 다지점 파일 전송, 인터넷게임 등 다양한 응용에 적용되며, 최근 방통융합 서비스에 대한 관심이 높아지면서 멀티캐스트 기술이 새롭게 조망되고 있다.

ITU-T SG13 및 SG17 그리고 JTC1/SC6와 IETF 등의 표준기구에서는 국제표준화 작업이 적극 추진중이다. 특히 ITU-T SG13은 NGN Release 2 핵심기술 중 하나로 멀티캐스트 기능을 정의하고 관련 표준화 작업을 추진한다.

6) NGN망 관리기술

NGN망 관리 기술은 NGN 망을 운용, 보전 및 제어하기 위한 FCAPS 관리를 위한 프로토콜 및 데이터 관리구조 등에 대한 설계 및 구현기술을 포함한다.

NGN 환경의 단말 이동성 관리기술은 ITU-T NGN-GSI에서 진행중인 차세대 유무선 통합 네트워크(NGN)에서 단말 이동성을 제공하기 위한 표준기술로서, 이동성 제어 프레임워크, NGN 구조에 대한 맵핑, 이동성 제어 절차, 프로토콜 및 데이터 관리구조 등에 대한 설계 및 구현기술을 포함한다.

7) 액세스망 접속 표준기술

액세스망 접속 표준기술은 NGN에서 가입자 인증과 IP 주소할당 등의 네트워크 접속 기능 등 가입자의 NGN 액세스망 접속에 관련된 제반 표준(NACF 등) 해당 기술 설명한다.

8) 오버레이 네트워킹 기술

오버레이 네트워킹 기술은 통신망을 동적으로 관리, 제어함으로써 망 자원을 효율적으로 사용하고, 다양한 응용서비스를 편리하게 개발, 적용 가능하게 하는 기술이다. 특히 통신사업자들은 자신이 보유하고 있는 통신망 자원을 효율적으로 관리, 제어함으로써 새로운 서비스가 출현될 때 이러한 신규 서비스를 지원하기 위한 추가적인 망 구축 부담 없이 서비스 수용이 가능하게 하는 서비스 오버레이 네트워킹 기술에 대한 관심이 고조되어 있다. 이러한 사업자들의 요구사항에 따라 최근 IEEE NGSON, ITU-T 등에서 표준화 작업에 대한 논의가 시작되는 선행기술. 오버레이 네트워킹을 실현하기 위해서는 다양한 세부기술이 요구되는데 고성능 전송을 가능하게 하는 핵심기술로 스트리밍 P2P, Managed P2P, 자원 구성관리 및 제어 등의 세부기술에 대한 연구가 적극 추진중이다. 특히 사업자들은 제어가 가능한 P2P 개념 기반의 새로운 네트워킹 기술에 대한 관심이 매우 높다.

9) 융합 서비스 기술

융합 서비스(Convergence service) 기술은 차세대 융·복합형 유무선 통합 NGN 환경에서 여러 서비스 제공자와 네트워크 제공자들의 서비스 요소 및 서비스 능력들을 상호 융합시킴으로써 사용자에게는 더 많은 편의와 다양한 서비스들을 제공할 수 있고, 서비스 제공자에게는 새로운 서비스 영역 창출에 의한 비즈니스 영역 확장의 기회가 주어지는 서비스 기술들을 포함하며, 융합 서비스와 관련된 세부 표준화 기술로서 융합 서비스 모델 및 프레임워크, 융합 서비스 제공을 위한 통합식별자 관리 방안, 콘텐츠 융합형 서비스, 사용자 취향 반영형 서비스 프로파일 관리기술 등이 있으며, 서비스의 고도화 및 다양화에 따라 더 많은 속성들이 향후 도출될 수 있다.

10) 과금 기술

과금(Accounting · Charging) 기술은 BcN/NGN에서의 사용량 기반 과금, 과금 프레임워크, 효율적인 과금 메커니즘 및 과금 시그널링을 다루는 표준으로 유무선 통합망에서 품질측정을 통한 정책기반의 어카운팅/과금 요구사항 및 프레임워크를 표준화한다.

11) 비상통신 서비스 기술

비상통신 서비스 기술은 NGN에서 긴급통신을 위한 표준(Y.2205 : Y.NGN-ET-Tech, Y.2702)과 음성형 긴급통신 표준화를 확장하여 유무선 통합 비상통신 서비스 관련 표준 추진 VoIP 긴급통신 표준화를 확장하여 NGN용 비상통신 서비스 관련 표준이다.

02 무선인터넷 기술의 개요

무선인터넷(無線 Wireless Internet)은 케이블 대신 전파를 이용하는 무선통신을 기반으로 인터넷을 하는 것을 통칭하며, 무선인터넷 규약(Wireless Internet Protocol)에 의해 사용하는 WAP과 넷스팟 등의 무선랜을 사용하는 방법이 있다.

표 2-2 ■ 유선인터넷과 무선인터넷의 비교

구 분	유선인터넷	무선인터넷
전송속도	50Mbps	14.4Kbps~2Mbps
정보의 제공	멀티미디어 포함 다양한 정보 제공	텍스트 위주의 간단한 정보 제공, 일부 동영상 서버 제공
디스플레이 및 입력 장치	• 큰 화면(17인치~21인치) • 편리한 인터페이스	• 작은 화면(2인치~8인치) • 제한된 작은 키보드
미디어 성격	• 쌍방향 미디어	• 일방적 미디어
선도 기술	• 지불 · 인증, 지능형 에이전트	• WAP 기반 기술, 보안, CPS, PDA, IMT-2000

인터넷 접속기기 또한 기존의 데스크탑, 노트북 중심에서 이동전화, PDA, TV, 게임기 등으로 확대되고 있으며, 최근에는 3세대 무선인터넷 기술의 발전으로 언제, 어디서나 초고속 인터넷 접속이 가능해지면서 무선인터넷으로도 유선인터넷과 거의 동일한 수준의 서비스를 이용할 수 있게 되었다.

1. 무선인터넷 정의

무선인터넷(Wireless Internet 또는 Mobile Internet)은 이동전화, 개인휴대정보단말기(PDA) 등의 무선단말기와 무선랜, 블루투스 같은 무선 데이터 통신망을 통해 인터넷에 접속하여 데이터 통신이나 인터넷 서비스를 이용하는 것'으로 정의된다.

즉, 한 곳에 고정(Fixed)되어 있지 않고 이동(Mobile)하면서도 언제, 어디서나 유선과 동등한 인터넷 서비스를 이용할 수 있는 것을 말한다. 이러한 무선인터넷은 이동성은 제한되나 전송용량 및 속도에서 우위에 있는 '무선고정 인터넷'과 이동성은 높으나 전송용량 및 속도가 제한적인 '무선이동 인터넷'으로 구분될 수 있다.

표 2-3 ■ 무선고정 인터넷과 무선이동 인터넷의 비교

무선고정 인터넷	무선이동 인터넷
• 이동성이 제한된 반면 전송용량 및 속도에서 우위 • 무선 멀티미디어 서비스 제공 가능 • 블루투스, 무선 RAN, B-WILL 등	• 이동성이 높으나 전송용량 및 속도에서 제한 • 무선인터넷은 이동통신망의 발전에 따라 AMPS망을 이용한 CDPD → IS-95/GSM → IMT-2000으로 발전 • 현재 2세대 이동통신망 기반으로 WAP, ME, i-mode 등의 무선 응용 프로토콜을 사용해 무선인터넷 서비스 제공

그러므로 이동전화, 노트북 PC, PDA 등의 무선단말기로 이동통신망 또는 무선랜, 와이브로 같은 무선 데이터 통신망을 통해 인터넷 서비스를 이용하는 것으로, 이동전화 무선인터넷, 무선랜, 초고속 무선인터넷 서비스를 포함한다.

2. 무선인터넷 서비스의 종류

1) 이동전화 무선인터넷

이동전화(PDA폰 · 스마트폰 포함)로 이동통신망을 통해 이동통신사에서 제공하는 인터넷 서비스 이용하는 것이다. 무선이동 인터넷은 이동성이 높은 환경에서 사용하며 통상 데이터 전송용량 및 전송속도에서 상당한 제약이 있다.

2) 무선랜

무선접속장치(AP)가 설치된 곳을 중심으로 일정 거리 안(핫존)에서 노트북 PC, PDA폰 · 스마트폰, PDA 등의 무선단말기를 통해 인터넷 서비스 이용하는 것이다.

무선랜(無線 Lan, WLAN)은 두 대 이상의 컴퓨터가 선 없이 연결한 상태로, 무선으로 된 로컬 영역 네트워크를 일컫는다. 무선랜은 스프레드 분광이나 전자기파 기반의 OFDM 변조 기술을 사용하여 제한된 지역 안에 있는 기기끼리 서로 통신할 수 있게 만들어 준다. 이로써 사용자가 무선랜 지원 지역을 돌아다니며 네트워크에 접속할 수 있다.

가정 사용자에게 무선망은 설치가 쉽고 노트북 컴퓨터의 인기폭발에 힘입어 위치가 자유롭다. 커피숍과 같은 수많은 공공장소는 손님들에게 무선 접근을 제공하기 시작했다. 일부 장소에서는 심지어 무료로 서비스하기도 한다.

주로 편의, 비용절감, 다른 네트워크와의 통합의 용이가 입증되면서 무선랜은 인기를 끌게 되었다. 오늘날 소비자에게 파는 대부분의 컴퓨터는 필수적인 모든 무선랜 기술이 미리 장착되어 출시된다.

무선랜의 장점은 다음과 같다.

① 편의성 : 가정이나 사무실에서 무선 네트워크 장비가 있는 곳이라면 무선 네트워크를 쉽게 사용할 수 있다.

② 휴대성 : 일반 노동 환경 밖에서도 인터넷에 접근할 수 있다. 커피숍과 같은 공공장소에서 무선인터넷 접속에 비용을 (얼마) 내지 않고 사용할 수 있다.

③ 생산성 : 장소를 옮겨 다니며 원하는 네트워크의 접속을 유지할 수 있다.
④ 배치 : 무선 네트워크를 처음 설치할 때에는 하나 이상의 액세스 포인트를 요구한다. 한편, 유선 네트워크는 수많은 장소에 케이블을 깔아야 하므로 비용이 늘어나는 문제점이 있다.
⑤ 확장성 : 무선 네트워크는 기존의 장비를 사용하여 수많은 고객을 받아들일 수 있다.

무선랜의 단점은 다음과 같다.

① 보안 : 무선랜은 라디오 주파수를 사용하여 컴퓨터에 네트워크를 제공한다. 공간과 비용을 위해 최종 컴퓨터에 설치된 무선랜 카드의 성능은 대체로 좋지 않다. 신호를 어느 정도 잡기 위해 무선랜 수신 장치는 상당히 많은 양의 전력을 사용할 수 있다. 다시 말해, 무선랜 성능이 좋지 않은 주변 컴퓨터가 무선 패킷을 가로챌 수 있을 뿐 아니라, 좋은 품질에 적은 돈을 소비하려는 사용자가 눈에 잘 띄는 곳에서 패킷을 가져갈 수 있다.
② 지원 범위의 한정 : 일반적으로 쓰이는 IEEE 802.11g 네트워크는 수십 미터의 거리를 지원한다. 일반 가정의 규모가 큰 경우 이러한 거리는 충분하지 못할 수 있다. 범위를 넓히려면 리피터나 추가적인 액세스 포인트 구매가 필요하다. 이에 대한 해결책으로 와이맥스 기술을 참조하라.
③ 신뢰성 : 다른 라디오 주파수 비슷하게, 무선 네트워크 신호는 다양한 통신 간섭에 노출되어 있다. 무선랜의 신뢰성과 안정성에 큰 영향을 미칠 수 있는 것은 전자레인지이다.
④ 속도 : 대부분의 무선 네트워크는 일반적인 유선 네트워크에 비해 느린 편이다.

3) 초고속 무선인터넷

3세대 무선인터넷 접속 서비스인 HSDPA 및 와이브로를 통해 인터넷 서비스 이용하는 것이다.

① 와이브로 : 휴대인터넷(Portable Internet)의 서비스 명칭을 의미하는 와이브로(WiBro : Wireless와 Broadband의 결합)는 언제, 어디서나, 이동 중에도 높은 전송속도로 무선인터넷 접속이 가능한 서비스로 대중교통속도(120km/h)의 이동성을 보장한다. 휴대인터넷(portable Internet)의 서비스 명칭을 의미하는 와이브로는 언제, 어디서나, 이동중에도 높은 전송속도로 무선인터넷 접속이 가능한 서비스를 지칭한다.
와이브로는 도심지역에서 대중교통 주행속도 이상(120km/h 이상)의 이동성을 보

장하고 높은 수준의 전송속도(상향링크 1Mbps 이상, 하향링크 3Mbps 이상)로 무선 초고속 인터넷과 멀티미디어 이용이 가능한 서비스를 의미한다. 와이브로는 공간성, 이동성, 경제성, 휴대성, 단말기 확장성, 콘텐츠 확장성의 속성을 지니고 있으며 이를 통해 유선과 무선이 결합하는 유무선 통합과 디지털 컨버전스를 촉진시킬 것으로 전망되고 있다. 국내에서 와이브로는 2006년 상반기에 KT와 SK텔레콤의 두 와이브로 사업자에 의해 상용 서비스가 시작되었으며 향후 전국 84개 도시를 중심으로 광대역 무선인터넷 서비스를 제공할 전망이다. 그리고 해외에서는 와이브로는 모바일 와이맥스(Mobile WiMax)로 미국과 유럽 등 각국에서 빠르게 확산될 것으로 기대되고 있다.

이와 같이 HSDPA와 와이브로는 모두 광대역 무선인터넷을 선도하는 서비스로 거의 동일한 시기에 상용화 및 서비스 진화가 이루어지고 있어 두 서비스간 경쟁이 치열하게 전개되거나 비즈니스 모델을 통해서 보완적 관계를 강화할 것으로 전망되고 있다.

② HSDPA : 제3세대 이동통신인 비동기 방식의 WCDMA(Wideband Code Division Multiple Access) 계열이 진화한 기술인 HSDPA는 하향 링크에서 WCDMA에 비해 최대 3~7배 이상 빨라진 통신기술을 의미한다.

HSDPA는 국내외에서 IMT-2000 서비스로 기대를 모으며 출발하였던 WCDMA를 혁신적으로 진화시킨 기술로 제3.5세대 이동통신 서비스를 지칭한다.

HSDPA는 최대 14Mbps의 전송속도를 제공하여 기존 WCDMA에 비해 최대 3~7배 이상 빠르며 유선의 초고속 인터넷과 유사한 멀티미디어와 인터넷 접속을 무선에서의 제공 가능하다는 특장점을 지니고 있다. 또한 HSDPA는 화상통화나 화상회의와 같은 화상 서비스와 전 세계 대부분 지역에서 글로벌 로밍 통화를 제공하여 이용자의 편리성과 효용을 크게 증가시킬 것으로 전망된다.

국내에서 HSDPA는 이동통신 사업자의 적극적인 투자를 바탕으로 2006년 상반기에 SK텔레콤과 KTF에 의해 서비스가 상용화되었으며 2007년 전국 대부분 지역에 망이 구축되어 서비스가 제공될 전망이어서 향후 활성화가 기대되고 있다. 또한 HSDPA는 국내외에서 빠른 속도로 진화와 서비스 전개를 거듭하고 있다.

향후 HSDPA는 유선초고속 인터넷과 마찬가지로 IP 기반으로 멀티미디어 서비스 제공이 가능하고, 이는 유무선 융합 서비스 제공을 촉진할 것으로 전망되며 향후 전송속도를 더욱 크게 개선하여 HSUPA와 차세대(제4세대) 통신기술을 채용한 3G LTE로의 진화가 추진되고 있다.

Chapter 2

3. 무선인터넷 접속

무선인터넷 접속이 가능한 무선단말기 중 '이동전화(PDA폰 · 스마트폰 포함)'를 보유하고 있는 경우가 97.7%로 가장 많았으며, 다음으로 '노트북 PC' 16.3%, '게임기' 7.6%, 'PMP'4.6% 등의 순이었다.

무선인터넷 기술은 무선인터넷망 기술, 미들웨어 기술, 응용서비스 기술, 단말 기술, 콘텐츠 기술 등 다양한 기술 분야가 관련되어 있으며, 이들은 빠른 속도로 IP 기술을 기반으로 하는 차세대 무선인터넷망 기술로 발전하고 있다.

현재 국내 무선인터넷 서비스에 대해 서로 다른 방식(BREW, GVM, WIPI, J2ME, SYmbian 추가)의 도입으로 되고 있고 이로 인해 단말 제조업체나 인터넷 콘텐츠를 제공하는 사업자는 각 플랫폼에 맞는 다수의 콘텐츠를 중복 개발해야 하는 문제가 발생하고 있는 실정이다.

03 국내외 기술 및 표준화 현황

1. 표준화 필요성 및 목표

1) 표준화 필요성

IEEE 802.11n/16m, 3GPP-LTE 등의 차세대 이동통신망을 기반으로 하는 서비스가 활성화되면, 다양한 무선이동단말 및 이동 네트워크 서비스 이용자가 이들 차세대 이동통신망과 기존의 이동통신망 간의 이동시에도 끊김없는 서비스 지원이 요구되며, 이를 위하여 차세대 이동통신망과 기존 통신망 간의 모바일 관리(Mobility Management)에 대한 표준개발이 필수적이다. 또한, 통합된 네트워크를 구축하기 위해 유선망, 무선망, 방송망 등의 액세스 기술 영역별로 진행되어 왔으나, BcN에서는 이들 기술 간 경계가 허물어지고, 통합화 · 융합화가 진행됨에 따라 통합 차세대 네트워크가 가져야 할 요구사항 및 속성을 종합적으로 도출하고 새로운 네트워크 아키텍처를 설계하는 표준화 작업이 필요하다.

최근 기존의 이동통신 액세스 네트워크에 외에 무선랜, WiBro 등 다양한 무선 액세스 네트워크의 등장에 따라 이종 네트워크 간의 이동성을 지원하기 위한 Vertical Handover 기술에 대한 요구가 증대된다. 이를 지원하기 위한 모바일 관리(Mobility Management) 표준기술이 차세대 이동통신의 핵심 표준기술이다.

국내의 망 사업자들이 품질보장형 서비스, IPv6 주소체계, 네트워크 보안 등 새로운 요구사항을 갖는 BcN 시범망 및 상용망 구축에 참여하게 됨에 따라 사업자 간 망 연동, QoS, 모빌리티, 네트워크 보안과 같은 기능들의 End-to-End 실현을 지원하기 위한 국내표준이 필요하다.

아울러, 모바일 관리기술은 여러 이종 시스템을 통합하는 유비쿼터스 서비스를 위한 통신 인프라 건설의 실현기술이다.

IEEE 802.11n/16m과 3GPP-LTE 그리고 4G 등에서 차세대 이동통신 네트워크를 위한 무선 액세스망의 표준화 기술을 개발중에 있으며, 이들 차세대 이동통신망과 기존의 이동통신망 간의 심리스 핸드오버를 위한 서비스 요구사항이 제시되고 있다.

더욱이 모바일 관리는 관련기술이 아직 표준화가 초기단계로 국내 기술의 표준화 반영 가능성이 높다. 이러한 차세대 이동통신 네트워크 환경에서 이종 네트워크 간 이동시 사용자에 대한 서비스 연속성 지원은 가장 필수적인 요구조건이 될 것이며, 이를 지원하기 위한 모바일 관리 표준기술이 차세대 이동통신의 핵심 표준기술이다.

BcN 환경에서 다양한 서비스들이 신속하게 도입되고 보급 확산이 쉽도록 하기 위해서는 지금까지는 개별적으로 진행되어 오던 음성통화 서비스, 멀티미디어 서비스, 스트리밍 서비스들을 포괄적으로 수용할 수 있는 서비스 요소기술 및 아키텍처의 표준화가 필요하다.

BcN이라는 새로운 네트워크 인프라가 구축되는 상황에서 기업들은 기술자체보다 전략적인 시장 지배를 통한 경쟁우위를 추구하게 되며, 이는 보통의 경우 시장 지배적 사업자에게 유리한 불공정 경쟁이 되기 쉬우며, 이러한 상황에서 국내외 표준의 제정과 운용은 시장진입에 대한 공정성을 지원하고, 기술경쟁을 촉진하는 긍정적 효과를 발휘한다.

유무선 통합이나 통방융합, BcN 보안 응용기술은 기술적으로 경계기술, 복합 기술에 해당한다고 볼 수 있으며, 전문인력이 충분치 못한 분야로써, 표준화를 통한 공통 기술의 보급은 우리나라와 같이 기술 자원이 한정된 상황에서 국가적으로 바람직하다.

2) 표준화 목표

유비쿼터스 서비스를 위한 All IP 기반의 유무선 통합을 목표로 한다.

기존의 이기종 액세스망에서 컨버전스 네트워크 환경을 위한 Partial Vertical Mobility 서비스 실현을 위한 모바일 관리(Mobility Management) 핵심요소 기술의 국제 표준을 선도 추진하고, 이를 국내 실정에 적합한 TTA 표준으로 제정한다.

국내 시장 및 기술 환경을 고려한 모바일 관리 관련 주요기술에 대한 표준기술을 개발하고, 이를 3GPP, IEEE, IETF, ITU 등을 통해 국제표준화를 추진한다.

Full Vertical Mobility 서비스 실현을 위한 "All IP based Seamless Mobility Management" 국제표준화를 추진한다.

통신, 방송, 인터넷이 융합된 형태로 품질보장형 BcN 서비스를 특정 망 사업자나 서비스 사업자에 관계없이, 언제, 어느 곳에서든지 누구나 이용할 수 있도록 BcN망 구축 및 서비스 개발에 필요한 국내외 표준화 활동을 수행한다.

3) 비전 및 기대효과

차세대 이동통신망에서 이동 서비스 제공을 위한 핵심 표준기술인 모바일 관리 표준기술과 통신, 방송, 인터넷이 융합된 품질보장형 BcN 서비스 및 BcN망 구축을 위한 표준기술의 통합으로 국내외 차세대 통신관련 사업자 및 장비업체의 경쟁력을 획기적으로 강화한다.

모바일 관리기술은 차세대 이동통신의 핵심기술이나 아직 그 기술개발 및 표준화가 초기단계이다. 따라서 한국이 이 분야에 대한 기술개발 및 표준화를 주도적으로 추진한다면 관련 표준화를 주도할 가능성이 다른 분야에 비하여 상대적으로 높다.

모바일 관리기술에 대한 표준화 주도는 국내 차세대 이동통신 사업자 및 장비업체의 경쟁력을 강화시켜줌으로써 수출 증대, 고용 증대에 기여한다.

이용자는 다양한 액세스 네트워크가 혼재하는 차세대 이동통신 환경에서 낮은 비용으로 고품질의 심리스한 서비스를 제공받을 수 있으므로 인해 차후 지속적으로 세계적으로 앞선 정보통신 환경을 유지한다.

BcN 서비스 및 제어망은 이종망 간에 융합 서비스 제공이 가능한 개방형 통신망 구조로 발전할 것이며 서킷·패킷 미디어를 통합제어하고 미래에 출현할 수 있는 모든 종류의 서비스를 생성, 제공 및 관리할 수 있는 능력을 제공하므로 통신망 사업자는 망통합을 통한 망운용 유지비의 절감, 독창적인 서비스 제공을 통한 타 사업자와의 차별화, 신속한 신규 서비스 제공으로 경쟁력의 확보가 가능하며 사용자는 서비스를 더욱 저렴한 가격과 훨씬 빠른 주기로 제공한다.

BcN 전달망은 품질 및 보안이 보장되고, 테라급 대역폭 전송능력을 제공하는 구조로 발전할 것이며 이에 따라 기반망의 QoS 보장형 스위칭/라우팅 기능, 통합 네트워크 보안기능을 제공하므로 망시설 사업자, 망관리 사업자, 과금 사업자, 서비스 사업자 등 분야별로 특성화 전문화된 통신사업 환경이 조성되고, 통합망 관리체제에 기반을 둔 경제적인 망의 운용·유지·보수가 가능해짐은 물론 유선·무선, 음성·데이터, 통신·방송 네트워크의 통합이 진행되어 통신사업자들은 전달, 제어, 서비스 계층이 분리된 통합 백본망 구축이 가능하다.

2. 국내외 기술 현황

1) 세계 기술 현황

무선인터넷 서비스를 위해 미국은 Bell South, Sprint PCS, AT&T,IBM 및 모토로라는 WAP 방식을, 마이크로소프트(사) 및 퀄컴(사)는 ME방식을 채택하고 있다. 미국은 유럽 및 일본 등에 비교해 무선인터넷 산업이 뒤처진 상태이나 퀄컴 및 마이크로소프트(사)가 공동 대응중이다.

유럽은 영국의 Vodafone, Orange 및 BT Cellnet, 프랑스의 France Telecom, 독일의 T-mobile 등 사업자뿐만 아니라 Ericsson, Nokia 등 단말기 업체도 대부분 WAP 방식을 채택하고 있으며, 현재, 유럽은 사업자들의 폐쇄적인 WAP 서비스 운영문제 및 WAP 서비스 사용자의 저변확대 지연으로 인한 2.5세대 패킷 전용 방식의 GPRS(General Packet Radio Service)를 도입하여 WAP 표준과 공동으로 무선인터넷을 서비스중이다.

일본은 무선인터넷 관련 표준기술이 사업자마다 달라 콘텐츠 제공업자들에게 부담으로 작용하고 있으며, NTT(i-mode), KDDI(EZweb) 및 J-Phone(J-Sky) 사업자는 차기 WAP 2.0 버전을 공동 채용하여 향후 콘텐츠의 호환성 문제를 해결할 예정이다.

2) 국내 기술 현황

국내 이동통신 사업자들은 콘텐츠 제공업체, 단말기 제조업체들과의 전략적 제휴를 통해 상이한 표준 방식의 무선인터넷 서비스를 조기에 국내에 도입한 상태이며, SK텔레콤, 신세기통신, LG텔레콤은 WAP 방식을, 한통프리텔, 한통엠닷컴은 ME 방식을 채택하고 있다.

국내의 이동통신 사업자들은 현재 IS-95A/B/C를 기반으로 무선인터넷 서비스중이며, 차후 무선인터넷 서비스는 IMT-2000을 기반으로 서비스될 것이며 궁극적으로는 All-IP망을 기반으로 제공될 것이다.

3. 국내외 표준화 현황

무선인터넷 표준화는 무선환경에서의 인터넷 서비스를 위한 무선 응용 프로토콜 표준과 무선인터넷망 표준으로 대별되며, 무선 응용 프로토콜 표준방식은 WAP 방식, ME 방식 및 일본의 i-mode가 있다.

1) WAP 방식

WAP 방식은 세계적으로 가장 많은 사업자가 채택하고 있는 무선 응용 프로토콜 표준으로 유럽의 에릭슨, 노키아 등이 중심이 된 WAP 포럼에서 작성하였다.

2) ME 방식

ME방식은 미국 마이크로소프트(사)에서 개발한 방식으로서 기존의 유선인터넷 기술 언어를 이동통신망에 맞도록 수정하여 적용한 표준방식이다.

3) i-mode 방식

i-mode는 일본의 NTT DoCoMo가 독자적으로 개발한 표준 방식으로 자체 패킷망인 PDC(Personal Digital Cellular)를 기반으로 무선인터넷 서비스를 제공한다.

4. 무선인터넷 표준단체

무선인터넷망에 대한 표준을 다루는 기관으로는 IETF(Internet Engineering Task Force), ITU-T, 3GPP, 3GPP2 등이 있다.

1) IETF

IETF는 IP에 관련된 프로토콜을 개발하고 있으며 무선인터넷과 관련하여 Mobile IP, IPv6, QoS 표준화가 진행중이다.

2) ITU-T

ITU-T는 SSG(Special Study Group)에서 IMT-2000 이후의 이동통신망에서의 무선인터넷 프레임워크에 대한 표준 개발중이다.

3) GPP와 3GPP2

GPP와 3GPP2는 차세대 이동통신망에서 인터넷 서비스를 제공하기 위한 상세 표준 기술 개발중이다.

무선인터넷 표준화는 이동통신망에서의 표준화뿐만 아니라 고정망을 통한 서비스 및 두 망간의 심리스(seamless)한 연동 기술에 대한 표준화가 추진되고 있어, 각국은 이러한 무선인터넷 관련 각종 기술에 대한 표준화를 체계적으로 대응하고 있다.

04 응용 프로토콜 기술 분야

1. 데이터 동기화 프로토콜 기술 표준화

1) 데이터 동기화 프로토콜 기술

이기종 간의 PIM 데이터를 동기화 및 다운로드를 가능하게 하는 표준 기술이다. 기존의 PC나 웹상에서 사용하던 개인정보를 무선단말기로 다운로드 및 동기화가 가능해짐에 따라 여러 디바이스에 분산되어 있는 정보들이 일치화된다. 정보의 저장형태나 애플리케이션, 플랫폼 그리고 디바이스 종류에 독립적인 서비스를 제공 가능하며, 아울러 단말기에 특화된 응용서비스를 제공 가능하다. OMA 단체에서 데이터 동기화 구현을 위해 표준화를 추진하고 있으며, 국내에서는 국제표준 규격 방식에 따라 국내 데이터 동기화 프로토콜 표준을 보완 규정하고 있다.

2) 국내외 시장 현황 및 전망

단말기 제조업체 및 솔루션 제공업체에서 서비스 개발기간이 단축 가능하며, 기존의 엔터프라이즈 시스템에 쉽게 연동이 가능하므로 국내 무선인터넷 시장에서 널리 활용된다. 개인의 일정이나 메모 등의 응용 프로그램 사용이 활성화에 따라 더욱더 사용이 증가하는 추세이며, 항상 인터넷에 연결되지 않는 환경에서도 저렴한 비용으로 정보를 받아 볼 수 있는 장점이 있으므로 사용이 높다. 새롭게 정보가 추기되는 경우 새롭게 변경된 정보들만 동기화 되므로 효율적인 서비스 기술제공 가능하다.

3) 국내외 기술개발 현황

국내 기술개발은 삼성, 네오스텝스, 솔빅스 및 모빌탑 등 기술개발 완료 및 시장에서의 서비스되고 있다.

국외 기술개발은 외국에서는 단말기 제조업체 및 솔루션 개발업체 등 관련 업체들이 연구를 수행하고 있으며 연구 결과를 OMA를 통해 표준화하고 있다.

4) 표준화 추진 현황

데이터 동기화 프로토콜 표준은 범위 및 요구조건(TTA 표준채택 완료, 2004년 12월)을 완료했다.

관련 국제기구 현황은 OMA, SyncML WG에서 관련 표준화 작업 보완하고 있다.

국내 표준화 협력체계는 무선인터넷 표준화 포럼을 중심으로 협력체계를 가진다.

2. 모바일 벡터 그래픽 SVG Tiny 기술 표준화

1) 모바일 벡터 그래픽 기술

3세대 이동통신에서의 W3C 벡터 그래픽 표준인 SVG의 모바일용 프로파일인 SVG Tiny 서비스를 제공한다.

SVG 저작단, 서버, 그리고 단말기의 관련 기능을 규정하는 것이 목적이며, 사업자 간에 콘텐츠의 호환을 위한 SVG 파일 포맷 규격 및 사업자 간 데이터 전달을 위한 연동 규격이나, SVG 콘텐츠의 압축방식 규격, 전송 프로토콜 규격 및 사업자 간의 SVG 전달을 위한 연동 규격 등이 중요한 기술적 부분이다.

2) 국내외 시장 현황 및 전망

3GPP는 SVG Tiny를 MMS를 위한 미디어 포맷 및 코덱 규격으로 채택되어 MMS 분야에서 벡터 그래픽 포맷의 표준으로 사용 가능하다(애니메이션 포함).

본 표준의 대상은 벡터 그래픽이 확대와 축소가 자유로우면서 고품질의 그래픽을 제공하기 때문에 지도 데이터를 표현하는데 최적화되어 LBS 및 텔레매틱스 등 지도 데이터를 활용할 수 있는 분야에 사용하다.

사용자와의 상호작용이 많은 M-콘텐츠 분야에서 SVG 응용서비스 가능하다.

3) 국내외 기술개발 현황

국내 기술개발은 본 표준의 실제적인 적용을 위해서는 이동통신 사업자, 단말제조업체, 솔루션 제공업체, 콘텐츠 제작업체와 정부기관 등 관련 업계 및 기관의 적극적인 참여가 필수적이다.

표준 제정을 위해서는 국제표준 및 선진 기술의 적극적 채택을 통한 국제 경쟁력 강화라는 관련 업계의 공통적 이해가 선행되어야 한다.

진행되는 국제표준과의 차이가 발생할 소지가 있으므로 변경이 쉬워야 한다.

국외 기술개발 현황은 해외 모바일 시장에서는 노키아, 에릭슨, NTT DoCoMo, 지멘스 같은 업체들이 휴대 전화기에 사용할 벡터 그래픽용 포맷으로 SVG를 채택하였다.

4) 표준화 진행 현황

표준화 추진과제(표준(안)/기고서) 작성현황은 모바일 벡터 그래픽 SVG Tiny 표준기술을 TTA 과제(2004년 11월)로 채택되었다.

관련 국제기구 현황은 W3C에서 모바일 SVG Tiny 1.1 spec을 권고(2003, 1), 3GPP에서 SVG Tiny가 MMS를 위한 미디어 포맷 및 코덱 규격으로 채택되어 MMS의 국내 표준으로서의 SVG의 필요성 대두되고 있다.

05 IP망 기술 분야

IP 이동성 기술 표준화는 다음과 같다.

1. IP 핸드오버 기술

IP망에서 이동성을 지원하기 위해 IETF의 모바일 IP가 고려되고 있다. 모바일 IP는 Best effort형 응용의 지원에는 문제가 없으나 새로운 서브넷 변경시 발생할 수 있는 지연 및 패킷 손실로 인하여 실시간 서비스의 지원에 문제가 있을 수 있다.

이러한 문제를 해결하기 위하려 모바일 IP 기반의 핸드오버 기술들이 제안되고 있으며 현재 가장 대표적인 기술이 IETF에서 표준화되고 있는 저지연 핸드오버 기술이다.

2. 국내외 시장 현황 및 전망

무선랜 및 휴대 인터넷 등 IP 기반의 액세스망이 활성화됨에 따라 IP 핸드오버 기술에 대한 요구가 커지고 있다. 특히 휴대인터넷은 최대 60km/h의 속도를 지원하며 스트리밍 서비스와 같은 실시간 서비스를 제공할 예정이므로 IP 핸드오버 기술이 이를 지원하기 위한 필수 표준이 될 것으로 전망된다.

국외 시장 현황 및 전망은 국제적으로도 All-IP망으로의 진화에 따라 NGN 및 B3G와 같은 차세대망이 모두 기반의 망으로 진화하고 있고 궁극적으로는 VoIP와 간은 실시간 서비스 제공을 목표로 하고 있으므로 IP 핸드오버 기술이 이를 지원하기 위한 필수 표준이 될 것으로 전망된다.

3. 국내외 기술개발 현황

국내 기술개발 현황은 ETRI, 삼성, LGE 등에서 휴대인터넷 및 4G에서의 실시간 서비스 제공을 위해 IP 핸드오버 기술을 개발하고 있으나 초기 수준으로 국제표준의 일부 구현 또는 기술 분석에 그치고 있다.

국외 기술개발 현황은 외국에서는 이동통신 또는 고속 무선 액세스망 관련 업체들이 관련 연구를 활발히 수행하고 있으며 연구결과를 IETF를 통해 표준화하고 있다. 특히 NTT DoCoMo, Lucent, Nokia, Cisco 등이 IETF에서의 관련 표준화를 선도하고 있다.

4. 표준화 추진 현황

표준화 추진과제(표준(안)/기고서) 작성 현황은 IETF에서 개발된 표준안 (draft-ietf-mobileip-lowlatency-handoffs-v4-09.txt)을 기반으로 초안작성을 완료하였다. 관련 초안에 대한 국내표준 추진을 TTA에 제안하였으나 관련 업체들이 개발 일정상의 문제로 국내 표준 제정에 소극적이다.

국내 표준화 협력체계는 무선인터넷 표준화 포럼을 중심으로 협력체계를 가진다.

06 모바일 플랫폼 기술 분야

모바일 플랫폼은 단말기에 탑재되어 단말기의 하드웨어 기능을 상위 계층에서 사용할 수 있도록 하여 주고, 상위 응용 계층에는 프로그래밍 환경 및 실행 환경을 제공하는 역할을 한다. CDMA 진영에서는 운영체제와 구분되어 사용되기도 하나 단말기 하드웨어의 성능이 향상되고 다양한 기능이 요구되어 운영체제로부터 애플리케이션 프레임 워크까지의 모든 소프트웨어를 일컫는 말로 사용되고 있다. WIPI, BREW, J2ME, Symbian 등 기존의 모바일 플랫폼 영역에 2007년에는 애플의 새로운 스마트폰인 iPhone과 구글의 새로운 플랫폼인 안드로로이드(Android)가 등장하여 모바일 플랫폼 경쟁은 더욱 심화되고 있다.

1. 모바일 소프트웨어 플랫폼의 개요

과거 스마트폰은 PDA폰이라는 이름의 PDA 기능과 폰의 기능이 물리적으로 합쳐진 단말에서 시작하였다. 반면 최근의 스마트폰은 폰 중심의 기능이 PDA 기능을 흡수한 양상을 보이는데 이를 통해 두 기능의 유기적 동작이 가능해졌다.

모바일 플랫폼은 스마트폰뿐 아니라 기본 기능만 제공하는 폰(vanilla phone)부터 시작하여 카메라 폰 또는 MP3 폰과 같은 기능폰(feature phone)에도 탑재되는 소프트웨어로, 폰의 하드웨어적 성능을 상위 응용소프트웨어에서 사용할 수 있도록 하는 역할을 한다.

휴대 단말에 탑재된 운영체제와 플랫폼을 구분하기도 하나 범용 운영체제가 사용되면서 운영체제부터 애플리케이션 프레임워크까지의 모든 소프트웨어를 일컫는 말로 사용되고 있다.

한 예로, 퀄컴(Qualcomm)의 CDMA 기술을 사용하며 MSM 칩을 주로 사용하는 한국의 경우 동사의 REX를 운영체제로 사용하고, 이 위에 무선인터넷 서비스를 위한 WIPI 등을 플랫폼으로 탑재하여 사용했다.

모바일 플랫폼은 모바일 단말에 탑재되는 소프트웨어로 상위 응용 프로그램이 다양한 서비스를 제공할 수 있도록 하는 데 도움을 주는 소프트웨어를 말한다.

애플(Apple)은 휴대 단말기인 iPhone을 2007년 1월 9일 발표했다. 구글(Google)은 2008년 출시 계획을 가진 구글폰(gPhone)의 플랫폼인 안드로로이드(Android)의 SDK를 2007년 11월 12일 공개했다.

Apple의 iPhone은 차별화된 UI를 통해 마니아층을 형성시켜 iPod에 이어 Apple의 휴대 단말의 성공을 이끌어냈다. Google의 Android는 인터넷 서비스 업체인 Google이 만들어낸 개방형 플랫폼으로 제품 출시 전부터 SDK를 공개하여 많은 개발자를 확보해 나가고 있다. 기존의 플랫폼들은 범용 운영체제가 지원되기 전의 휴대폰부터 진화를 해나가 불필요한 기능을 가지고 있는 등의 단점이 있었으나, 이 두 플랫폼은 스마트폰에서 시작하여 이런 단점을 가지고 있지 않다. WIPI, BREW, J2ME, Symbian, Windows Mobile 등 기존의 모바일 플랫폼 영역에 두 플랫폼이 새로 등장하여 모바일 플랫폼 경쟁은 더욱 심화되었다.

2. WIPI

WIPI(Wireless Internet Platform for Interoperability)은 한국 무선인터넷 표준화 포럼(KWISF : Korea Wireless Internet Standardization Forum)의 모바일 플랫폼 특별 분과에서 표준화한 모바일 플랫폼 표준 규격. 무선인터넷을 통해 다운로드한 응용 프로그램을 이동통신 단말기에 탑재시켜 실행시키기 위한 환경을 제공하는 데 필요한 표준 규격이다.

WIPI는 무선인터넷 환경을 위한 플랫폼으로 과거 국내 이동통신사별로 GVM, SK-VM, MAP, BREW, CLDC/MIDP 등으로 분화되어 있던 모바일 플랫폼을 하나로 표준화한 무선인터넷 표준 플랫폼이다.

WIPI는 이동통신 사업자, 단말기 제조사 그리고 플랫폼 개발 업체들이 중심이 되어 만든 공개 표준이라는 특징을 가지고 있다. 소스 레벨의 호환성을 지향하는 WIPI는 플랫폼 표준화를 통하여 콘텐츠 제작 업체의 부담을 크게 줄였으며, 이동통신 사업자들도 다양한 콘텐츠를 빠르게 사용자에게 제공할 수 있게 되었다.

WIPI는 2001년 9월 이동통신 3사의 공통 RFP 발표를 시작으로 2002년 3월에는 v1.0을 발표하였고, 2005년 8월 v2.0.2를 발표하였다. 현재는 범용 운영체제를 탑재한 휴대형 단말을 위해 WIPI 규격 3.0을 준비중에 있다.

그림 2-2는 현재 WIPI의 구조도이다. 핸드셋 소프트웨어 위에 HAL 계층이 있어 핸드셋 소프트웨어와 WIPI 플랫폼의 포팅을 도와준다. HAL 계층의 역할은 다양한 핸드셋 환경에서도 HAL이 요구하는 기본적인 API만 충족시키면 WIPI를 탑재할 수 있도록 하기 위함이다. WIPI의 핵심이라고 할 수 있는 WIPI Runtime Engine은 WIPI 콘텐츠를 동작시키는 주체다.

J2ME의 경우 응용 프로그램이 바이트코드로 컴파일됨에 비해 WIPI 응용 프로그램은 바이너리로 컴파일되는데, WIPI Runtime Engine은 바이너리 형식의 WIPI 응용 프로그램을 실행시키고 관리한다. WIPI 응용 프로그램에 노출되는 Basic API는 C/Java API로 다양한 서비스가 가능하도록 풍부한 API를 제공한다.

2002년 8월부터는 Sun의 MIDP 프로파일을 Java API에 포함시켜 공인받은 API를 제공하는 기능적인 플랫폼이 되었다.

핸드셋의 발전으로 인하여 다양한 서비스가 필요하나 Basic API가 이를 지원하지 못하는 경우 dynamic compo-nent를 사용하여 WIPI의 기능을 확장하여 사용할 수 있다.

WIPI의 초기 탄생은 기존의 이동통신 단말기에서 시작하였다. 그러나 텔레매틱스, DMB, RFID 등 다양한 분야에서 WIPI를 차용하여 사용하고자 하는 요구가 늘어 WIPI의 규격을 제안할 수 있는 열린 창구인 WSP(WIPI Standardization Process)를 제정하여 진행하고 있다. 현재는 WIPI 3.0을 통해 다양한 단말과 범용 운영체제에 대응할 수 있는 규격을 준비중에 있다.

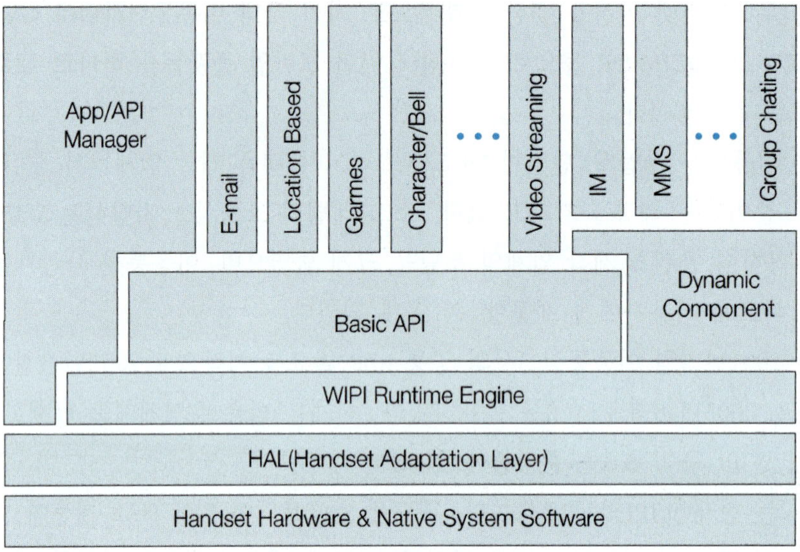

그림 2-2 WIPI 플랫폼 구조도

3. BREW

BREW는 핸드셋용 응용 프로그램 개발을 위한 표준개발 환경을 제공한다. 핸드셋 칩 제조 업체인 퀄컴(Qualcomm)에서 개발한 플랫폼으로 빠른 개발 주기와 기능 개선과 확장이 빠르다는 장점을 가지고 있다. 하위 운영체제의 소프트웨어에 대한 지식 없이 BREW에서 제공하는 풍부한 API를 쉽게 응용 프로그램이 가능하며, BREW 응용 프로그램은 바이너리로 동작하므로 빠른 실행이 가능하다는 장점을 가지고 있다.

BREW는 핸드셋에서 데스크톱과 유사한 환경을 제공하여 사용과 개발이 용이하다는 장점을 가지고 있다. 다른 윈도 시스템들과 같이 이벤트에 기반한 구조로 되어 있고, C 언어를 통해 개발하며, 개발사 및 제조사에 의해 부족한 기능을 확장할 수 있는 등 풍부한 편의를 제공하고 있다.

퀄컴(Qualcomm)의 uiOne은 개선된 UI 프레임워크로 커스터마이징과 퍼스널라이징이 가능한 구조다. BREW의 extension으로 'Data is the UI' 개념을 사용하여 UI를 play 할 수 있는 데이터로 표현한다. 이를 위해 TrigML을 UI를 표현하기 위한 마크업 언어로 사용하였다. TrigML은 Trigenix의 기술로 2004년 10월 퀄컴(Qualcomm)에서 회사를 인수하면서 uiOne 기술로 포함되었다.

퀄컴(Qualcomm)은 그림 2-3과 같은 BREW 4 시리즈의 디자인을 공개하면서 BREW 4

시리즈가 컴포넌트에 기반한 플랫폼임을 밝혔다. 핸드셋 소프트웨어 위에 컴포넌트 서비스 환경을 두었다. 컴포넌트 서비스 환경은 파일 시스템, 컴포넌트 매니저, 스레드 및 프로세스 처리, 메모리 관리 등과 같이 휴대 단말에서 공통으로 요구하는 컴포넌트를 기본적으로 탑재하고 기능 확장을 위해 컴포넌트를 추가하는 형식으로 플랫폼을 확장할 수 있는 구조를 제공한다. BREW 4 시리즈에 처음 도입된 컴포넌트 서비스를 통해 퀄컴(Qualcomm)은 범용 운영체제 환경에 플랫폼을 제공하고자 한다.

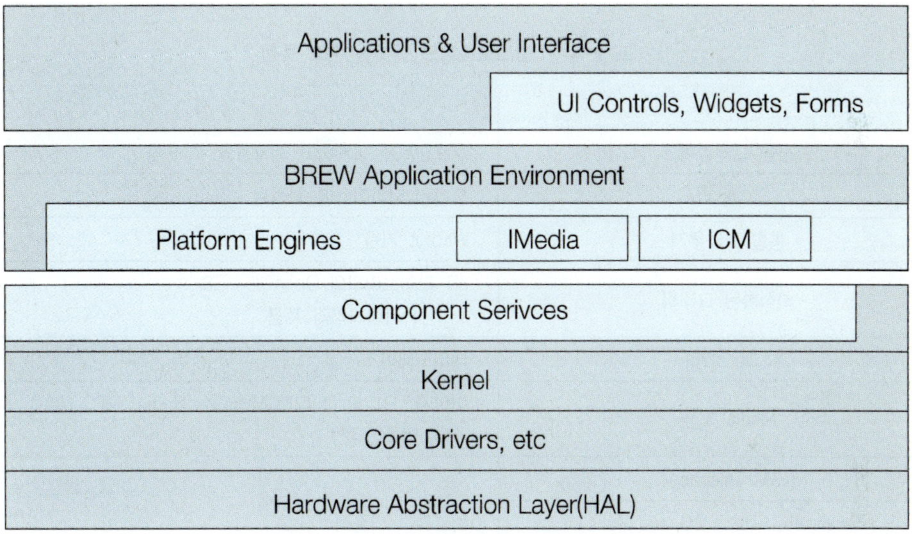

그림 2-3 ▪ BREW4 시리즈 플랫폼 구조도

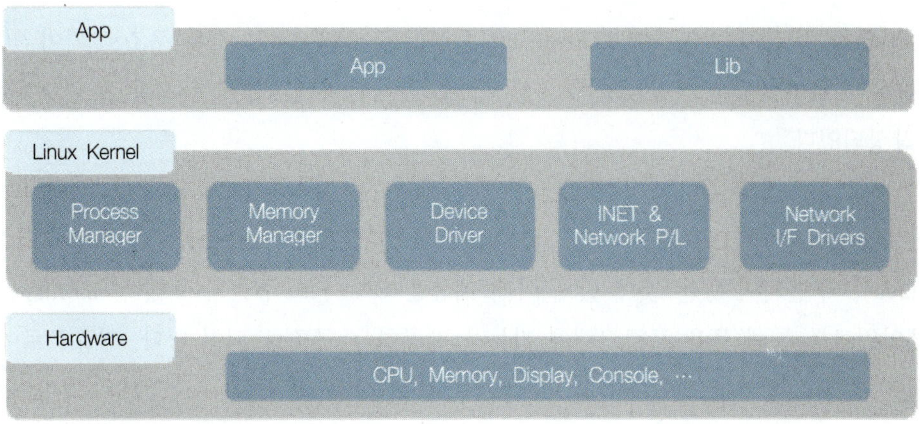

그림 2-4 ▪ 리눅스 플랫폼 구조

4. 안드로이드 플랫폼

안드로이드(Android) 플랫폼은 모바일 디바이스를 위한 소프트웨어 스택으로 운영체제, 미들웨어를 비롯한 필수 응용 프로그램을 포함하고 있다. 안드로이드(Android) SDK에는 개발에 필요한 기본적인 tool을 포함하며 API를 제공하여 Java 언어를 이용하여 안드로이드(Android)용 응용 프로그램을 개발할 수 있도록 되어 있다. 표 2-4에서 안드로이드 플랫폼의 주요 특징을 정리하였다.

표 2-4 ▪ 안드로로이드 플랫폼 주요 특징

특 징	설 명
응용 프레임워크	컴포넌트를 교체하고 재사용할 수 있음
Dalvik VM	모바일 디바이스에 최적화
통합 브라우저	WebKit 기반
최적화된 그래픽	2D 라이브러리와 OpenGL I ES 1.0[19] 라이브러리 제공
SQLite[20]	데이터베이스
Media 지원	이미지, 오디오, 비디오((MPEG4, H.264, MP3, AAC, AMR, JPG, PNG, GIF)
GSM Telephony	하드웨어 의존적
Bluetooth, EDGE, 3G and WiFi	
카메라, GPS, 나침반, 가속기	
풍부한 개발 환경	에뮬레이터, 디버거, 프로파일링, Eclipse 플러그인

Google이 발표한 안드로이드(Android) 플랫폼은 그림 2-4와 같은 구조로 되어 있다. 필수 응용 프로그램들은 응용계층에 기본적으로 탑재되어 있고, 모든 응용 프로그램은 Java로 작성되었다.

이 응용 프로그램들은 응용 프레임워크가 제공하는 기능들을 사용하여 개발할 수 있는데, 컴포넌트 형태로 교체할 수 있도록 디자인되었다. 응용 프로그램들과 응용 프레임워크가 Java로 구현되어 있는 것에 반해 아래 계층은 C/C++로 구현되어 있다. Library는 응용 프레임워크를 통해 응용 프로그램에 기능을 제공하는 구조로 되어 있다. 안드로로이드 런타임은 Java 실행환경으로 Dalvik VM을 기본으로 하고 있다. Dalvik VM은 디바이스에서 복수의 VM 인스턴스를 동작시킬 수 있도록 개발되었다. 복수의 응용 프로그램을 동작시키면 복수의 VM 인스턴스들이 생성되는 형식이다. 안드로이드는 리눅스 커널을 채택하고 있는데, 버전 2.6에서 동작하며 보안, 메모리 관리, 프로세스 관리, 네트워크 스택, 드라이버 모델 등을 따른다.

Google은 안드로이드용 응용 프로그램을 쉽게 개발할 수 있도록 Eclipse용 IDE를 내놓았다. 이를 이용하면 skeleton 코드를 자동으로 생성하여 응용 프로그램 개발을 쉽게 할 수 있다. 또한, 개발한 응용 프로그램은 안드로이드 에뮬레이터에서 동작시킬 수 있다.

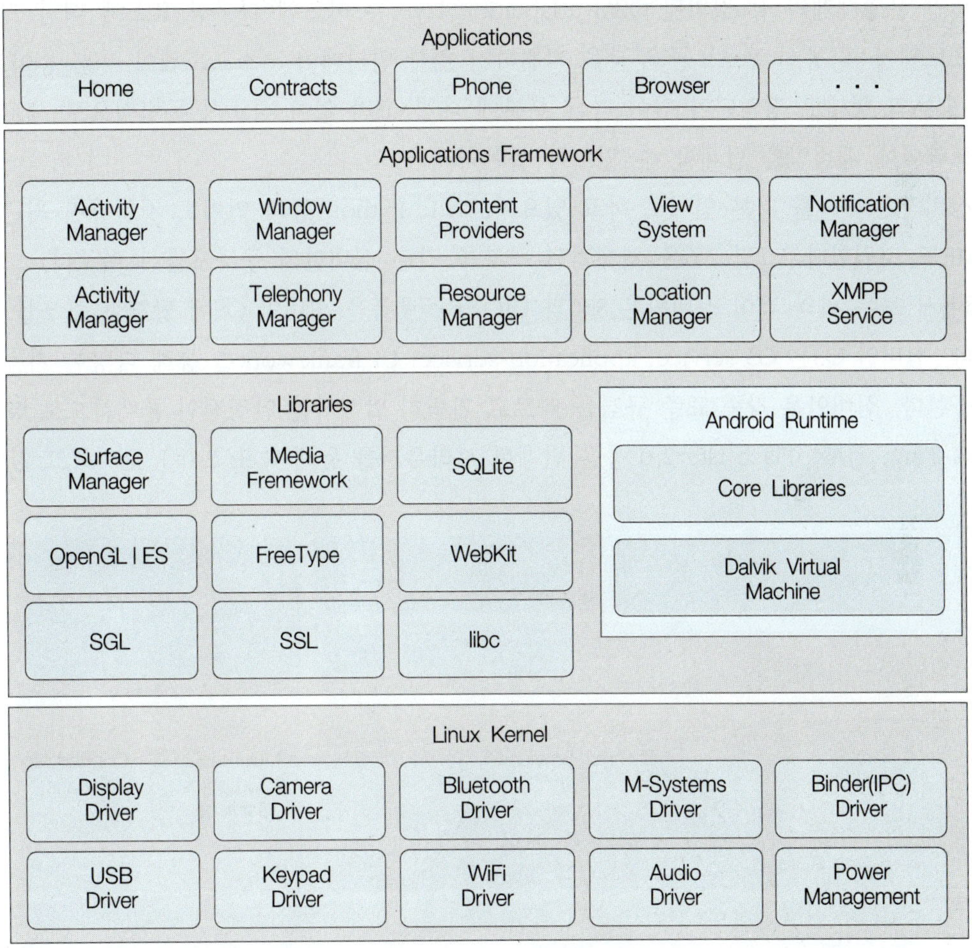

그림 2-5 안드로이드 구조도

5. 심비안 플랫폼

심비안(Symbian)은 유럽의 주요 단말 제조업체들의 공동 투자로 만들어진 스마트폰을 위한 운영체제로서 Nokia Series 60 스마트폰 플랫폼의 기반을 이룬다.

심비안 운영체제는 기본적으로 마이크로 커널 기반의 경량 운영체제 구조를 갖추고 있고, 네트워크 기능을 포함한 대부분의 기능이 마이크로 커널상의 서버의 형태로 존재한다. 심비안 운영체제의 잘 정의된 OEM adaptation layer는 하드웨어 구성 요소에 대한 지원 소프트웨어 및 통신 프로토콜 부분을 지원하기 위한 인터페이스 소프트웨어 부분 등이 서버 모듈의 형태로 정의되어 있어 다른 부분에 대한 고려 없이 비교적 독립적으로 새로운 하드웨어에 심비안을 탑재할 수 있도록 돕는다.

심비안은 C++를 기본 언어로 하고 있으며, OPL, Python 등의 언어도 지원하며 최근엔 J2ME도 지원한다. 그림 2-6은 체계적인 구조를 갖춘 심비안의 구조도를 보여준다. 그림 2-6에서 보는 바와 같이 심비안은 S60과 UIQ의 플랫폼을 심비안 OS에 탑재한 구조를 가진다. 심비안 OS는 OS service, application service, UI framework를 통해 다양한 기능을 제공한다. 심비안은 각종 표준 규격을 빠르고 완벽히 탑재하는 안정적인 플랫폼으로 Web SVG Tiny, AJAX, Flash Lite 2.0 등을 탑재한 브라우저를 통해 Web 2.0을 준비하고 있다.

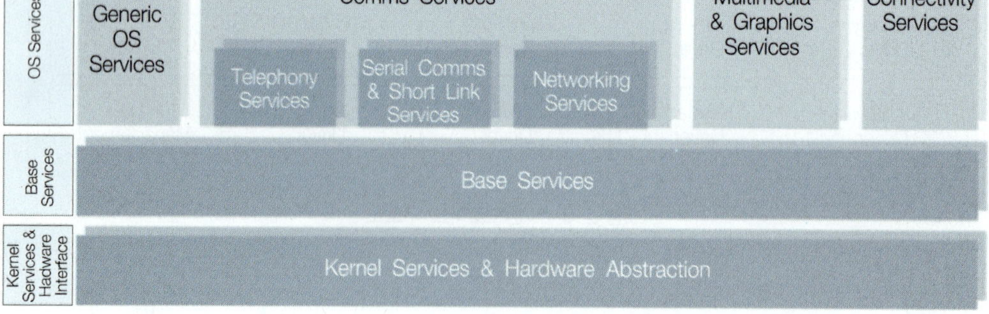

그림 2-6 ▪ 심비안 플랫폼 구조

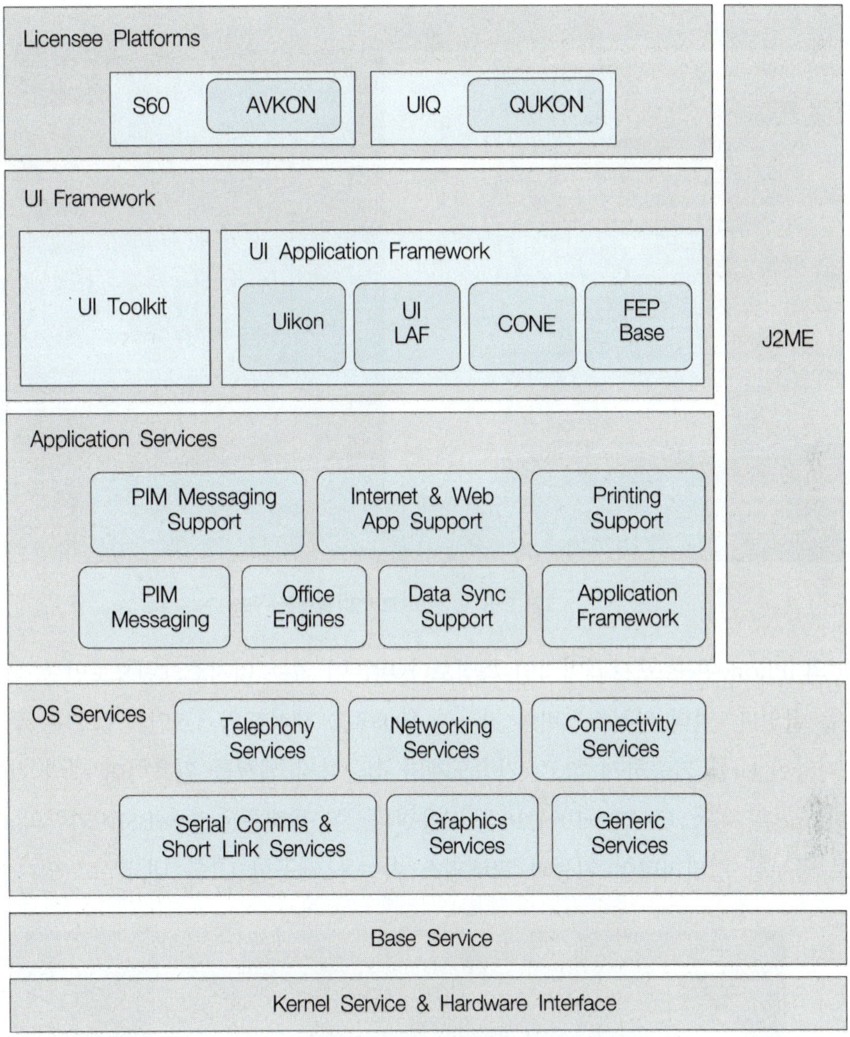

그림 2-7 ▪ 심비안 구조도

6. 윈도 모바일 플랫폼

윈도 모바일(Windows Mobile)은 다양한 제품군으로 다양한 디바이스를 지원한다. 최근 발표된 윈도 모바일6.0은 C# 기능을 강화하여 더 빠른 응용 프로그램 개발을 가능하게 하였다. 윈도 모바일(Windows Mobile) 계열은 C, C++, C#을 지원하며 데스크톱에 탑재되는 Windows와 상당 부분 같은 API를 제공하여 쉽고 빠른 개발 환경을 제공한다. 심비안(Symbian)과 마찬가지로 오랫동안 사용되어 안정성과 성능이 검증된 플랫폼으로 기본 라이브러리부터 UI까지 풍부한 기능을 제공하는 것이 특징이다.

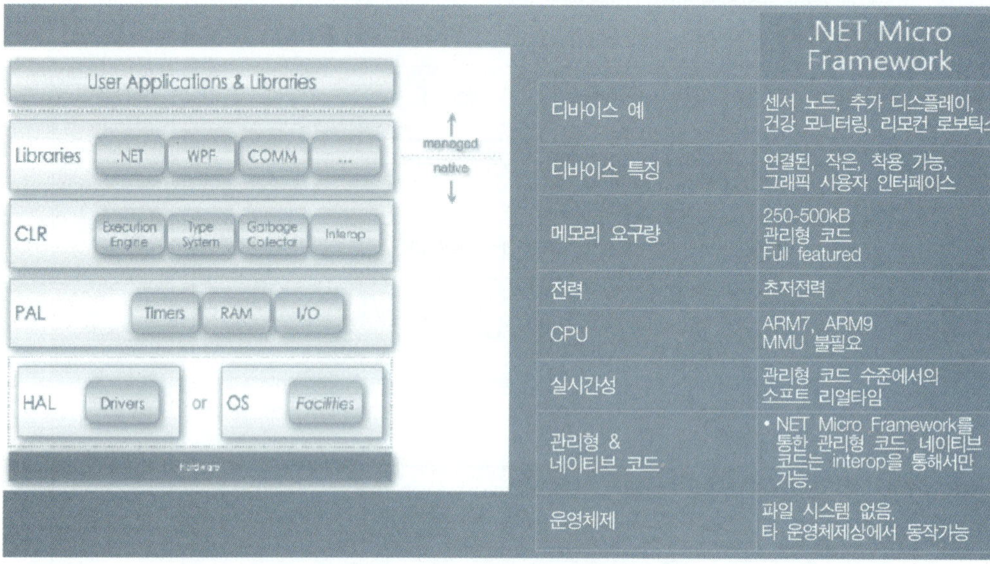

그림 2-8 ■ 윈도 모바일 플랫폼 구조

Apple의 iPhone은 소프트웨어적인 특징보다 버튼이 없는 터치스크린으로만 동작하는 폰으로 관심을 끌었다. 멀티 터치스크린이 가능한 480×320 해상도의 3.5인치 LCD는 두 손가락을 사용한 다양한 UI를 가능하게 하고, 가속도계와 접근탐지 센서를 활용하여 편의 기능을 제공한다. iPhone은 MAC OS X v10.4.10을 사용한다. 이 플랫폼은 FreeBSD 기반의 Darwin을 바탕으로 풍부한 멀티미디어 기능과 그래픽스 기능을 제공한 UI를 내세우고 있다.

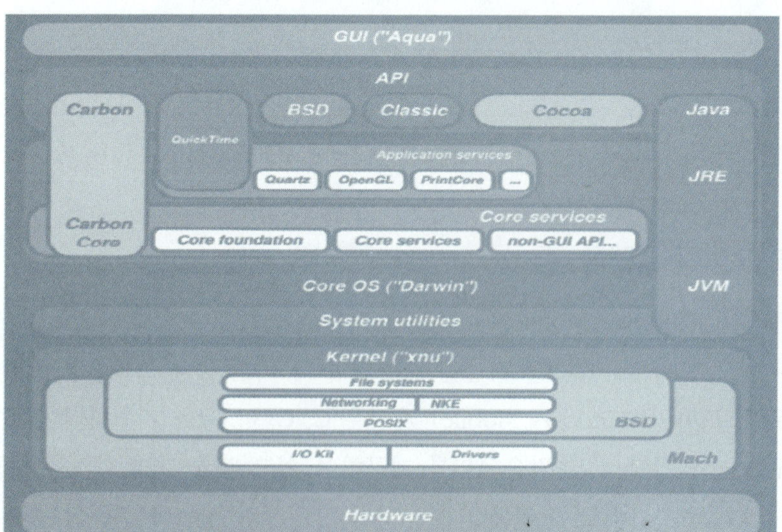

그림 2-9 ■ iPhone 플랫폼의 구조

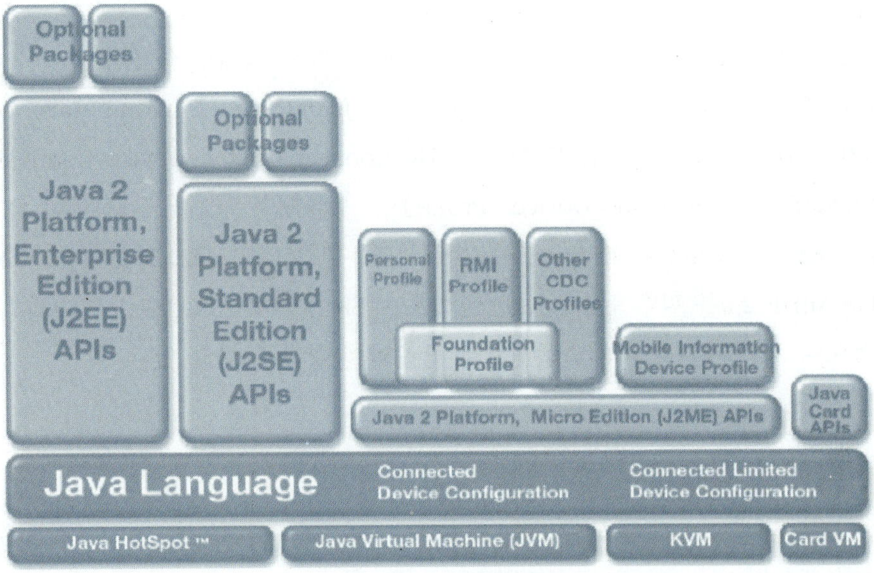

그림 2-10 ▪ Java의 플랫폼 구조

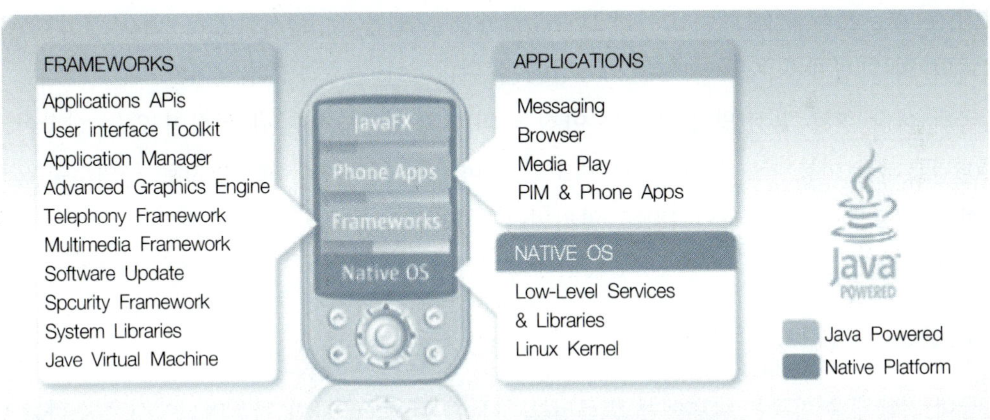

그림 2-11 ▪ Java FX 모바일 플랫폼 구조

7. 썬마이크로시스템즈의 J2ME

Java 언어 및 자바 프로그램 실행환경은 뛰어난 이식성으로 인해 많은 폭넓은 개발자 및 이용자층을 확보하고 있으며 결과적으로 풍부한 애플리케이션을 제공하고 있다.

휴대단말은 데스크탑 PC와는 입출력장치나 프로세서 성능, 메모리 크기 등 하드웨어 제원이 다르기 때문에 이들 간에도 코드가 호환되고 완전한 호환성이 제공되는 것은 사실상 불가능하다.

또한, PC용으로 정의된 라이브러리들을 휴대단말에서 그대로 이용하는 것은 효과적이지 않다. 따라서 썬(Sun)사는 소형 단말기를 위한 J2ME(Java 2 Platform Micro Edition)이라는 자바 환경을 제안하였다. J2ME는 CLDC(Connect Limited Device Configuration)와 MIDP(Mobile Information Device Profile)로 이루어져 있다. 최근에는 JTWI(Java Technology for Wireless Industry)를 발표하였는데 JSR-30 CLDC 1.0, JSR-120 WMA, JSR-118 MIDP 2.0를 필수 규격으로 채택하였고 JSR-135 MMAPI, JSR-139 CLDC 1.1를 선택규격으로 채택하는 등 JCP를 중심으로 표준화를 활발히 하고 있다.

8. 국내외 시장 현황 및 전망

국내 시장 현황 및 전망은 2004년 2월 SKT와 KTF가 모두 6개 모델을 출시하였으며 가입자는 10만여 명에 이루었다. 2004년 4월에 다음커뮤니케이션은 웹투폰 서비스가 시작되고 2004년 KTF는 7개 모델, SKT는 10개 모델, LGT는 1개의 모델을 출시하였으며 2004말까지 SKT는 20여개 KTF는 10여개 LGT는 1개의 모델을 더 출시하였다. 2005년 4월부터 위피의 의무 탑재가 시작되므로 2005년에는 위피폰이 출시하였다.

국외 시장 현황 및 전망은 위피는 아직 국외로 수출되지 않아서 실적이 없는 상황이고, 2005년부터는 이통사도 수출을 시도하고 있으며, 정부 또한 강력한 의지로 국외수출을 연구하고 있으므로 향후 국외시장도 열리리라 전망하고 있다.

9. 국내 기술개발 현황

국내 기술개발 현황은 국내에는 스크립트 코드를 다운로드하여 가상머신에서 실행하는 방식으로서 GVM(Game/General Virtual Machine), SK-VM, KVM(Kilobyte Virtual Machine), WITOP(Wireless Internet Terminal Open Platform) 등이 서비스되고 있으며, 바이너리 기계어 코드를 다운로드하여 직접 실행하는 방식으로는 MAP(Mobile Application S/W Plug-in)과 BREW(Binary Runtime Environment for Wireless)가 이용하고 있다. 여러 회사가 각 사 나름대로 가상머신 기술을 개발하다 보니 표준화에 대한 요구가 대두되었다.

2001년 정부에서는 무선인터넷 관련 업체에 대하여 "모바일 표준 플랫폼 기술계획"을 발표하였고, SK텔레콤, KTF, LG텔레콤 등 3개 이동통신 사업자로부터의 요구사항을 바탕으로 한국전자통신연구원(ETRI)과 전파연구소, 이동통신 3사와 기타 기업체 실무자들이 참여한 한국 무선인터넷표준화 포럼이 모바일 인터넷 표준 플랫폼 기술규격(WIPI : Wireless Internet Platform for Interoperability)을 작성하였으며, 정보통신부와 TTA에 의해 2002년 5월 국가 표준으로 채택되었다.

MExE 표준으로 채택하기 위해 3GPP에 제출하였으며 기존 플랫폼 콘텐츠들의 WIPI용 콘텐츠로의 변환기 개발 및 콘텐츠의 변환, 새로운 WIPI 콘텐츠들의 개발환경도구, WIPI 탑재 단말기의 인증키가 개발되는 등 2002년 말 상용 서비스를 마무리 작업을 했다.

2002년 9월에는 TTA에 의해 WIPI와 콘텐츠와의 상호운용성 시험이 성공적으로 마친 바 있다. 2004년 2월에 WIPI 2.0 규격이 채택되고 WIPI 2.0에는 WIPI 1.2를 보완하였으며 General I/O, Camera API, DLL 규격 필수화, Media 기능 강화, LBS/GPS, TLS 등 기능이 대폭 강화되어 Brew나 J2ME보다 우수한 기능을 제공한다. 2005년부터는 국외로 진입을 시도하였다.

10. 표준화 추진 현황

표준화 추진과제(표준(안)/기고서) 작성 현황은 다음과 같다.

① 모바일 표준 플랫폼 2.0 포럼 규격 채택(2004년 2월)
② 모바일 표준 플랫폼 1.1/1.2/2.0 TTA 단체 표준 채택(2004년 6월)
③ 모바일 표준 플랫폼 2.0.1 포럼 규격 채택(2004년 9월)
④ 모바일 표준 플랫폼 2.0.1 TTA 단체 표준 상정(2004년 10월)

관련 국제기구 현황은 OMA의 활동 동향을 주시하고 있으며 위피와의 연계성 및 요소기술의 표준화 방안에 대한 연구를 지속적으로 하고 있다. JCP에 ETRI가 가입을 하였으며, SUN과의 협력 관계를 통해 위피의 요소 기술 중 일부를 JSR로 상정하는 방안 및 새로운 서비스 규격에 대한 공동작업 방안을 협의하고 있다.

07 무선인터넷 내용선별 기술 분야

1. 무선인터넷 내용선별 표준화

1) 핵심 표준화 대상 기술

오늘날 음란외설과 같은 불건전 정보의 유통, 개인 사생활 침해, 명예훼손, 지적재산권의 침해, 정보유출 행위 및 무단광고(spam) 등 다양한 사회적 부정행위가 인터넷에서 빈번히 발생하고, 불건전 정보는 일반 성인은 물론 청소년들의 가치관 형성과 정서발달에 지대한 영향을 끼치게 된다.

따라서 정보화에 따르는 사회적인 문제점을 극복하고 건전한 정보사회를 구현하기 위해서는 불법 및 불건전 정보유통에 대한 대처방안을 마련하는 것이 시급한 국가적 과제이다. 그러므로 이러한 과제를 해결하기 위한 자율적 방안의 하나인 인터넷 내용등급제를 국내 현실에 알맞게 표준화를 추진하고, 내용선별 소프트웨어의 개발 및 보급이 필요하다.

인터넷 내용선별 관련하여 W3C에서 표준으로 권고한 인터넷 내용선별 체계(PICS : Platform for Internet Content Selection)는 인터넷 내용물을 선별적으로 볼 수 있게 해주는 기반구조로서, 선별 소프트웨어와 등급 서비스 간에 잘 동작할 수 있게 도와주는 기술 규격이다.

여기서 등급 서비스는 인터넷상의 정보에 대해 내용등급을 제공하는 개인, 단체, 기관 또는 회사를 지칭하며, 또한 이러한 곳에서 제공하는 내용등급과 관련된 모든 서비스를 말한다.

PICS와 관련된 기술적인 스펙들에는 등급 서비스의 용어와 범위를 기술하기 위한 포맷을 정의하는 기술 규격, 레이블들의 포맷과 배포를 위한 방법들에 관한 규격, 필터링 선호도를 위한 상호교환 포맷에 관한 규격 및 레이블의 전자서명에 관한 규격 등이 있다.

무선인터넷 사용자 수가 급격하게 증가함에 따라 무선인터넷상의 유해 정보로부터 청소년과 어린이를 보호할 수 있는 방법론이 필요하게 된다.

또한, 기존 PICS 관련 기술들은 유선환경만을 고려하고 있기 때문에 무선환경에 맞는 내용선별기술이 요구된다.

무선인터넷 내용선별 표준화 방향을 등급 시스템 및 서비스, 내용 레이블 배포방법, 내용선별 체계 규칙 및 MIC(Message Integrity Check) 및 디지털 서명 등으로 살펴본다.

(1) 등급 시스템 및 등급 서비스

무선인터넷 등급 시스템도 유선인터넷 등급 시스템과 동일하게 등급정보 부여를 위해 사용되는 영역, 각 영역의 허용 가능한 값의 크기 및 값 배정시의 사용 범위를 표현하는 것이 고려될 수 있다. 우리나라 인터넷 내용등급제는 PICS를 기반으로 하여 정보통신윤리위원회(ICEC : The Information Communication Ethics Committee)에서 언어, 성, 폭력이라는 세 개의 범주를 바탕으로 모든 연령, 12세 이하, 15세 이하, 일반성인, 등급 외의 5등급 체계로 이루어진 인터넷 내용등급제를 개발되었다.

따라서 무선환경에서 이러한 등급 시스템 및 등급 서비스를 그대로 적용하여 사용할 것인지, 아니면 무선인터넷 내용에 알맞은 등급체계를 별도로 고안할 것인지를 ICEC가 중심이 되며 검토가 필요하다.

(2) 내용 레이블 배포방법

무선인터넷 내용 레이블 배포방법도 유선에서와같이 세 가지 방법이 가능하므로 세 가지 방법은 다음과 같다.

① 문서 안에 포함하여 배포

무선환경에서 서비스하는 웹 문서는 WML 및 m-HTML 언어를 사용하고, 이 언어는 XML 및 HTML 부분집합이므로, 유선인터넷과 유사하게 WML 및 mHTML 내부의 메타태그를 이용하여 메타태그 안에 레이블 목록을 포함시키는 것이 가능하다.

따라서 표준안 개발시 기존의 META 태그를 사용하여 하나 혹은 그 이상의 레이블을 WML/m-HTML 문서에 삽입하는 방법을 정의하였다.

② 무선인터넷 플랫폼 이용하여 전송

무선환경의 특별한 방식인 다운로드 서비스 정보에 대하여는 Java 및 C/C++ 응용 프로그램이 중간 코드 및 바이너리 코드 형태로 무선인터넷 플랫폼을 이용하여 무선단말기에 전송됨으로 내용선별 소프트웨어가 레이블 정보를 인식할 수 있는 별도의 문서 파일을 다운로드 서비스 전에 레이블을 포함하여 전송하는 절차가 필요하다. 예로서, 모바일 플랫폼을 이용하여 Java 응용 프로그램을 다운로드받기 위하여 대상 응용(Application)에 대한 정보를 포함한 MSD(Mobile Service Description) 파일에 하나 혹은 그 이상의 레이블을 삽입하는 방법을 고려할 수 있다.

③ 프로토콜 및 레이블 부로어를 통한 배포

유선환경과 유사하게 레이블 배포를 HTTP 및 WAP 프로토콜 확장을 통하여 적용 가능하고, 레이블 부로어도 동일하게 활용 가능하다.

(3) 내용선별 체계 규칙

PICS 규칙들은 이론적으로 네트워크 경로상 어떤 곳에라도 위치될 수 있는 가변성을 갖는다.

유선환경에서 PICS 규칙들은 서버들 또는 프록시에 설치할 수 있었지만, 무선환경에서는 유선환경과는 다소 다르다. 그 이유는 무선망의 경우 유선망과는 달리 사용자와 CP(Content Provider) 사이에 통신회사 서버가 존재하는 폐쇄적인 구조를 취하고 있기 때문이다.

(4) MIC(Message Integrity Check) 및 디지털 서명

인터넷 내용선별 체계에서 일어날 수 있는 두 가지 유형에 대한 보안 방안으로 제시한 MIC 및 디지털 서명을 무선인터넷에도 적용이 가능하다.

PICS의 경우 해시값을 구하는 알고리즘에 120비트의 요약값을 산출하는 MD5(Message Digest)를 적용하였으나, 보다 안정성이 검증된 160비트의 요약값을 산출하는 RIPEMD, SHA, HAS-10 알고리즘의 적용을 검토하여야 한다.

전자서명에 사용될 공개키 암호방식도 PICS의 RSA 방식 외 ELGamal 및 KCDSA 등의 방식도 비교 검토하여 표준에 반영하여야 한다. 그리고 메시지 무결성 및 전자서명 프로그램 처리가 무선단말기의 제한된 메모리 및 CPU로 사용자가 불편을 느끼지 않을 범위에서 충분히 가능한가를 프로토 타입의 개발을 통한 검증을 하여야 한다.

(5) 기 타

위에서 언급한 두 가지 형태의 무선인터넷 내용선별 대상 정보 외에 SMS 및 MMS와 같은 PUSH 서비스의 경우 적용대상에 포함시킬 것인가를 고려하여야 한다. 즉, 단말기 사용자 간 서비스를 제외한 CP 및 통신회사 서버상에서 제공되는 PUSH 서비스는 내용선별이 가능하다.

무선인터넷 내용선별을 위한 무선단말기 범위를 휴대폰뿐만 아니라 스마트폰, PDA 및 휴대인터넷 단말기까지 적용대상을 확대하여야 하고, 내용선별 소프트웨어의 설치 및 운영의 편리성을 제고하기 위하여 선별 소프트웨어는 표준 플랫폼인 WIPI와의 연동을 고려해야 한다.

이와 관련기술은 다음과 같다.

국내 이동통신사에서 서비스중인 무선인터넷 콘텐츠의 특성 및 서비스 제공환경을 살펴보고, 유선인터넷 내용선별 기술의 적용 방향을 도출한다.

국내 무선인터넷 서비스는 모바일 브라우저(browser)를 통하여 텍스트 위주의 웹 문서의 정보제공과 모바일 플랫폼을 이용하여 응용 프로그램을 다운로드하는 멀티미디어 정보제공으로 구분할 수 있다.

① WAP/ME 서비스

유선인터넷의 웹 서비스와 유사하게 WAP (Wireless Application Protocol) 또는 ME(Mobile Explorer)와 같은 모바일 브라우저를 이용하여 채팅, 롤 플래잉 게임, 주식 및 뉴스 등의 텍스트 위주의 정보를 제공하는 서비스이다. 따라서 이 서비스는 브라우저를 이용하는 동안 무선망에 연결되어 있으므로 망사용료 부과 및 무선망의 느린 전송 속도의 불편함을 부담하여야 한다.

무선인터넷 웹 문서는 XML(eXtensible Markup Language) 및 HTML(HyperText Markup Language)의 부분집합(subset)인 WML(Wireless Markup Language) 및 m-HTML(mobile-HyperText Markup Language) 언어로 작성한다.

무선인터넷 웹 문서 서비스 제공 프로토콜은 WML 문서의 경우는 휴대단말기와 기지국 간에는 WAP 프로토콜을 사용하고, 기지국과 교환기 간의 유선구간에서는 HTTP 프로토콜을 사용한다. 따라서 중간에 프로토콜 변환을 위한 게이트웨이가 필요하다.

m-HTML 문서는 유선인터넷과 같이 HTTP 프로토콜을 사용한다. WAP과 ME 방식을 비교하면 표 2-5와 같다.

표 2-5 WAP과 ME 방식 비교

구 분	WAP 방식	ME 방식
개발회사	WAP FORUM	MS
언어	WML	m-HTML
프로토콜	WAP	HTTP
유선인터넷 접속방법	WAP G/W필요	WAP G/W 불필요

② 다운로드 서비스

상기 WAP · ME 서비스는 느린 전송속도와 망이용료 부담 등으로 멀티미디어 정보 제공에는 적합하지 않다. 따라서 벨소리, 캐릭터 및 게임 등의 멀티미디어 서비스를 휴대단말기에 모바일 플랫폼을 이용하여 다운로드하여 실행함으로써 망 사용료의 부담(다운로드 시간만 연결됨)과 느린 전송속도를 극복할 수 있다.

모바일 플랫폼은 무선인터넷 서버로부터 콘텐츠를 다운로드받아 독립적으로 실행하는 컴퓨터 운영체제(OS)와 유사한 역할을 수행한다. 국내 이동통신사는 표 2-6과 같은 두 가지 방식의 무선인터넷 플랫폼을 사용한다.

국내 이동통신 사업자는 상기와 같이 두 가지 방식을 기반으로 다양한 형태의 무선인터넷 플랫폼 환경을 기반으로 서비스를 제공하여 콘텐츠 개발자의 중복 개발과 사용자의 이용범위를 제한하는 문제점을 야기한다.

국내 무선인터넷 표준화 포럼이 중심이 되어 모바일 플랫폼 표준화 작업을 수행하여 JAVA, C/C++의 모든 응용 프로그램을 수용하는 표준 플랫폼을 개발한다.

표 2-6 ▪ VM(Virtual Machine)과 Native 방식 비교

구 분	VM 방식	Native 방식
사용언어	JAVA	C/C++
실행방법	Interpreting 후 실행	Binary 코드 실행
실행성능	속도 느림	속도 빠름
H/W독립성	H/W독립적	H/W의존적

2) 시장 현황 및 전망

인터넷 불법 정보와 불건전 정보의 유통을 억제하는 방법에는 차단방법과 선택적 접근방법이 있다. 학부모들이 미성년 자녀들에게 알맞은 정보만을 선별하여(filtering) 선택적으로 자녀가 접근할 수 있도록 하는 방법과 불건전 정보에의 접근을 차단(blocking)하는 방법이다.

해외에서는 이러한 방법을 실현할 수 있는 다양한 소프트웨어들과 웹브라우저들이 개발 보급되고 있으나, 국내에서는 인터넷 등급제를 바탕으로 선택적 접근방법을 구현할 수 있는 소프트웨어들이 아직까지 개발되지 않고 있다. 현재까지 인터넷 내용등급표가 개발 · 보급되고 있지 않기 때문이다.

한국정보사회진흥원과 기업체에서 불건전 사이트 목록차단을 위한 소프트웨어들을 개

발하여 시중에 판매하고 있다. 한국정보사회진흥원(NIA)은 1997년 국내에서 최초로 불건전 사이트 차단방식(black listing)을 채택한 NCA 패트롤을 개발하여 정보통신윤리위원회와 함께 무료로 일반 이용자들에게 보급했다.

민간기업들이 불건전 사이트 차단방식의 소프트웨어 제조기술을 민간기업체들에게 이양하였다. 민간기업들은 한국정보사회진흥원에서 개발한 NCA 패트롤을 한국전산원과 정보통신윤리위원회가 무료로 보급하기 때문에 자신들의 시장을 잃어버리고 있다는 주장하였다.

보다 나은 소프트웨어의 개발을 위해서는 민간기업의 자본축적이 필요하며 이를 위해서는 NCA 패트롤의 무료보급을 중단해야 한다고 주장한다.

정보통신윤리위원회는 불건전 정보차단 소프트웨어 사용의 사회 저변 확대라는 명목하에 무료보급을 추진한다.

이제 인터넷 내용등급제의 구현을 위해서는 관련 소프트웨어 제조업계가 기술개발을 서둘러야 할 때가 되었다.

외국에서는 이미 보급되고 있는 소프트웨어로서 한 가정에 연령이 다른 여러 자녀들이 사용할 수 있는 차등화된 등급설정을 지원하는 소프트웨어가 국내에서도 하루빨리 개발되어야 할 것이다.

정보통신윤리위원회의 인터넷 내용등급제의 기술적 검토를 위하여 이 연구에 참여한 인터넷 이용자들도 바로 이 점을 지적한 바 있다.

3) 국내외 기술개발 현황

국내 기술개발 현황은 우리나라 인터넷 내용등급제는 PICS를 기반으로 하여 정보통신윤리위원회(ICEC : The Information Communication Ethics Committee)에서 언어, 성, 폭력이라는 세 개의 범주를 바탕으로 모든 연령, 12세 이하, 15세 이하, 일반성인, 등급 외의 5등급 체계로 이루어진 인터넷 내용등급제를 개발하였다. 윤리위원회가 개발한 등급제를 기술적으로 구현하기 위해서는 인터넷 산업계에서 내용선별 소프트웨어와 웹 브라우저를 개발해야 한다.

인터넷 정보 제공업자들(information provider, IP)이 자신들이 제공하는 웹 페이지나 웹 사이트에 정보통신윤리위원회의 등급 기준에 따라서 등급을 부여한다. 이를 이용하는 학부모들이 자녀의 수준에 알맞은 정보등급을 선택하여 자녀가 선별적으로 이용할 수 있도록 조치한다.

국외 기술개발 현황은 대표적인 인터넷 내용등급제로 미국의 오락용 소프트웨어 자문위원회(RSAC)가 개발한 인터넷 내용등급체계인 RSACi와 미국의 세이프서프(SafeSurf) 사가 개발한 SafeSurf가 있다.

(1) RSACi(Recreational Software Advisory Council internet)

4가지 범주(폭력, 누드, 성행위, 언어)를 중심으로 5단계(0~4)의 등급체계로 이루어져 있고, 20년간 대중매체가 어린이들에게 미치는 영향을 조사해온 스탠퍼드 대학의 Donald F. Roberts 박사의 연구를 토대로 하여 개발되었다. 1999년에 ICRA(Internet Content Rating Association)로 흡수되었다.

(2) SafeSurf

SafeSurt사의 소울라(ray Soular)와 심슨(Wendy Simpson)이 1995년에 개발하였고, 10개의 범주를 중심으로 9단계의 등급체계로 구성되었다. 10개의 범주는 연령, 모욕이나 모독, 이성 간의 성행위, 동성 간의 성행위, 누드 또는 신체노출, 성행위, 폭력, 모독, 다른 인종과 종교에 대한 비난이나 공격, 불법적인 마약남용 찬양, 기타 성인 주제, 도박 행위이고, 연령을 제외한 각 범주별로 그 정도에 따라 1부터 9까지 등급을 부여하였다.

(3) 기타 등급제

영국의 인터넷 감시재단(IWF)의 등급제, 이탈리아에서 사용되고 있는 자율등급제, 어린이용 등급제(Specs For Kids) 및 캐나다의 밴쿠버 등급제(Vancouver Web Pages) 등이다. 대부분의 국가는 현재 미국에서 개발된 PICS 기술표준을 바탕으로 개발된 RSACi와 SafeSurf의 내용등급체계와 그 내용선별 소프트웨어들을 사용하고 있다. 한편으로는 자기 나라의 사회 문화적 정서에 부합하는 인터넷 내용등급제 개발을 추진하고 있다.

(4) 미 국

가장 먼저 인터넷 내용등급제를 시행하고 있고 PICS를 기반으로 한 여러 가지 내용선별 소프트웨어들이 개발되어 있다. 대표적인 것이 앞에서 논의한 오락용 소프트웨어 자문위원회(Recreational Software Advisory Committee, RSAC)가 개발한 소위 RASCi와 세이프서프사가 개발한 세이프서프(SafeSurf) 등이다. 미국이 개발한 이러한 인터넷 내용등급제와 선별 소프트웨어가 가장 많이 보급되고 있다.

(5) 영 국

1996년 9월 인터넷 감시기구(IWF : Internet Watch Foundation)를 설립하고 Safety Net 사업계획을 발표하여 내용등급제를 추진한다. 인터넷 감시재단은 1998년 3월 10개의 범주를 5개의 등급(0~4)으로 구성된 인터넷 내용등급제를 개발하고, 사업자들과 이용자들이 이를 적극적으로 이용하도록 권장하고 있다. IWF는 동시에 범 유럽적으로 적용될 수 있는 등급제(INCORE : Internet Content Rating for Europe) 개발을 주창하고 EC 회원국들과 함께 추진하고 있다.

(6) 호 주

1992년에 설립된 호주방송청(ABA : Australian Broadcasting Authority) PICS 기반의 RSACi의 사용을 적극적으로 권장하고 있다. 최근 호주는 연령을 기준으로 한 자체의 인터넷 내용등급제를 개발 보급하고 있다.

(7) 싱가포르

싱가포르방송청(SBA : Singapore Broadcasting Authority)은 부모들로 하여금 RSACi나 SafeSurf와 같은 인터넷 내용등급제와 NetNanny나 SurfWatch와 같은 내용선별 소프트웨어들을 이용하도록 권장한다.

(8) 일 본

전자네트워크협의체(ENC : Electronic Network Consortium)는 인터넷 등급제 연구에 착수하여 자체 등급제를 개발하고 이를 바탕으로 한 인터넷 내용선별 소프트웨어의 사용을 적극적으로 권장하고 있다.

이를 위하여 ENC를 이끌고 있는 뉴미디어 개발협회(New Media Development Association)는 상무성(Ministry of International Trade and Industry)의 재정지원을 받아 등급제 전담 부서를 시험적으로 운영하고 있다.

4) 표준화 추진 현황

관련 국제기구 현황은 인터넷이 개방성을 지향하는 전 세계적인 네트워크이므로 유해정보 제공자를 각국의 법적, 제도적 장치를 이용하여 규제하는 데는 한계가 있으며, 강한 법적 규제는 네티즌들의 반대, 원활한 정보활용의 제한 등의 문제가 발생할 여지가 많으므로 자발성과 효율성에 근간하여 부모들 스스로 자녀를 보호할 수 있도록 해주기 위한 기술적 대책 마련을 위해 세계적으로 많은 노력을 기울이고 있다.

지금까지는 주로 인터넷 유해사이트 주소목록에 의한 차단방법을 사용해 왔으나, 이 방법의 한계를 극복하기 위해 사용자의 연령이나 사용단체의 특성에 따라 탄력적으로 적용할 수 있는 새로운 방식인 인터넷 내용선별체계(PICS : Platform for Internet Content Selection)가 마이크로소프트, IBM 등 50여개의 세계적인 기업들과 학계의 모임인 W3C에서 개발되고 있으며, 이러한 PICS는 전 세계적으로 적용되는 업계표준이 되고 있다.

PICS는 인터넷 내용물을 선별적으로 볼 수 있게 해주는 기반구조로서, 선별 소프트웨어와 등급 서비스 간에 잘 동작할 수 있게 도와주는 기술 규격이며, 인터넷에서 다양한 시각과 가변적인 선택 범위를 반영할 수 있도록 한 것이다.

이러한 PICS 표준 중 W3C 권고 표준 "Rating Services and Rating Systems"를 근거로 만들어진 TTA표준 "등급 서비스와 등급 시스템"(본 표준)은 유해정보에 대한 선별기준 및 정보를 제공해주는 등급 서비스, 등급 시스템에 대한 정의와 이들의 컴퓨터 인식표현인 application/pics-service 표현형식을 정의한 것이다.

선별 소프트웨어는 이러한 표현형식에 따른 서비스 표현문을 인식할 수 있을 것이다.

인터넷 내용물에 대한 카테고리와 등급부여 기준은 PICS에서 제공하지 않고 등급 시스템에서 제공한다.

PICS 규격은 웹 브라우저나 선별 소프트웨어가 등급정보를 처리할 수 있도록 하기 위해 정해진 문법이다.

PICS는 선별 소프트웨어와 등급 서비스의 동작방법에 대해 제한이 없으며, PICS의 적용위치도 가변적일 수 있다. 즉 웹 브라우저, 선별 소프트웨어, 또는 네트워크 경로에서 선별이 가능하다. 그리고 등급 데이터베이스는 선별 소프트웨어와 함께 있거나 원격지에 있을 수 있다. PICS는 확장 가능한 구조로 되어 있어 검색엔진이나 지적재산권 등에 활용 가능하다. 기존의 검색엔진은 모든 인터넷 문서를 읽어 색인화한 것을 기반으로 검색하나, PICS 체계를 활용하면 레이블의 정보만을 이용하여 검색할 수 있으므로 효율적이다. 그리고 저작물의 소유권과 사용권 표시를 위해 사용될 수도 있으며 또한 사용자의 취미에 따라 수집된 정보의 내용과 사용방법을 알려주기 위해서도 사용될 수 있다. 사이트의 좋고 나쁨에 대한 평판을 붙임으로써 다른 사용자가 내용을 다 보지 않고도 자료를 판단할 수 있게 도와줄 수도 있다. 본 표준은 선별기준 및 등급정보를 제공해주는 등급 서비스, 등급 시스템에 대한 정의와 이들의 컴퓨터 인식표현에 대한 요구사항을 명시하려는 것이다. 또한, 등급 서비스를 표현하기 위한 언어를 정의하고 내용선별 소프트웨어는 등급정보를 인식하고, 본 표준에서 정의된 서비스 표현문을 인식하여 등급 서비스를 표시함으로써 최종 사용자의 등급기준 설정을 지원할 수 있다. 관련문서인 W3C 권고표준 "PICS Label Distribution－Label Syntax and Communication Protocols"는 레이블 배포를 위한 내용 레이블과 프로토콜의 문법 및 의미를 설명하고 있다. 어떤 기관들은 실제 등급을 결정하기 위해 자신들의 방식과 관점에 따라 기존 등급시스템에 따라 등급을 매기는 반면에 또 다른 기관들은 등급을 매기기 위해 자신들에 적합한 등급 시스템을 개발할 수 있다. 앞의 문장에서 등급 시스템과 등급 서비스를 구별할 수 있다.

현재 일부 서비스들은 HTTP 서버에서 등급 온라인 서비스를 제공하고 있다. 반면에 다른 서비스들은 플로피디스크나 CD-ROM 또는 통신상에서 등급 정보목록을 전송할 수 있다.

국내 표준화 협력체계는 정부에서 인터넷 내용선별 관련 정책 수립하고 ETRI에서는 표준(안)을 개발하고, 내용선별 기술표준 작업반을 통하여 정보통신윤리위원회, 이동통신사업자 및 업계의 의견을 수렴하고, TTA 및 OMA를 통하여 기술표준(안)을 국내 · 국제표준으로 추진한다.

08 차세대 무선인터넷 통신

1. HSDPA

고속하향패킷접속을 통해 3세대 이동통신 기술인 W-CDMA나 CDMA보다 훨씬 빠른 속도로 데이터를 주고받을 수 있는 3.5세대 이동통신 방식이다.

고속하향패킷접속을 가리키는 영어 High Speed Downlink Packet Access의 머리글자를 따 HSDPA라고도 한다.

3세대 비동기식 이동통신기술표준화 기구인 3세대 파트너십 프로젝트(3GPP : 3rd Generation Partnership Project)가 2002년 3월 발표한 릴리스 5의 핵심기술인 고속 데이터 패킷 접속은 W-CDMA 표준에서 패킷 기반의 데이터 서비스를 가리킨다. 이 기술을 사용하면 W-CDMA보다 5배 이상 빠른 속도로 통신할 수 있다. 다운링크 속도는 최대 14.4Mbps이다. 기지국에 대한 별도의 투자 없이 W-CDMA 시스템을 개량하는 방식으로 서비스를 제공할 수 있다는 것도 장점이다.

한국에서는 (주)KTF가 2007년 3월 1일부터 전국 서비스를 시작했고, SKT(주)도 2007년 3월 말부터 서비스를 시작했다.

HSDPA의 전송속도는 하향 1.4Mbps, 상향 14.4Mbps이다.

표 2-7 ▪ 무선 브로드밴드 서비스 비교

구 분		1xEVDO RO	1xEVDO RA	WCDMA R5 (HSDPA)	WiBro	무선랜 (802.11b/g/a)
전송 속도	하향	2.4Mbps	3.1Mbps	14.4Mbps	24.8Mbps	11/54Mbps
	상향	15.4kbps	1.8Mbps	2.3Mbps	5.2Mbps	
셀 반경		4km	4km	4km	1km	50m
기지국 가격		1.7억원	1.7억원	1.7억원	1.3억원	3만원
비트 원가			8.68원	1.87원	0.9원	0.01원
상용 시기		2002년 4사분기	2007년 2사분기	2006년 5월	2006년 6월	2003년
서비스 업체		SKT, KTF	LGT	SKT, KTF	KT, SKT	KT, 하나로

2. 와이브로(휴대인터넷)

와이브로는 와이어리스 브로드밴드 인터넷(Wireless Broadband Internet)의 줄임말이며, 외국에서는 모바일 와이맥스(Mobile WiMAX)라고 한다. 한국말로는 무선광대역인터넷, 무선초고속인터넷, 2.3GHz 휴대인터넷 등으로 풀이된다.

한국정보통신기술협회(TTA)와 이동통신업체들이 상용 서비스를 목표로 개발하는 무선휴대인터넷 서비스이다. 휴대형 무선단말기를 이용해 정지 및 보행 또는 시속 60km로 이동하는 상태에서도 고속 전송속도로 인터넷에 접속, 다양한 정보와 콘텐츠를 이용할 수 있다. 즉, 퍼스널컴퓨터 · 노트북컴퓨터 · PDA · 차량용 수신기 등에 무선랜과 같은 와이브로 단말기를 설치하면 이동하는 자동차 안이나 지하철에서도 휴대폰처럼 자유롭게 인터넷을 이용할 수 있는 서비스이다.

표 2-8 ■ 와이브로와 와이맥스 비교

구 분	WiBro	WiMax
주파수 대역	2.3~2.4GHz	2~11GHz
서비스	휴대 인터넷	고정 인터넷
단말기 이동성	휴대폰형, 노트북형(차량탑재 가능)	고정
접속방식	OFDMA	OFDMA
대역폭	9MHz	1.25~28MHz
서브 캐리어 수	1024	256~2048
최대 전송속도	30Mbps	36Mbps
커버리지	1~1.5km(도심), 3~5km(외곽)	3.5~7km

와이브로는 2002년 10월 정보통신부가 무선가입자용(N-WLL)으로 사용하던 2.3GHz 대역의 주파수를 휴대인터넷용으로 재분배하면서 시작되었다. 이와 함께 한국전자통신연구원(ETRI)과 삼성전자 등이 개발을 시작하여 기술표준 'HPi' 개발에 성공했다. 이 기술표준은 순수 국내 기술로 개발되었고, 2005년 미국 전기전자학회(IEEE)에 의하여 국제표준으로 채택되었다. 2007년 10월 국제전기통신연합(ITU)은 와이브로를 3세대 이동통신의 6번째 기술표준으로 채택했다.

한편, 한국 정부는 2005년 1월에 와이브로 사업자로 KT, SK텔레콤, 하나로텔레콤을 선정했다. 이어 2006년 6월 KT와 SK텔레콤은 서울을 중심으로 한 수도권 일부 지역에서 세계 최초로 와이브로 상용 서비스를 시작했다.

표 2-9 ■ 주요 국가별 WiMax 주파수 할당현황

주파수	국 가
2.3GHz	한국, 호주, 싱가포르, 말레이시아, 뉴질랜드, 노르웨이, 미국, 캐나다
2.5GHz	일본, 사우디아라비아, 싱가포르, 인도네시아, 말레이시아, 대만, 태국, 러시아, 노르웨이, 미국, 캐나다, 브라질, 베네수엘라, 멕시코
3.3~3.4GHz	인도, 인도네시아, 베트남
3.5GHz	호주, 사우디아라비아, 중국, 필리핀, 인도네시아, 말레이시아, 뉴질랜드, 인도, 태국, 네덜란드, 크로아티아, 이탈리아, 영국, 아일랜드, 스페인, 프랑스, 독일, 스웨덴, 러시아, 노르웨이, 미국, 캐나다, 브라질, 베네수엘라, 멕시코
3.6GHz	미국

최대 전송률은 하향(다운로드)시 5.2Mbps이고 상향(업로드)시 24.8Mbps로 속도면에서 가장 최근 상용화된 HSDPA 서비스보다 최대 3배 이상 빠르다. 현재 전 세계 약 30개국이 2.3GHz, 2.5GHz, 3.5GHz 대역에서 와이브로 서비스 도입을 추진하거나 추진을 검토하고

있다. 또 ETRI와 삼성전자는 와이브로의 진화기술인 와이브로 에볼루션(WiBro Evolution)을 개발하고 있다. 이것은 시속 120km 이상의 고속이동환경에서 2.3GHz 대역의 40MHz 대역폭을 이용하여 최대 400Mbps 데이터를 전송할 수 있다.

1) 와이브로의 특징

와이브로 기술은 차세대 무선통신 기술이 결집하여 창출된 필연적 산물이다. 2000년대 이후 차세대 무선통신은 서비스 전개영역에 따라 혁신적인 진화를 거듭해 왔다. 대표적인 기술은 블루투스, 지그비, 차세대 와이파이, 무선 매시 네트워크, 고정형 와이맥스, 와이브로, HSDPA, UWB 등을 들 수 있다.

이동중 초고속 인터넷 환경을 고려하여 개발된 WIBRO는 뛰어난 이동성과 빠른 업로드와 다운로드 속도, 전 대역을 데이터 통신용 채널로 사용하는 안정성을 지원한다. 와이브로는 TDD와 OFDMA방식을 채용하고 60km 이하의 이동속도에서 최소 전송속도가 상향 128kbps, 하향 512kbps를 만족시키는 기술이다. 와이브로는 다중 안테나 기술인 MIMO 기술을 채용하여 전송속도를 이용자당 1~3Mbps로 개선시켰으며 이동속도가 120km로 향상되었다.

WIBRO는 고객의 편의를 위해 노트북 등에 장착해 사용할 수 있는 USB형 WIBRO 모뎀을 비롯해 WIBRO폰, WIBRO PMP, WIBRO PC 등의 다양한 컨버전스 단말기 라인업을 구성하여 초고속 인터넷 서비스를 지원한다.

2) 와이브로 주파수

① 2002. 12월, WiBro 주파수 분배
- 무선가입자용(WLL)으로 사용하던 2.3GHz대역을 WiBro용으로 재분배

② 2005. 1월, WiBro 사업자 선정
- KT, SKT, 하나로통신 등 3개 사업자를 WiBro 사업자로 선정
  ※ 하나로통신은 2005. 5월에 사업권을 반납

③ 2005. 4월, WiBro 주파수 할당
- 분배 대역을 9개 FA(FA당 9MHz)로 나누어 KT, SKT에게 할당

④ 2006. 6월, WiBro 본격 서비스 개시
- 2007년 수도권 중심으로 25개시(인구대비 약 50%) 구축 완료, 2008년에 84개시(인구대비 약 70%)로 확대
- 서비스 개시 초기에는 가입자유치 부진, 2007년 3분기부터 급격히 증가

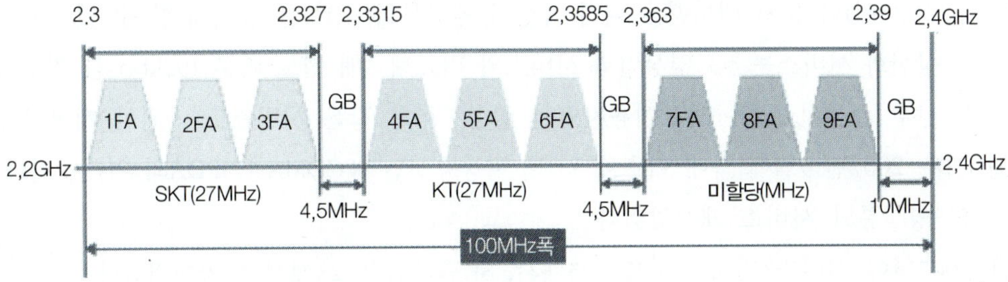

3) 국내 와이브로 기술개발 현황

① KT 와이브로는 2006년 6월 말 서울 일부(신촌, 강남구, 서초구, 송파구)와 분당지역에서 상용 서비스를 시작하였다.

② 2007년 4월에는 서울 전 지역과 지하철 1~8호선, 공항과 공항철도, 수도권 주요 대학가 등으로 서비스 이용지역이 확대하였다.

③ KT는 2007년 6월 12일 IMS(인터넷 프로토콜 멀티미디어 서브시스템) 기반의 통합 커뮤니케이션 서비스 플랫폼을 국내 최초로 구축하였다.

- 와이브로 사용자가 HSDPA(고속영상이동통신) 사용자와 영상통화를 할 수 있고
- KT 와이브로 가입자가 KTF의 "쇼(SHOW)" 가입자와 영상통화가 가능하다.

④ KT, 와이브로-지상파 DMB 양방향 서비스 개시하고 있다.
KT는 지상파 DMB 방송사 U1미디어와 협력을 통해 와이브로로 실시간으로 방송에 참여할 수 있는 '와이브로-지상파 DMB 양방향 서비스'를 개시하였다.

⑥ 1만9천800원 정액상품(자유선언)과 월 1만원(1Gbyte 기본 이용, 25원/Mbyte)의 저렴한 요금상품이다.

⑦ SK텔레콤이 와이브로 사업에 주저하는 근본적인 이유는 이동전화 사업자입장에서 기존 2G와 3G사업 분야를 잠식할 수 있는 이른바 '카니벌라이제이션(자기잠식효과)' 가능성이 있는 와이브로를 전면에 내세우기 어렵기 때문이라는 분석하였다.

⑧ SKT, 2008년 상반기 '와이브로-3G' 등에 6천550억 투자하였다.

- 와이브로 서비스 지역 확대와 가입자 증가에 대비한 3세대 네트워크 증설에 집중적으로 투자하고 와이브로 커버리지는2007년에 23개시에 56개 핫존을 구성했지만, 2008년에 42개시 108개 존으로 늘렸다.

⑨ KT는 휴대인터넷 와이브로를 통해 영상통화 서비스 제공한다.

- 와이브로 가입자들은 자신의 와이브로 단말기(SPH-M8100)를 이용해 서로 문자메시지(25원)나 문자 대화뿐 아니라 음성과 영상통화(무료)를 동시에 할 수 있고 KT 영상전화 서비스는 3G 영상전화 서비스와 비교해 3배 정도 빠른 192kbps를 지원하고 향후 유선전화, 휴대폰 이용자와의 영상통화와 같은 서비스도 지원할 계획이다.

⑩ KT는 2007년 9월에 국내 최초로 3세대 이동통신인 WCDMA/HSPDA와 인터넷전화 간의 영상통화 서비스 개시하였다.

⑪ 2007년에 서비스 커버리지 KT 25개시, SK텔레콤은 23개시로 확대되었다.

⑫ KT는 2008년에 서울 전역은 물론 경기도 내 13개시 지역으로 커버리즈를 확대하였다.

4) 와이브로 표준화 이력

- 2002.12 : 2.3GHz 휴대인터넷용 주파수 변경 고시(2002.12, 정보통신부)
- 2003.07 : TTA 2.3GHz 휴대인터넷 프로젝트 그룹(PG302) 결정
- 2004.01 : 무선접속 주요 시스템 파라미터 및 필수요구사항 결정(2004.01)
- IEEE 802.16과의 협력 관계를 구축하여 국내 와이브로 기술을 IEEE 802.16에 반영
- 2004.06 : PHY/MAC 1단계 표준채택(2004.06, TTA 39차 표준총회)
- 2004.08 : 기술보고서 6건 채택(2004.08, TTA 40차 표준총회)
- 2004.08 : TTA 휴대인터넷 PHY 표준 IEEE 802.16d 표준에 다수 반영(Preamble 등 제외)
- 2004.10 : 와이브로의 물리계층 규격이 IEEE 802.16-2004(IEEE 802.16d) 규격에 반영
- 2004.11 : IEEE 802.16e회의, TTA 휴대인터넷 MAC 표준화 반영
- 2004.11.13~11.18 : IEEE 802.16 34차 회의(16e 표준화 2005년 3월 완료예정, MIMO 합의 실패, 16g의 신규 표준화 개시)
- 2004.11.23 : 서비스 및 네트워크 실무반 회의(16g 회의 결과 논의)
- 2004.11.24 : 국제협력 Ad Hoc 그룹 회의(Profile 추진 관련 논의)
- 2005.12 : 와이브로의 매체접근제어계층 규격이 IEEE 802.16e-2005(IEEE 802.16e)에 반영
- 2006.09 : ITU-R WP8A에서 와이브로 기술이 반영된 IEEE 802.16-2004 및 IEEE 802.16e-2005 규격을 무선 광대역 접속 표준의 참조 표준으로 반영
- 2007.01 : ITU-R WP8F회의에서는 와이브로가 반영된 IEEE 802.16d/e 규격 기반의 모바일 와이맥스 기술이 'OFDMA TDD WMAN'이라는 이름으로 IMT-2000 기술 중 하나로 ITU에 제안

- 2007.03 : PG302 산하에 평가 그룹을 구성한 후 제안된 모바일 와이맥스 기술의 평가를 실시하여 제안기술이 IMT-2000의 성능 요구사항을 만족함을 증명하였으며, 그 결과를 5월 ITU-R로 제출
- 2007.05 : 일본 교토에서 개최된 WP8F 회의에서는 TTA 평가그룹 등 총 9개 평가그룹이 평가한 결과를 집중적으로 논의하였으나 중국 등 반대 진영에서는 IMT-2000 최소 성능 요구조건 중 핸드오버, 멀티미디어 서비스 지원 및 회선교환 서비스 등의 문제점을 집중 제기
- 2007.06 : 제네바에서 개최된 SG8에서도 계속 논의가 되었으나, 합의에 이르지 못하여 한국은 반대 진영의 기술적 이해를 돕기 위해 WP8F 특별회의를 8월말 한국에서 개최하는 것을 제안 유치
- 2007.08 : 한국에서 개최된 WP8F 특별회의에서는 쟁점 항목 중 핸드오버에 대하여는 모바일 와이맥스 기술이 끊김없는 서비스 제공이 가능하다는 공감대가 형성되었으며, 멀티미디어 서비스 지원 부분에 대하여는 기술적으로 충분한 논의가 이루어졌으며, 회선교환 서비스는 반대 진영의 동의를 통해 합의점을 찾음
  - 최종적으로 수정된 모바일 와이맥스 표준안을 SG8 의장에게 보내기로 하고, SG8 의장은 회의결과를 모아서 10월 중순 제네바에서 개최되는 RA-07에 그 승인 여부를 상정키로 함
- 2007년 10월 18일 전 세계 97개국 대표가 참가한 가운데 스위스 제네바에서 개최된 국제전기통신연합(ITU) 전파통신총회에서 WiBro 기술(공식명 : OFDMA TDD WMAN)이 3G(IMT-2000) 표준으로 최종 채택
  - 3세대 기술 중에서는 유일하게 4세대의 기반기술인 OFDM 기술을 도입한 WiBro 표준 채택안을 정보통신부가 2007년 초에 제안하여 이번 전파통신총회에서 최종 결정
- 와이브로 주파수대, 4G 세계 공통 주파수로 선정
  - 2007년 11월 18일 스위스 제네바에서 열리고 있는 세계전파통신회의(WRC−07)에서 와이브로의 2.3G 100M 주파수대역이 4G 공통 대역으로 선정
  - 글로벌 로밍이 가능해지고 같은 대역의 주파수를 사용하는 국가가 늘어나 관련 기술과 장비 수출도 활성화될 전망
  - 와이브로의 4G 표준 선정(2010년 말 ITU에서 확정) 가능성이 한층 더 커짐

5) WiBro 표준채택의 의의

(1) 국내 독자개발 이동통신기술의 최초 국제표준 채택

한국은 IT 강국의 명성을 얻고 있지만, 막대한 로열티를 주고 핵심기술을 수입하고 있는 실정이고 국내 독자개발 기술을 국제표준화함으로써 선진국을 따라가던 과거 방식에서 탈피, 세계 흐름을 선도하는 명실상부한 IT 강국으로 자리 잡았다.

(2) 국가 R&D사업의 모범사례 제시

WiBro는 기획단계부터 세계시장 진출을 목표로 하고 기술개발, 상용화, 해외진출, 표준화에 이르는 일련의 과정을 정부, 연구기관, 제조업체, 사업자 등 민 · 관이 긴밀히 유기적으로 협조하여 이루어낸 쾌거이다.

(3) 전 세계 WiBro 도입 확산의 촉매제 역할

WiBro의 3G 주파수 대역 활용이 가능해짐에 따라 세계 각국은 3G 대역(특히 2.5GHz 대역)에서 WiBro 기술을 활발히 도입할 것으로 예상이다. HSDPA(고속하향패킷접속)와 같은 기존 이동통신 서비스와 동등한 위치에서 경쟁할 수 있는 토대를 마련하였다. 전 세계적으로 글로벌 로밍이 가능한 IMT-2000용 주파수 확보가 매우 쉽다. 유선통신 인프라가 상대적으로 취약한 아프리카 등 해외시장에서는 CDMA-2000이나 W-CDMA보다 경제적인 망설계와 구축이 쉽다는 점에서 각광받을 가능성이 매우 큰 상태이다. 전략적으로 주요 시장인 유럽에서의 시장확보라는 측면에서도 중요한 지지기반을 확보하였다.

(4) WiBro 후속기술의 4G 표준채택 가능성 제고

ITU-R에서 4G(IMT-Advanced) 기술 표준을 확정예정이고 3G 표준채택으로 WiBro 진화기술(WiBro Evolution)이 타 4G 후보기술과 대등한 위치에 서게 되어 4G 표준채택에 유리한 위치를 확보하였다. 현재, WCDMA의 발전기술인 3G LTE(Long Term Evolution) 후속기술과 WiBro Evolution이 유력한 4G 표준기술로 부각하고 있다. 와이브로는 직교주파수분할다중(OFDMA), 다중입출력(MIMO), 스마트안테나 등 4G의 핵심기술을 이미 적용한 기술이어서 3G LTE보다 4G 표준에 근접한 것으로 평가하고 있다. 적용 단말에 있어서도 WCDMA 기반 기술에 비해 휴대폰, PDA, PMP, 울트라 모바일 PC, 노트북 등 다양한 단말에서 쉽게 서비스를 제공할 수 있다는 점도 장점이다. 모바일 와이맥스를 선택해 간단한 업그레이드만으로 4G 서비스를 제공할 수 있다면 비용효율성 측면에서 모바일 와이맥스를 선택하지 않을 이유가 없기 때문이다.

(5) Mobile WiMAX와 경쟁중인 4G기술

모바일 WiMAX가 4G 시장의 선두에 서 있지만 LTE(Long-Term Evolution)와 UMB (Ultra Mobile Broadband)의 거센 반격이 예상되는 가운데 WiMAX 포럼의 인증과 네트워크 전개의 지연이 복합적으로 작용하여 모바일 WiMAX가 시장을 선점하여 장악하는 것이 당초 예상보다 어려워질 수 있다고 시장조사기관 ABI Research가 발표하였다.

4G 시장에서 모바일 WiMAX와 LTE가 치열한 경쟁을 펼치고 UMB는 다소 뒤쳐질 것으로 전망이다. 선두주자인 모바일 WiMAX는 LTE보다 먼저 폭넓은 장비체계와 전 세계 가입자 기반을 구축할 수 있는 장점이 있으나 3GPP의 지원을 받는 LTE가 지배적인 4G 표준으로 자리 잡을 것이 유력시되고 있어 모바일 WiMAX가 결코 낙관할 수 없는 상황이다. GSM이 전 세계 이동통신을 장악하고 있는 이상 WCDMA는 빠른 속도로 LTE로 이동되어 결국 LTE의 전개속도는 WiMAX를 따라잡아 2015년경 LTE 가입자가 모바일 WiMAX 가입자 수를 추월할 것이라고 설명이다. 802.16m이 차별화되는 한 가지 특징은 802.16e에서 파생된 OFDMA와의 후방호환성(backward compatibility)이 제공된다는 점, 반면 LTE는 2G/3G 무선을 포함하는 방식을 제외하고는 후방 호환성이 제공되지 않는다.

6) WiMAX의 미래와 해결 과제

(1) 비용 문제

WiMAX 칩, 기기 및 네트워크 서비스에 부과될 비용은 WiMAX의 미래를 검토하는 데 핵심 고려사항이며, 가격책정은 분명히 서비스 제공업체들이 염두에 두고 있다.

(2) 차별화 문제

사용자가 비싸지 않은 WiMAX 서비스 및 기기를 활용할 수 있다면, 두 번째 고려사항은 WiMAX가 무엇을 제공할지에 관한 것이다. 즉, 여타 무선 광대역 기술과 차별화된 WiMAX 무선 네트워크만이 제공할 수 있는 킬러애플리케이션이나 사용 모델이 있는지가 관건이다.

(3) 신뢰성 문제

현재는 서비스 수준협약(SLA : Service Level Agreement)을 받지 못할 것으로 예상하며, 이럴 경우 기업은 WiMAX 서비스 사용에 대해 신뢰하지 못하기 때문에 SLA를 받을 수 있도록 해야 할 것이다.

기업이 정보제공자와 주고받는 서비스의 품질에 관한 계약에 사용되는 협약으로, 객관적인 평가기준을 도입함으로써 통신망과 관련된 비용을 낮추는 데 있다. 따라서 목표치를 설정해서 필요한 데이터를 수집, 관리하며, 통신망 관리인 경우에는 가용성이나 트랜잭션 처리시간, 접속실패율 등의 기준치를 미리 설정하였다.

(4) 캐즘 극복의 문제

WiMAX의 경쟁 무선기술이 다양하기 때문에 WiMAX 칩을 생산하는 것과 WiMAX 서비스 기기를 소비자들이 구매할 수 있도록 시장을 유도하는 것이 매우 중요하다.

기업 초기시장과 주류시장 사이에는 일시적으로 수요가 정체되거나 후퇴하는 단절현상이 나타나게 되는데 이를 캐즘(Chasm)이라 하며, 최근 벤처 기업들이 성장하다가 쇠퇴하는 가장 큰 원인이 바로 캐즘을 극복하지 못하기 때문이다.

(5) 다른 기술과의 경쟁우위 획득 문제

WiMAX 제공업체가 대체 기술들과 경쟁해서 승리할 수 있는가의 문제로, WiMAX 서비스 제공업체인 스프린트 넥스텔(Sprint Nextel Corp.)의 경우 클리어와이어(Clearwire Corp.)와 협력하여 미국 내 WiMAX 서비스를 위한 2.5GHz 주파수의 라이센스를 획득하였으며, 이러한 활동이 대체 기술사업자들과 비교하여 분명한 경쟁우위를 점할 수 있는 부분이다.

Chapter

3 음성과 데이터의 융합기술

01 VoIP의 개요

인터넷 서비스의 급속한 확산과 이용자 수가 폭발적으로 증가하면서 국내의 초고속 통신망의 확장도 신속히 진행되어 2002년 8월 현재 초고속 인터넷 가입자는 1,000만 명에 이르고 있고 이와 함께 새로운 인터넷 서비스로 VoIP 서비스가 부각되고 있다.

VoIP 서비스는 음성신호를 압축된 데이터 패킷으로 변환하여 IP망을 기반으로 하는 인터넷을 통하여 전송하는 기술이다. 이와 같이 회선망의 음성신호가 패킷망의 데이터와 통합하여 서비스가 이루어지면서 기존 음성 트래픽은 점차 VoIP 서비스로 전환되어 가고 있으며, ITU에서는 최근까지 세계 국제전화 통화량의 40%가 VoIP서비스에 의한 인터넷전화가 차지할 것으로 예측하고 있고, VoIP 시장규모는 연평균 85.2%의 높은 성장률로서 최근에는 약 300억 달러 이상의 시장규모를 예측하고 있다.

이에 VoIP 서비스를 위해 필수적으로 요구되는 핵심기술의 하나로서 통신망과 사용자 단말에 활용될 수 있는 VoIP 서비스 단말용 SoC의 개발이 요구되고 있다.

현재 개발되었거나 개발중인 SoC의 기능과 구조를 비교 분석하여 VoIP 단말의 용도에 따라 활용될 수 있게 하며, VoIP 핵심소자 개발의 기초자료로 활용할 수 있게 하였다.

VoIP(Voice over Internet Protocol)는 LAN, WAN, VPN 또는 공용 인터넷 등의 패킷 교환 IP 기반 데이터망을 통해 회선-교환 음성대화를 전송하는 기술이다.

일반적으로 PC-to-PC, PC-to-Phone, Phone-to-Phone 방식으로 구분한다.

인터넷을 통한 음성통화는 1995년 Vocaltec사가 인터넷을 도입하면서 시작했다.

Vocaltec의 소프트웨어는 음성신호를 압축, IP 패킷으로 변환해 인터넷을 통해 전송하는 PC-to-PC 방식이라고 할 수 있다.

수신자와 송신자가 동일한 시간에 접속해 동일한 소프트웨어를 사용해야 한다는 단점이 있다.

최근에 인터넷전화의 급속한 발달과 함께 인터넷과 PSTN 간의 인터페이스라 불리는 인터페이스인 게이트웨이의 중요성 높아진다.

게이트웨이는 아날로그 음성신호를 IP 패킷으로 변환하거나 역의 기능을 수행함으로써 이를 통해 PC-to-Phone나 Phone-to-Phone이 가능해진다.

1. VoIP 기술의 특성

VoIP의 장점은 통화료가 저렴하다는 점이며, 특히 국제전화요금은 차이가 확연하다는 점이다.

개방식 네트워크와 다양한 부가 서비스를 제공하는 기능적 효과와 음성과 데이터 애플리케이션의 결합 효과가 있다. 뿐만 아니라, 기존의 데이터 네트워크 플랫폼에서 손쉽게 Voice Mail, E-mail, Teleconferencing 등의 성능을 이용할 수 있기 때문에 차세대 망의 구성에 매우 적합한 형태이다.

2. VoIP의 유형 구분

VoIP는 이동성 정도에 따라 크게 고정 VoIP(Fixed VoIP)와 모바일 VoIP(Mobile VoIP)로 분류된다.

기존의 유선전화와 같이 고정된 장소에서 초고속 인터넷망을 이용하는 음성통화 서비스의 형태가 고정 VoIP이고, 차세대 무선인터넷망을 활용하는 것이 모바일 VoIP 방식이다.

VoIP 서비스는 데이터가 전유했던 패킷망에서 음성 서비스를 구현하는 개념으로서 태생적으로 고정 VoIP라 할지라도 제한적으로 이동성을 부여받았다. 즉, 특정장소의 초고속 인터넷에 연결되어 있는 인터넷 전화단말기를 다른 장소의 초고속 인터넷망에 연결해도 서비스가 가능하다.

표 3-1 ▪ VoIP의 분류

유 형	주요 특징	주요 설비/서비스 업체
IP PBX	IP PBX 네트워크 시스템 내에 각 전화단말기가 IP 방식으로 데이터 통신을 진행함. 통화뿐 아니라 문서, 데이터, 그래픽 등의 전송도 가능하며, 전화망과 컴퓨터 네트워크가 하나로 통일되어 LAN 내에서의 전자사무가 가능함	Cisco, Alcatel, Mitel, Avaya 등
WIFI 전화	802.11 표준의 IEEE802.11 협의 사용, Wi-Fi는 최고 11Mb/s의 데이터 전송률 지원 가능	Cisco, Motorola, UT Star 등
SIP IP 전화	SIP IP 전화기 기술은 가공 음성 압축코드를 지원하며, 음성 패킷당 5.3k/s까지 압축이 가능함	Vonage, AT&T, MCI, WORLDCOM, Level3 등
실시간 통신	실시간 문자 채팅, 음성통화, 화상통화, 파일 전송, 인터넷 파일 공유 등 가능함	Tencent, MSN, NetEase, SINA, Yahoo, ICQ, stype 등
화상전화	광대역 IP 네트워크의 데스크탑형 Video Terminal에 기반을 두고 있으며, xDSL, 유선 TV, LAN, VPN의 환경에서 사용이 가능함	Cisco, Viseon, Vonage, SIEMENS, 3COMS, HUAWEI 등

이러한 특성을 바탕으로 최근 사운드카드, 블루투스 등이 탑재된 USB 인터넷폰과 같은 소형 인터넷 전화단말기가 시장에 출시되고 있다.

국내는 인터넷전화 서비스가 고정 VoIP의 형태로 소규모 시장을 형성해 나가고 있다. 모바일 VoIP 서비스는 망고도화 및 기술의 발전 정도에 따라 점차적으로 확산될 전망이다.

02 VoIP SoC 개발 동향

초기의 VoIP 단말들은 범용의 MPU, DSP, Codec 등 주요소자와 다수 개의 개별소자를 활용하여 구성하였으나, 점차 관련 기능들을 한두 개의 핵심소자로 SoC화하여 VoIP 단말의 성능 향상과 가격 절감 및 전력 소모를 줄이면서, 이들 핵심소자를 활용하여 VoIP 단말을 단기간에 쉽게 개발할 수 있게 하고 있다. 현재 개발되었거나 개발중인 VoIP 단말용으로 활용되는 주요 SoC를 살펴보면 다음과 같다.

1. AGERE(T8301, T8302, T8300)

초기에는 IP 폰을 위해 주요 기능을 두 개의 칩(T8301, T8302)으로 구성하였으나, 현재는 두 개의 칩 기능을 하나의 칩을 통합하였으며 칩 구조에서는 ARM940T RISC 프로세서를 중심으로 외부와의 I/O를 위한 다양한 인터페이스를 가지며, 네트워크와 PC와의 접속을 위해 2채널의 10/100 Base-T Ethernet MAC/PHY를 내장하고 있고, 이들 간 및 내부 블록 간의 데이터 전달을 위한 이더넷 스위치 기능을 포함하고 있다.

음성신호 처리를 위한 DSP 모듈과 핸드셋, 스피커폰 구성이 쉽도록 음성 코덱을 내장하며 톤 발생 기능을 갖고 있으며 외부와의 통신을 위한 여러 가지 정합기능을 갖고 있다. 그림 3-1은 하나의 칩으로 통합된 T8300의 블록도를 나타내며 통합되면서 USB 정합기능을 삭제하였고, 프로세서의 성능을 향상시키며 이더넷 스위치 기능을 추가하였다.

- ARM940T(70MHz) 및 DSP1600(100MHz) 구조
- 음성 코덱(G.711, G.723.1, G.729A/B, G.722), AEC
- On 16-bit ADC, two 16-bit DAC for Handset, Speaker Phone
- VoIP 프로토콜(H.323)
- Dual 10/100 Base-T Ethernet MAC/PHY with Ethernet Switch
- 0.20μm, 3.3V, 272pin PBGA

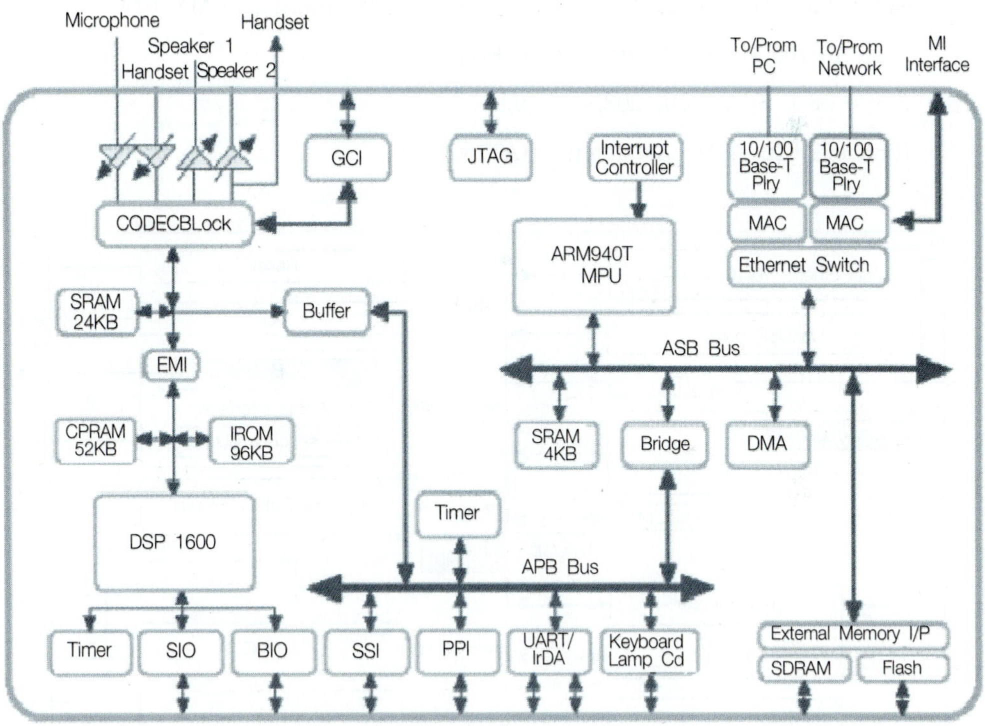

그림 3-1 ▪ AGERE T8300 VoIP SoC 블록도

2. ATMEL(AT75C220, AT75C310, AT75C320, AT76C901)

ATMEL에서는 이더넷 IP폰 개발에 활용될 수 있도록 프로토콜 처리와 네트워크 관리를 위해 ARM7TDMI 코어와 음성신호 압축과 반향제어기를 위한 OakDSP 코어를 중심으로 망 정합과 PC와 연결을 위해 2채널의 10/100 Base-T Ethernet MAC과 외부 정합을 위한 직렬 및 병렬 인터페이스를 가지는 구조로 되어 있다. ATMEL에서는 VoIP 단말에 응용하기 위해 AT75C220를 기본구조로 하며 외부 정합구조에 따라 여러 가지 버전이 있으며, AT75C310

와 AT75C320은 AT75C220와 동일한 구조이나 차이점은 Dual Ethernet 10/100Mbps MAC 대신 OakDSP 코어가 2채널 내장되어 있다. 그리고 AT76C901은 AT75C220에서 IEEE 802.11b 무선 LAN 기능을 추가시킨 무선 VoIP 응용을 위한 칩이다. 그림 3-2는 AT75C220의 블록도를 나타낸다.

- 32bit ARM7TDMI(40MHz) 및 OakDSP(60MIPS) 구조
- VoIP 프로토콜(H.323v2, MGCP, SIP)
- 음성코덱(G.711, G.723.1, G.726, G.728, G.729A/B), AEC, VAD, CNG
- Dual 10/100 Base-T Ethernet MAC/PHY
- 2.5V(Core), 3.3V(I/O), 208pin PQFP
- IEEE 802.11b 무선 LAN Interface(AT76C901)

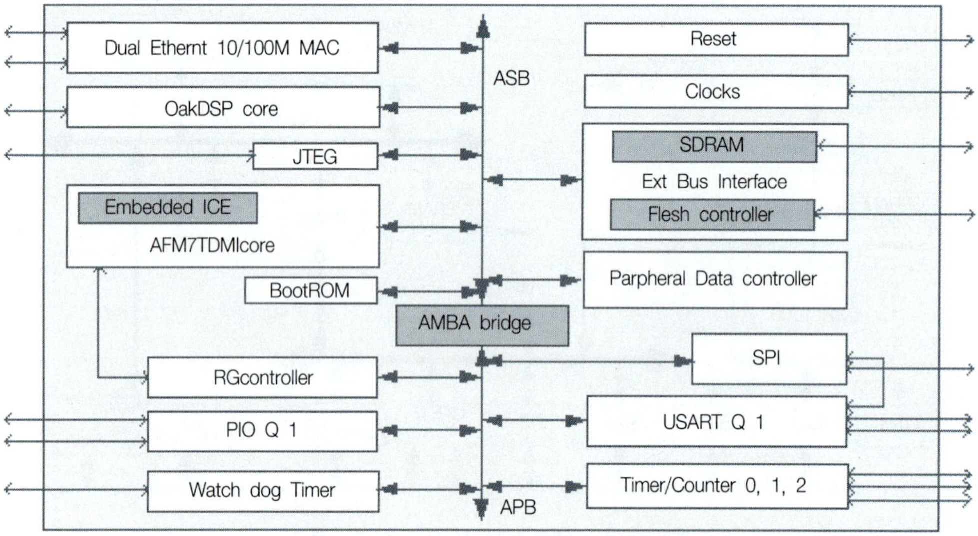

그림 3-2 ATMEL사의 AT75C220 블록도

3. Broadcom(BCM1100, BCM1101)

Broadcom의 VoIP 단말용 칩은 2001년 초에 발표된 BCM1100와 이의 성능을 향상시킨 BCM1101 2종이 있다. 이를 활용하여 IP 폰이나 Residential 게이트웨이를 개발할 수 있게 된 단일칩으로 MIPS32 CPU와 고속 연산을 위해 ZSP DSP 코어를 가지며, 네트워크 인터페이스와 PC와의 연결을 위해 2채널의 10/100 Base-T Ethernet MAC/PHY를 가지고 있고

이들과 내부 간의 패킷데이터 교환을 위한 이더넷 스위치 기능을 내장하고 있다. Wideband 오디오 인터페이스를 위해 3채널의 ADC/DAC 기능을 갖는 것을 특징으로 하며, 외부정합을 위한 고속직렬 인터페이스 등을 갖고 있다. 그림 3-3은 BCM1101의 블록도를 나타낸다.

- MIPS32(150MHz) 및 DSP(140MHz) 구조
- VoIP 프로토콜(H.323, SIP, H.248/Megaco, MGCP)
- 2채널 10/100 Base-T Ethernet MAC/PHY with Ethernet Switch
- 음성코덱(G.711, G.723.1/A, G.726, G.728, G.729A/B/E, G.722.1)
- 3채널 Wideband Audio ADC 및 DAC
- 0.18μm 공정, 1.8V(core), 3.3V(I/O), 256Pin PBGA

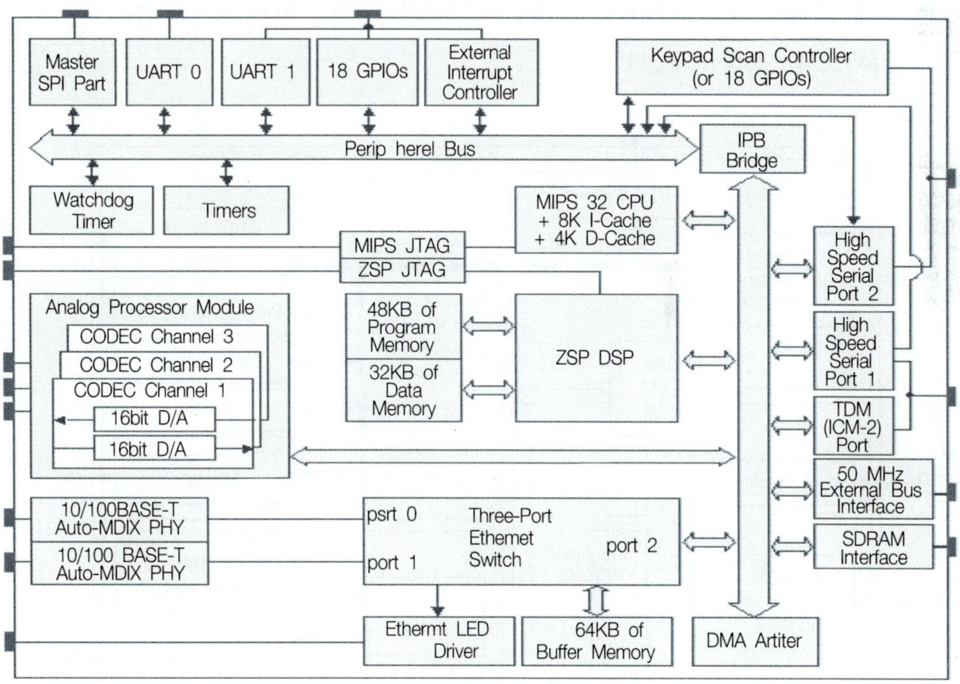

그림 3-3 ■ Broadcom의 BCM1101 블록도

4. STMicroelectronics(STLC1502)

STMicroelectronics의 VoIP 단말용 칩은 IP폰, 소규모 게이트웨이 및 통합 액세스 장치 등에 이용할 수 있도록 VoIP 프로토콜 처리와 네트워크 정합기능을 수행하는 ARM7TDMI와 음성신호 압축 및 반향처리 기능을 수행하는 D950 DSP를 중심으로 네트워크 정합을 위해 2채널의 10/100 Base-T Ethernet MAC 인터페이스와 Ethernet Bridge 및 외부장치를 제어하기 위한 여러 가지 인터페이스로 구성되어 있다. 시스템 제어를 위해 RTOS인 VxWorks를 지원하며 그림 3-4는 STLC1502의 블록도를 나타낸다.

- ARM7TDMI(62.5MHz) 및 D950 DSP(100MHz) 구조
- VoIP 프로토콜(H.323v2, MGCP, SIP, MEGACO)
- Dual Ethernet 10/100Mbps MAC
- 음성 코덱(G.711, G.723.1, G.726, G.729A/B), LEC, AEC, VAD, CNG
- 2.5V/3.3V, 208pin PQFP

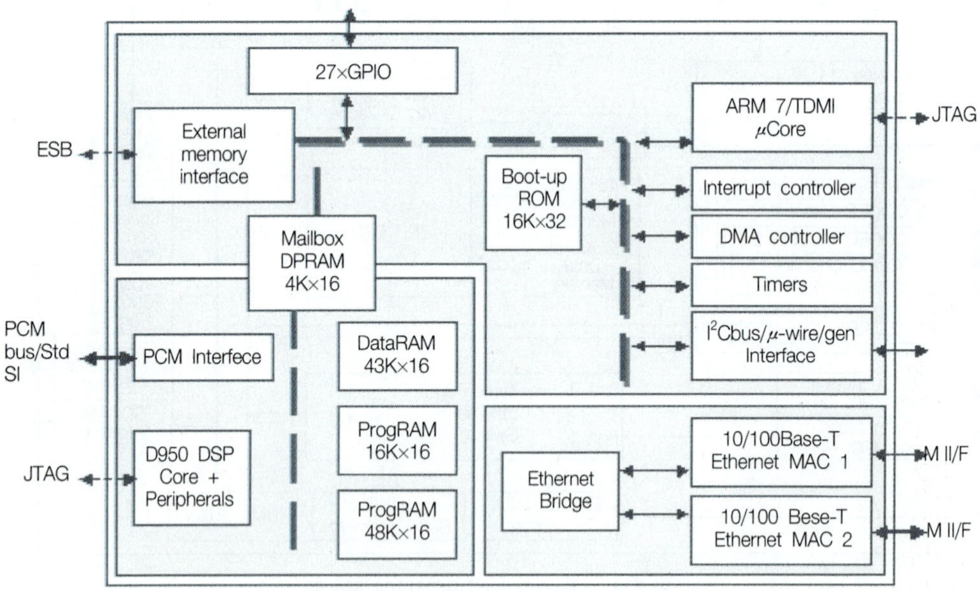

그림 3-4 ▪ STMicro의 STLC1502 블록도

5. Texas Instruments(TMS320VC5471, TMS320VC5472)

TI의 IP폰 솔루션(TNETV1001)은 IP폰 하드웨어 칩과 Telogy의 소프트웨어로 구성되며 개발자를 위한 개발 키트가 제공된다. VoIP용 SoC는 프로토콜 처리와 네트워크 관리기능을 위한 ARM7TDMI와 음성처리를 위한 DSP TMS320C54x를 중심으로 내부동작 메모리와 다양한 I/O로 구성되어 있다. 초기 버전에서는 이더넷 MAC을 하나만을 내장하였으나 후속 버전에서는 네트워크 정합과 PC연결을 위해 2채널의 10/100 Base-T Ethernet MAC을 내장하고 있으며 이들 간 데이터 교환을 위한 이더넷 스위치기능을 갖고 있다. 시스템 소프트웨어로 VxWorks와 Nucleus RTOS를 지원한다. 그림 3-5는 TMS320VC5472의 블록도를 나타낸다.

- ARM7TDMI MCU(47.5MHz) 및 TMS320C54x DSP(100MHz) 구조
- VoIP 프로토콜(H.323v2, MGCP, SIP, MEGACO)
- Dual 10/100Mbps Ethernet MAC(TMS320VC5472)
- 음성 코덱(G.711, G.723.1A, G.729AB, G.722), AEC, VAD, CNG
- 0.18μm 공정, 1.8V(core), 3.3V(I/O), 257pin PBGA(16mm×16mm)

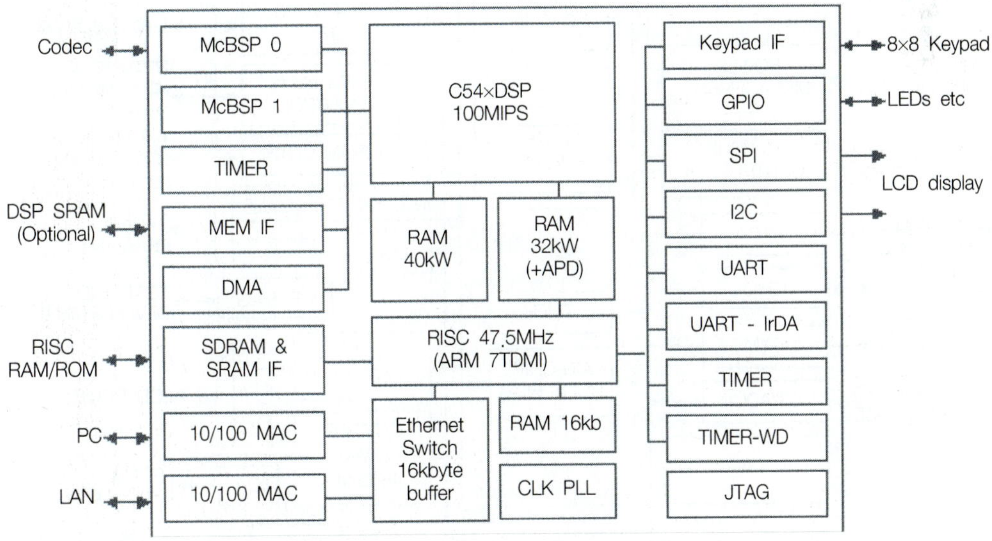

그림 3-5 ▪ TI의 TMS320VC5472 블록도

Chapter 3

6. Cirrus logic(CS89712)

VoIP 단말 개발에 활용되는 SoC의 초기 제품으로 IP폰, 스크린폰, 웹 어플라이언스 등에 응용될 수 있는 구조로서 ARM720TDMI를 메인코어로 하여 8kbytes Cache와 MMU를 갖고 있다. 네트워크 정합을 위해 한 채널의 10Mbps Ethernet MAC을 내장하고 있으며, 추가의 Ethernet 채널이 요구되는 경우 별도의 Ethernet MAC 칩을 부가하여야 된다. 단말기의 LCD 제어를 위한 LCD controller 기능을 내장하고 있다. 그림 3-6은 CS89712의 블록도를 나타낸다.

- ARM720TDMI 구조(Without DSP)
- Dynamic clock speed : 18, 36, 49 및 74MHz

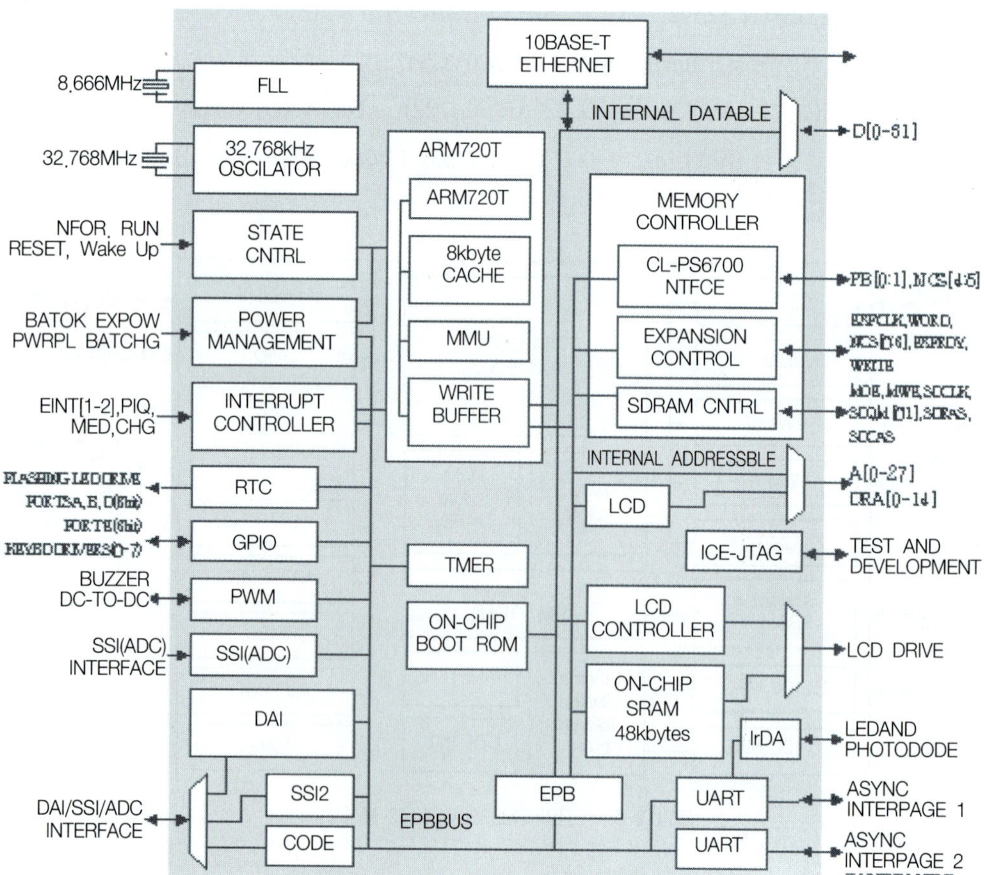

그림 3-6 ▪ Cirrus logic의 CS89712 블록도

- 10Mbps IEEE 802.3 Ethernet MAC
- LCD controller
- 2.5V(core), 2.5~3.3V(I/O), 256Pin PBGA

7. Netergy(Audacity-T2U, Audacity-T3)

Netergy의 IP Telephony Processor인 Audacity-T2U/T3는 IP폰, 홈게이트웨이 및 VoDSL 단말 등에 다양하게 활용될 수 있도록 DSP 명령어를 갖춘 RISC/DSP 프로세서를 코어로 하며, 2채널의 10/100 Base-T Ethernet MAC과 이더넷 스위치 기능을 갖고 있다. ATM 정합을 위해 ATM AAL2/5 및 UTOPIA L2 인터페이스를 내장하고 있다. 그림 3-7은 Audacity-T3의 블록도를 나타낸다.

- Dual unified RISC/DSP MIPS-X6(160MHz) 구조
- 음성 코덱(G.711, G.723.1, G.726, G.728, G.729A/B/E), VAD, CNG, EC

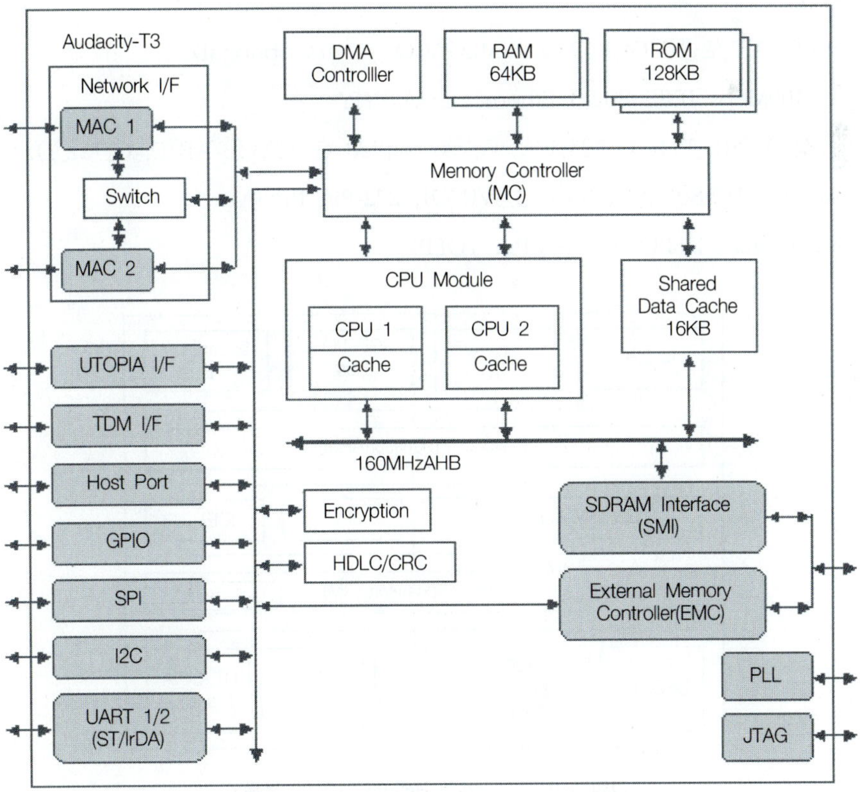

그림 3-7 Netergy의 Audacity-T3 블록도

- 2개의 10/100 Ethernet MAC 및 On-chip Ethernet Switch 내장
- VoIP 프로토콜(H.323v4, MGCP, SIP, MEGACO)
- VoDSL응용을 위해 AAL2/5 및 ATM UTOPIA level 2 지원
- 0.18μm CMOS 공정, 1.8V(core), 3.3V(I/O), 256-Pin BGA

8. Virata(Helium 210-80, Megnesium DSP)

IAD, IP 폰 및 PBX, 홈라우터, 멀티서비스 게이트웨이 등에 적용할 수 있도록 통신 프로세서인 80MHz Helium 210-80 칩과 DSP 연산을 위한 100MHz의 Magnesium DSP 칩으로 구성된 2칩 솔루션으로 되어 있다. Helium 210-80 칩은 2개의 ARM7TDMI 코어와 여러 가지의 외부 정합 로직으로 구성되어 있으며 VoIP 응용 외에 DSL모뎀/라우터 및 ATM 액세스 단말 등의 메인 프로세서로도 활용하고 있다.

- Helium 210-80(Dual ARM7TDMI : 80MHz) 및 Megnesium DSP(TI C54x : 100MHz) 구조
- VoIP 프로토콜(MGCP, H.248/MEGACO, others optional)
- 10/100Mbps IEEE 802.3 Ethernet MAC/PHY
- 음성 코덱(G.711, G.723.1/A, G.726, G.728 G.729A/B/AB/E, G.722.1),
- Helium 210-80(1.8V(core), 3.3V(I/O), 272-Pin PBGA)
- Megnesium DSP(3.3V, 144-Pin TQFP)

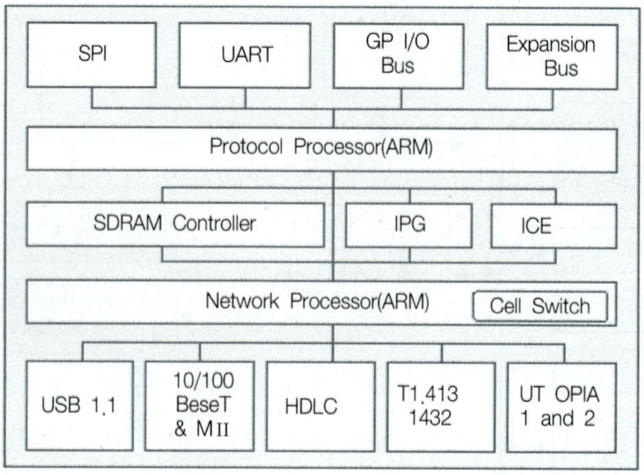

그림 3-8 ▪ Virate의 Helium 210-80 블록도

9. AMD(AU1100)

Web Pad, Telematics, PDA, 멀티미디어 핸드헬드 장치 등에 적용할 수 있도록 최대 500MHz MIPS32 CPU 코어를 가지고 LCD 제어기를 내장하고 있다. 네트워크와 인터페이스를 위해 1채널의 이더넷 포트를 가지며 IrDA, USB 인터페이스를 갖는다. 그림 3-9는 Au1100의 블록도를 나타낸다.

- MIPS32(RISC + DSP) 333, 400 or 500MHz 구조
- 저전력(400MHz : 0.25W, 500MHz : 0.5W, Idle, Sleep Mode)
- 1채널 10/100 Ethernet MAC 내장
- On chip LCD 제어기
- 1.0~1.2V(core), 2.5V(I/O), 399-Pin BGA

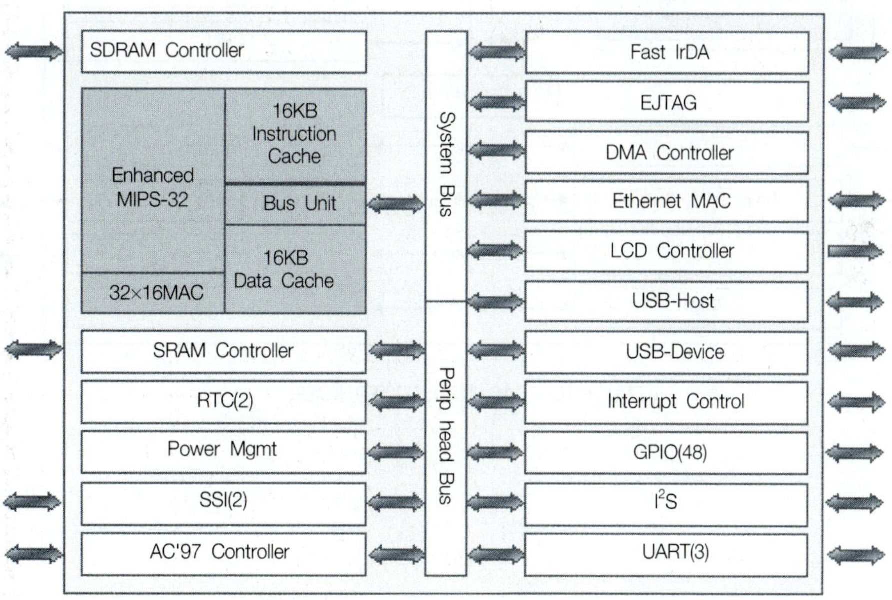

그림 3-9 AMD의 AU1100 블록도

10. AD chips(JUPITER)

국내에서 개발된 SoC로서 VoIP 단말, 웹 및 인터넷 어플라이언스에 활용될 수 있으며, 국내 기술에 의한 32-bit EISC 마이크로프로세서를 코어로 하며 2채널의 10/100 Ethernet MAC을 내장하고 있고 외부 제어를 위한 I/O 포트와 LCD 제어기를 내장하고 있다.

그림 3-10은 JUPITER의 블록도를 나타낸다.

- 32-bit EISC Microcontroller(50MHz) 구조
- 2채널 10/100 Ethernet MAC 내장
- On chip STN LCD 제어기
- 3.3V, 208Pin QFP

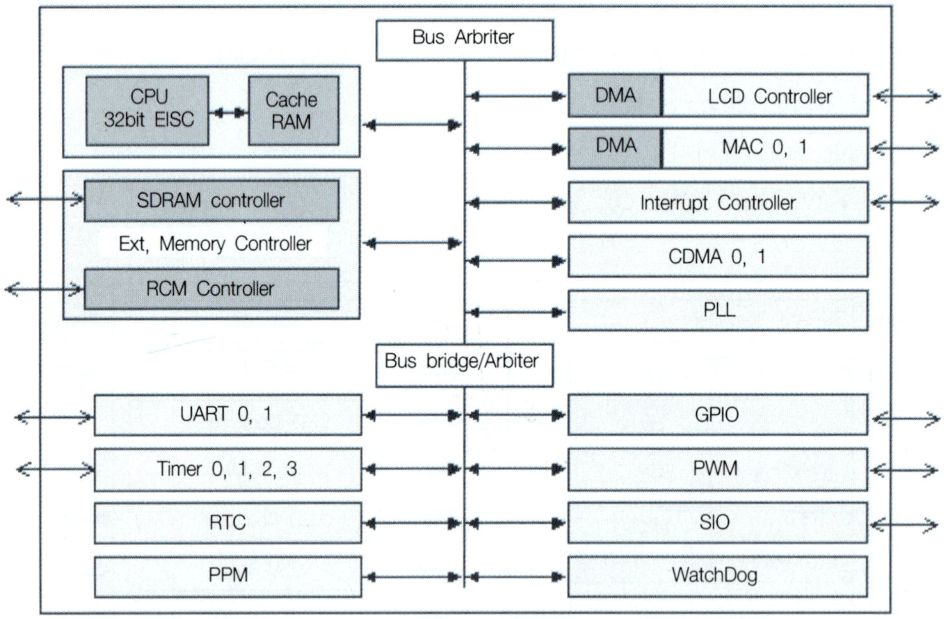

그림 3-10 ▪ AD 칩의 JUPITER 블록도

03 VoIP SoC 칩 및 단말기 기술

1. VoIP SoC 구조 비교

VoIP 응용단말 개발에 활용되는 SoC의 코어 구조, 네트워크 인터페이스, 지원 프로토콜 및 음성 코덱 등을 비교하면 표 3-2와 같다.

표 3-2 ▪ VoIP 단말용 SoC 특성 비교

제작사(모델명)	Main MCU	DSP	Network	Voice coder	Protocol	Others
AGERE(T6500)	ARM940T(70MHz)	DSP1600 (100MHz)	2xEthernet MAC/PHY	G.725.1, G.729A/B, G.722	H.323v3	
ATMEL(AT75C220, AT76C901)	ARM7TDMI(40MHz)	Oak DSP(60MHz)	2xEthernet MAC	G.725.A, G.726, G.729E	H.323	s02.1lb MAG
Broadcom(BCN1101)	MIPSs2(150MHz)	ZSP DSP(140MHz)	2xEthernet MAC/PHY	G.725A.1, G.726G,726. G.722.1 G.729A/B	H.323, MGCP, SIP, MEGACO	
STmicro(STLC1502)	ARM7TDMI(62.5MHz)	D950 DSP(100MHz)	2xEthernet MAC	G.725.1, G.726, G.729A/B	H.323v2, MGCP, SIP, MEGACO	
TI(TMS320VC5472)	ARM7TI(47.5MHz)	TMS520CSdx (100MHz)	2xEthernet MAC	G.725.1A, G.729AB, G.722	H.323, MGCP, SIP,MEGACO	
Cirrus(CS89712)	ARM720TDMI(74MHz)	없음	1xEthernet MAC(10M)	없음	없음	
Neterpy(AudsityTS)	Dual MIPS×6(160MHz)	없음	2xEthernet MAC	G.725.1, G.726, G.729A/B/E.	H.323, MGCP, SIP,MEGACO	ATM/SAR. Utopia2
AMD(Aul100)	MIPSs2(500MHz)	없음	1xEthernet MAC	없음	없음	

Chapter 3

2. VoIP 단말

VoIP 단말은 대표적인 IP폰을 비롯하여 SOHO용 게이트웨이, 미디어 허브, 무선 IP폰 등 여러 가지 형태의 응용으로 개발되고 있다. 폰 타입의 응용 개발에서는 단순 IP폰, PSTN 겸용 IP폰, 900MHz 무선전화기 겸용 IP폰, 무선 LAN 기능의 갖는 IP폰, 블루투스 내장 IP 폰, IP폰 기능을 갖는 PDA 등이 있고, SOHO용 게이트웨이 타입으로는 1~4포트 소용량 음성전화와 팩스 기능을 갖춘 홈게이트웨이, 수십 포트의 대용량 음성전화와 팩스 기능을 갖춘 기업용 게이트웨이, 1포트~4포트 VoDSL 서비스용 IAD 등이 있다. 표 3-3에서는 국내에서 개발된 제품의 일부로서 IP폰과 소용량 홈게이트웨이 단말의 특성을 비교한다.

표 3-3 ▪ VoIP 단말용 SoC 특성 비교

제작사(모델명)	A사	B사	C사	D사	E사
용도	IP폰	일반전화 겸용 IP폰	900M 무선전화 겸용 IP폰	1포트 홈GW	2포트 홈GW
Main Core	CIRRU89712 DSP(DSPG)	Orion(50M) DSP(TMS320Cx)	TIVoIP 전용칩	CIRRU89712 DSP(DSPG)	ARM7DSP(Audio Codes
FLASH	16Mbit	2MB	2~4MB	16Mbit	4MB
SDRAM	16Mbit	8MB	8~16MB	16Mbit	16MB
Ethernet Port	2포트, 10Mbps	2포트, 10/100Mbps	2포트, 10/100Mbps	2포트, 10Mbps	2포트, 10Mbps, 10/100M
PSTN Port	없음	1port(PSTN)	1port(PSTN)	2port (PSTN, 전화기)	3port (PSTN, 전화기 2)
LCD	2선 문자 LCD 4선 그래픽 LCD	STN LCD (128×64)	graphic character 모두 가능	없음	없음
OS	자체 RTOS	VxWorks	VxWorks	자체 RTOS	RT-LINUX
VoIP Protocol	H.323 SIP (자체개발)	H.323	H.323 MGCP	H.323 v2 MGCP (자체개발)	SIP, H.323 (자체 및 상용)
음성 코덱	G711, G723.1	G711, G.723.1 G729a/b	G711, G723.1 G729a/b	G711, G723.1 G729a	G711, G723.1, G729
네트워크 프로토콜	TCP/IP, UDP, ICMP, DHCP, BOOTP, Telnet PPPdE	TCP/IP, UDP, FTP, DHCP, BOOTP, NAT	TCP/IP, UDP, DHCP, NAT	TCP/IP, UDP, ICMP, DHCP, BOOTP, Telnet, PPPdE	TCP/IP, UDP, DHCP, NAT
지원 기능	• Caller ID • IP Sharing • Email • Web Browsing	• Caller ID • Speaker Phone	• 900M codeless 폰 겸용 IP 폰	• 10 in/out call history • Web server	• VAD, CNG EC • Dynamic jitter buffer control • FAX 전송
기타	• Dual Ethernet MAC • Built-In Hub	• 2Hub 포트 • ADSL 지원	Dual Ethernet 10/100 MAC	일반전화를 IP 폰으로 사용	일반 전화를 IP 폰으로 사용

VoIP 단말을 구성하기 위해 현재는 주로 상용 프로세서와 음성 코덱 기능을 제공하는 Audio Codes, Voice pump 또는 Oki의 칩을 활용하면서 네트워크 인터페이스 등 기타 기능을 위해 개별 부품을 활용하여 개발되고 있으나 점차 모든 기능이 통합된 VoIP 전용 SoC에 의한 개발로 전환될 것이다.

최근 인터넷전화는 저렴한 요금이 가장 편리한 점이며, 기존과 같은 다양한 부가 서비스는 아직 요구되지 않으며, 많은 개선이 이루어지고 있지만, 아직 낮은 통화품질이 가장 불편하다. 그리고 아직까지 IP 폰의 전화요금이 싸다는 장점만으로 고가의 VoIP 단말을 구입하기에는 부담을 느낀다. VoIP 단말 개발을 위한 SoC의 개발 동향을 살펴보고 각각의 구조를 분석하였다. 또한, 이들 SoC를 활용하여 구성될 수 있는 다양한 형태의 VoIP 단말을 살펴보면서 VoIP 통화품질 개선을 위한 고품질의 음성 코덱 개발과 저가의 VoIP 단말용 SoC가 개발되면 VoIP 단말 개발업체에서도 최저의 개발비용으로 널리 보급될 수 있는 고품질 단말을 공급할 수 있어 VoIP 서비스 이용자들을 만족할 수 있을 것이다.

Chapter 3

VoIP는 단점은 다음과 같다.

- 통화품질 보장이 어렵다.
- 해킹이나 도청 노출이 쉽다.
- 전화임에도 꼭 설치장소가 모뎀, PC 옆으로 제한되어 있다.
- 정전되면 통화가 안 된다.
- 초기장비를 구입할 때 비용부담이 좀 크다.
- 정확한 위치정보를 알 수가 없어서 긴급 상황시에는 피해가 크다.
- 인터넷 속도가 느리다.
- 장시간 통화하면 발열이 된다.
- 가끔 벨소리도 안되고 팩스도 안된다.

3. VoIP 단말기 기술

VoIP 서비스 실현 가능성에 따라 모바일 VoIP를 반이중방식(Half-duplex) VoIP, 이동전화망 연동(Cellular bypass) VoIP, 셀룰러망 이용 VoIP(VoIP over Cellular)의 형태로 구분한다.

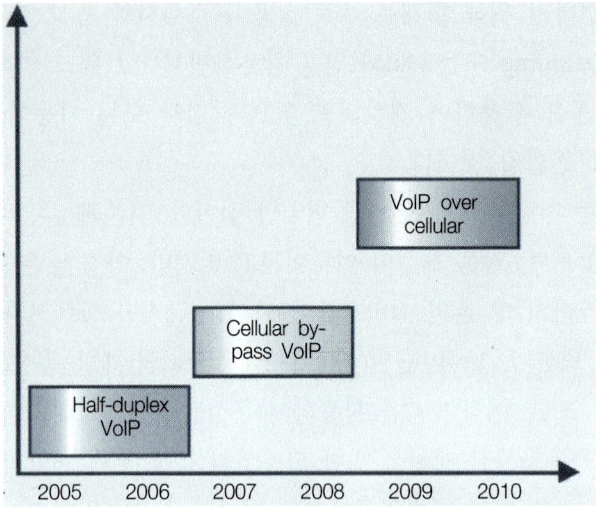

그림 3-11 ▪ 모바일 VoIP의 형태

1) 반이중방식 VoIP

반이중 형태의 모바일 VoIP 서비스는 이동전화와 같은 전이중 형태와는 달리 과거의 워키토키 방식의 단방향 전송만이 가능한 통신방식이다.

그림 3-12처럼 반이중방식은 송신자와 수신자 간에 동시 대화가 불가능하기 때문에 송신자가 말하는 동안 수신자는 듣기만 가능하다.

미국의 넥스텔의 PTT(Push-to-Talk)가 반이중방식 음성 서비스의 대표적인 사례이다. PTT와 이동전화 서비스에 있어서는 PTT가 이동전화의 대체재가 될 수 없다는 의견이 지배적이다.

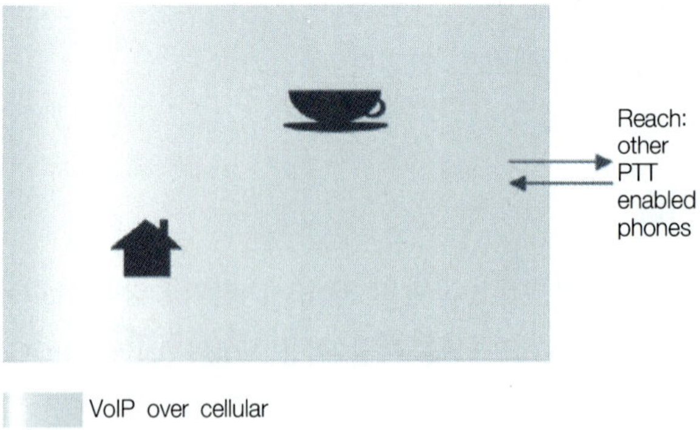

그림 3-12 ▪ 반이중방식의 모바일 VoIP

진보된 통신시장에서는 PTT의 이동전화 서비스의 대체 효과가 발생할 수 있는 가능성이 희박하지만, SMS에서는 잠정적인 대체재로서의 역할이 가능하다.

PTT의 대중 시장 활성화를 위해서는 이동통신망 사업자와의 협조체계가 필수적이다. 즉 이동전화 사업자는 PTT 요금을 SMS 요금과 유사하게 책정함으로써 서비스 확산을 저지할 수 있다. 따라서 PTT 서비스는 이동전화 사업자들에게는 종속적인 서비스이며 이동전화 시장의 매출에 대해 심각한 영향력을 미치지는 않을 것이다.

2) 이동전화망 연동 VoIP

이동전화망 연동 VoIP 서비스는 브리지 서비스로서 차세대망이 구축된 범위에서 활용되는 새로운 통신방식이다. 이는 해당 지역을 벗어날 경우 기존 이동전화망으로 자동적으로 핸드오버함으로써 단절없는 서비스를 제공한다. 홈존 VoIP와 핫스팟 VoIP 서비스가 대표적인 사례이다.

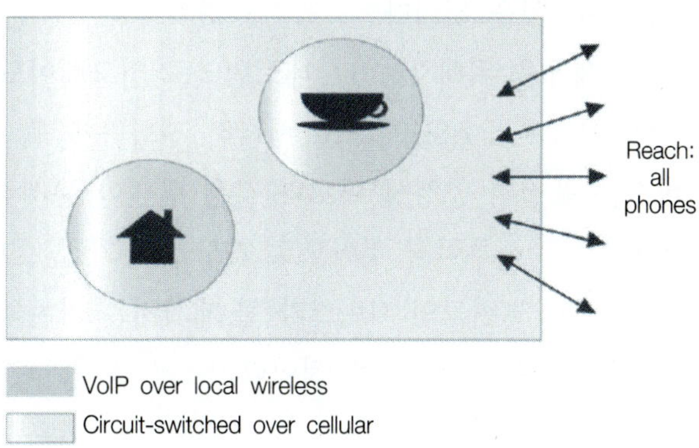

그림 3-14 ▪ 이동전화망 연동 모바일 VoIP

(1) 홈존 VoIP

홈존 VoIP란 댁내에서는 초고속 인터넷에 연결되어 있는 VoIP망을 통해 야외에서는 기존 이동전화망을 통해 음성통화를 하는 서비스를 말한다. 이동전화 사업자들이 홈존 VoIP를 저지할 수 있는 주요요인은 다음과 같다.

- 대중시장용 듀얼모드 단말기 개발 억제를 위해 밴더들에게 압력을 행사한다.
- 잔재적 위험이 될 수 있는 서비스 제공업체에게 무선 재판매를 시행하지 않는다.

(2) 핫스팟 VoIP

핫스팟 VoIP 서비스는 핫스팟 지역 내에서 무선인터넷망을 이용하는 서비스이다. 하지만, 해당 커버리지를 벗어나면 이동전화 네트워크로 핸드오버된다.

홈존 VoIP와의 차별성은 무선접속 지점이다. 선진적인 통신시장에서는 카페, 호텔, 공항과 같은 공공장소에서 즐기는 초고속 인터넷인 WiFi 핫스팟 서비스가 증가추세이다. 대표적인 사례는 영국의 핫스팟 사업자인 브로드리치는 스카이프와 협정을 맺었다. 스카이프 가입자들은 핫스팟 지역에서 무료접속 통화 서비스를 제공받을 수 있다. 핫스팟 VoIP 서비스의 활성화를 위해서는 요금 경쟁력뿐만 아니라 이종망 간의 호환적인 핸드오버 문제가 해결되어야 할 것이다.

3) 셀룰러망 이용 VoIP

이동전화 사업자들은 All-IP로의 전환을 통해 한정된 주파수 자원을 활용하는 것보다 훨씬 상당한 음성을 수용할 수 있을 것이다.

끊김 없는 VoIP 서비스 제공을 위해서는 3G 네트워크로 업그레이드가 필요하며 점차적으로 GSM에서 WCDMA, HSDPA, HSUPA으로 서서히 진화하게 될 것이다.

셀룰러망 VoIP 서비스는 품질의 안정성 확보와 같은 당면한 문제점이 존재한다. 또한, 망의 업그레이드가 점진적으로 이루어질 것이므로 과도기를 거칠 것으로 예상된다. 셀룰러 망을 이용한 VoIP 서비스가 보편적인 서비스가 될 때까지는 기존의 음성전화 서비스에 대한 모바일 VoIP의 가격 이점은 크지 않을 것이다.

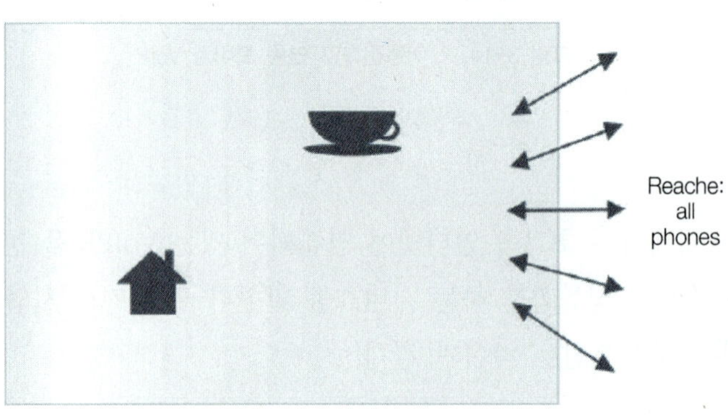

그림 3-15 ▪ 셀룰러망을 이용한 모바일 VoIP

4. 모바일 VoIP의 진화단계

모바일 VoIP 서비스 시장의 발전 가능성은 기술의 진보와 상관적이다. 즉, 차세대 망에서 모바일 VoIP 서비스가 완전하게 구현되기 위한 조건으로 이동통신망과의 호환적인 연동이 필수적이다.

단말기 진화단계에서 살펴보면 3단계가 구현되어 차세대망을 이용한 음성통화가 가능해졌다. 이동전화 사업자에게 잠정적인 위협이 될 수 있을 것이다.

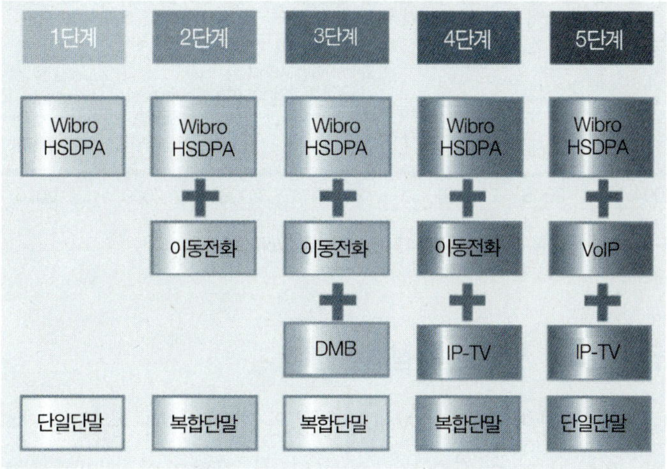

그림 3-16 ▪ 모바일 VoIP 진화단계

1) 모바일 VoIP 로드맵

향후 2010년도에는 모바일 네트워크에서 단대단 VoIP 서비스 제공이 가능할 것이다. 이동전화 사업자들은 차세대 무선통신 서비스에 대한 투자와 함께 장기적으로 Full-IP Core 망 전환이 요구된다.

장기적인 모바일 VoIP 로드맵은 그림 3-17에서 보는 바와 같다.

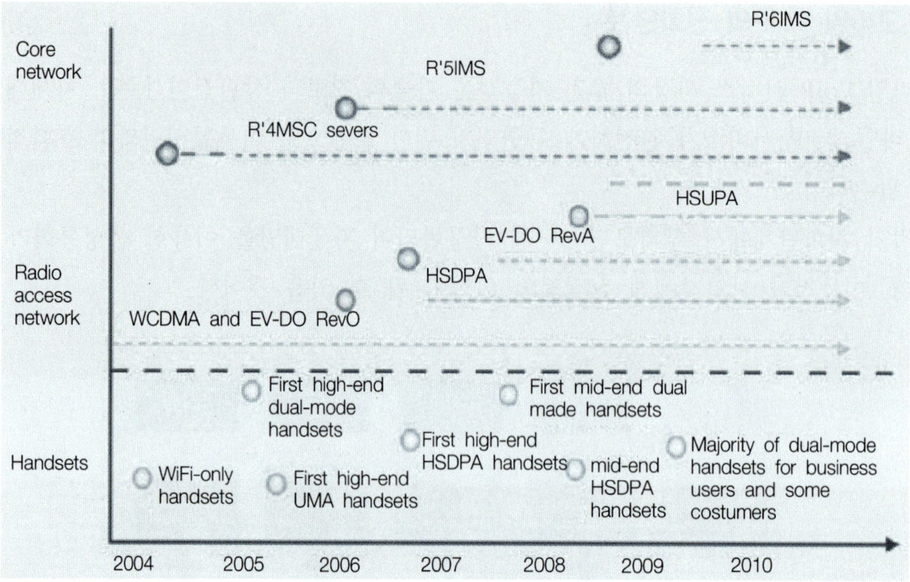

그림 3-17 ▪ 모바일 VoIP 로드맵

2) 단말기 보급 확대와 서비스 활성화

표 3-4에서 보는 바와 같이 모바일 VoIP 유형은 단말기 및 무선 로컬루프 활용 형태별로 WiFi 핫스팟형, 셀룰러 WiFi 듀얼모드형, 유무선 전화망의 로컬루프형, 이동전화망 활용형 등 4가지 유형으로 구분한다.

(1) WiFi 핫스팟형

WiFi 핫스팟 활용 유형은 핫스팟 범위 내에서 이용이 가능하므로 이동성 측면에서 제약을 받는 단점이 있지만 데이터 요금에는 자유롭다는 장점이 있다.

(2) 셀룰러 WiFi 듀얼모드형

셀룰러 WiFi 듀얼모드 유형은 BT의 Fusion, T-Mobile의 @Home, FT의 Unik, DoCoMo와 KDDI의 모바일 센트릭스 등에서 도입하고 있는 유형이다.

(3) 유무선 전화망의 로컬루프형

유선전화나 휴대전화를 그대로 이용하는 서비스인 유무선 전화망 로컬루프의 활용 유형은 기존 단말을 이용하면서 별도의 소프트웨어를 다운받지 않아도 서비스를 제공받을 수 있다는 장점이 존재한다.

(4) 이동전화망 활용형

이동전화망을 활용하는 형태는 사용자의 휴대전화에 클라이언트 소프트웨어를 설치하거나 다운로드함으로써 VoIP 인터넷전화를 활용하는 방식으로서 이동성이 보장되는 모방일 VoIP라 볼 수 있다.

표 3-4 ■ 모바일 VoIP

구 분	사업자		주요 특징
WiFi 핫스팟 활용	Skype	FON, Mobiboo	• FON은 전 세계 12개국에서 32만여개의 핫스파 확보 • Mobiboo는 영국 내 6,871개 핫스팟에서 이용가능
셀룰러/WiFi 듀얼모드 기반		BT의 Fusion, T-Mobil의 @Home, FT의 Unik, DoCoMo와 KDDI의 모바일 센트릭스	• Telco들이 유선전화 시장 보호를 위해 FMC 형태로 추진 • 이통사들이 법인 시장 개척을 위해 '모바일 센트릭스' 형태로 추진
기존 유무선 전화망의 Local Loop 활용		Jajah, Rebtel	• 기존 유선전화와 휴대전화를 그대로 이용 • 별도의 단말기와 소프트웨어 다운로드로 필요 없음
기존 이동전화 망 활용		Fring, Truphone, Nimbuzz, SHAPE	• 휴대전화에 클라이언트 소프트웨어 다운로드 및 설치 • Nimbuzz와 Vyke는 Java 애플리케이션 형태 • SHARE는 풀브라우저 활용형

3) 모바일 VoIP 서비스

단절없는(seamless) 모바일 VoIP 서비스 제공을 위해서 이동성, 전송속도, 커버리지 확보가 선결되어야 한다. 이는 음성뿐만 아니라 다양한 멀티미디어 부가 서비스 제공을 가능케 한다.

이동성은 빠른 전송수단을 통한 이동에서도 원활한 서비스가 제공되어야 한다는 것이며 전송속도는 초고속 데이터 전송속도를 구현하는 것을 의미한다.

커버리지는 서비스 범위를 의미하는 것으로 특정지역으로 이동하였을 때에도 자동으로 로밍이 이루어짐으로써 끊김 없는 서비스가 제공되어야 한다는 것이다. 현재 이동전화 서비스는 이동성 커버리지 측면에서는 우수하지만 데이터 전송속도는 한정적인 서비스만 가능한 편이다.

차세대 무선인터넷 서비스는 이동전화와 무선랜의 한계성을 보완하여 모바일 VoIP 서비스 제공에 적합한 형태로 진화하고 있다.

모바일 VoIP형 무선인터넷 서비스로는 와이브로와 HSDPA가 가장 유력한 서비스로 대두되고 있다.

이동성 측면에서는 이동통신 기반의 HSDPA가 와이브로보다 우수하다. 와이브로가 최대 60km/h 이동형 서비스를 제공할 수 있는 반면 HSDPA는 최대 250km/h 서비스를 제공이 가능하다.

커버리지 측면에서도 HSDPA가 전국망 서비스를 궁극적인 목표로 삼는 반면 와이브로는 대도시 중심 서비스인 모바일 VoIP 구현을 목표로 하므로 이동전화망과의 연동이 필수적이다.

모바일 VoIP 적용 범위의 확대 및 관련 시장활성화를 위해 필요한 요인은 단말기 품질과 보안성이다. 단말기의 공급은 차세대 무선인터넷망과 기존망 간 연동이 가능한 단말기 이용자들의 교체주기를 고려하여 적시 공급되어야 한다. 품질 측면에서는 IP망에서 음성 패킷의 손실 가능성 문제를 해결함으로써 시스템 품질을 양질화하여 사용자의 만족을 극대화할 수 있어야 한다. 보안성은 비인가된 커뮤니케이션 접근을 방지하여 서비스의 신뢰를 확보하는 것이다.

표 3-5 ▪ 모바일 VoIP 구현을 위한 무선통신 서비스의 장단점

구 분	무선랜	이동전화	와이브로	HSDPA	DMB
장점	• 빠른 전송 속도 (1Mbps)	• 이동성(250km/h) • 전국망 서비스	• 빠른 전송속도 (최대 25Mbps)	• 고속이동성 (250km/h) • 전국망 서비스	• 고속이동성(최대 200km/h) • 전국망 서비스
단점	• 이동성(정지 또는 보행시) • 커버리지	• 전송속도 (100kbps)	• 이동성(60km/h) • 커버리지(약 1km) • 음성 데이터 전송의 한계	• 전송속도 (최대 12Mbps)	• 단방향 서비스

04 VoIP 프로토콜 표준화

1. H323 VoIP 프로토콜

H323은 컴퓨터 네트워크를 통해 오디오 및 비디오 통신을 제공하기 위하여 프로토콜 세트를 정의하는 ITU-T의 표준 프로토콜이다.

H.323 표준 버전 1은 1996년에 ITU에서 승인되었으며, 버전 2가 1998년 1월에 승인되는 등 꾸준히 버전을 높여 현재 버전 5까지 개발되어 있으나, 시장에서는 버전 2가 가장 폭넓게 사용되고 있고 버전 3도 많은 제품이 지원되고 있다. 그러나 버전 4 및 버전 5를 지원하는 제품은 그리 많지 않다.

H323은 비교적 오래된 프로토콜로서 현재 SIP-세션 이니시에이션 프로토콜로 교체중에 있다. SIP의 이점 중의 하나는 이전의 프로토콜에 비해 훨씬 간단해졌으며 HTTP/SMTP 프로토콜과 유사하다는 점이다.

따라서 현재 사용 가능한 대부분의 VoIP 장비는 SIP 표준을 따른다. 그러나 오래된 VoIP 장비는 H323을 따른다.

2. SIP VoIP 프로토콜

SIP는 Session Initiation Protocol의 약어로서 VoIP 전화 통화를 연결, 변경, 해지하는 데 사용되는 IP 전화 신호 프로토콜이다. SIP는 IETF에 의해 개발되어 RFC3261로 발행되었다.

SIP은 전화통화를 연결하는 데 필요한 통신을 기술한다. 세부사항은 SDP 프로토콜에 기술되어 있다. SIP가 VoIP 세계를 확장하고 있다. 이 프로토콜이 HTTP 프로토콜과 유사하며 텍스트를 기반으로 매우 개방적이고 유연한 프로토콜이기 때문이다. 따라서 SIP는 H323 표준을 대폭적으로 대체하고 있다.

SDP는 Session Description Protocol의 약어로서, 스트리밍 매체화 매개변수를 기술하기 위한 형식이다. 이 프로토콜은 IETF에 의해 RFC4566으로 발행되었다. 스트리밍 매체는 전달되는 동안 보거나 들을 수 있는 콘텐츠이다.

SIP 전화는 VoIP 전화 또는 소프트폰과 동일하다. 이 전화는 VoIP(Voice over Internet

Protocol) 기술을 사용하여 통화할 수 있는 전화기이다.

SIP 전화에는 두 가지 형태가 있다.

한 가지 형태는 하드웨어 SIP 전화로서 일반 전화와 유사하나 종전의 PSTN 시스템이 아니라 인터넷을 사용하여 전화를 걸고 받을 수 있는 점이 다르다.

SIP 전화는 또한 소프트웨어를 기반으로 한 형태가 있다. 이 형태의 경우 마이크 및/또는 사운드 카드가 장착된 헤드셋만 있으면 모든 컴퓨터를 전화로 사용할 수 있다. 또한, 광대역 연결 및 VoIP 제공업체 또는 SIP 서버와의 연결이 필요하다.

Windows용 3CX 전화 시스템에서는 널리 보급된 하드웨어 SIP 전화를 사용할 수 있다. 여기에는 또한 3CX 전화 시스템용 VoIP 클라이언트로 사용되는 완전 무료 소프트웨어 기반의 SIP 전화가 제공된다.

3. 3CX VoIP 전화 시스템

Windows용 3CX 전화 시스템은 이전에 보유하고 있는 PBX를 완벽하게 대체하고, 표준 SIP 소프트웨어폰 및 하드웨어폰, VoIP 서비스, 이전의 PSTN 전화선을 지원하는 IP PBX 이다. 3CX 전화 시스템은 이전의 PBX보다 비용이 훨씬 저렴하고 VoIP 서비스 제공자를 사용함으로써 통화료를 대폭 절감할 수 있다. 웹 기반 관리를 통해 전화 시스템을 보다 쉽게 관리할 수 있다. 3CX 전화 시스템에는 전화선 네트워크가 필요하지 않으며 사용자는 단순히 전화를 구입함으로써 핫 데스크 기능을 사용할 수 있다.

키 기능은 완벽한 전화 시스템인 통화 스위칭, 라우팅 및 큐잉 기능을 제공한다. 이전의 하드웨어 PBX보다 훨씬 저렴한 가격이다. 확장 기능은 무한정 구내전화 및 전화선, 확장 모듈을 필요로 하지 않는다.

웹 기반 구성 및 상태 표시는 손쉬운 전화 시스템 관리를 하고 단일화된 메시징 기능은 이메일을 통한 음성 메일 수신하고 자동안내 기능(예 1은 판매, 2는 지원 등), 장거리 및 구내통화 비용절감, 값 비싼 시스템 폰이 더 이상 필요치 않음 : 표준 SIP 폰 사용, 전화선이 필요하지 않고 사무실을 보다 용이하게 이전할 수 있다.

4. P2P SIP VoIP 표준화

2000년 사용자 간의 파일공유를 제공해주는 냅스터를 시작으로 eDonkey, Gnutella, 소리바다 등이 등장한다. P2P(Peer-to-Peer) 기술이라는 것이 일반인에게 알려지고 심지어는 저작권 등 사회적 문제까지 만들어내기 시작했다. 그후 P2P 파일 공유에 대한 인기가 시들해질 무렵 Skype가 등장, P2P 기술을 이용하여 무료 VoIP 서비스를 시작했고, 폭발적인 인기를 얻으며 많은 가입자를 확보하기 시작하였다.

P2P VoIP 시장의 가능성과 이의 표준화의 필요성을 느낀 인터넷 표준화 단체 IETF는 2005년 3월부터 모임을 준비하여 2007년 2월부터 정식 P2PSIP 워킹그룹을 만들어 표준화 작업을 시작하게 되었다.

P2P SIP란 기존의 SIP(session Initiation Protocol)는 사용자의 등록정보를 저장하고 호를 연결해주는 중앙집중 서버를 이용한다. 하지만, P2P SIP에서는 각 단말들이 협업하여 그러한 서버의 기능을 수행한다.

P2P SIP 노드는 호를 연결하기 위한 상대방을 찾기 위한 요청 메시지를 자기와 연결된 다른 단말에 전송한다. 요청 메시지를 받은 단말은 자기가 그 요청 메시지를 처리할 수 없는 경우 또 다른 단말에 전달한다. 이러한 과정을 반복하여 상대방을 찾아내고 호를 연결할 수 있다.

워킹그룹의 참조모델로 P2P SIP망의 구성요소를 보인다. P2P SIP망에는 사용자의 등록정보를 저장하거나 호를 연결시켜주는 고정된 서버가 없다.

P2P SIP망에 참가한 단말들을 피어(Peer)라고 하며, 이러한 피어들의 연결을 통해 기존의 서버가 했던 동작을 수행한다. 각 피어 간에는 피어 프로토콜을 통해 서로 연결하고 정보를 교환한다. P2P SIP망에 참가하여 데이터를 저장하지는 않지만, 피어에 연결하여 P2P SIP망의 기능을 이용하는 클라이언트가 있으며, 클라이언트와 피어 사이에는 클라이언트 프로토콜을 통해 서로 연결된다. 어떤 피어는 기존 SIP UA(User Agent) 및 다른 망과 연계하여 동작할 수 있다. SIP 입장에서 봤을 때 이는 SIP 프락시(Proxy)로 동작하거나 SIP 리다이렉트(Redirect) 서버로 동작한다.

유일한 서버가 존재하는데 최초로 P2P SIP망에 접속하려는 피어에게 기존에 연결되어 있는 피어의 정보를 알려주는 부트스트랩(Bootstrap) 서버가 있다.

5. MoIP

MoIP(Multimedia over IP)란 패킷 통신망이나 인터넷망상에서 IP 패킷 형식으로 음성, 비디오, 그래픽, 데이터 등 다양한 형태의 멀티미디어 정보를 통합 전송할 수 있도록 하는 기술을 의미하며, IP 기반의 유무선 및 방송 서비스의 융합을 위한 핵심 표준기술이다.

표 3-6 ▪ 표준화기술

구 분	정 의	표준화 대상항목	표준화 내용
신호 프로토콜 기술	MoIP 단말과 서버 간, 종단 MoIP 이용자 응용 간 연결되는 하부 통신망과 무관하게 세션을 제어하기 위한 프로토콜 기술로, 기본적인 세션제어 프로토콜과 확장 프로토콜들이 IETF를 중심으로 개발되고 있으며, ITU-T 등에서는 IETF 표준기술 기반의 응용에 대한 표준 규격을 개발하고 있음	기본 세션 제어신호 프로토콜 기술	H.323, SIP 등 종단 간 세션 제어를 위한 신호 설정 프로토콜 규격
		미디어 게이트웨이 제어신호 프로토콜 기술	MGCP, MEGACO 등 미디어게이트웨이를 제어하기 위한 제어 프로토콜 규격
		신호 프로토콜 연동기술	H.323 및 SIP 프로토콜과 No.7 신호 프로토콜 간 연동, MoIP 세션 제어신호 프로토콜 간 연동 방법 및 절차
		세션 표현 및 능력협상 기술	멀티미디어 통신을 위한 제어 프로토콜(H.245), Session Description Protocol(SDP), SDPng(SDP next generation) 규격
		SIP 확장 프로토콜 기술	다양한 부가 서비스 및 응용 서비스 등을 지원하기 위한 SIP 확장 프로토콜 규격
		NAT/Firewall 통과기술	UPnP, STUN, TURN, ICE 등 NAT/Firewall과 같은 망장비와 무관하게 세션 제어를 가능하게 하는 규격
		SIP 메시지 압축기술	이동단말 등에서 사용하기 위한 SIP 메시지 압축, 해제규격
		Application interaction 기술	이용자와 MoIP 응용 간 상호접속, 전자상거래 서비스 등을 위한 DTMF 신호전달 및 연동기술
		위치정보 관리, 전달기술	위치정보 표현, 전달, 안전한 위치정보 관리기술
		차세대 세션 제어기술	차세대 유무선통합 응용을 효율적으로 지원하기 위한 새로운 세션 제어 프로토콜 규격
응용서비스 기술	SIP와 같은 세션 제어 프로토콜을 이용한 다양한 멀티미디어 응용서비스를 실현하기 위한 프로토콜 기술	음성 및 영상전화 서비스 기술	기본 음성 및 영상전화 서비스, 부가 서비스, 상호운용 및 시험절차
		프레존스 및 인스턴트 메시징 서비스 기술	IMPP 기본 서비스, IMPP 확장 서비스, 상호운용 및 시험절차
		SIP 컨버전스 기술	텍스트 컨버전스, 음성 컨버전스, 멀티미디어 컨버전스, 상호운용 시험절차
		위치기반 응용 서비스 기술	위치 정보를 이용한 IP 응용 서비스 유형 및 절차
		NGN 컨버전스 응용 서비스 기술	NGN/BcN 유무선 통합망 환경에서의 IP 응용서비스 유형 및 절차(ITU-T NGN 서비스 대상)
기반 서비스 기술	All IP 기반의 유무선 통합망 상에서 MoIP 응용의 보안, 스팸 대응, 긴급통화, 재난통신, 감청 등의 규제형 기반 서비스 프로토콜 기술	MoIP 응용보안 및 프라이버시 보장 기술	사용자 인증, 해킹 및 침입방지, 프라이버시 보장
		MoIP 응용 스팸 대응 기술	음성 메시지 스팸 대응, 멀티미디어메시지 스팸 대응 가이드라인, 제어 메커니즘 규격
		MoIP 응용 긴급통신 서비스 기술	E-911 긴급통화, MoIP 기반 재난통신 및 비상통신
		MoIP 응용 감청 기술	인터넷전화, 메시징, 컨버전스, PTT 등 다양한 MoIP 응용에 대한 감청 프로토콜 기술

최근에는 음성 데이터뿐 아니라 비디오데이터를 포함하는 다양한 멀티미디어데이터를 IP 기술을 이용하여 통합 전송 가능하게 하는 핵심기술로 발전하였으며 이러한 관점에서 Voice and Video over IP(V2oIP), Multimedia over IP(MoIP) 등으로 부르기도 하며, 기존 VoIP 개념을 MoIP로 확대하여 적용한다.

MoIP 기술을 적용한 첫 번째 응용서비스가 인터넷전화 서비스로 기존의 PSTN 음성전화 서비스와 같은 형태의 서비스를 기본으로 제공하며, VoIP 기술의 특성을 살려 다양한 부가 서비스가 제공 가능한 인터넷전화 응용서비스로 발전해가고 있다.

최근에는 MoIP 기술을 적용한 새로운 IP 기반 멀티미디어 응용서비스가 본격 개발, 출현하고 있는데 대표적인 VoIP 응용서비스들로는 영상전화, 다자간 멀티미디어 컨버전스, 프레즌스 응용, 인스턴트 메시징 등이 있다.

MoIP 기술은 차세대통신망(NGN, BcN), 3/4세대 이동통신망(3G/4G Mobile)에서 다양한 IP 멀티미디어 응용서비스의 제공 및 컨버전스화를 실현하는 핵심기술로 부각되고 있다.

1) H.323 신호 프로토콜

H.323 신호 프로토콜은 ITU-T SG16에서 멀티미디어 응용서비스를 지원하기 위해 개발된 멀티미디어 통신 프로토콜로 H.323이라는 표준으로 제정되었다. H.323 표준은 통신 모델 및 구조, 단말 등록절차 등에 대해 규정하며 세부 호설정, 능력협상, 미디어 전송 등은 별도 프로토콜 표준을 따르도록 규정하고 있어 Umbrella Standard라고 부른다.

2) MGCP 신호 프로토콜

MGCP 신호 프로토콜 기술은 IETF에서 채택된 표준으로 게이트웨이 제어기(또는 호 에이전트)가 미디어게이트웨이를 제어하기 위한 일련의 절차와 세부사항을 규정하고 있다. 본 기술은 특히 케이블 네트워크 환경에서 VoIP 응용을 위한 신호 프로토콜로 사용되고 있다.

3) SIP 신호 프로토콜

SIP 신호 프로토콜 기술은 초기의 H.323 표준기술이 복잡하고 효율적이지 않다는 판단과 IETF 주도의 멀티미디어 응용지원을 위한 독자적인 세션 제어 프로토콜의 필요성에 따라 개발, IETF 표준으로 채택된 기술이다. 그러나 다양한 멀티미디어 응용 요구 사항을 수용하기 위해 프로토콜 확장작업이 계속되어 현재는 상당히 복잡한 프로토콜이 되었으나

3GPP, NGN 등에서 세션 설정 기술로 채택되면서 H.323을 제치고 세계적인 표준기술로 자리 잡게 되었다.

4) MEGACO 신호 프로토콜

MEGACO 신호 프로토콜 기술은 ITU-T와 IETF가 표준화작업 협력을 통해 개발, 공동 표준으로 채택한 미디어게이트웨이 제어 프로토콜 표준으로, 기존 MGCP 표준기술을 개선시킨 표준기술이다. ITU-T에서는 H.245라는 표준으로 채택되었으며, 다양한 통신망 환경에 적용하기 위해 패키지라는 이름으로 확장 기능들이 계속 개발되고 있다. 소프트스위치 등에서 채택되어 널리 사용되고 있는 표준기술이다.

5) VoIP/No.7 신호 연동 프로토콜

VoIP/No.7 신호 연동 프로토콜 기술은 인터넷망과 기존 PSTN에서 동작하는 응용서비스 간에 상호연동이 가능하도록 하기 위해 H.323, SIP 등의 인터넷망의 신호 프로토콜과 PSTN에서 신호 프로토콜로 사용되고 있는 No.7 간에 상호 연동 기능을 제공하는 표준기술이다.

6) 멀티미디어 통신을 위한 제어 프로토콜(H.245)

멀티미디어 통신을 위한 제어 프로토콜(H.245)은 H.323 표준기술 기반의 멀티미디어 응용 간 연결설정 및 통신을 위해 통신 상대 사이에 지원하고 있는 세부 기능, 정보표현능력 등의 능력협상을 가능하게 하는 표준기술로 H.245로 ITU-T 표준으로 제정되었다.

7) 세션 기술 프로토콜

Session Description Protocol(SDP)은 SIP 표준기술 기반의 멀티미디어 응용 간 연결설정 및 통신을 위해 통신 상대 사이에 세부 기능 등에 대한 능력협상을 가능하게 하는 표준기술로 세션 기술 프로토콜(Session Description Protocol)이라고 부른다. H.245와 목적 및 기능이 유사한 표준기술이나 H.245보다 널리 확산되고 있다.

8) SDPng

SDPng(SDP next generation)은 기존 SDP 표준기술을 새로운 멀티미디어 통신 요구사항을 반영하여 확장시키는 표준기술로 XML의 수용 등을 담고 있으나 아직까지는 마켓에서 본격적으로 적용되고 있지 않다.

9) SIP 확장 프로토콜

SIP 확장 프로토콜은 RFC3261로 표준화된 SIP 표준기술은 인터넷전화와 같은 기본적인 멀티미디어 응용의 세션 제어 프로토콜로는 문제가 없으나 새로운 멀티미디어 응용의 출현에 따라 이들 응용요구사항을 지원하기 위한 세션 제어 프로토콜의 기능 확장이 요구된다. 즉, 특정 응용서비스를 위한 응용 프로토콜이 아닌 SIP 레벨의 확장작업이 계속적으로 요구되고 있다.

10) SIP 확장 프로토콜

SIP 확장 프로토콜은 IP 주소 공간의 부족에 따른 NAT 장비의 사용 및 보안 기능을 위한 방화벽(Firewall)의 사용 등으로 인해 SIP 기반 멀티미디어 응용서비스가 정상적으로 제공되지 못하는 경우가 존재하므로 이에 대한 해결방안이 개발되어 표준화되고 있다. 기술의 특성에 따라 UPnP 기반, STUN, TURN, ICE 등 다양한 NAT/Firewall 통과 기술이 개발되어 표준화되고 있다. 각 기술별로 장단점이 있으나 최근 ICE 기술이 차세대 기술로 주목받고 있으며 표준화작업이 진행되고 있다.

11) 응용 상호작용 기술

응용 상호작용(Application Interaction) 기술은 VoIP 응용에서 e-commerce 등을 위해서는 사용자로부터 DTMF 신호 등을 서버로 전송할 수 있는 기능이 필수적으로 요구되며, 이들 신호를 Inband 또는 outband로 보내는 표준기술이 개발되고 있다.

12) SIP 메시지 압축기술

SIP 메시지 압축기술은 SIP 메시지는 많은 종류의 정보를 전달하므로 기본적인 세션설정을 위해 요구되는 SIP 메시지의 크기가 매우 크게 되어 이동통신망과 같이 데이터 전송 대역폭이 작은 환경에서는 사용하기가 어려워졌다. 이러한 문제점을 해결하기 위해 SIP 메시지를 효과적으로 압축, 전송하는 표준기술이 요구된다.

13) 서비스 및 프로토콜 연동기술

서비스 및 프로토콜 연동기술은 H.323, SIP, MGCP 등 다양한 시그널링 표준기술이 혼재되어 사용되므로 인해 서로 다른 시그널링 프로토콜을 사용하는 사업자 간 서비스 연동을 위한 연동 표준이 요구된다. 특히, 국내의 경우 인터넷전화 식별번호로 070이 할당되고 다수의 사업자들이 상용 서비스를 개시함에 따라 사업자 간 연동 표준정립이 시급히 요구되며, 클리어링 하우스 등 사업자 연동 모델 및 세부 표준정립에 대한 시장 요구사항이 매우 크다.

14) 차세대 세션 제어기술

차세대 세션 제어기술은 SIP 기술이 3GPP 표준기술로 채택되면서 3GPP/3GPP2는 SIP 기반의 IP 멀티미디어 응용 서비스를 가능하게 하는 IMS 플랫폼 기술을 개발, 상용화하였고, 이를 NGN 표준기술로 제안하여 국제 표준화 작업이 진행되고 있다. 그러나 IMS 기술만으로 NGN에서 요구하는 다양한 종류의 응용서비스를 지원하는 것은 불가능하므로 NGN 표준화 그룹에서는 현재의 SIP 표준기술이 아닌 차세대 세션 제어 표준기술이 필요하며 이에 대한 표준 개발 필요성이 논의되고 있는 초기 단계이다.

15) 프레즌스 및 인스턴트메시징 서비스 확장기술

프레즌스 및 인스턴트메시징 서비스 확장기술은 사용자가 망에 접속하는 상태인지를 파악할 수 있게 하는 프레즌스 기능은 다양한 응용서비스가 출현할 수 있게 하는 인프라 서비스 성격을 갖고 있으므로 이 기술의 적용 범위가 매우 광범위하다. 또한, 프레즌스 서비스를 기반으로 사용자 간에 실시간 메시지 교환을 가능하게 하는 인스턴트 메시징 기술도 다양한 사용자 요구사항에 따라 더욱 진화해갈 것으로 예상되므로 이에 대한 표준 기술개발이 요구된다.

16) SIP 텍스트 컨버전스 기술

SIP 텍스트 컨버전스 기술은 SIP을 기반으로 한 응용서비스 중 텍스트를 기반으로 한 컨버전스 응용 표준이 개발되고 있으며 멀티미디어가 지원되지 않거나 멀티미디어를 필요로 하지 않는 환경에서 편리하게 이용할 수 있는 기술로 표준 기술개발이 요구된다.

17) SIP 멀티미디어 컨버전스 기술

SIP 멀티미디어 컨버전스 기술은 오랫동안 연구되어 온 응용 서비스이나 최근 SIP를 기반으로 한 컨버전스 표준기술이 새롭게 개발되고 있다. 컨버전스 기술의 복잡성으로 인해 중앙집중형 컨버전스 표준기술이 우선적으로 개발되고 있고, 분산형 컨버전스 표준기술도 개발될 예정이다. 또한, 프레즌스 기술과 결합시킨 컨버전스 응용기술이 개발되는 등 다양한 컨버전스 응용 표준기술이 개발되고 있으며 차세대 킬러 응용으로 널리 사용될 것으로 예상되므로 적극적인 표준기술개발이 요구되나 아직 표준화 초기단계이고 표준기술이 완성되기 위해서는 상당한 시간이 소요될 것으로 예상된다.

18) 위치기반 응용 서비스 기술

위치기반 응용 서비스 기술은 사용자 위치정보가 제공되는 경우 위치정보를 이용한 다양한 응용 서비스의 출현과 관련 표준 기술개발이 활발하게 추진되리라 예상되나 아직 논의 초기 단계이다. 따라서 미래의 주요 응용서비스가 될 위치정보 기반 응용 서비스 표준기술개발을 선행적으로 추진할 필요가 있다.

19) NGN 컨버전스 응용서비스 기술

NGN 컨버전스 응용서비스 기술은 BcN/NGN 기술개발과 함께 향후 새롭게 구축되는 차세대 통신망 환경에서 사용자의 편의를 고려한 다양한 신규 응용서비스가 계속하여 개발될 것으로 예상된다. 특히, BcN/NGN 환경에서는 다양한 액세스망을 통한 유무선 컨버전스 응용이 개발될 것으로 예상되므로 미래의 새로운 컨버전스 응용서비스에 대한 표준화작업이 지속적으로 추진되어야 하며 창의적인 아이디어 구상을 통해 신규 서비스 표준기술개발을 적극 추진할 필요가 있다.

20) VoIP 응용 프라이버시 보장기술

VoIP 응용 프라이버시 보장기술은 인터넷전화, 인스턴트 메시징, 컨버전스 등 다양한 VoIP 응용 서비스 보급 및 이용이 활성화되면 이러한 응용을 안전하게 이용할 수 있도록 하는 VoIP 응용보안기술이 요구되며, 이용자의 프라이버시를 보장할 수 있는 기술들이 필요함으로 이에 대한 기술개발 및 표준화의 추진이 요구된다. VoIP 보안기술의 경우 일부 표준이 완성되었으나 계속적인 표준개발이 요구되며 다양한 사용자 요구사항에 따른 프라이버시 보장방안에 대한 표준개발이 필수적이다.

21) VoIP 응용 스팸 대응기술

VoIP 응용 스팸 대응기술은 현재 이메일이나 이동전화에서 스팸 메시지 수신문제가 심각한 것과 마찬가지로 향후에는 인터넷전화, 인스턴트메시징 등 VoIP 응용 서비스에 대해서도 스팸 문제가 심각한 위협요소가 될 것으로 예상되므로 이에 대한 기술개발 및 표준화작업 추진이 요구된다. 최근, ITU-T SG17을 중심으로 스팸 문제에 대응하기 위한 기술 표준 개발 작업이 착수되었으나, 초기 단계이므로 적극적인 선행 표준화 작업추진을 통해 국제표준화 작업을 선도할 필요가 있다.

22) VoIP 응용 E-911 서비스 기술

VoIP 응용 E-911 서비스 기술은 인터넷전화 서비스의 제공과 함께 119와 같은 긴급통화 서비스의 지원이 필수적으로 요구되고 있으나 아직 관련 기술개발 및 표준화가 초기단계이다. 고정형 인터넷전화에 대해서는 긴급통화 서비스 제공방안이 어느 정도 개념정립이 되고 있으나 이동형 인터넷전화의 경우를 고려한 긴급통화 서비스 제공방안은 관련 기술이 미비하여 쉽게 마련되지 않을 것으로 예상되므로 이 분야에 대한 선행 표준개발 활동이 요구된다. 특히, 국내의 경우 070 인터넷전화 사업자의 출현과 서비스 개시로 인해 긴급통화 서비스의 제공이 조만간 요구되어야 하므로 이에 대한 표준기술개발이 시급히 추진되어야 한다.

23) 위치정보 관리, 전달기술

위치정보 관리, 전달기술은 긴급통화 서비스, 위치정보 기반 응용 서비스 등 사용자 위치정보를 이용한 응용 서비스를 지원하기 위해서는 위치정보의 파악, 표현 및 전달을 위한 핵심기술이 요구된다. 특히 위치정보가 매우 중요한 정보가 되므로 위치정보의 위변조 방지, 위치정보를 해당되는 곳으로 정확히 전달하기 위한 기술 등이 요구되며 최근 IETF를 중심으로 표준개발이 논의되고 있는 초기단계이므로 적극적인 선행표준 개발 활동이 요구된다.

24) VoIP 응용 긴급통신 기술

VoIP 응용 긴급통신 기술은 향후 모든 응용서비스가 IP 기반으로 전환되어갈 것으로 예상되면서 대규모 재난 등의 긴급상황 발생시 이러한 IP 응용서비스에서 사용자를 고려한 우선통신 기능 제공 등의 긴급통신 기술개발이 요구된다. 이러한 긴급통신 기술은 국가적으로 매우 중요한 공공안전 서비스의 일부로 장기적으로 관련 기술개발 및 표준정립이 추진되어야 한다.

25) VoIP 응용 감청기술

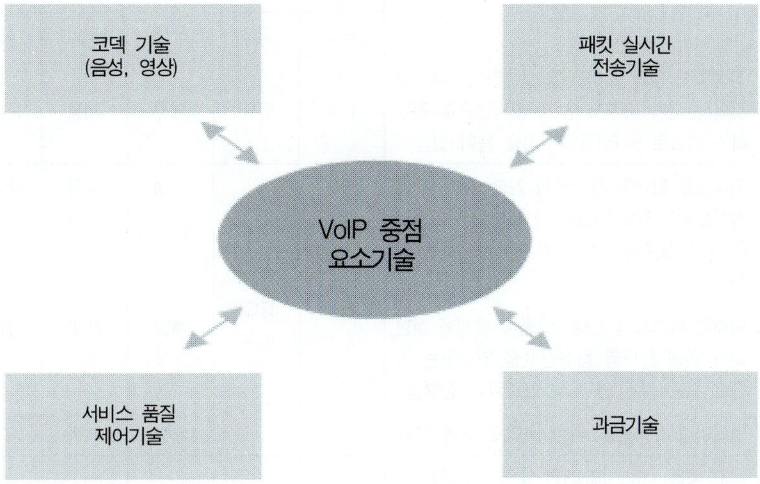

VoIP 응용 감청기술은 인터넷전화, 메시징, 컨버전스 등 VoIP 응용서비스에 대해 기존 유무선 전화에 대해 요구되었던 감청이 요구되고 있다. 특히 VoIP 응용의 특성으로 인해 감청이 쉽지 않으며 다수의 사업자에 대해 감청 설비를 제공하도록 하기 위해서는 관련 표준개발이 요구된다. 감청을 위한 제도정립, 표준개발, 기술개발이 동시에 검토되어야 하며 국제적으로 감청을 위한 표준개발이 적극 추진되기 시작하고 있으므로 이에 적극 대응할 필요가 있으며 장기적인 관련 기술개발 및 표준화 작업이 추진되어야 한다.

이러한 연관기술 중 주요 기술들로는 다음과 같은 기술이 요구된다.

- 아날로그 음성 데이터를 디지털 형태로 변환 및 전송키 위한 코덱 기술
- 코덱을 통해 부호화된 음성신호를 실시간으로 전송하기 위한 패킷 실시간 전달 기술
- 사용자에게 일정 수준의 음성품질 및 멀티미디어 응용서비스 품질을 보장하기 위한 서비스 품질 제어기술
- 상용서비스를 가능하게 하는 과금기술 등

표 3-7 ▪ 표준화 연관기술

<table>
<tr><th rowspan="2">연관기술</th><th rowspan="2">내 용</th><th colspan="2">표준화 기구/단체</th><th colspan="2">표준화 수준</th><th colspan="2">기술개발수준</th></tr>
<tr><th>국내</th><th>국외</th><th>국내</th><th>국외</th><th>국내</th><th>국외</th></tr>
<tr><td>패킷 실시간 전달기술</td><td>• 음성통화 등의 서비스를 실현하기 위해 패킷의 순서가 바꾸지 않고 실시간으로 전달하는 기술로 RTP/RTCP 기술 등이 있음</td><td>TTA</td><td>IETF</td><td>제정</td><td>제정</td><td>상용화</td><td>상품화</td></tr>
<tr><td rowspan="3">코덱 기술</td><td>• 저비트율 협대역 음성코덱 기술 : 협대역 음성신호를 저비트율로 압축하는 기술로 G.7111, G.723.1, G.729, G.729A 등이 있음</td><td rowspan="3">TTA</td><td rowspan="3">ITU-T
JTC1
3GPP</td><td>제정</td><td>제정</td><td>상품화</td><td>상품화</td></tr>
<tr><td>• 광대역 음성코덱 기술 : 고품질 음성을 실현하기 위해 광대역 음성신호를 압축하는 기술로 최근 많은 연구 및 표준화가 진행중</td><td>개발</td><td>개발</td><td>설계</td><td>구현</td></tr>
<tr><td>• 멀티미디어 응용을 위한 비디오 코덱 기술</td><td>개발</td><td>제정</td><td>구현</td><td>상용화</td></tr>
<tr><td>서비스 품질 제어기술</td><td>• VoIP 응용 서비스에 대한 통화품질 등을 보장하기 위한 서비스 품질 제어기술로 RSVP, MPLS 기술 등이 개발되었음</td><td>TTA</td><td>ITU-T
JTC1</td><td>제정</td><td>제정</td><td>시제품</td><td>상품화</td></tr>
<tr><td>과금기술</td><td>• 상용 VoIP 응용 서비스 제공을 위한 과금 기능 지원 및 사업자 간 과금정보 교환</td><td>TTA</td><td>ITU-T
JTC1</td><td>표준기획</td><td>개발</td><td>상품화</td><td>상품화</td></tr>
</table>

Chapter

4 디지털 방송의 기술

01 디지털 방송의 개요

방송기술 환경의 디지털화 경향은 이미 상당히 오래전부터 꾸준히 전개되어 왔었다. 1970년대에 2인치 VTR의 안정된 영상 확보를 위해 TBC가 처음 채용된 이래 디지털 기술은 여러 가지 형태로 방송장비에 유용하게 사용되기 시작했다. 그러나 주어진 신호를 원하는 형태로 자유롭게 손질할 수 있는 장점을 보유한 반면 아날로그의 연속성을 완벽하게 재현해 내기 위해서는 많은 양의 정보량을 저장, 처리해야 하는 구조적 한계로 인해 방송급 품질을 갖춘 실용적인 단일장비로의 개발은 제한된 영역에서 현실적인 경제성의 허용범위를 벗어날 수 없었다. 그러나 컬러 TV 방송이 어느 정도 안정기에 접어들면서 보다 나은 방송품질에 대한 요구가 일반 시청자들로부터 자연스럽게 대두되고 디지털 신호처리 과정에서의 오차 보정 및 신호 압축기술이 제조비용 측면에서 실용화 수준에 도달하게 됨에 따라 디지털 관련 장비들이 개발, 생산되기 시작하였다.

멀티미디어 서비스는 방송과 컴퓨터, 가전, 통신의 융합에 의해 이뤄진다. 1990년대에 들어 컴퓨터 부문은 멀티미디어 PC의 출현, 가전부문은 비디오 CD와 DVD의 개발, 통신부문은 인터넷의 등장으로 멀티미디어 환경이 마련됐다. 특히 통신부문의 경우 2000년대 초반 초고속 정보통신망(BISDN)과 차세대 이동통신(IMT-2000) 등이 갖추어져 통합 멀티미디어 서비스들이 선보이고 있다.

방송에 있어서 디지털화는 뛰어난 화질과 음질을 확보할 수 있고 4배에 달하는 채널효율의 증대를 가져온다. 또 제작, 송출, 수상기 등 새로운 시장을 마련하는 한편 향후 멀티미디어 방송 서비스의 기반이 된다는 점에서 지상파 방송의 디지털화는 기술의 자연스런 흐름이다. 특히 방송에서의 디지털화는 시청자 측면과 전자산업적 측면 및 프로그램 제작 측면 등에서 장점이 있다. 우선 현행의 아날로그 방식으로는 제공하기 곤란한 고품질의 방송 서비스를 시청자에게 제공할 수 있을 뿐만 아니라, 다채널화로 인해 다양한 프로그램의 시청을 가능하게 하고, 고품질의 오디오 방송, 데이터 방송 등 새로운 부가 서비스를 이용할 수 있도록 한다. 산업적 측면에서 디지털 방송용 수상기 및 송신기는 가전 시장에서의 새로운 수요 창출을 가져올 수 있고 프로그램 공급량의 증가로 영상제작 산업의 활성화가 전망된다. 방송사 측면에서는 전문 유료방송, 양방향 서비스, 방송 소프트웨어의 다원적 이용이 가능해져 방송산업이 복합 미디어 산업으로 발전할 계기를 확보할 수 있도록 할 수 있다. 한편, 현행 아날로그 방식에 비해 주파수 이용의 효율성을 대폭 향상시킴으로써 방송 채널 부족을 해소할 뿐만 아니라, 방송 수요를 초과하는 주파수는 수요가 급증하고 있는 통신 등에 활용할 수 있는 장점도 있다.

무선 이동통신 기술이 발전함에 따라 사용자들은 점점 더 이동중의 정보통신 서비스에 익숙해져 가고 있으며, 오디오, 비디오 그리고 다양한 콘텐츠를 휴대 단말을 이용하여 이동중에 서비스받고자 하는 욕구가 폭발적으로 커지고 있다. 이러한 소비자들의 욕구를 만족시키기 위한 이동휴대수신방송 시장은 국내에서의 위성과 지상파 DMB(Digtal Multimedia Broadcasting) 서비스가 제공되고 있는 가운데 미국의 FLO, 유럽의 노키아가 주도하는 DVB-H, 일본 디지털 방송의 세그먼트 기술을 이용하여 휴대방송을 실시하는 ISDB-T 기술이 개발되고 있다. 2006년은 각 방식의 국제적인 경쟁이 시작될 것으로 전망되고 있다.

우선 지상파 DTV에 대한 각국의 상황을 살펴보면 미국에서 지난 1994년 위성을 통한 디지털 방송을 시작으로 1998년 지상파 디지털 시험방송을 시작하였고 2009년까지 아날로그에서 디지털 방송으로 방식이 완전히 전환하게 된다. 또 유럽은 디지털 방송규격(DVB : Digital Video Broadcasting)을 완성해 놓고 있으며 일본도 70채널의 디지털 위성방송의 시작과 함께 지상파의 디지털화를 추진하고 있으며, 2003년부터 본 방송을 시작하였다. 전반적으로 1998년 이후 세계 방송의 디지털화가 서서히 가시적으로 이루어지고 있다.

국내의 경우 1996년 초 지상파 방송 디지털화 계획을 발표되었고, 다음해 1997년 11월 방송방식으로 미국 방식을 선정하였다. 1998년 8월에 규격을 확정하고 2000년 시험방송을 거쳐 2010년까지 아날로그와 디지털 동시 방송을 통하여 2010년 기존의 아날로그 방송을 중단할 계획이다.

이동휴대수신방송의 경우를 살펴보면 위성 DMB는 일본이 2004년 12월에 세계 최초로 본 방송을 시작하였고, 국내에서도 2005년 5월에 본 방송을 시작하였다. 지상파 DMB는 2005년 12월에 세계 최초로 국내에서 상용화에 성공하였고, 유럽, 중국 및 인도 등에서 시험방송을 준비중에 있다. 노키아 중심의 DVB-H는 핀란드를 비롯하여 스페인, 네덜란드, 영국, 독일, 프랑스에서 올해 시험방송이 있을 예정으로 유럽에서 상용 서비스를 제공할 태세를 갖추고 있다. 또한, 미국 퀄컴에서 개발한 FLO도 11월중에 미국에서 서비스가 개시될 예정이다.

1. 디지털 방송의 전파

1) 디지털 방송의 전파의 개념

방송이나 통신에는 당연한 듯이 전파가 사용되지만, 눈에 보이지 않는 파를 통하여 정보를 전달하는 기술은 몇 명의 천재에 의해서 기초가 확립되었다.

먼저, 영국의 물리학자 James Clerk Maxwell이 전자파(전파)의 존재를 수학적으로 암시하였다. 그 행동이나 성질은 Maxwell의 4개의 전자방정식으로 수학적으로 기술되어 있다. 또한, 전파의 존재를 실험적으로 실증한 사람이 독일의 물리학자 Heinrich Rudolf Hertz이다. 전파의 주파수의 단위 [Hz]에 그 이름 약자가 사용되고 있음을 보아도 그 공적을 알 수가 있다. 그리고 Hertz의 실험을 기초로 무선통신을 실현시킨 사람이 이탈리아의 Guglielmo Marconi이다. 전파를 이용한 정보전달은 Marconi의 무선통신 실험장치가 모든 것의 기점이 된다.

전파는 소리나 빛과 같이 파의 성격을 가지고 있다. 파의 변동의 속도, 즉 주기적인 파의 1초간의 수가 주파수이고 그 값에 따라 파의 성질이 달라진다.

귀로 들을 수 있는 낮은 주파수 파가 소리로, 눈으로 감지가 되는 높은 주파수의 파가 빛이다. 전파는 그 중간에 위치하여 그 상태로 인간의 눈과 귀로는 감지가 되지 않는 주파수 파이다. 따라서 이를 이용하기 위해서는 인간이 감지할 수 있는 정보를 전기적인 신호로 변환시켜 안테나를 통하여 송신해야 한다. 소리와 빛이 눈과 귀에 해주는 역할을 전파의 경우는 안테나가 하는 것이다.

2) 어떠한 전파를 사용하는가

전파라고 말을 하더라도 그 주파수는 보통 폭이 있다. 방송을 예로 들어도 라디오의 AM 방송에서는 중파대(300kHz~3MHz)의 주파수의 전파를 사용하고 있고, 라디오의 국제방송 등에서는 단파대(3MHz~30MHz)가 사용되고 있다.

FM방송이나 TV방송에서는 VHF대(30MHz~300MHz)나 UHF대(300MHz~3GHz) 전파를 사용한다. 또한, 위성방송에서는 더 높은 주파수의 SHF대(3GHz~30GHz)의 전파를 사용한다.

각각의 전파의 주파수에 따라 전반적인 특성은 달라지고 사용하는 안테나의 형태도 바꾼다. 지상 디지털 방송에서는 UHF대의 470MHz~770MHz의 전파를 사용한다. 디지털 방송에서도 아날로그 TV방송과 같이 6MHz 폭의 채널로 구간 분리하여 전파를 사용한다.

TV방송의 채널의 번호로 말하면 UHF대는 13채널부터 62채널까지 있고 기존의 아날로그 방송이 행해지므로 디지털 방송은 아날로그 방송과 공존 가능한 채널을 선정할 수 있다.

일본에서는 UHF대의 주파수가 매우 복잡하여 디지털 방송의 채널을 확보하기 위해서 디지털 방송을 개시하기 전에 아날로그 방송의 채널을 이동하는 대책(아날로그 주파수 변경 대책)을 하면서 디지털 방송의 확충이 필요하다. 지상 디지털 방송은 1개의 채널 중에서 13개의 세그먼트를 배치하여 전송한다.

1 세그먼트 방송은 채널의 중앙에 있는 1 세그먼트를 사용하여 방송한다. 즉, 한 개의 채널 중에서 고정수신용 12 세그먼트의 방송과 1 세그먼트 방송이 동시에 방송되게 된다. 양방향도 같은 채널로 방송되지만, 지붕 등의 비교적 높은 위치에 설치된 고정 안테나로 수신하는 12 세그먼트의 방송과 비교하여 장소를 이동하면서 수신하는 1 세그먼트 방송과는 수신 형태가 매우 다르지만, 각각의 수신기에 도달하는 전파의 힘과 변동방식은 같지 않다. 따라서 각각의 수신 형태를 고려한 정보송신 방법을 사용한다.

3) 방송파의 전반적 특성

디지털 방송에서 사용하는 UHF대의 전파는 전달되는 과정에서 주로 지형이나 건축물 등에 따른 영향을 받는다. 지형이나 건축물 등에 따라 전파가 차단되는 경우도 있고, 반사되어 돌고 돌아 전달되는 경우도 있다. 방송의 송신소는 일반적으로는 근처의 건물에서도 충분히 높은 위치에서 전파를 송신 가능하고, 방송의 Area가 넓은 경우도 있어 전달 도중에 많은 지형적 변화나 높은 건축물 등이 존재한다.

송신소에서 방송된 전파는 어떤 장애물 없이 도달되는 직접파와 빌딩 등에 반사된 반사파나 회절파 등 각각 다른 복수의 Multipath를 통해 수신 안테나에 도달한다.

직접파만을 수신 가능한 경우에는 문제가 없으나, 반사파나 회절파가 있는 경우에는 전달경로의 길이 차이에 따라 파의 종류가 달라진다. 이는 아날로그 방송에 있어 화면이 흔들려 보이는 Ghost 장애가 생긴다. 디지털 방송에서는 이 Multipath에 따른 장애를 만들지 않기 위해서 신호의 변조 방식으로써 OFDM을 사용한다.

방송에서는 휴대전화와 같이 다수의 소전력 중계국을 배치하는 Cellular 방식의 Area 확보와는 달리 대전력의 송신소에서 일괄적으로 전파를 발사시키기 때문에 그 Area 내의 수신 상태도 크게 변한다.

특히 1 세그먼트 방송에 대해서는 이동하면서 수신이 가능하여 큰 빌딩 등의 건축물의 영향으로 방송 전파가 차단되어 도달하지 않는 Spot적인 Area가 생기는 일도 있다. 이러한 Area에 대해서는 보완적으로 방송 전파를 그 근방에서만 재송신하는 Gap filler(전파가 도달하지 않는 Gap을 메우는 의미)장치를 설치하는 일도 가능하다.

또한, 1 세그먼트 방송을 이동하면서 수신하는 경우를 생각해보면 수신하는 전파의 강도가 변동하며, Doppler 효과에 따라 이동의 속도에 비례한 주파수의 어긋남 등이 생길 수가 있다. 디지털 방송에서는 이렇게 심한 수신환경도 고려하여 안정되고 바른 정보를 전송하기 위한 신호의 전송방법이나 수신기 설계 등을 고려하고 있다.

도플러(Doppler) 효과

예를 들면 Patrol car의 경보음과 같이 소리를 내보내면서 고속으로 사람에게 가까워지면 소리의 파장이 짧아져 높은 소리(고주파)로 들려, 반대로 멀리 떨어지면 낮은 소리(저주파)로 들리는 현상을 말한다.

2. 디지털 방송의 특징 및 구성

1) 지상 디지털 음성방송

지상 디지털 음성방송(이하 '디지털 라디오'라고 칭함)은 위성이 아닌 지상파로 행해지는 디지털 음성방송으로 지상파 TV와 같은 형태로 기본적으로는 현 단위의 서비스가 된다. 또한, 음성방송이라고 해도 디지털 방송이므로 음성과 함께 정지 화면이나 간단한 화면도 방송 가능하다.

방송방식은 기본적으로는 지상 디지털 TV 방송과 같고 세그먼트 단위로 나누어 방송한다. 각각의 세그먼트는 1 세그먼트 방송의 세그먼트와 같은 의미이다.

단, 지상 디지털 TV 방송이 13개의 세그먼트 중에서 어떤 1개의 세그먼트도 취득하여 수신 가능하다. 더욱이 디지털 라디오에서는 3개의 세그먼트를 사용하여 3 세그먼트 방송이 가능하다. 이 경우 정보의 전송량이 1 세그먼트의 3배가 되므로 고품질의 5.1 서라운드 방송도 가능하며, 간단한 화면 등 풍부한 정보를 방송하는 일이 가능하다.

여기서 5.1 서라운드는 영화관에서 음향효과를 높이기 위해 개발된 음향 시스템이다.

좌우 2개의 스피커를 사용하는 보통의 '스테레오 오디오'와 달리 ① 좌전방, ② 정면, ③ 우전방, ④ 좌후방, ⑤ 우후방, ⑥ 정면에 놓여 저음의 효과를 높이기 위한 저음전용 스피커의 6개 스피커로 구성되어 있다.

①~⑤까지의 스피커를 5채널, ⑥의 보조적인 저음전용 스피커를 0.1채널로 지정하여

5.1 서라운드(또는 5.1 채널 서라운드)로 부른다.

기술적으로는 1 세그먼트 방송과 디지털 라디오는 공통적인 부분이 많이 있다.

제도상으로는 디지털 라디오는 음성 방송이므로 음성이 주체가 되는 서비스이다. 또한, 수신의 형태도 이동 수신뿐만 아니라 가정 내에 고정 스테레오 장치로 수신도 되며 여러 분야에서 가능하다.

일본의 디지털 라디오는 이미 2003년 10월부터 도쿄와 오사카에서 실용화 시험방송이 개시되었다. 이 방송을 실시하는 건은 사단법인 디지털 라디오 추진협회(DRP)이나 이것은 민방이나 NHK 등 방송사업자가 중심이 되어 설립된 단체로 방송된 프로그램은 각 회사에서 제작하고 있다. 현재 디지털 라디오는 도쿄에서는 1 세그먼트 형식으로 5채널, 3 세그먼트 형식으로 1채널의 합계 6채널이 방송되고, 오사카에서는 1 세그먼트 형식으로 8채널이 방송되고 있다.

디지털 라디오는 라디오라 하더라도 아날로그 라디오와 같은 중파대(531kHz~1602kHz)나 FM방송대(76MHz~90MHz)를 사용하는 것이 아니라 VHF대(90MHz~108MHz, 170MHz~222MHz)의 TV채널에 나눠 맞출 수 있는 주파수대를 사용한다.

그러나 현재 이 주파수대에서는 아날로그 TV 방송을 행하고 있어 여기에 영향을 주지 않는 채널로서 도쿄 · 오사카 모두 제 7 채널을 사용하고 있다. 단, 이 제 7 채널이란 그 위의 제 8 채널과 주파수가 한 부분 겹치게 되어 현재 상태에서는 디지털 라디오는 13 세그먼트 중에서 아래 8 세그먼트를 사용하여 방송하고 있다.

2) 모바일 방송

모바일(Mobile) 방송(2.6GHz 위성방송)은 2.6GHz대(2.630GHz~2.655GHz의 25MHz 폭)을 사용하는 위성에 따른 디지털 방송으로 위성에서부터 일본 전국을 단일파로 Cover 하여 전국 방송을 내보낸다.

위성방송이라 하면 BS(Broadcasting Satellite, 방송위성)와 CS(Communication Satellite, 통신위성)로 분류가 된다. 이를 수신하기 위해서는 파라보라 안테나를 사용한다.

모바일 방송은 S 밴드라 불리는 2.6GHz대의 전파를 사용하고, 또한 위성에서부터 강력한 송신전력으로 직경 12m의 대형 안테나를 사용하여 방송하기 때문에 위성방송이라 하더라도 수신하는 시청자는 소형 안테나로 수신 가능하다.

또한, 빌딩의 벽 등 위성의 전파를 직접 수신이 불가능한 장소를 커버하기 위해서는 갭 필터(Gap Filler)라 불리는 소형 중계국을 설치함으로써 도시 쪽에 전송되는 방송의 커버율(cover율)(시청 가능한 지역적 넓이)을 높인다.

한편, 방송방식에는 CDM(Code Division Multiplex, 부호분할다중) 방식을 사용한다. CDM은 방송에서는 처음 사용되는 방식으로 전파의 멀티패스(Multipath)나 페이딩(Fading) 환경에 강한 방식이다. 또한 Interleave(Data 신호의 나열 전환) 기술이나 강력한 오류수정 방식을 사용함에 따라 이동 수신으로 안정된 수신을 실현한다.

멀티패스(Multipath)는 전파가 빌딩에 반사등 복수의 경로를 통해 수신 단말에 도착하는 현상이며, 화상의 Ghost 등의 원인이 된다.

페이딩은 휴대단말의 이동 등에 따라 전파수신 레벨이 변동하는 것이다.

일본의 모바일 방송은 모바일방송 주식회사에 의해 2004년 10월 20일에 본 방송이 개시되었다. 모바일 방송 주식회사는 2.6G 위성방송을 행하기 위해 설립된 회사이다.

모바일 방송은 단일파로 전국을 커버한다. 전파의 대역폭은 25MHz로 이에 따른 정보의 전송속도는 7Mbps 이상이다. 이를 영상·음성·데이터 방송에 사용되지만 한 개의 채널을 분할 할당하는 전송 정보량은 수 kbps부터 수백 kbps까지 자유롭게 선택할 수 있으며, 다양한 프로그램을 방송할 수 있다. 현재는 8개의 영상 채널과 30개의 음성 채널 데이터 정보 등의 프로그램이 서비스된다.

모바일 방송의 수신단말로서 휴대형, 차량형, 컴퓨터용 카드형이 발매되어 있다. 그리고 이 방송은 유료방송이다(표 4-1).

표 4-1 ■ 각 방송 서비스의 비교표

항목 \ 내용	1 세그먼트 방송	디지털 라디오 (지상 디지털 음성방송)	모바일 방송
주파수대	UHF대 TV 채널	VHF대 TV 채널	2.6GHz대
서비스	지상방송	지상방송	위성방송
커버 영역	지역	지역	전국
제도상의 위치	TV방송의 보완방송	음성방송	음성방송
전송부호화 방식	OFDM	OFDM	CDM
	멀티캐리어(Multi Carrier)	멀티캐리어(Multi Carrier)	멀티캐리어(Multi Carrier)

3) 스트리밍이란

스트리밍(Streaming)은 인터넷 등의 네트워크를 통하여 영상이나 음성 등의 멀티미디어 데이터를 시청할 때에 데이터를 수신하면서 동시에 재생하는 방식을 말한다. 일반적으로 인터넷으로 영상이나 음성 등의 멀티미디어 콘텐츠를 다운로드하면서 동시에 재생하는 일이 가능한 방송을 스트리밍(Streaming) 방송이라 한다. 또한, 이는 "인터넷 방송" 등으로도 불린다. 여기서 스트리밍이라는 기술이 사용된다.

웹 브라우저에서는 Text Data 등 보통의 콘텐츠는 일단 다운로드한 후 화면에 표시된다. 영상이나 음성으로 같은 일을 실행하면 데이터양이 크기 때문에 다운로드가 완료하여 재생을 개시할 때까지 긴 시간이 걸린다. 여기서 스트리밍 방송에서는 영상이나 음성 데이터를 세분화하여 수신 측의 재생 타이밍을 합쳐 세분화된 데이터를 순차 전송하는 것으로 다운로드하면서 재생이 가능하다.

이러한 스트리밍 방송을 하는 것은 영상이나 음성 데이터를 압축 부호화하는 인코더(Encoder) 부호화기나 재생 타이밍에 맞추어 전송하는 대신 서버가 필요하여 수신 측에는 수신 · 재생을 행하는 플레이어가 필요하다.

1 세그먼트 방송은 전파를 매체로 하는 방송 서비스이다. 방송의 경우 1개 전파의 주파수를 모든 사람이 수신하므로 누구나 같은 품질의 서비스를 받을 수 있다. 또한, 리얼타임 전송이다.

한편, 스트리밍은 통신 네트워크를 이용하여 전송한다. 아날로그 전화에서는 이용자가 많아지게 되면 대화중에 연결이 안 되게 되는 경우가 있다. 디지털 통신에서는 연결이 안 되는 경우는 없지만, 폭주 상태가 되면 일정했던 회선품질이 보증되지 않는다. 특히 움직이는 화면과 같이 정보량이 많은 전송에 많은 양이 동시에 행해지면 정도의 수신이 연속적이지 못하고 시간차가 생기게 된다. 즉, 스트리밍은 누구든지 같은 품질의 서비스를 받을 수 있다고 확신할 수 있는 서비스는 아니다.

이렇게 통신의 전송은 '베스트 에프터' 서비스로 불린다. 이에 대해서 방송은 전송품질이 보증된 '개런티' 서비스이다. 이것이 통신과 방송의 기본적인 차이점이다. 단, 추후의 기술 진전에서는 그 차가 점점 좁아지게 된다.

따라서 방송과 통신의 또 다른 차이점은 콘텐츠에 대한 책임이다. 방송은 제공하는 콘텐츠의 내용에 방송사업자가 책임을 가지고 있고 통신에 따른 콘텐츠 전송은 콘텐츠의 내용에 책임을 갖지 않는다.

4) 디지털 음성방송

유럽에서는 이전부터 이동제품에 수신 가능한 디지털 음성방송의 개발이 진행되어 있어

Eureka-147 시스템(DAB : Digital Audio Broadcasting : DAB 유럽의 디지털 오디오 방송 방식)에 따른 방송이 1996년부터 이탈리아, 스웨덴, 덴마크 등지에서 시작되었다.

현재 유럽은 물론 전 세계적으로 퍼지고 있다. 이미 600 이상의 서비스가 진행되고 청취 가능 인구는 3억인 이상이다. 또한, 이탈리아에서는 2004년 말까지 DAB 수신기가 120만대 이상 보급되었다.

이 DAB는 지상 디지털 TV 방송과 같은 형태로 OFDM이라는 변조 방식에 더해져 주파수 상호작용라는 기술을 사용하기 위해 전파의 멀티패스 장애에 강하고 이동 수신에 적합하다. 1 세그먼트 방송과의 큰 차이는 이 DAB는 음성방송 전용으로 영상을 방송하는 일은 불가능하다는 것이다.

또한, DAB의 한 개의 파의 주파수점유 대역은 1.5MHz와 1 세그먼트 방송(428kHz)의 약 4배의 대역이 된다. 따라서 단일파로 CD 음질의 스테레오 음성 6 프로그램 정도까지 방송 가능하다.

더욱이 대역이 넓은 부분, 주파수 상호작용(Interleave)에 따라 페이딩(Fading) 등에도 보다 강하다. 따라서 DAB를 방송하는 주파수대는 국가에 따라 다르며, VHF의 FM이나 TV 주파수를 사용하는 국가(독일, 이탈리아 등), 1.5GHz대를 사용하는 국가(프랑스 등)가 있다.

5) 디지털 멀티미디어 방송(DMB)

DAB는 음성방송 전용이고 이 방식은 기본적으로 영상 등의 멀티미디어 방송을 가능하게 한 DMB(Digital Multimedia Broadcasting, 한국의 이동방송)이다.

이 DMB는 현재 한국에서 적극적으로 개발하여 이미 방송도 실시하고 있다. 한국에서는 이용하는 주파수대는 한국의 VHF TV의 높은 대역측(174MHz~240MHz)의 대역이다. DAB와 같은 형태로 1파 1.5MHz의 대역이며 사용하는 변조 방식이나 오류수정 방식의 조합이 조금 다르고 1파에 0.8~1.7Mbps의 정보전송 능력이 있어 복수의 영상 · 음성 · 데이터 프로그램 방송도 가능하다.

한국의 방송에서는 1개의 프로그램에서 영상의 해상도는 CIF(Common Interface Format, 세계 공통의 비디오 신호 Format, 352화소×288line)까지 Frame 주파수는 최대 30frame/초, 화상의 부호화 방식에서는 H.264/AVC를 사용한다.

6) 휴대 수신용 방송

유럽에서는 지상 디지털 TV 방송으로 DVB(Digital Video Broadcasting, 유럽의 디지털 방송에 관한 표준화 조직 및 그 표준) 방식을 사용한다. 이 DVB 방식은 멀티패스(Multipath)에는 강하고 이동 수신의 성능은 DAB 방식이나 일본의 지상 디지털 TV 방식보다 좋진 않다. 또한, 일본의 1 세그먼트 방송과 같이 방송을 부분적으로 내보낼 수도 없다. 그러나 휴대수신 서비스용으로 DVB-H(Handheld, 모바일 대상, 방송 대상의 DVB 표준규격) 방식이 새롭게 개발되어 있다(표 4-2).

이 DVB-H 방식은 DVB 방식을 기초로 하여 휴대수신 대상 프로그램을 시분할로 고정 대상 신호를 Multiplex하여, 일정한 간격으로 Burst적으로(하나의 덩어리로) 송신한다. 휴대 수신기 측에서는 희망하는 프로그램이 전송되는 시간만큼만 수신기를 동작시켜, 그 이외의 시간은 수신기를 동작시키지 않는다. 이 방식은 시간분할로 불리면 이렇게 함에 따라 수신기의 소비전력을 낮게 하여 휴대단말로 수신 가능하게 한 것이다.

이 방식은 DVB 방식의 지상 디지털 TV 방송과 호환성이 되므로 DVB의 송신기를 휴대수신 서비스용의 변조기 등을 부가하는 일로 실시된다. 고정 대상 방송에 Multiplex하는 일도 가능하여 휴대 서비스 대상에 128kbps~384kbps의 정보를 25~80개를 넣을 수 있다. 현재, 이 DVB-H 방식은 유럽과 미국에서 시험방송이 진행되고 있다.

표 4-2 ▪ 각 방식의 비교표

항목 \ 내용	1 세그먼트 방송	DMB	DVB-H
방송 계획 국가	일본	한국	유럽
방송개시 시기	2006년	2005년	2006년
기본 방송 방식	ISDB-T	DAB	DVB
사용 주파수대	UHF대 TV	VHF대 TV	VHF/UHF대 TV
변조방식	QPSK 또는 16QAM OFDM	DQPSK OFDM	QPSK 또는 16QAM OFDM
1파의 대역폭	약 428kHz	1.5MHz	8MHz
1파의 전송용량	280~624kbps	0.8~1.7Mbps	11Mbps
단말 소비전력 절감 기술	대역폭 축소	대역폭 축소	시간분할(Time Splicing)

02 디지털 변조와 OFDM의 개념

1. 디지털 방송의 변조

디지털 방송은 아날로그 방송보다도 전송품질이 좋다. 지상 디지털 TV방송에서는 OFDM이라는 변조 방식을 사용하고 있다.

이것은 "직교주파수분할다중화(Orthogonal Frequency Division Multiplexing)"라는 의미로 흔히 전문적인 용어이다.

다수의 디지털 변조파를 가중하여(다중화하여) 송신하는 방식이다. 이 방식을 사용함에 따라 전파의 멀티패스(Multipath)가 있어도 Ghost 장애에 강해질 수 있다.

여기서 멀티패스(Multipath)란 전파가 몇 개의 빌딩 등에 부딪혀 반사하여 복수(multi)의 경로(path)를 지나 상대에게 전달되는 현상을 말한다. 이 멀티패스에 따라 전파가 상대에 간섭하여 화상 품질을 노화시키기도 한다.

아날로그 방송에서는 이러한 멀티패스(빌딩에서의 반사 등)로 화상이 몇 개가 겹치게 보이는 현상이 되지만, OFDM 변조방식에서는 이러한 일은 없다.

또한, 각각의 디지털 변조파에는 QPSK(Quadrature Phase Shift Keying, 4상 위상편이 변조)로 불리는 변조 방식이 이용된다.

이것은 고정 수신 대상에 High Vision 방송하는 경우의 변조 방식(64QAM : 64 Quadrature Amplitude Modulation, 64값 직교진폭변조)보다도 전송의 오류에 강하고 또한, 보다 강력한 오류수정 방식도 사용되므로 이동 수신에도 안정된 수신이 가능하다. '이동수신에 강함'이 1 세그먼트 방송의 큰 특징이다.

따라서 디지털 변조는 디지털 신호를 아날로그 전파(신호를 보내는 반송파로 불림)와 함께 상대에게 보내는 방법을 말한다. 역으로 수신 측의 전파(반송파)에서 디지털 신호를 취득하는 일을 디지털 복조라고 한다.

디지털 방송에 따른 디지털 변조 방식에 대해서 설명하겠다.

변조(Modulation)이란 전달하고 싶은 정보에 따라서 그 정보를 전달하기 위한 기본 신호(반송파)를 어떤 규칙으로 변화시키는 일이다. 즉 반송파에 전달하고 싶은 정보를 올리는 일이다. 그 신호를 수신받는 측에서는 반송파의 변화를 읽는, 즉 변조와는 반대의 복조(De-modulation)를 하는 일에 따라 전달된 정보를 재현(반송파로 전달하고 싶은 정보를 취득)하는 일이 가능하다.

바른 정보를 전달하기 위해서는 변조의 방법을 보내는 측과 받는 측에서 사전에 약속을 하여 결정해두는 것이 필요하다. 디지털 변조는 아날로그 변조와 같이 연속적으로 반송파를 변화시키는 것이 아니라 어떤 구간의 잘린 시간을 변화시켜 데이터 기호(Digit)를 보낸다.

여기서는 먼저 디지털 변조 중에서도 가장 기본적인 방식을 설명하고, 지상 디지털 방송에서도 사용되는 OFDM 변조에 대해서 설명하겠다.

2. 기본적인 디지털 변조방식

아날로그 변조에서는 보내고 싶은 정보(아날로그정보)에 따라서 반송파의 진폭, 주파수, 위상 등을 연속적으로 변화시킨다. 각각의 변조는 AM(Amplitude Modulation, 진폭변조), FM(Frequency Modulation, 주파수변조), PM(Phase Modulation, 위상변조)이라 불린다. 디지털 변조에서도 같은 형태로 보내고 싶은 정보(기호)에 따라 반송파의 진폭, 주파수, 위상 등을 변화시킨다. 아날로그 변조와 디지털 변조의 차이는 반송파의 변화시키는 쪽이 연속적인지 시간적으로 구간이 나뉘는지에 따라 차이가 난다.

디지털 변조로 아날로그 AM과 같이 반송파의 진폭을 변화시키는 것이 ASK(Amplitude Shift Keying, 진폭편이변조), FM과 같이 주파수를 변화시키는 것이 FSK(Frequency Shift Keying, 주파수편이변조), 위상을 변화시키는 것이 PSK(Phase Shift Keying, 위상편이변조)이다. 또한, 진폭과 위상의 양쪽을 변화시키는 디지털 변조를 QAM(Quadrature Amplitude Modulation, 직교진폭변조)라 불린다.

가장 기본적인 디지털 변조 방식으로 BPSK, QPSK, 16QAM에 대하여 간단히 설명하겠다.

1) BPSK

위상을 변화시키는 PSK 변조의 가장 기본으로 되는 것이 BPSK(Binary Phase Shift Keying, 2상 편이변조)이다. BPSK는 디지털의 2값 "0"과 "1"을 예를 들면 반송파의 위상의 "0"과 "π"(180°)에 대응시켜 전송한다. 변조하는 시간의 단위가 Symbol로 불린다. BPSK의 경우에는 1개의 Symbol로 보내는 정보는 "0"이나 "1"의 1비트의 정보가 된다.

2) QPSK

BPSK는 1개의 symbol로 1비트의 정보만 전송 가능했지만 1 symbol로 2bit(2^2=4값)의 정보를 보내는 방식이 QPSK[Quadrature Phase Shift Keying, 4상 편이변조. 1회 변조로 2bit(4값)의 데이터를 송신가능)한다.

QPSK는 반송파의 2개의 위상의 BPSK를 합성한 것으로 먼저 반송파의 '직교'에 대해서 설명한다.

직교(Orthogonal)는 2차원 평면의 직각이 교차하는 'X축과 Y축'과 같이 그 평면상의 어떤 점이 편방의 축상에 인접하게 움직이는 한 쪽의 축의 값은 어떠한 변화를 주지 않은 각각의 독립된 양축의 관계이다. 다시 말하면 어떤 점의 변화는 X축과 Y축에서 본 각각의 변화의 합성으로 그 변화는 서로 영향을 받지 않고 독립하여 취급된다. 한쪽의 변화가 다른 한쪽의 변화에는 어떠한 영향을 주지 않는 조건을 만족하면 각각은 직교하여 있다고 말할 수 있다.

디지털 변조에 대해서도 이 직교의 관계에 있는 것이 반송파의 cos 성분과 sin 성분이다. 반송파의 변화에 대해서 각각의 cos 성분과 sin 성분을 관측하면 각 성분의 변화는 독립적으로 취급한다. 반송파 cos 성분과 sing 성분을 각각 BPSK 변조한 것을 합성함에 따라 1 Symbol(변조하는 기간과 단위)로 2비트분의 정보를 보내는 일이 가능하다. 이것이 QPSK이다.

2비트의 데이터를 반송파 cos 성분과 sin 성분(실제는 sin 성분)으로 분할되어 BPSK를 변조한다. 이를 다시 합성한 것이 QPSK 변조된 신호가 된다.

이 cos 성분과 −sing 성분(cos 신호를 π/2만 위상을 회전시키므로 −sin신호가 된다.)을 각각 I축(In-phase, 동상성분), Q축(Quadrature-phase, 직교성분)으로 보여준 것이 위상도이다.

QPSK의 위상도는 Symbol의 위상에 따라 4개의 신호점이 표시된다. 위상도로 신호점을 원점에서부터의 거리가 진폭, I축에서의 각도가 위상으로 표시된다. BPSK의 위상도도 표시하지만, BPSK의 경우에는 1개의 성분의 2개의 위상("0"과 "π")만 사용이 가능하므로 위상도에서는 1개의 축(여기서는 I축)상에서만 신호점이 된다.

3) QAM

디지털 변조된 신호의 1Symbol로 보내는 정보를 보다 많게 하려면 반송파의 위상이나 진폭이 변조를 상세하게 할 필요가 있다. Symbol로 보내진 정보를 늘리는 일을 디지털 변조의 多值化로 부른다. 多值化에 따라 보내지는 정보량은 늘어나게 되지만, 수신 측에서는 반송파의 변화를 감지하기 때문에 보다 높은 세밀함이 필요하다.

QPSK에 2개의 축상에서의 진폭의 변화도 가한 것이 QAM(Quadrature Amplitude Modulation, 직교진폭변조)로 불리는 디지털 변조 방식이다. 예를 들면 QPSK의 위상의 변화에 더하여 진폭도 2단계로 설정하는 일에 따라 위상도상의 신호점의 수는 16개가 된다. 이것이 16QAM(16값 직교진폭변조)이다.

16QAM에서는 1개의 Symbol로 4bit($2^4=16$)의 정보를 전송하게 된다. 또한, 진폭의 변화를 4단계로 하면 신호점의 수는 64개가 되어 64QAM이 되어 1심볼로 6bit($2^6=64$)의 정보 전송을 한다.

QAM은 BPSK나 QPSK와 비교하면 1 심볼로 전송 가능한 정보량이 많아지지만, 각각의 위상도에서도 알 수 있듯이 정보를 많이 보내는 만큼 신호점의 간격이 좁아진다. 이는 수신 측에서 데이터를 잘못 보낼 수 있는 가능성이 높다는 것을 보여준다. 따라서 수신한 데이터 오류율을 비슷한 정도로 하기 위해서는 변조를 多值化할 정도의 신호 전력을 크게 하여 보낼 필요가 있다. 신호의 전력을 크게 할수록 수신되는 신호의 CN비(Carrier to Noise Ratio, 신호 대 잡음비)가 개선되므로 데이터의 비트 오류율(BER : Bit Error Rate)도 저하한다.

같은 BER을 얻기 위해서는 16QAM이나 QPSK는 BPSK와 비교하여 각각 약 3dB(2배), 약 10dB(10배)의 전력이 필요하다.

3. OFDM과 그 특징

지상 디지털 방송에서 사용되고 있는 OFDM(직교주파수분할다중) 변조는 복수 반송파의 디지털 변조 방식이다. 다수의 반송파를 각각 독립적으로 디지털 변조한 것으로 합성하여 전송한다. 여기서도 직교라는 단어가 나오고 기본적으로는 QPSK의 항에서 설명한 것과 같이 서로 영향을 주어 맞지 않는 관계라는 정의는 변함이 없다.

OFDM의 경우에는 복수의 반송파를 사용하지만 가장 주파수가 낮은 반송파 1을 기본파로 하여 그 정수배의 주파수로 반송파를 배치하면 기본파의 1주기 구간(이것이 OFDM의 유효 Symbol 주기가 됨)으로 복조한 경우에 어떤 반송파도 서로 직교관계가 된다. 각각의 반송파가 각각의 데이터로 디지털 변조되어 있지만, 그 데이터는 다른 반송파에는 어떠한 영향을 주지 않는 관계가 된다.

OFDM의 반송파가 같은 간격으로 나열되어 있는 부분이 생소하여 전 반송파의 변조 주파수를 고속 푸리에(Fourier) 변환(FFT : Fast Fourier Transform, 시간상의 데이터를 주파수상의 데이터로 변화하는 연산)을 사용하여 일괄적으로 행함이 가능하다.

송신 측에서는 각 반송파에 나뉘어 떨리는 진폭과 위상의 데이터를 역FFT(IFFT : Inverse Fast Fourier Transform, FFT의 역연산)함으로써 OFDM의 심볼(symbol)의 파형을 만들 수 있다.

역으로 수신 측에서는 심볼(Symbol)기간 내에 샘플화 한 값을 FFT하는 일로 각 반송파로 보내진 진폭과 위상의 데이터를 계산 가능하고 이로써 정보전달이 가능하다.

또한, OFDM에서는 다수의 반송파로 정보를 분산하여 보내기 때문에 반송파의 전반에 있는 멀티패스(Multipath)에 따라 몇 개의 반송파의 정보 재현이 잘못된 경우에도 치명적인 상태는 되지 않고 오류 수정에 따라 바른 정보를 복원하는 일이 가능하다. 또한, Guard interval로 불리는 간섭을 경감시키기 위해 삽입하는 일정의 시간 간격의 신호를 OFDM의 유효 심볼로써 부가하는 일로 더욱 멀티패스에 따른 노화를 경감하는 일이 가능하다.

OFDM은 멀티패스(Multipath)에 강한 특성이 있기 때문에 반송의 네트워크를 구성하는 시기에 같은 주파수를 사용하는 일이 가능하다. 이것이 SFN(Single Frequency Network, 동일 주파수를 사용하여 중계하는 단일 주파수 네트워크)이다. 방송 네트워크를 SFN함에 따라 주파수의 대폭적인 유효이용이 줄어든다. 단, SFN에 따른 같은 주파수의 복수의 송신국 신호는 주파수의 틈이 없도록 높은 정밀도가 요구된다. 또한, 영역이 중복하는 수신점에 놓여 있는 복수의 송신국에서 전파의 시간적 틈이 Guard interval의 길이에 따라서도 짧아지게 되는 것처럼 각 송신국의 전파 발사 타이밍의 조정할 필요도 생긴다.

더욱이 OFDM은 주파수상에서 같은 간격으로 나열한 반송파를 사용하기 때문에 송신이나 수신하는 경우에 신호의 크기가 제한되는 것과 같이 포화특성을 가진 회로가 있는 상호변조에 따라 반송파 간의 간섭이 있다. 신호의 증폭기를 신호가 포화하지 않는 범위로 사용하는 등의 주의가 필요하다.

4. 지상 디지털 방송의 전송 방식의 구조

지상 디지털 방송의 전송 방식의 구조는 지상 디지털 방송에서는 최대로 3개 계층의 데이터를 다중화(Multiplex)하여 전송하는 일이 가능하다. 각 계층의 영상이나 음성 · 데이터는 디지털화나 압축 등의 정보원 부호화 회로로 디지털화되어 데이터 압축된다. 그러한 데이터를 다중화하여 TS(Transport Stream, MPEG-2의 Transport Stream, 188byte 단위의 고정 packet의 stream)의 포맷이 된다. 188byte의 패킷을 TS P파에서 세그먼트로 분배한 상태로 일괄적으로 전송하는 OFDM 신호를 만든다.

지상 디지털 방송에서는 다양한 조건으로 사용 가능하도록 설정된 전송 파라미터의 종류도 많아지고 있다. 기본적인 전송 파라미터를 표 4-3에 표시한다.

표 4-3 ▪ 지상 디지털 TV 방송방식의 전송 기본 파라미터

전송 파라미터	mode 1	mode 2	mode 3
OFDM 세그먼트수	13		
대역폭	5.575MHz	5.573MHz	5.572MHz
반송파 간격	3.968kHz	1.984kHz	0.992kHz
반송파 수	1405	2809	5617
반송파 수/세그먼트	108	216	432
변조 방식	QPSK, 16QAM, 64QAM, DQPSK		
유효 심볼장	252μs	504μs	1.008μs
Guard interval장	유효 심볼장의 1/4, 1/8, 1/16, 1/32		
내부호	접어 넣는 부호(1/2, 2/3, 3/4, 5/6, 7/8)		
외부호	RS(204,188)		

① guard interval장 : Card interval 길이를 OFDM의 유효 심볼(Symbol)장의 배수로 표현
② 내부호 : 이중으로 오류 수정을 하는 경우, 2번째에 부호화 하는 수정 부호
③ 외부호 : 이중으로 오류 수정을 하는 경우, 최초에 부호화하는 수정 부호

OFDM의 반송파 수에 따라 3개의 모드가 있다. 반송파의 변조 방식은 4종류이다. 멀티패스에 따른 간섭을 피하기 위해서는 card interval이 OFDM의 유효 심볼로 삽입이 되지만, 그 길이는 유효 심볼(Symbol)장의 몇 배(몇 분의 1)가 되느냐에 따라 4종류 있다.

또한, 전송하는 데이터에는 2중의 오류 수정을 하지만, 신호 처리의 순번으로써 최초의 부호화하는 수정부호를 '외부호'라 한다. 이는 정보를 송신하여 수신하는 신호의 흐름에 따라 신호를 처리하는 입장에서 보면 정보원이 외부에 있으므로 생각되어 그 정보원에 가까운 쪽, 즉 외부에 있음을 말하므로 외부호라 한다.

한편, 2번째로 부호화하는 것은 한쪽의 수정부호는 같은 신호의 흐름에서 볼 때, 최초의 부호와 비교하여 정보원(외부)으로부터 떨어진 쪽(내부)에서 부화하는 일을 '내부호'라 한

다. 내부호에는 접어 넣는 부호가 채용되어 그 부호화율도 5종류가 있다.

이런 전송 파라미터의 조합은 매우 많아지고 실제로 방송에서 사용하는 전송 파라미터는 운용 규정인 정도 제한되어 있다. 지상 디지털 방송의 상세 운용규정에 대해서는 제5장을 참조하여 주기 바란다.

한 개의 세그먼트는 TV방송의 채널폭 6MHz를 14등분한 폭으로 그 세그먼트를 13개씩 송신한다. 각 계층에서 사용하는 세그먼트에 따라서 전송 파라미터를 설정하는 일이 가능하다. 단, Mode나 Guard interval의 길이는 1개의 채널 내의 세그먼트에 대해서는 같이 둘 필요가 있다. 1 세그먼트 방송은 13개의 세그먼트 중앙의 세그먼트를 사용하여 전송한다.

5. OFDM 신호의 구조

여기서는 OFDM 신호가 어떠한 구조로 만들어지는가, 그 생성까지의 전송로의 부호화부의 처리에 대해서 설명한다.

지상 디지털 방송에서는 최대로 3개의 계층의 신호를 보낼 수 있지만 여기서는 설명을 간단히 하기 위해서 1 세그먼트 방송과 12 세그먼트 방송(고정 수신 대상 방송)의 2계층의 경우에 대해서 설명한다.

1) TS Re-multiplex

TS(Transport Stream) Re-multiplex부에서는 1 세그먼트용 TS와 12 세그먼트용 TS를 재다중하여 1개의 TS로 합친다.

이는 2개의 계층에서 보내진 TS의 속도는 제각각이지만 어떠한 속도 조합의 TS가 입력되어도 전송로 부호화 부에서는 일정의 block(디지털 데이터를 처리하는 시간주기)속도로 처리하여 각 세그먼트로 데이터의 분배처리가 용이하게 하기 위해서이다. 이 Block 속도는 OFDM 신호를 만드는 경우 IFFT 처리의 Block 속도(IFFT 회로에서 입출력된 디지털 데이터의 처리시간 주기의 빠름)보다 정확히 4배속하게 한다.

TS Re-multiplex부에서 출력되는 TS는 188byte의 TSP(선두의 1byte는 동기 byte)에 16byte의 Null data(모든 “0” data)를 부가한 204byte의 TSP(204byte의 TSP를 ‘전송 TSP’라 부름)이 된다. 전송 TSP는 보통 일정한 속도로 틈없이 움직이다. 단, 이미 서술한 바와 같이 입력된 계층의 TS의 속도 조합이 다양하므로 전송 TSP 중에서는 유효한 데이터를 포함하지 않는 ‘전송 TSPnull’이 포함된다. 전송 TSPnull은 선두의 동기 byte 이외의 203byte

가 모두 null data packet이다. 전송 TSPnull을 삽입함에 따라 보통의 일정한 속도의 Re-multiplex된 TS가 되게끔 조정된다.

따라서 전송 TSPnull은 데이터를 계층별로 처리하는 단계로 이용되어 최종적으로는 OFDM신호로써 송신되지 않는다.

또한, 재다중된 TS는 Frame 구성되어 있어 1 세그먼트 방송의 TSP(TSPA)와 12 세그먼트방송의 TSP(TSPB), 그리고 Null data의 TSPnull이 규칙적으로 배치된다. 이 다중 Frame에는 OFDM 신호의 204개의 Symbol로 보내지는 TSP가 들어갈 수 있게 되어 있다.

2) RS 부호화(외부호 오류 수정)

전송 TSP는 패킷단위로 외부호 오류 수정할 수 있다. 외부호(2중으로 오류수정하는 경우, 최초로 부호화하는 수정 부호)로서 byte 단위로 오류 수정하는 리드 솔로몬(read solomon) 부호(RS부호)가 사용된다. 전송 TSP 중에서 정보를 전송하는 188byte의 데이터를 잘못 보호하기 때문에 188byte 정보에서 16byte의 패리티 바이트(오류를 감지하기 위해 추가되는 byte)를 계산하여 부가(188+16=204byte)함 (204,188) RS 부호가 사용된다.

TS재다중부로 TSP에 부가된 16byte의 null data를 RS부호의 parity byte와 전환할 수 있다. 이 RS부호에 의해 전송의 도중에 일어날 수도 있는 오류 중에서 204byte 중 8byte까지의 오류라면 수정할 수가 있다.

3) 계층분할

계층분할부는 re-multiplex 후의 TS를 TS동기 byte의 다음 byte부터 다음 전송 TSP의 동기 byte까지의 204byte(전송 TSP) 단위로 지정된 계층(1 세그먼트 방송용 Data나 12 세그먼트 방송용 데이터)로 할당된다. 동시에 속도조정을 위해서 삽입된 null data의 전송 TSPnull(null packet)은 여기서 제거된다.

4) 에너지 확산

디지털 데이터는 경우에 따라 같은 값이 길게 이어지고 있는(㉔ 11111……과 같이 1이 연속) 경우가 있다. 만약 이 상태로 변조하면 전혀 반송파가 변화하지 않는 상태가 이어지게 되어 전송신호의 에너지가 집중하게 될 수도 있다. 이를 피하기 위해서 같은 값이 이어지지 않게 일정한 규칙을 정한 Random data를 디지털 데이터에 추가한다. 이것이 에너지 확산이다.

지상 디지털 방송의 경우에는 계층별로 독립적 데이터가 전송되므로 계층별로 에너지 확산이 행해진다. 전송 TPS의 동기 byte(1byte)를 제외하고 203byte의 데이터에 random data를 더하여 에너지를 확산한다.

5) 지연보정

각 계층의 데이터의 전송 속도가 다름에 따라 데이터가 수신 측에서 재현될 때까지의 지연시간이 계층에 따라 달라지게 된다. 계층 간의 지연시간을 조정하기 위해서 계층 간에 그 전송속도에 따른 지연보정을 행한다.

6) 바이트 상호작용(Byte Interleave)

RS 부호로 오류 보호된 데이터는 더욱이 내부부호 오류 보호되는 일에 따라서 이중으로 오류 정정을 하게 된다. 내부호의 복호한 후의 내부호에 따른 오류 정정의 효과를 보다 발휘시키기 위해서 외부호와 내부화 간에 바이트 상호작용(byte interleave : byte단위로 나열 전환)가 실시된다.

7) 접어 넣는 부호화(내부호 오류정정)

내부호(이중으로 오류정정의 경우 외부호 다음으로 부호화하는 정정 신호)로써 접어 넣는 부호(오류정정 부호의 한 종류)가 사용된다. 접어 넣는 부호는 랜덤 오류에 대해서 매우 우수한 복호특성을 보여주는 오류정정 부호이다. 데이터가 1bit 입력됨에 따라 2bit의 데이터가 출력된다.

따라서 부호화되기 전의 데이터양과 부호화 후의 데이터양의 비인 부호화률은 1/2가 된다.

접어 넣는 부호는 입력되는 데이터와 그전에 이미 입력된 데이터와의 조합(접어 넣음)으로 출력 데이터를 만든다. 과거의 데이터를 가지고 있기 위해서는 bit 단위의 지연 소자(D)가 사용된다. 접어 넣는 부호의 구속장은 이 과거 데이터를 어디까지 접어 넣는가를 표시한다. 과거의 데이터도 포함하여 7bit의 폭으로 접어 넣는 일부터 구속장이 7이 된다. 구속장이 길수록 오류수정 능력은 향상되지만, 너무 길어지면 복호처리가 복잡하게 되므로 일반적으로는 구속장 7 정도의 것을 사용한다.

이 부호화율 1/2의 데이터를 기본으로 하여 규칙적으로 bit데이터를 솎아내어 보내는 것으로 부호화율을 변화시키는 일이 가능하다. 이것이 Puncture라는 처리이다.

표 4-4에 각각의 부호화율에 영향을 주는 펑크(Puncture)의 패턴을 보여준다.

표 4-4 ▪ 부호화율과 펑크(Puncture)

부호화율	펑크의 패턴	전송데이터 예
1/2	X : 1 Y : 1	X_1, Y_1
2/3	X : 10 Y : 11	X_1, Y_1, Y_2
3/4	X : 101 Y : 110	X_1, X_1, Y_2, X_3
5/6	X : 10101 Y : 11010	X_1, Y_1, Y_2, X_3, Y_4, X_5
7/8	X : 1000101 Y : 1111010	X_1, Y_1, Y_2, Y_3, Y_4, X_5, Y_6, X_7

부호화율 1/2에서는 출력 X, Y의 순으로 비트를 모두 출력하면, 부호화율이 커지게 되면 표 4-4의 패턴의 '0'으로 표시된 순서의 비트의 데이터를 솎아내어 출력한다. 이 펑크(Puncture)의 패턴은 수신 측에서도 알고 있어 중간에 빠진 비트 위치에 더미 비트(Dummy bit)를 삽입하여 그 값을 부정으로 부호처리를 행한다. 부호화율이 커질수록 전송하는 데이터양은 늘어나고 부호시의 부정 bit가 많아지기 때문에 오류수정 능력은 떨어진다.

8) 반송파 변조

반송파 변조부에서는 계층에서 지정된 디지털 변조는 입력된 비트 스트림을 반송파의 위상과 진폭으로 결정되는 신호점에 매핑하게 된다. 또한, 매핑하기 전에도 가능하면 데이터를 확산시키기 위해서 bit interleave(bit 단위의 나열 전환)을 실시한다.

반송파 변조가 QPSK, 16QAM, 64QAM의 경우의 매핑하는 위상도는 QPSK, 16QAM, 64QAM의 한 개의 심볼로 할당된 bit수는 각각 2bit($2^2=4$값), 4bit($2^4=16$값), 6bit($2^6=64$값)이므로, 입력된 비트 스트림을 이러한 단위로 나누어서 순차적으로 매핑한다.

또한, 반송파의 디지털 변조방식에 관계없이 전송되는 심볼의 평균전력이 일정하게 되도록 조정되므로 세그먼트로 어떠한 변조 방식을 사용하더라도 전송되는 신호의 평균전력은 변함이 없다.

9) 계층 합성

계층 합성부에서는 디지털 변조의 매핑(위상도에서 신호점에 대응)된 데이터가 각 계층에서 사용되는 각각의 세그먼트 단위로 정리된다. 이 단계에서는 각 계층에서 사용하는 세그먼트의 전송 데이터 용량에 따라서 데이터를 배분하는 것뿐이기 때문에 배분된 단위는 데이터 세그먼트라 불린다. 데이터 세그먼트는 주파수상에서의 전송의 세그먼트와는 구별된다. 일반적으로 지상 디지털 방송의 세그먼트의 이미지는 주파수상의 전송 세그먼트 쪽이다.

'전송 mode3'의 경우를 예를 들면 1개의 전송 세그먼트의 반송파 수는 432개로 그중에서 데이터를 전송하는 반송파는 384개(남은 반송파는 수신기로 신호를 복조하기 위해서 기준 신호 등을 사용한다.)이다. 이 384개의 반송파로 전송되는 데이터 집단이 데이터 조각이 된다. 1 세그먼트 방송에서 전송하는 데이터는 한 개의 데이터 조각의 반송파 수만큼의 용량만 순차 배분한다. 같은 형태로 고정 수신의 데이터도 12 세그먼트 분의 데이터 조각으로 순차 배분한다.

10) 시간 Interleave와 주파수 Interleave

각 데이터 조각으로 나누어진 데이터는 각각 시간 Interleave(데이터의 나열을 시간적으로 교체하는 것)가 실시된다. 신호의 전송중에 펄스상의 난음이 더해지거나 이동하면서 수신하는 경우에 신호의 크기가 변동하거나 하는 일로 전송하는 데이터가 시간적으로 연속하여 잘못되는 경우가 있다.

시간 Interleave는 이와 같이 시간적으로 연속된 데이터 오류를 수정하기 쉽게 하기 위해서 행한다. 시간 Interleave가 길수록 통합된 오류를 보다 분산시킬 수 있다. 시간 Interleave의 길이는 1 세그먼트와 12 세그먼트에서는 다른 값을 설정할 수 있다.

더욱이 주파수적으로도 데이터를 각각 나누기 위해서도 주파수 Interleave가 실행된다.

전파의 전송로에 Multipath가 있는 경우에 수신한 신호의 주파수 Spectrum이 flat이 아닌 반송파의 레벨에 불균형이 생기게 된다. 수신 레벨의 낮은 반송파가 연속하게 되면 전송된 데이터가 하나가 되어 잘못된다. 전반 상의 Multipath에 따라 이렇게 하나로 발생하는 데이터 오류를 나누어 Random한 오류로 만드는 것이 주파수 Interleave의 목적이다.

주파수 Interleave는 12 세그먼트를 사용하는 고정 수신의 계층에 대해서는 데이터 세그먼트 자체를 바꾸는 세그먼트 간 Interleave를 행하고 더욱이 데이터 세그먼트 내의 데이터를 바꾸는 세그먼트 내 Interleave의 2단계로 행한다. 세그먼트 내 Interleave에 대해서는 세그먼트 내의 데이터를 로테이션(데이터 나열하지 않음) 후에 Randomize(데이터 나열을 제각각함)한다.

1 세그먼트 방송에 대해서는 데이터 세그먼트가 1개뿐이므로 세그먼트 내 Interleave만 행해진다. 내부호인 간직한 부호가 Random한 오류에 대해 뛰어난 수정능력을 가진 것부터 시간 Interleave와 주파수 Interleave 양쪽을 사용하여 가능한 한 오류를 Random화한다.

11) OFDM 세그먼트 프레임의 구성

Data 세그먼트에 분배되는 주파수 Interleave와 시간 Interleave로 실시된 데이터는 OFDM 변조하기 전의 최후의 단계가 된다. 이런 데이터 세그먼트의 데이터에 수신에 필요한 Pilot 신호(OFDM을 복조하기 위한 진폭 · 위상이 기지의 기준신호) 등을 부가하여 OFDM 세그먼트 프레임이라 불린다.

1개의 블록을 형성하여 그 데이터를 IFFT함으로써 OFDM 신호를 만들 수가 있다. OFDM 신호의 1개의 Symbol에서는 OFDM의 모든 반송파의 정보를 보낼 수 있다. OFDM 신호의 1개의 Symbol에서는 OFDM Symbol의 204개분의 데이터가 모아진 블록이다.

수신기로 신호를 복조하기 위해서의 Pilot 신호인 SP(Scattered Pilot) 신호에 막 뿌려진(scatter) Pilot 신호이므로, SP라 불린다. 신호 측에서는 Symbol을 4회 수신하면 3 반송파에 1회 간격으로 SP를 얻을 수 있다.

SP위상도상에서 위상점은 I축(위상성분) 위의 2점 어느 것이든 된다. SP의 진폭위상의 값은 이미 알려져 있으므로 이 변화를 반송파 방향(주파수축)에서 보완하는 일로 전송로의 주파수 특성을 지정할 수가 있다.

또한, SP의 변화를 Symbol 방향(시간축)으로 관측하면 전송로의 특성의 시간적인 변화도 보정할 수 있다.

OFDM segment frame을 구성하는 경우에는 SP 외에 TMCC(Transmission and Multiplexing Configuration Control, 전송 파리미터의 정보 등을 보내는 신호)라 불리는 제어 신호나 AC(Auxiliary Channel)라 불리는 부가 신호도 넣는다.

12) IFFT

OFDM의 반송파는 수천 개이므로 그 반송파당 변조회로를 나열하면 일이 커지게 된다. 여기서 IFFT(역 푸리에 변환)의 연산 회로를 사용하여 각 반송파의 변조된 신호를 일괄적으로 만들어 낸다. IFFT는 FFT(푸리에 변환)의 역연산처리이므로, 주파수상의 데이터 sample를 변환하게 된다. OFDM의 각 반송파 데이터를 입력하면 OFDM의 1 Symbol 분의 시간 데이터를 만들 수 있다.

IFFT의 샘플수는 당연히 OFDM의 반송파의 수보다도 많지 않으면 안 된다. 또한 IFFT 처리가 가능한 샘플 수는 2의 거듭제곱 승에 한다. 이를 위해서 Mode 3의 경우에는 대역 내의 모든 반송파는 5617본 있으므로 IFFT의 샘플 수로써는 반송파 수보다도 많은 2의 거듭 제곱승이 되면 8192(=2^{13})이 된다.

Mode 1의 경우는 반송파 수는 1405본이므로, 2048(=2^{11})의 샘플수로도 잘 된다. OFDM에서 2k system, 또는 8k system 등으로도 부르고 이는 필요한 IFFT의 샘플수(약 2000개나 약 8000개)에 유래된다.

IFFT의 샘플수를 M(Mode3의 경우는 8192)으로 하면 IFFT로 작성된 시간 데이터는 OFDM 유효 Symbol의 기간 T로 M개의 샘플 데이터가 된다.

따라서 샘플 주파수는 M/T(T는 유효 Symbol 기간)이 된다. OFDM의 반송파수를 N(Mode 3의 경우는 5617)으로 하면 IFFT에 입력된 주파수상의 데이터는 N개의 진폭과 위상의 데이터가 된다. 남은 (M-N)개의 입력 데이터는 진폭과 위상 모두 0인 null 데이터가 된다.

실제의 OFDM의 N개의 반송파 데이터와 null data의 IF FT 회로에의 입력 순서가 결정되어 있고 간단한 작업을 위해서 머리 부분부터 N 반송파분의 진폭 위상의 데이터를 입력하는 형태이다.

M개의 주파수상의 데이터부터 같은 M개의 시간상의 데이터가 IFFT로 작성한다. 시간상의 샘플 데이터는 I축 성분과 Q축 성분의 양쪽을 가지고 있으므로 이를 P/S(Parallel/Serial Conversion)하여 I축 성분과 Q축 성분으로 각각의 1symbol분의 샘플 데이터의 Stream가 된다.

13) Guard Interval 부가

IFFT로 만들어진 시간상의 샘플 데이터가 OFDM의 유효 symbol의 데이터가 되지만, 유효 symbol의 뒷부분과 같은 신호를 유효 symbol의 앞부분에 부가시킨 것이 guard interval이다.

Guard Interval의 부가에 따라서 유효 symbol의 끝부분이 그 상태로 유효 symbol의 선두부분과 연결된 효과가 되므로 유효 symbol에 guard interval을 주기적으로 부가하는 표현이 사용된다.

Guard Interval과 유효 symbol의 데이터를 제외시켜도 전송하는 데이터 내용은 보존되므로 수신 측에서는 guard interval의 길이의 범위 내라면 multipath에 의한 영향으로 별도의 symbol이 겹쳐지는 부분을 빼고 OFDM의 복조를 하는 일이 가능하다.

14) 주파수 변환

Guard Interval이 부가된 symbol의 샘플 데이터는 주파수 변환회로에 따라 실제로 전파로서 발사하는 주파수의 전송신호(OFDM 전송신호)로 변환된다.

I축 성분과 Q축 성분의 샘플 데이터는 시간적으로 이산된 샘플 데이터가 되므로 D/A변환(Digital to Analog Conversion, 디지털/아날로그 변환) 회로에 따라 연속 신호로 변환합니다. 이 신호 중 불필요한 고주파 성분을 LPF(Low Path Filter, 저역통과 필터)가 제거된 후 직교 주파수 변환하는 일에 의해 OFDM의 전송신호가 된다.

03 지상 디지털 방송의 전송 세그먼트의 구성

1. 12 세그먼트 방송과 1 세그먼트 방송의 공존

지상 디지털 방송의 전송 세그먼트(Segment)는 TV방송의 채널 폭 6MHz를 14등분한 폭의 block이다. 1개의 전송 세그먼트에는 432본(mode3의 경우)의 OFDM의 반송파가 포함되어 있다. 이 전송 세그먼트를 13개 사용하여 지상 디지털 방송이 행해진다. 남은 1 세그먼트 분은 근접한 채널과의 간섭을 피하기 위해 guard band로 사용된다.

보통, 1개의 채널로 고정 수신을 전제한 12 세그먼트의 방송과 휴대 수신을 전제로 한 1 세그먼트 방송을 공존하여 방송한다. 이렇게 1개의 채널로 고정 수신과 휴대 수신 등의 다른 방송 서비스를 동시에 전송 가능한 것이 일본의 지상 디지털 방송의 큰 장점 중에 하나이다.

1 세그먼트 방송과 12 세그먼트 방송의 데이터는 앞에 서술한 바와 같이 각각의 데이터 세그먼트에 분배되어 처리된 후, 최후에 그 데이터가 주파수상의 OFDM의 전송 세그먼트에 배치되어 전송된다. 1 세그먼트 방송의 전송 세그먼트의 반송파의 변조방식이나 오류 정정의 부호화률 등은 12 세그먼트보다도 전송적으로는 강한 부분이 설정되어 있다. 대역의 중앙의 세그먼트를 No. 0의 위치로 하여 이 전후의 순차 No.1~No.12의 세그먼트 번

호가 붙는다.(번호의 나뉘는 순서에 주의) 1 세그먼트 방송의 데이터 세그먼트의 데이터는 No.0의 전송 세그먼트로 전달된다.

1 세그먼트 방송의 데이터는 12 세그먼트 방송의 데이터와는 독립적으로 multiplex되어 있으므로 중앙의 전송 세그먼트만 수신하는 일이 가능하다. 이는 전체의 세그먼트의 일부를 수신함에 따라 '부분 수신'이라 불린다. 1 세그먼트만 수신하는 경우에는 복조하는 OFDM의 반송파의 수가 1 세그먼트 분만으로도 가능하므로 처리의 clock 속도(동작속도)를 낮게 할 수 있어 수신기의 소비전력도 낮출 수가 있다.

또한, 채널 내의 1번상(주파수의 높이)의 세그먼트(No.12) 위에는 1본만 연속 반송파가 배치된다. No.12의 세그먼트 내의 1번상의 반송파로 SP가 보내지지 않기 때문에, 수신 측에서 주파수 특성을 추정하는 경우에 세그먼트 상단에서 SP의 보완처리가 불안정해지게 되므로 이를 피하기 위해서는 OFDM의 모든 반송파수는 13개의 세그먼트의 반송파수에 이 상단의 pilot 반송파의 1개를 더한 값이 된다. 예를 들면 Mode 3의 경우 전송 세그먼트당 432개의 반송파가 있어 그 13배의 5616개의 채널 상단의 pilot 반송파의 1개를 더하여 전체가 5617개의 반송파 수가 된다.

2. 1 세그먼트의 전송용량

표 4-5에 1개의 전송 세그먼트로 보내는 것이 가능한 데이터의 전송용량을 보여주고 있다. 전송 용량은 전송 세그먼트의 반송파 변조, 접어 넣는 부호(내부호)의 부호화율, guard interval비 1/8의 경우에는 전송 용량은 약 312kbps가 된다.

예를 들면, Mode3의 경우 1 세그먼트의 반송파수는 432개이지만 그중에서 데이터를 전송하는 것은 384개이다. 반송파의 변조 방식을 QPSK로 하면 1symbol로 768bit(384개×2bit)의 데이터가 보내진다. 단, 2중의 오류정정을 함으로써 실제로 보내지는 정보량은 오류정정 부호의 부호율분뿐이다. 즉, OFDM의 1symbol로 보내는 768bit의 데이터 중에서 내부호 1/2와 외부호 188/204의 부호화율을 곱한 약 354bit(768bit × 1/2 × 188/204)가 실제 정보량이 된다.

이 정보량을 OFDM의 유효 symbol기간(Mode3에서는 1.008ms)와 guard interval 기간(guard interval비가 1/8이라 하면 0.126ms)를 더한 시간(1.134ms)으로 전송되기 때문에 1 세그먼트당 전송용량은 약 312kbps(354bit/1.134ms)가 된다. Mode가 달라도 guard interval비와 내부호의 부호화율이 같으면 세그먼트의 전송용량은 바뀌지 않는다.

표 4-5 ▪ 1 세그먼트의 전송용량

반송파 변조	접어 넣은 부호 부호화률	전송용량 (kbps)
QPSK	1/2	312
	2/3	416
16QAM	1/2	624
	2/3	832
64QAM	3/4	1404
	7/8	1638

- QPSK : Quadrature Phase Shift Keying, 4위상편이변조
- 16QAM : 16 Quadrature Amplitude Modulation, 16값 직교진폭변조
- 64QAM : 64 Quadrature Amplitude Modulation, 64값 직교진폭변조
- 접어 넣은 부호화율 : 예를 들면 위의 표의 2/3은 부호화한 후의 데이터로 정정을 위해 늘린 부분을 빼고 전송하는 정보의 합이 2/3이라는 의미
- Guard Interval비 : Guard Interval의 길이를 OFDM의 유효 symbol장의 배수로 보여준 것

04 지상파 디지털 TV 방송 시스템의 구조

미국, 유럽 및 일본이 서로 다른 디지털 방송규격으로 표준화였다. 각 방식은 변조방식에 따라 서로 다른 장단점을 가지고 있다. 국내에서는 1997년 미국식을 우리나라의 방송표준, 즉 방송방식으로 공식 선정하였다. 그러나 이동수신 및 실내수신 문제가 제기되면서 2001년부터 방송방식에 대한 논란이 있었으나, ATSC의 고화질 장점과 수신기의 성능향상 등에 힘입어 2004년 7월에 전송방식을 미국방식으로 확정하였다. 세계 각지에서 디지털 TV 방송 서비스는 기존의 아날로그 TV 대역을 사용하여 디지털 방식으로 완전 전환시까

지 아날로그와 디지털을 동시 방송하는 것을 전제로 개발이 시작되었다. 미국, 유럽 및 일본의 지상파 디지털 방송방식을 보면 다음과 같다.

1. 미국의 지상파 디지털 방식

1996년 12월 24일, 미국의 연방통신위원회(Federal Communications Commission)는 ATSC(Advanced Television Systems Committee)의 디지털 TV 표준(Digital Television Standard)을 차세대 TV 방송의 표준으로 승인하였다. 이 결정에 따라 ATSC 표준에 규정된 비디오 및 오디오 압축, 패킷 데이터 전송구조, 변조 및 전송 시스템에 대한 규격은 지상파 방송사업자가 의무적으로 준수해야 하며, 다만 비디오 포맷에 대한 규격은 특별히 규정하지 않고 산업계가 자율적으로 결정하게 하였다.

① 비디오 압축방식 : MPEG-2 Video(ISO/IEC IS 13818-2) 표준. 전 세계적으로 모든 디지털 방송이 이를 표준으로 채택하였다.

② 오디오 압축방식 : Dolby사에 의해 제안된 Digital Audio Compression(AC-3) 표준.

③ 다중화 방식 : MPEG-2 Systems(ISO/IEC IS 13818-1) 표준. 비디오 압축 방식과 마찬가지로 유럽 방식에서도 사용되고 있다.

④ 변조 및 전송방식 : 8-VSB(Vestigial Side Band) 방식 사용. 이 방식은 디지털 TV 방송을 위해 제안된 것으로 6MHz의 대역을 사용하여 19.39Mbps의 데이터 전송률을 얻을 수 있어 대역 효율이 높으며 구조가 간단하다. 또한, 기존의 NTSC 방송 채널과의 간섭을 최소화하도록 설계되었으며, 잡음이 많은 상황에서도 안정적으로 동작할 수 있도록 파일럿 신호, 세그먼트 동기신호, 필드 동기신호 등을 사용한다. 에러 방지를 위해 리드-솔로몬(Reed-Solomon)부호와 트렐리스(Trellis) 부호를 사용한다.

2. 유럽의 방송방식(DVB-T)

유럽에서의 디지털 방송규격 제정은 DVB(Digital Video Broadcasting) Project에 의해 추진되어 왔는데 위성방송용 규격은 DVB-S, 케이블 방송용 규격은 DVB-C, 지상방송용 규격은 DVB-T 등이다. DVB 규격의 비디오, 오디오 및 다중화 부분은 기본적으로 MPEG-2 표준을 따른다.

① 비디오 압축방식 : MPEG-2 Video(ISO/IEC IS 13818-2) 표준으로 미국 방식과 동일하다.

② 오디오 압축방식 : MPEG1 Audio(ISO/IEC11172-3)와 MPEG-2 Audio(ISO/IEC IS 13818-3) 표준.

③ 다중화 방식 : MPEG-2 Systems(ISO/IEC IS 13818-1) 표준. 비디오 압축 방식과 마찬가지로 미국 방식에서도 사용되고 있다.

④ 변조 및 전송방식 : QPSK/QAM과 COFDM(Coded Orthogonal Frequency Division Multiplexing) 방식 사용. COFDM은 많은 수의 반송파를 이용하여 여러 개의 데이터를 동시에 전송하는 방식이며, 가장 큰 특징은 다중 경로 환경에 매우 강한 특성을 보이고 이동 수신도 가능하다는 것이다. 6MHz 대역에서 데이터 전송률은 변조방식 및 보호 구간의 길이에 따라 3.69~23.50Mbps로 달라진다. 다중 경로 환경에서 좋은 성능을 유지하기 위해서는 긴 보호 구간을 사용해야 하는데 이는 시스템의 전송용량을 감소시킨다. 에러 방지를 위해 리드-솔로몬(Reed-Solomon) 부호와 길쌈(convolution) 부호를 사용한다.

유럽의 DTV 방송은 SD급의 다채널 방송을 위주로 서비스가 진행되었고, DVB 진형에서 유일하게 호주에서만 ATSC의 HD(1080i)에 비해서 약간 떨어지는 화질의 HD(720P)급 서비스를 제공하였다.

3. 일본의 방송방식

일본의 경우 (BST-OFDM)는 유럽의 방식인 OFDM을 근간으로 하여 대역폭을 가변할 수 있는 BST-OFDM을 전송방식으로 하고 있으며, 비디오 및 오디오 압축방식은 MPEG-2 비디오 및 MPEG-2 오디오 AAC-3 방식이 사용되고 있다.

MPEG-2 AAC(Advanced Audio Coding, 고능률 오디오 부호화 방식)은 국제 표준화 조직인 ISO/IEC 내의 통칭 'MPEG(Moving Picture Experts Group)'라 불리는 Group에 따라 표준화된 오디오 부호화 방식이다. 이 방식을 이용하면 모노에서 5.1채널 서라운드 스테레오까지의 음성 비트 비율을 원금의 약 1/10로 압축하여도 원음과 거의 비슷한 음질로 들을 수가 있다. 이를 위해 이 방식은 일본의 BS디지털 방송이나 지상 디지털 방송의 음성 부호화 방식을 채용한다.

표 4-6에 미국, 유럽, 일본의 디지털 TV 방식을 비교하여 나타내었다.

표 4-6 ▪ 미국, 유럽, 일본의 디지털 TV 방식

	미 국	유 럽	일 본
비디오 규격	ML@MP, HL@MP	ML@MP	ML@MP, HL@MP
오디오 규격	AC-3	MPEG2	AAC-3
다중화 방식	MPEG2 Transport	MPEG2 Transport	MPEG2 Transport
HDTV 동시 방송	SD/HD 동시방송	SDTV실시, HDTV미정	SD/HD 동시 방송
전송방식	8-VSB	COFDM	BST-OFDM
채널 대역폭	6MHz	8MHz	6,7MHz

한국의 디지털 방송은 93년 위성방송을 디지털로 결정하면서 시작되었다. 우리나라의 디지털 위성방송의 방식은 유럽의 DVB-S의 형태 따르도록 1995년 5월에 디지털 위성방송 전송방식 기술기준안을 제정하였다. 이 안에 따르면 비디오는 MPEG2의 MP@ML의 방식을 오디오는 MPEG1을 전송은 MPEG2 Transport Packet을 RS code와 Convolutional Code를 사용하여 에러 정정하며 QPSK 변조방식을 사용하는 것이다.

05 이동휴대방송의 구조

개인휴대 통신기술과 무선 데이터 전송기술이 최근 몇 년 사이에 괄목할 만한 기술혁신을 달성함에 따라 일반인들의 이동 멀티미디어 서비스에 대한 욕구도 함께 증대되고 있다. 그러나 기존의 음성 위주 또는 저 비트율의 데이터 서비스 정도의 데이터 전송 시스템으로는 대용량의 이동 멀티미디어 콘텐츠를 저렴한 가격으로의 공급이 불가능하다. 이러한 소비자들의 욕구를 만족시키기 위한 DMB 관련 기술로는 우리나라가 세계 최초로 2005년 12월에 상용화에 성공한 T-DMB, 일본과 우리나라에서 상용화한 위성 DMB, 유럽에서 상용화가 준비중인 DVB-H, 퀄컴에 의해 제안된 FLO 등이 있다.

1. T-DMB(Terrestrial DMB)

2005년 12월 1일 기존 아날로그 방송인 VHF 12번과 8번 주파수를 사용하는 지상파 DMB 서비스가 한국에서 최초로 개시되었다. 유럽의 디지털 오디오 전송규격인 Eurecka-147에 MPEG4기술을 결합하여 비디오 채널을 통해서는 7인치 작은 화면에 최적화된 고품질의 TV 서비스를 제공하고, 오디오 채널을 통해서는 CD 수준의 오디오를, 그리고 실시간 교통정보, 뉴스, 경제정보 등이 담긴 이미지 또는 텍스트 데이터를 데이터 채널을 통해서 제공한다.

① 비디오 압축방식 : H.264 | MPEG-4 Part 10 AVC(Advanced Video Coding) Baseline Profile@Level 1.3

② 오디오 압축방식 : MPEG-4 Part 3 AAC-BSAC(Bit sliced Arithmetic Coding)

③ 다중화 방식 : MPEG-4 on MPEG-2
- MPEG-4 SL
- MPEG-3 TS(PES)

④ 채널 부호화 : RS Coding(204, 188)과 Convolutional Code

⑤ 변조 및 전송방식 : COFDM, EUREKA-147 Stream Mode

2. 위성 DMB

위성 DMB는 고품질의 이동형 멀티미디어 방송 서비스를 목표로 ITU-R BO.1130-4에 규정되어 있는 위성 DAB 규격 중 SYSTEM E 방식을 도입하고 여기에 동영상 송출을 위한 규격을 포함시켰다. 위성 DMB의 경우 수신 환경이 열악한 도심지에 서비스를 제공하거나, 고속 이동 중에도 고품질의 서비스를 제공하기 위해서는 위성 이외에 추가적으로 지상중계기(Gap-filler)를 필요로 한다.

① 비디오 압축방식 : H.264 | MPEG-4 Part 10 AVC(Advanced Video Coding) Baseline Profile@Level 1.3

② 오디오 압축방식 : MPEG-2 AAC + SBR(ISO/IEC 13818-7)

③ 다중화 방식 : MPEG-2 TS

④ 채널 부호화 : RS Coding(204, 188)과 Convolutional Code

⑤ 변조 및 전송방식 : CDM(ITU-R Rec. BO. 1130-4, ARIB STD-B41)

3. DVB-H

DVB-H는 DVB-T 표준에 기반으로 DVB-T와 대부분 호환 가능하나, 작고, 가볍고, 휴대형이고, 배터리로 동작되는 단말기들의 성질을 고려하였다. DVB-H는 거의 모든 일반 단말기에서 수신 가능한 고속 다운 스트림 채널을 지원함으로써 이동통신 네트워크를 개선시킨다. 따라서 DVB-H는 전통 방송 시스템과 Cellular 라디오 네트워크 세계 사이에 다리를 놓아주는 역할을 하게 된다. T-DMB가 VHF대역을 사용하는 것과 달리 UHF대역을 사용하는 DVB-H는 핀란드를 비롯하여 스페인, 네덜란드, 영국, 독일, 프랑스에서 올해 시험 방송을 실시할 예정이다.

표 4-7에 이동휴대방송의 T-DMB, DVB-H, FLO 방식을 비교하여 나타내었다.

표 4-7 이동휴대방송의 비교

구 분	T-DMB	DVB-H	FLO
기술기반	유럽의 DAB 표준에 비디오 서비스 추가	DVB-T의 휴대수신용 모드로 개발	휴대전화망에서의 방송 서비스 (1x EV-DO)
특징	Eureka-147 VHF/L-band 1.536MHz(블록) 0.8~1.7Mbps 2개(최대 6개)	DVB-T와 유사 UHF대역 5/6/7/8MHz 8.25~11.4Mbps 16개	VHF/UHF 2.8~11.2Mbps 12개(6Mbps기준)
장점	• 국내기술로 다양한 애플리케이션이 가능 • 검증된 유럽의 DAB 표준을 기반으로 하여 주파수 확보 및 상용화 시기에 유리 • SFN 구성을 위한 송신국 간의 거리가 넓음 • VHF 대역을 사용하므로 전파특성상 상대적으로 투자비 저렴 • 다양한 단말기 출시	• DMB와 비교하여 주파수 이용 효율이 우수함 • Time Slicing 등의 기술을 사용하여 휴대폰 서비스에 적합함	• 가장 최근의 기술로 DVB-H의 약점을 보완(채널 변경시간 및 에러정정 부호, SFN 구현시 송신소 거리 등) • DMB와 비교하여 주파수 이용 효율이 우수함
단점	• 각각의 대역(1.54MHz)을 송신하므로 중복투자의 가능성 있음 • 타 방식에 비해 주파수 효율이 떨어짐 • VHF 대역의 사용으로 채널확보에 어려움	• DVB-T 시스템이 구축되지 않은 상태에서는 시설 투자비용이 많이 듦 • 채널 변경시간이 오래 걸림 • SFN 구현시 송신소 간 거리가 짧아 시설투자비용 측면에서 불리함 • UHF 대역의 주파수 확보 어려움	• 규격화 작업 등의 일정에 시간이 걸려 상용 서비스 시점이 늦어질 것으로 예상됨 • 로열티 문제가 발생할 가능성 있음

06 디지털 STB의 구조와 동작

IPTV의 응용단말기는 크게 디지털 TV와 IP 셋탑 박스로 나눌 수 있다. IP Set-Top은 최종단말기인 디지털 TV에서 IPTV가 구현되도록 네트워크 프로토콜 처리, 디지털 신호처리 등의 기능을 수행하는 인터페이스 역할을 수행한다.

IP STB은 헤드앤드 장비에서 송출하는 방송 서비스 및 다양한 부가 서비스를 수신 및 재현하는 장치로 다음과 같은 기능들을 제공한다.

- 헤드엔드 시스템과 연동
- 다양한 미디어 포맷 디코딩 기술
- 전자 프로그램 가이드라인 제공
- 콘텐츠 접근제어 기능
- 멀티캐스팅 기반 채널 선택 및 수신 기능

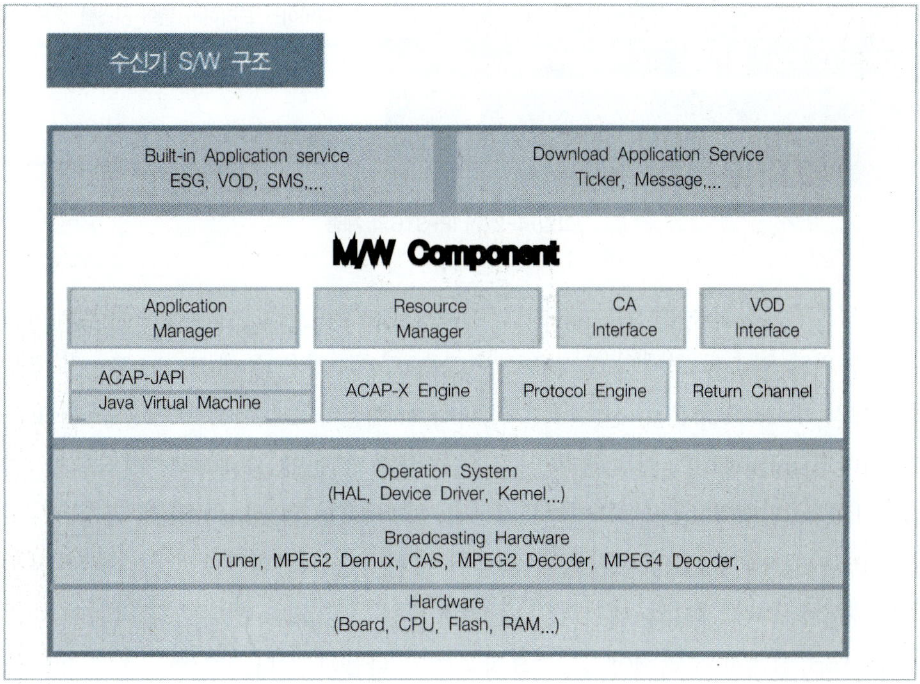

그림 4-1 IP STB 구조

- 양방향 데이터 방송 서비스 제공
- 네트워크를 통해 전송받은 압축된 형태의 오디오/비디오 스트리밍 수신
- 수신된 데이터의 Decapsulation
- 수신된 데이터 압축해제
- 오디오/비디오 데이터의 동기화 및 최종 출력

IP-STB는 그림 4-2와 같이 4개 계층으로 구성되며, 애플리케이션 계층에 다양한 서비스 구현을 통해 디지털 융합화를 완성한다.

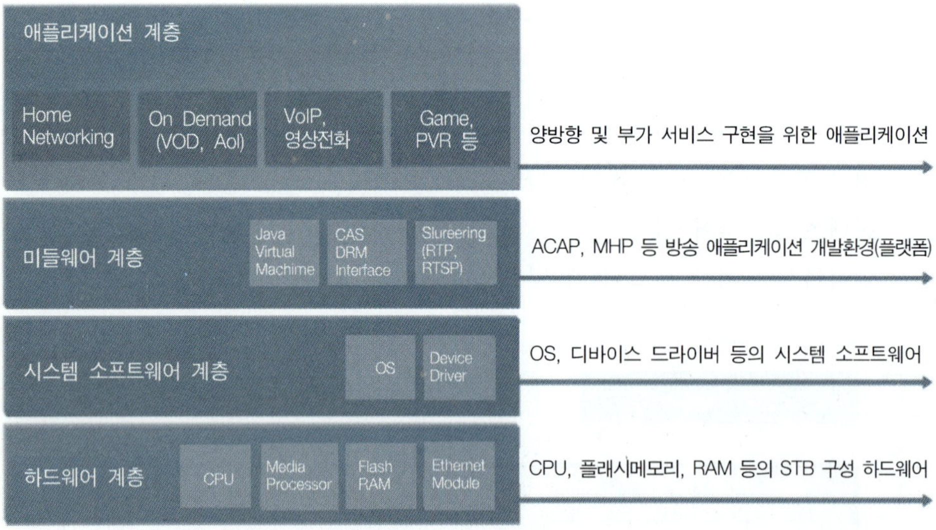

그림 4-2 ▪ IP-STB의 계층

인터넷망을 통해 전송된 멀티미디어 스트리밍 데이터는 전송대역폭의 관점에서 효율적인 전송을 위해 압축된 형태의 포맷으로 초고속 인터넷망을 통해 IP Set-Top로 전송된다. 이 과정에서 IP Set-Top은 수신 신호를 정확하게 복원하기 위한 복조기술을 필요로 한다. IPTV 데이터 패킷은 IP 패킷의 형태로 전송받기 때문에 IP헤더를 제거하기 위한 IP Decapsulation 과정과 UDP 헤더를 제거하기 위한 UDP Decapsulation 과정을 수행하게 된다. MPEG 형태의 압축방식을 통해 압축된 데이터는 셋탑박스에서 압축이 해제되고 이용자의 제어에 따라 채널의 데이터를 동영상 또는 오디오의 형태로 출력된다.

IP Set-Top 설계시 고려해야 할 주요항목들은 다음과 같다.

- 멀티캐스팅
- 네트워크에서 처리할 수 있는 최대 정보량의 사이즈
- 네트워크 혼잡에 따른 전송지연이나 링크 단절과 같은 네트워크상의 문제
- 사용자 주문형 인터페이스 환경
- 네트워크를 통한 자동 업그레이드 시스템

추가적으로 IP Set-Top에는 VoIP 서비스를 위한 디지털 신호처리 시스템 기능이 추가되어야 하며, 장기적으로 볼 때는 홈네트워크에 필요한 기능들이 추가되어 홈네트워크의 게이트웨이 서버의 일부 기능을 담당할 수 있다.

최근 STB의 트렌드는 멀티코덱(Multi-codec)을 지원(MPEG2는 기본, 거기에 H.264, WMV-9 등 차세대 미디어 포맷 추가 지원)하고, 다양한 부가기능(DVR, Dual TV)의 하드웨어적 지원도 가능하다. 홈네트워킹, 양방향 TV, 게임, 통신 등의 서비스를 통합하여 제공한다.

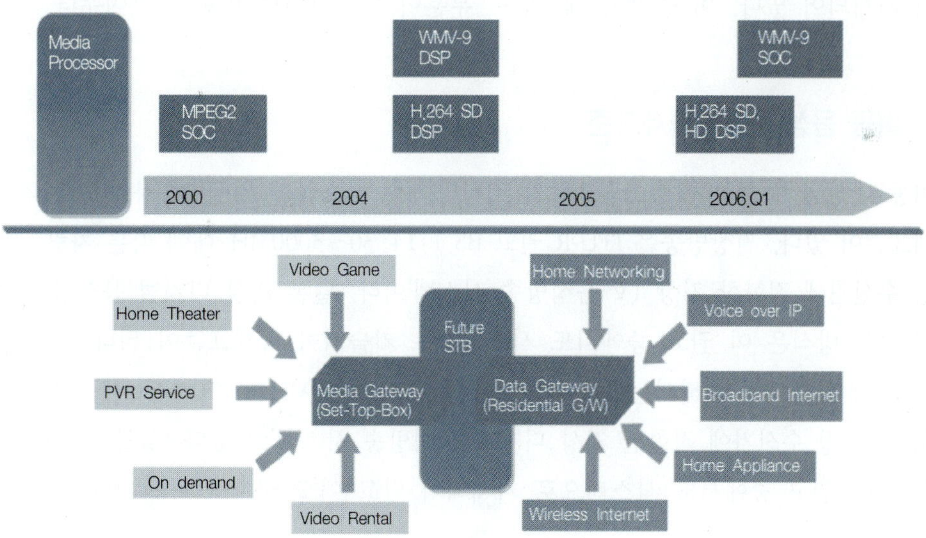

그림 4-3 IP-STB 발전 방향

07 디지털 방송의 표준화

방송을 포함한 무선통신관계의 국제표준으로써 대표적인 것으로는 ITU-R(International Telecommunication Union-Radiocommunication Sector, 국제전기통신연합-무선통신부문)의 권고가 있다.

1. 지상 디지털 TV 방송의 국제표준

지상 디지털 TV 방송에 대해서는 방송 방식이 ITU-R의 권고 BT.1306이 된다.

일본방식은 시스템 C로서 국제표준이 되어 주파수 대역을 세그먼트로 나누어 중앙 세그먼트를 다른 변조 방식이나 오류수정 방식에 활용하여 좁은 대역 수신기로 수신이 가능한 것이 기재되어 있다. 이 중앙의 세그먼트 부분이 1 세그먼트 방송을 보여준다.

2. 이동 음성방송의 국제표준

이동 대상의 방송의 음성방송으로써 지상방송용 시스템과 위성방송용 시스템의 2개의 국제표준이 있다. 지상방송은 ITU-R 권고 BS.1114 '30~3000MHz대에 따른 차량, 휴대 및 고정 수신기에 적합한 지상 TV 음성방송 시스템'이다. 일본 지상 디지털 음성방송(디지털 라디오)의 방식은 이 권고 중에서도 시스템으로 기술되어 국제표준이 된다.

또한, 위성방송에 대해서는 ITU-R권고 BO.1130 '1400MHz~2700MHz대에 따른 차량, 휴대 및 고정 수신기에 적합한 지상 디지털 음성방송 시스템'이 있다. 일본의 모바일 방송 방식은 이 권고 중에서도 시스템으로 기재되어 있고 이도 국제표준이 된다.

3. 이동 멀티미디어 방송의 국제표준

이동 수신용 멀티미디어 방송은 ITU-R 연구 과제로 현재 이를 권고하는 국제표준으로 되어있는지를 검사가 진행되고 있다.

이 검사 중에서는 이동 멀티미디어 방송의 전송방법으로 현재, 일본 1 세그먼트 방송, 한국의 DMB, 유럽 DVB-H의 3방식이 있다.

8 디지털 방송의 특징 및 동향

1. 디지털 방송의 특징

디지털 방송의 특징을 여러 가지 측면에서 살펴볼 수가 있다.

1) 다채널화

디지털화는 다채널의 방송 서비스를 가능하게 할 수 있다. 아날로그 프로그램 서비스는 하나의 전체 주파수 대역을 필요로 하는 반면 디지털 방송의 경우 디지털 비디오 오디오 압축과정을 거쳐서 여러 프로그램 서비스가 한 개의 채널로 전송 가능하다. 예를 들어 현재의 채널이 약 20Mbps의 전송능력을 갖고 있을 때 1개의 프로그램을 약 5Mbps로 전송할 경우 약 4개의 프로그램이 동시에 전송 가능하게 된다.

2) 주파수의 효율적 사용

디지털 방송을 실시하는 경우 고정된 주파수 자원을 더욱 효율적으로 사용할 수 있게 된다. 아날로그 방송의 경우 채널 간 간섭을 줄이기 위하여 사용하지 않는 채널까지도 디지털 방송에서는 사용할 수가 있게 되며 한 채널에 여러 프로그램을 동시에 전송할 수 있게 되므로 주파수 사용의 효율성이 높아진다.

3) 다양한 부가 서비스

디지털 셋탑박스는 각종 양방향 서비스와 데이터 서비스를 촉진하는 역할을 할 수 있다. 수상기는 메모리와 마이크로프로세서의 수용으로 인하여 데이터를 받아 처리하며 저장한 뒤에 시청자가 원할 때 화면에 도시할 수 있다. 또한, 시청자가 원하는 정보를 모뎀이나 DSL 등을 통하여 방송사의 데이터 서버와 통신하여 인터넷이나 홈쇼핑, 홈뱅킹 및 VoD와 같은 서비스를 제공할 수 있다.

기존의 아날로그 방송은 우선 화상정보를 다수의 시청자에게 전달하는 기능을 위주로 그 역할을 담당해 왔다. 그러나 시대는 계층 간, 세대 간, 국가 간의 다양한 서비스적 요구사항이 꾸준히 제기되었으며 기존의 단편적이며 일방적인 방송 서비스로는 이들의 기대를 수용하는데 많은 한계를 보여 왔다. 또한, 기존의 TV 방송 서비스는 난시청 지역 등 일정 수준 이상의 화질을 보장할 수 없는 경우가 많아 시청자의 고화질화 욕구를 충족시키지 못하고 있다. 따라서 디지털 지상방송은 이들 시대적 변화에 따른 요구를 다음의 두 가지 측면에서 해소시킬 수 있을 것으로 전망된다.

첫째, 데이터 방송, 인터넷 서비스, 수신자 요구에 의한 제한 서비스와 같은 양방향성 멀티미디어 서비스이다.

둘째, 고화질 욕구를 만족시킬 수 있는 디지털 영상 서비스이다. 여기서 디지털 영상 서비스는 표준선명도 화상(Standard Definition Picture)과 고선명도 화상(High Definition Picture)을 서비스하는 것으로서 두 경우 모두 기존의 아날로그 서비스보다 월등한 화질 향상을 이룰 수 있다.

4) 정책적 측면

디지털 방송의 경우 아날로그 방송을 이용할 경우보다 지상의 한정되어 있는 주파수 자원을 효율적으로 사용할 수 있다. 또한 동시에 디지털 수상기를 통한 부가 서비스와 통신과 컴퓨터 매체의 통합을 통한 정보화 사회로 성숙할 수 있는 효과적인 방법을 얻을 수 있다. 디지털 지상방송은 TV시장뿐 아니라 정보통신을 근간으로 그에 파생되는 여러 가지 다른 산업으로의 발전을 추구할 수 있으며 컴퓨터 영화 소프트웨어의 파급효과가 크다.

5) 고품질화

아날로그 방송의 경우 송신소와 공간적으로 시계가 열려 있거나 공간적으로 거리가 가깝지 않은 경우 화면의 선명도가 떨어지며 고스트의 영향이 화면에 나타났다. 그러나 디지털 방송의 경우 공간적으로 멀어도 수신이 불가능한 지역이 아니라면 에러 정정 방법으로 수신시 입력된 잡음을 완벽히 제거하므로 스튜디오 내 화면의 화질을 어느 장소에서나 볼 수 있다는 장점이 있다.

6) 경제적 측면

디지털 지상방송은 우선 디지털 위성방송의 수신 시스템과는 달리 기존의 아날로그 수신기를 디지털로 대체시키는 개념에서 출발하고 있다. 이로 인해 전 세계적으로 향후 막대한 신규 디지털 수상기 시장이 창출될 전망이다. 예를 들어 전 세계적으로 2008년 DTV

수상기 시장은 641억 달러에 달할 것으로 예측된다. 중국, 호주, 중남미, 캐나다, 일본 등 선진국 대부분과 일부 중진국에서 속속 지상파의 디지털 전환계획을 발표하고 있어 2010년까지는 대부분의 국가에서 디지털 지상방송이 주요 방송 서비스로 자리 메김을 할 것이 분명하다.

이동휴대방송 단말시장도 방송초기인 2006년에는 세계 시장규모가 9.2억 달러이지만 세계 각국이 이동휴대방송을 준비하고 있기 때문에 시장이 안정권에 들어서는 2009년에는 수요가 폭발적으로 늘어 세계 시장규모가 233억 달러에 이를 것으로 전망하고 있다.

7) 기술적 필요성

디지털 지상방송은 공중전파 자원을 이용하는 방송의 국가기본 규격으로서 이의 기술적 파급효과는 매우 크다고 볼 수 있다. 즉 지상방송은 위성 및 케이블 방송과 상호 보완 또는 경쟁적으로 새로운 기술발전의 장을 마련할 것으로 전망된다. 이들 중에는 우선 디지털 방송에 적합한 새로운 VCR이나 DVD 관련 저장매체와 호환이 용이한 수상기 등이 출현할 것이다. 또한, 디지털 방송은 고선명 TV 방송이 가능하므로 고해상도의 디스플레이 관련 기술에 매우 큰 파급효과가 기대된다. 기존의 아날로그 TV 기술이 지난 50년간 막대한 가전산업과 관련 기술을 주도하면서 인류문화 발전에 미친 영향을 생각할 때 앞서 설명한 이들 새로운 제품 또는 기술들은 모두 21세기에 전자관련 산업과 기술을 주도할 핵심적인 분야로서 이들 시장과 기술을 선점하기 위한 국가 간의 치열한 경쟁이 예상된다.

지상파 DTV, 이동휴대방송을 중심으로 디지털 방송의 기술적 동향, 기술수준, 기술의 발전방향을 살펴보았다. 정보통신의 디지털화 추세에 맞추어 방송 분야도 아날로그 방송에서 디지털 방송으로 변화하고 있으며, 무선이동통신의 발달로 인해 이동휴대방송이 새로운 방송의 형태로 자리잡아 가고 있다. 또한, 방송과 통신이 융합됨으로써 방송도 단방향의 단순 시청에서 양방향의 대화형 방송 서비스로 변화되고 있으며, 정보통신의 고품질화 추세에 따라서 방송 분야도 고품질 방송 서비스로 변화되고 있다.

위와 같은 디지털 방송 기술발전 방향에 대응하기 위하여 단순 시청형 방송에서 시청자가 능동적으로 방송에 참여하는 대화형 방송으로 발전할 것이며, 소수 채널의 방송에서 다양한 시청자의 요구에 부응하는 전문 채널의 다채널 방송으로 발전할 것이며, 채널 선택만의 단순기능 방송에서 화면의 정지·확대, 일기예보 및 증권정보 제공 등의 다양한 부가기능 선택이 가능한 다기능 방송으로 발전할 것이며, 아날로그 방송에서 디지털 방송, 고선명 TV 방송, 그리고 3DTV 방송으로의 고품질 방송에 발전할 것이다.

2. 디지털 방송의 국내외 동향

디지털 방송은 1993년 12월 DirecTV와 USSB사가 발사한 위성을 이용하여 12GHz대의 24MHz 대역폭을 가지는 120W급 중계기 16개를 이용하여 미국 전역에서 디지털 위성방송서비스를 실시하므로 시작되었다. 이들 초기의 위성 디지털 방송은 MPEG에 근간한 디지털 압축 방식을 이용하여 중계기당 NTSC급 텔레비전 4채널 또는 영화 8채널의 방송으로 150채널의 프로그램 방송을 유료로 실시하고 있다. 이와 같이 위성방송이 가장 먼저 디지털 방송을 실시할 수 있었던 까닭은 위성방송의 경우 지상방송의 경우보다 손쉽게 송신 시설을 갖출 수 있는 장점 때문으로 디지털 방송이라는 새로운 방송의 접근이 지상방송의 경우보다 용이하다는 것으로 이해할 수 있다.

지상파 방송의 고품질화를 위한 HDTV는 1987년 연방통신위원회(FCC)에서 차세대 텔레비전(ATV : Advanced Television)을 실용하기 위해 1992년 Grand Alliance 결성과 4가지의 디지털 방식을 규격화하기로 하고 1993년 2월에 4가지의 방식 중 10가지 필드시험을 거쳐 ATV 방식을 결정하였다.

FCC와 G.A.가 시험평가시 고려한 기준은 서비스 구역, 채널 할당률, 방송국 소요경비, 비방송계 소요경비, 수신자 측의 경비, 영상과 음성의 품질, 전송로상에서의 특성, 서비스 형태, 확장성과 멀티미디어와의 연계 및 정합성 등이었다. FCC의 지상파 디지털 방송관련 일지를 살펴보면 다음과 같다.

- 1987년 : FCC가 HDTV 시스템 개발 착수
- 1992년 : ATV채널 할당 계획 발표
- 1993년 : HDTV로 제안된 최종 4개의 시스템이 "Grand Alliance"로 연합
- 1995년 : ATV 시스템에 SDTV를 추가하여 DTV 규격을 FCC에 제출
- 1996년 : FCC가 비디오 포맷을 제외한 ATSC의 DTV 규격을 확정
- 1997년 : FCC가 DTV 전환 계획 발표
- 1999년 5월 : 4대 방송사가 10대도시에서 DTV 방송 시작
- 1999년 11월 : 30대 도시에서 DTV 방송 시작
- 2007년 : 미국에서 판매되는 모든 TV에 디지털 튜너 장착 의무화 시행예정
- 2009년 : 아날로그 NTSC 방송송출 중단예정

미국 FCC의 계획은 1999년 5월부터 4대 방송사가 10대 도시에서 서비스를 개시하고 1999년 11월부터는 30대 도시로 확대하였다. 디지털 TV의 보급을 확대하기 위하여 FCC

는 2005년부터 일정 크기 이상의 TV에 디지털 튜너 장착을 의무화하였고, 2007년 3월 이후 미국에서 판매되는 모드 TV는 디지털 튜너를 갖추도록 하였다. 초기에 계획한 2006년은 아니지만 2009년 2월에는 아날로그 방송 중단할 것을 계획하고 있다.

유럽은 1994년부터 유럽공동체전기통신표준화기구(ETSI)에서 디지털 방송규격의 DVB(Digital Video Broadcasting) 표준을 결정하여 위성방송과 CATV 방송이 가능하게 되었고 1995년 지상파방송을 위한 표준을 채택하였다.

DVB 규격은 CATV, 위성방송, 지상방송 및 SMATV의 공유성을 높이기 위하여 신호의 부호 및 압축을 위해 MPEG-2를 기본으로 하고 있으며, 조건부수신(Conditional Access)을 위하여 공동의 스크램블링 알고리즘을 바탕으로 이루어지도록 규정하고 있다.

한편, 일본에서는 1964년부터 고선명 텔레비전(HDTV)를 개발하여 대역 압축 방식으로 MUSE(Multiple Sub-Nyquist Sampling Encoding)를 채택하고 1988년부터 BS_3위성에 위한 방송을 실시하고 있으나 디지털 방송에 대한 전 세계적 기술적 흐름 속에 BS-4b 위성을 디지털 방식으로 방송할 것을 결정하였으며, 지상방송에 대해서도 디지털로 전환할 것을 결정하였다.

한국은 1993년 7월 위성방송을 위해 디지털 방식으로 결정하고 1995년 5월에 디지털 위성방송 전송방식 기술기준을 제정하였고, 12GHz대의 27MHz 대역폭 120W 중계기 6개를 이용하여, MPEG-2 방식을 이용한 NTSC급의 텔레비전 방송을 전송할 수 있다. 국내의 지상파 디지털 방송 방식에 대한 일지는 다음과 같다.

- 1996년 : 한국 디지털 DBS 방송 개시 및 지상파 디지털화 계획발표
- 1997년 : 디지털 지상방송 추진협의회 구성
- 1998년 : 디지털 지상파 기술규격 완료
- 1999년 : 지상파 송수신기 개발 완료
- 2000년 : 디지털 지상파 방송실험
- 2001년 : 디지털 지상파 본방송 시작
- 2005년 5월 : 위성 DMB 본방송 시작
- 2005년 12월 : 수도권 지역 지상파 DMB 본방송 시작
- 2010년 : 아날로그 방송 중단

Chapter

5 유선통신과 방송융합기술

01 IPTV

1. IPTV 관련 정의

유선통신과 방송 융합의 해당 서비스로는 IPTV, D-TV, TPS(Triple Play Service)가 여기에 속한다.

IPTV(Internet Protocol Television)란 인터넷 프로토콜 텔레비전의 약자로 초고속 인터넷을 이용하여 접속자에게 다양한 디지털 영상 서비스, 개인 맞춤형 서비스, 양방향 데이터 서비스 등을 제공하는 전용 수상기나 셋톱박스가 연결된 TV 수상기로 전송하는 서비스를 리모컨으로 쉽게 조작이 가능한 것으로 정의된다. 즉 IP 기반으로 쌍방향 데이터 서비스가 가능하고, Point-to-Point 전달방식으로 개인화된 채널을 볼 수 있으면 기타 SMS, 메신저, VoIP를 이용한 양방향 통신 서비스를 제공하는 것이다.

- 좁은 의미는 초고속 인터넷의 부가 서비스에서 VoD 등 서비스 제공영역을 PC에서 TV로 확장해주는 서비스이다.
- 넓은 의미로 초고속 인터넷 가입자 네트워크를 방송매체로 활용하여 AV (Audio/Video) 형태의 방송 채널을 적극적으로 수용하는 것을 포함한다.

통신망이 광대역이 되고 방송 콘텐츠가 디지털화됨에 따라 디지털 방송을 기본 서비스로 하여 고품격 차별화된 데이터방송 및 다양한 양방향 TV 서비스를 제공하는 통방융합의 새로운 서비스인 IPTV 서비스가 등장하게 되었다.

최근 디지털 컨버전스에 따른 DMB 서비스 및 Wibro 서비스와 함께 IPTV는 "방송과 통신의 융합 서비스"로 분류되고 있으며 고객의 요구에 따른 다양한 서비스들이 선보이고 있다. 기존의 TV와 비교했을 때 IPTV가 갖는 큰 변화는 단방향성 서비스만을 제공해오던 기존의 방송과는 달리 대화형 서비스 기능을 구현할 수 있는 "대화형 양방향(Interactive) 서비스"를 이용할 수 있다는 점이다.

IPTV를 이용하면 사용자는 자신이 원하는 시간에, 원하는 프로그램을 볼 수 있으며, IP 망의 다양성으로 인하여 사용자는 멀티미디어 데이터 외에도 영상전화, 메신저, TV 포털, T-Commerce, T-Banking, 게임, 노래방 등의 다양한 서비스를 제공받을 수 있다.

IPTV에 대하여 ITU-T에서는 "QoS/QoE, 보안 및 신뢰성이 보장된 IP망을 통하여 제공되는 텔레비전, 비디오, 오디오, 문서, 그래픽 및 데이터 서비스 등과 같은 멀티미디어 서비스"라고 정의하고 있으며, ATIS IPTV Exploratory Group(IEG)에서는 "엔터테인먼트 비디오 및 관련 서비스(Live TV, VoD, interactive TV 등)를 IP망을 통하여 가입자에게 안전하게 제공하는 것"이라고 정의하고 있다.

현재 명확하게 표준화된 것은 없지만 인터넷을 기반으로 하는 TV 서비스라는 기본 개념을 공통적으로 수용하고 있으며, 대부분 국가별, 사업자별로 VoD, 인터넷 TV, IPTV 등과 같은 개념이 혼용되어 사용되고 있다.

디지털화가 가속화되면서 디지털 컨버전스도 급속히 진행되어 산업의 패러다임을 변화시키고 있는 상황에서 방송과 통신 영역에서의 컨버전스 모델로 떠오르는 것이 IPTV이다.

IPTV(Internet Protocol TV)는 IP 기반의 통신망을 통하여 전달되는 다양한 콘텐츠를 기존의 TV를 이용하여 제공받을 수 있는 서비스/기술을 의미한다.

통신 사업자 입장에서 기존의 통신 서비스 기반 위에서 비디오 서비스를 제공함으로써 트리플 플레이 서비스(TPS : Triple Play Service)를 완결하기 위한 대안으로 부각되고 있는 서비스로서, 좁은 의미로는 PC에서 TV로 확장시킨 개념이지만, 넓은 의미에서는 초고속 인터넷의 가입자 망 구간을 물리적 방송매체로 활용하여 A/V(Audio/Video) 형태의 방송채널을 적극적으로 수용하는 것을 포함한 개념이다.

IPTV는 xDSL, FTTH 등의 네트워크상에서 방송과 VoD 형태의 TV 및 비디오를 전달하는 서비스로 정의하고 있다.

IPTV란 명칭은 최초에 미국에서 유래되었고, 유럽은 ADSL TV, 일본은 브로드밴드 방송으로 서로 다르게 명칭을 정의하고 있으나 유사한 서비스 형태를 의미한다.

ITU-T는 IPTV에 대해 '일정 수준의 QoS, QoE, 보안, 양방향성 및 신뢰성을 제공하는 관리된 IP 기반의 네트워크에서 전송되는 텔레비전, 비디오, 오디오, 텍스트, 그래픽, 데이터와 같은 멀티미디어 서비스'로 정의했는데, ITU의 IPTV 정의에서 눈여겨볼 점은 보안 및 양방향성 이외에도 서비스품질(QoS)과 경험의질(QoE)의 제공 능력이 중요하게 받아들여지고 있다.

EU의 새로운 지침은 앞으로 확정돼 효력이 생기지만, 2006년 12월 12일과 13일 프랑스 파리에서 열린 OECD 방송통신 인프라 및 정책회의(CISP)에서는 IPTV를 케이블 TV와 위성방송 같은 전통적 유료 TV 서비스의 대체 서비스로 정의한 중간보고서가 발표되었다. 이 보고서에서 IPTV는 서비스 대상이 '누구나'가 아니라 특정 지역으로 제한되고, 20Mbps 정도의 속도를 보장하면서 프리미엄 네트워크(품질보장)를 통해 셋톱박스 등 제한장치로 TV 수상기를 통해 서비스되는 방송 서비스를 말한다.

2. IPTV 서비스 개념도

IPTV 서비스는 고화질 SD 및 HD급의 다채널 방송 서비스를 제공하며, TV 기반 완전한 양방향 서비스를 제공하고 디지털 위성방송이나 디지털 케이블에 비해 기존의 초고속망을 사용하여 보다 저렴한 요금으로 서비스할 수 있다. 다시 말해 IPTV의 서비스 특징은 선명한 화질, 다양한 양방향 서비스, 저렴한 요금으로 설명할 수 있다.

IPTV는 기존의 디지털 위성과 디지털 케이블과 차별화되는 서비스 영역을 제공하여 고객의 호응을 얻고 있다. IPTV 제공 서비스 영역은 기존의 인터넷을 통한 채팅 및 메일 등의 커뮤니케이션 서비스, 게임, 오락 서비스 및 각종 Portal 서비스 등의 전통적인 통신 서비스와 다채널 방송 서비스를 융합한 통신·방송 연계형 서비스 등 신규 영역으로 확대되었다. 이런 새로운 시장창출은 초고속 인터넷망의 확충, IPTV 단말기 기술의 발전, 각종 콘텐츠 시장의 확대 등 연계 사업의 확대로 이어지는 효과가 있다.

IPTV 서비스는 그림 5-1과 같이 TV기반의 SD/HD의 디지털 영상 서비스는 물론 T-인포메이션(뉴스, 날씨, 교통 등), T-엔터테인먼트(게임, 노래방, T-모바일 등), T-커머스(증권, 뱅킹, 쇼핑, 주문배달 등), T-커뮤니케이션(SMS, 메일, 메신저, 영상전화 등), T-러닝(영유아, 초등, 중고등, 어학 등) 등의 양방향 데이터 서비스와 EPG, VoD, PPV, PVR 등의 다양한 개인 맞춤형 서비스로 구성되어 있다.

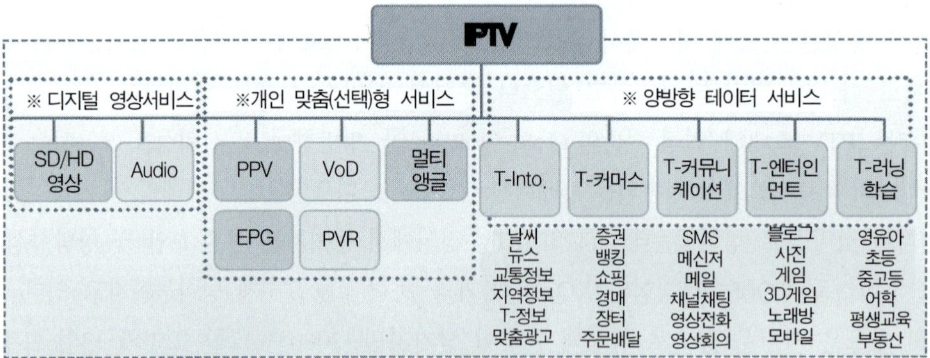

그림 5-1 ▪ IPTV 서비스

그림 5-1의 각각의 서비스의 구체적인 내용은 표 5-1에서 볼 수 있다.

표 5-1 ▪ IPTV 서비스 구성 내용

서비스	콘텐츠 구성 내용
T-Internet	• SMS(단문 메시지) : TV 및 핸드폰으로의 문자전송, 확인 등 • TV 메신저 : TV, PC, Mobile을 연계한 메시징 서비스 • T-Mail : TV를 통한 이메일 확인 및 발송 서비스
양방향 부가 서비스	• 생활정보 : 날씨, 교통, 뉴스, 영화/연극, 요리 정보 • GAME : TV를 통한 다양한 보드게임 및 Network 게임 제공 • 참여형 : TV 설문, TV 퀴즈, 노래방, 예약예매, 대정부/국민 서비스 • e-Learning : TV 양방향 원격교육으로 수능 및 자격증 교육
T-Commerce	• 양방향 광고(i-AD) : TV 배너, DAL, PHP 광고 등 • 쇼핑 : TV mail, 공동구매, 경매, 벼룩시장 및 채널 연계 쇼핑 • T-Banking : 계좌조회/확인, 계좌이체 등 거래/결제 서비스
TV-VoD	• Video On Demand : 다양한 장르 동영상을 VCR처럼 제공 • SVoD : 영화, 교육 등 동영상의 패키지 형태 제공
T-Channel	• Digital 영상채널 : SD, HD급의 다양한 Digital 채널의 실시간 제공 • Digital Audio 채널 : 5.1 채널품질의 다양한 오디오 채널 서비스

IPTV 서비스의 주요 특징은 기존 TV의 일방적이고 수동적인 서비스에서 발전하여 이용자가 실제 TV를 보면서 행동을 취하는 능동 서비스로서 고객 참여형이며, PC기반이었던 특정 대상의 즐거움에 대한 체험을 TV와 접목하여 전 연령층의 국민 대상으로 넓힌 체험 확장형이라는 것이다.

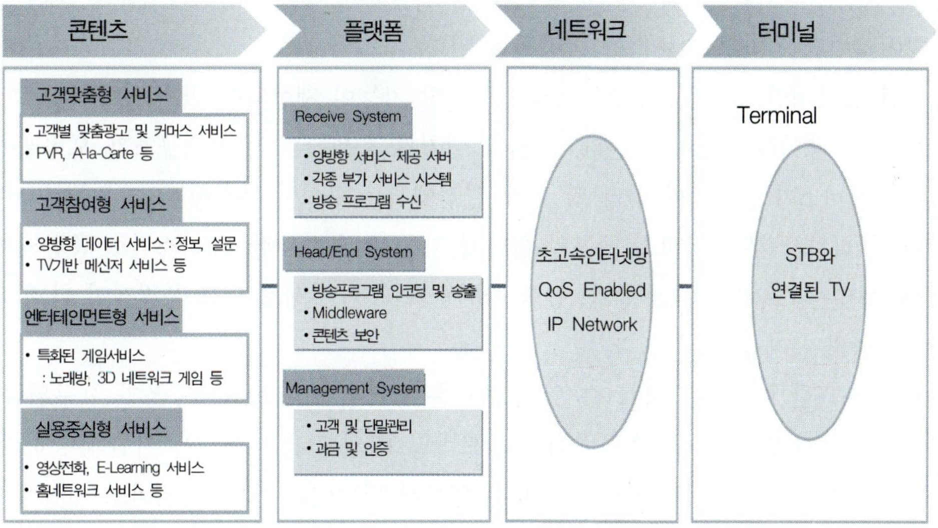

그림 5-2 ▪ IPTV 서비스 제공 모델

또한 스포츠 경주의 여러 카메라 취재장면을 동시에 다채널로 모두 제공할 수 있는 멀티앵글과 같은 신규 응용서비스 제공이 가능하다. 그 밖에도 IPTV는 All IP인 장점을 토대로 상호운용이 가능하기 때문에 기존 플랫폼의 확장이 수월하고 이종 플랫폼과의 통합이 용이하다.

IPTV 서비스는 그림 5-2에 제시된 바와 같이 크게 콘텐츠, 플랫폼, 네트워크, 단말기의 순차적 흐름을 통해 제공된다. 콘텐츠 부분에서는 기존 방송 콘텐츠와 인터넷상의 풍부한 콘텐츠가 융합되어 존재하고, 플랫폼 부분에서는 융합 콘텐츠가 TV에 맞게 재구성되며, QoS가 보장되는 네트워크 부분에서는 TV에 맞는 융합 콘텐츠가 초고속 인터넷망으로 전송되어 단말부분인 STB기반의 TV로 사용자에게 전달된다.

3. IPTV 서비스 구조

현재의 IPTV 서비스 플랫폼은 크게 IPTV 헤드엔더와 가입자장치, 백본 네트워크, 액세스 네트워크의 네 가지 요소로 구성되는 그림 5-3과 같은 구조이다. 이 구조에서 IPTV 서비스를 위한 모든 기능은 가입자 단말과 헤더엔더 간에 이루어지는 일종의 클라이언트-서버 모델로 동작한다.

즉, 콘텐츠의 발견, 사용자 및 콘텐츠 접속권한 인증, 콘텐츠 보호(CAS/DRM), CODEC (Compression-Decompression), 양방향 서비스 제어를 위한 인터페이스, 가입자 관리 및 과금 등의 서비스에 대한 모든 기능은 헤더엔더와 단말 간에 이루어진다. 망은 단순히 멀티캐스트 스트리밍의 품질을 보장하여 전달하고, 필요에 따라 사용자가 원하는 채널을 액세스망에서 브렌칭하는 기능만을 담당하게 된다.

이러한 클라이언트-서버 구조는 단순하고, 망 기능이 제한되어 있으므로 서비스 도입이 신속하고 용이한 장점을 갖는다. 그러나 이처럼 응용에 따라 제어구조가 오버레이 되는 경우, 서비스가 늘어남에 따라 망 전체 관점에서는 구성이 복잡해지고, 융합형 서비스를 비롯한 다양한 부가 서비스 제공의 한계에 따르른 수익성 제한, 서비스별로 통합되지 않은 구조로 인한 CapEx/OpEx 증가, 통합 자원관리 기능 부재로 인한 품질제어 한계, 확장성 제한 등의 문제를 안고 있다.

따라서 이러한 한계를 극복할 수 있는 새로운 통합된 서비스 제어구조가 요구된다. 장기적인 관점에서 봤을 때, 단말이 통합되고 모바일 TV와 같은 이동성을 지원해야 하며, 통신과 방송 간의 융합형 서비스를 제공할 수 있도록 단말이나 가입자, 서비스 세션에 대한 상태 정보를 공유할 수 있도록 IMS 기반으로의 통합을 고려할 수 있다.

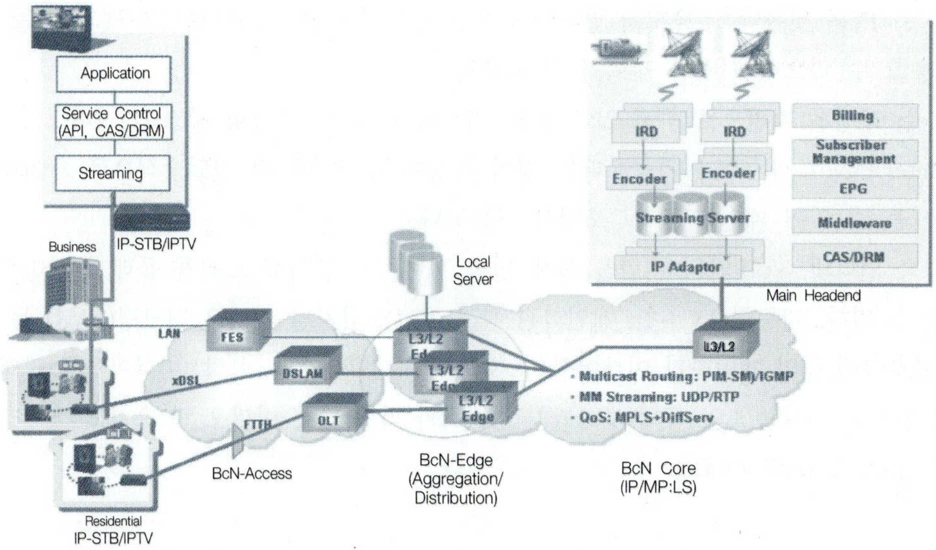

그림 5-3 ▪ IPTV 서비스 구조

1) IPTV 서비스 수익 구조

기본 서비스 이용료(월정액) 및 유료 서비스 이용료(건별, 종량 등) 부과하여 수익이 발생한다. 발생하는 수익의 일정부분을 협력사(콘텐츠/서비스 제공사업자)에게 배분하여 기존 방송 및 콘텐츠 시장 확대하여 신규 윈도 창출, 차별화된 콘텐츠 수요가 급증한다.

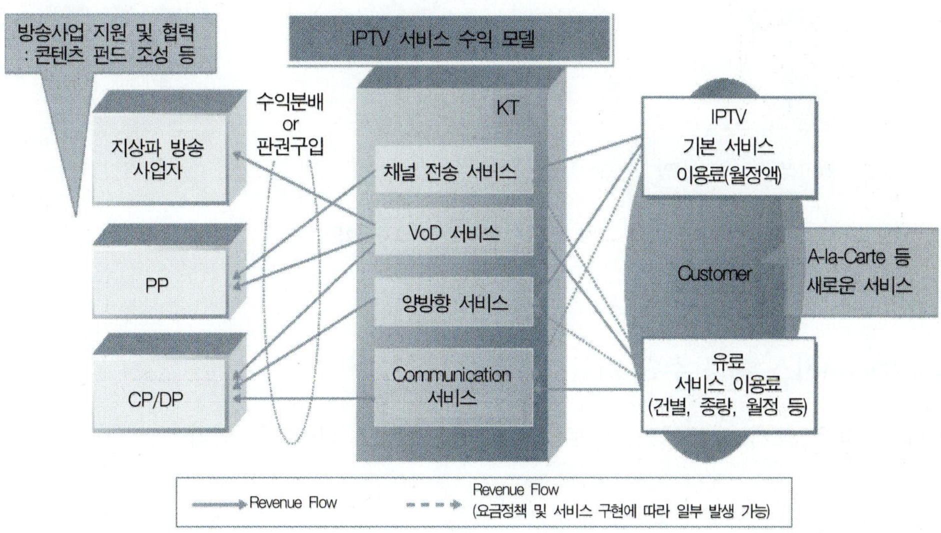

그림 5-4 ▪ IPTV 서비스 수익 구조

IPTV는 TV와 셋톱박스, 초고속 인터넷 회선만 있으면 리모콘 하나로 인터넷과 TV를 모두 이용할 수 있으며 시청자 참여가 가능하다.

IPTV는 IP망을 기반으로 하고 있어 통신, 커뮤니티, 투표, 양방향 광고, T-커머스 등 양방향(Interactive) 서비스가 가능하다는 것이 특징이며, 점 대 점 전달방식으로 개인화된 채널을 볼 수 있어 개인화된 TV 포털이 가능하다.

초고속 인터넷, VoIP와의 결합을 통해 번들 서비스가 용이해 트리플 플레이 서비스를 제공할 수 있다. 지능형 TV추천, 개인화된 광고, VoD, 디지털 비디오 레코딩(DVR) 등 비디오 프로그램 등의 개인화가 이루어질 수 있으며, 주문형 게임, 음악, 미디어 애플리케이션, 홈네트워크 관리, 보안 등의 부가가치 서비스가 가능하다. 비디오 및 오디오 스트리밍 서비스시에는 QoS와 QoE를 보장해 줄 수 있다.

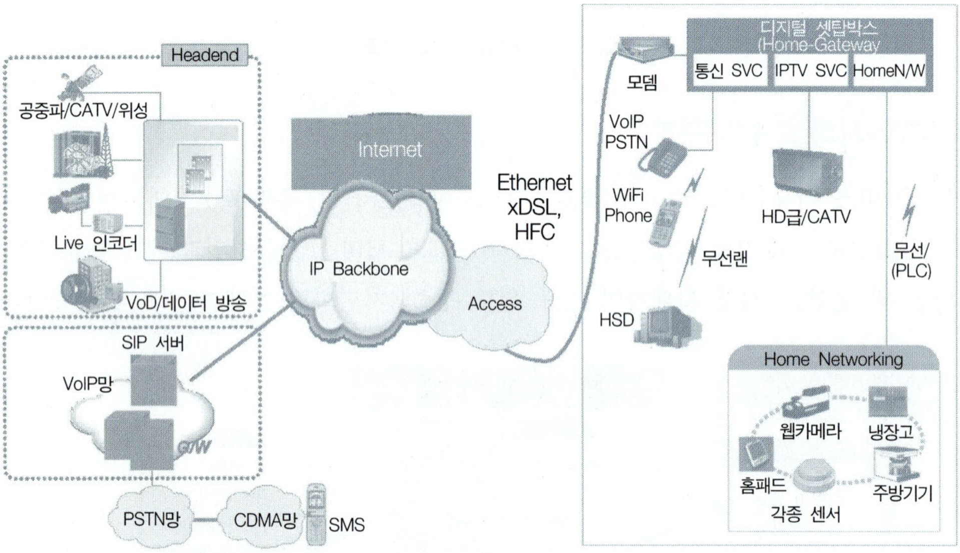

그림 5-5 IPTV 서비스 개념도

4. IPTV 서비스 제공 주요 기술

IPTV 기술은 크게 헤드엔드, 네트워크, 단말 기술로 나눌 수 있다.

1) 헤드엔드 기술

헤드엔드 기술은 압축다중화 시스템 기술, 수신제어 시스템 기술, 미디어 종합관리 시스템 기술, 데이터 방송 시스템 기술, 프로비저닝 시스템 기술이다.

즉, 시스템 관련 기술로 방송 콘텐츠를 수신하고 분배하는 베이스밴드, 수신된 영상신호를 망의 효율에 맞게 압축하고, 데이터 신호와 다중화한 후 암호화(스크램블링) 및 IP 패킷화하여 전송하는 압축다중화 시스템, 실시간 채널에 대한 암호화 및 VoD 콘텐츠의 사전 암호화를 수행하여 시청 권한을 제어하고 콘텐츠를 보호하는 수신제어 시스템, 각 시스템과 유기적인 결합을 통해 정보 흐름을 통합 관리하는 미디어 종합관리 시스템, 영상신호의 송출 및 각종 양방향 부가 서비스 구현을 위한 데이터방송 시스템, VoD 서비스를 위한 VoD 시스템, 정산 및 고객관리를 위한 프로비저닝 시스템 기술 등으로 세분된다.

2) 네트워크 기술

네트워크 기술은 NGN(Next Generation Network) 구축으로 가입자망은 ADSL에서 VDSL에 걸친 xDSL과 FTTx에서 각각 진화 발전되고 있다.

정부의 추진계획은 50M~100M의 가입자가 1천만 명에 이를 것으로 전망하고 있으며, FTTH와 같은 광통신 기반 가입자망으로 발전될 전망이지만 H.264 및 VC1 등의 고압축 코덱 기술발전으로 xDSL의 기술활용도 두드러질 전망이다.

표 5-2 xDSL 기술 요약

패밀리	ITU	이름	Ratified	최대속도
ADSL	G.992.1	G.dmt	1999	7Mbps Down 800Kbps Up
ADSL2	G.992.3	G.dmt.bis	2002	8MHz Down 1MHz Up
ADSL2+	G.992.5	ADSL2Plus	2003	24MHz Up 1MHz Down
ADSL-RE	G.992.3	Reach Extended	2003	8Mbps Down 1Mbps Up
SHDSL	G.991.2	G.SHDSL	2003	5.6Mbps Down/Up
VDSL	G.993.	Very-high-data-rate DSL	2004	55Mbps Down 15Mbps Up
1VDSL2-12MHz Long reach	G.993.2	Very-high-data-rate DSL2	2005	55Mbps Down 30Mbps Up
VDSL2-30MHz Short reach	G,993.2	Very-high-data-rate DSL2	2006	100Mps Up/Down

Chapter 5

ADSL3+ 기술은 2003년 1월 G.922.5로 ITU-T에서 승인된 표준으로 하향 20M long 및 short는 G.993.2로 2005년 ITU-T에 비준되어 향후 멀티채널 및 GD TV 서비스의 견인차가 될 것으로 보고 있다.

기존의 방송은 1 : All 형태의 단방향 브로드캐스팅을 사용하지만 IPTV는 특정 그룹에게 정보를 전송하는 1 : N 멀티캐스팅과 1 : 1 형태의 유니캐스팅을 혼합하여 사용한다.

현재 네트워크의 IP네트워크는 최선형(Best Effort)로 QoS 기능이 적용되어 있지 않아 품질보장에 대한 고려가 필요하며 특히 IPTV에서는 고품질의 영상 스트림을 수용하기 위해서 전체 네트워크 구간 구간에 대한 QoS 적용이 절실하다.

QoS는 서비스 속성별 트래픽의 차등적 처리를 서비스 중요도에 따라 우선 처리하여 품질을 개선하고, 궁극적으로 네트워크 자원제어를 통해 서비스 품질을 보증한다.

3) 동영상 압축기술

기존 IP 또는 케이블망에서 제한된 대역폭에 대한 부담을 감소시키고 IPTV 서비스 품질을 크게 향상시킨 동영상 압축기술은 현재 VC1과 MPEG4-Part10(H.264/AVC)이 대표적이다.

(1) VC1

VC1은 마이크로소프트의 독자적 방식으로 SMPTE(Society of Motion Picture and Television Engineers)를 통해 표준제정 진행중이고 H.264/AVC는 ITU-T와 ISO/IEC JTC1의 두 표준화 기구가 공동으로 JVC(Joint Video Team)을 결성하여 2003년에 표준화하였다.

VC1은 MS의 윈도 미디어 9를 방송용으로 변경한 것으로 MS-TV2 및 MS-DRM과 호환성이 우수하고 홈네트워킹에 장점을 활용할 수 있으나 로열티와 비표준에 따른 투명성 논란이 있다.

(2) H.264/AVC

H.264/AVC는 객체 기반 고품질 고압축 미디어 포맷의 오픈소스로 기존 MPEG2 방송시스템의 호환성이 우수하다.

H.264의 전송표준과 압축률은 VC1과 유사한 정도로 MPEG2-TS(Transport Stream), SD 1-2M, HD 5-7Mbps를 나타내며 국가표준으로 국가 및 기업 등에서 호평을 받고 있다.

4) 양방향 데이터 방송 기술

양방향 데이터 방송기술은 독립형, 대화형 및 A/V 프로그램 연동형의 다양한 부가 서비스를 제공하기 위해 필요한 미들웨어 기술로 크게 저작/검증 기술, 송출기술, 응답기술로 나눈다.

(1) 저작/검증기술

저작/검증은 응용 애플리케이션을 제작하고 생성하는 것이다.

(2) 송출기술

송출기술은 중앙관리 시스템과 연동하여 정해진 스케줄에 따라 PSI/SI(Program Specific Information/Service Information) 정보 및 데이터 인코딩된 콘텐츠와 애플리케이션을 송출하는 기술이다.

(3) 응답기술

응답기술은 사용자 응답수신과 처리 및 해당 결과를 상용자 단말기에 제공하는 기술이다.

5) IPTV의 진화방향

IPTV에 대한 국내 양방향 데이터 방송 미들웨어 표준은 아직 결정되지 않아서 IPTV 데이터 방송 표준은 연구기관과 서비스 제공자의 요구사항을 수용하여 기존의 데이터 방송 표준에 IP기반은 멀티캐스트 및 유니캐스트 기술 그리고 SI 전송기술을 적절히 융합하여 추진될 것으로 보고 있다.

특히 국내에서는 지상파 데이터방송 표준이 ATSC의 ACAP으로 확정되면서 콘텐츠 수용의 용이성을 위해 ACAP을 수용하면서도 IP 특성에 맞도록 관련 기술이 추가 개발될 전망이다.

(1) 백본망의 진화

현재 국내에 설치되어 있는 기간통신 사업자의 백본망은 음성 중심의 망과 데이터 중심의 망으로 대별되어 있는데, 음성 중심의 망은 SDH(Synchronous Digital Hierarchy) 망으로 구성되어 있다.

데이터는 SDH망을 장거리 전달목적으로 사용하며, 시내망은 Metro으로 분류되는 IP 중심으로 다수의 라우터 중심의 메시망으로 구성되어 있다.

SDH는 QoS를 보장하지만, 메트로망은 IPTV 전달을 위해 필수 불가결한 QoS 및 멀티캐스트 기능을 보장할 수 없다.

KT는 IPTV Service를 전국에 서비스하기 위해서는 Premium Ethernet망으로 교체하는 작업을 해야 할 것으로 생각한다. 최근까지 기간통신 사업자가 데이터 중심의 망을 설치하였는데, QoS나 멀티캐스트를 지원하지 않아도 사업적인 불이익을 당하지 않았다. IPTV 서비스를 제공하기 위해서는 이를 적극적으로 Upgrade 해야 하는 실정이다. 그러므로 Voice, Data, IPTV를 모두 기술적으로 하나의 망을 통하여 수용할 수 있는 기술적 발전 수요가 급증할 것으로 판단된다.

(2) 가입자(Access)망의 진화

2006년 말 국내 초고속 인터넷 가입자수는 1400만을 초과하였다. 이들 가입자망 구성을 살펴보면 xDSL: 40%, Cable Modem : 40%, 광랜 : 19%, FTTH(Fiber To The Home) : 1% 수준이다.

IPTV의 원활한 전달을 위해서는 가입자망의 보장속도가 20Mbps급은 되어야 하는데, 가입자당 보장속도가 20Mbps가 되기 위해서는 다양한 기술적 변화가 일어나야 할 것으로 예상된다. 대표적인 변화로는 적어도 VDSL, 혹은 DOCSIS 3.0급 이상의 가입자 단말기가 댁내에 설치되어야 할 것이다.

광랜 부분도 본질적으로 LAN(Local Area Network)이므로 동시 가입자 수가 늘어나면, 가입자당 20Mbps 보장이 어려울 수도 있다. 경제적으로 저렴하면서도 QoS 및 Multicast 보장이 되고, 속도면에서도 가입자당 20Mbps 이상이 보장되는 그러한 가입자망 기술이 새롭게 탄생될 수도 있을 것으로 예상되며, IPTV 사업자 또한 원활한 IPTV 서비스를 위하여 가입자망의 개선에 많은 투자를 할 것으로 보인다.

(3) STB 및 디지털 TV의 발전

전세계적으로 IPTV의 도입으로 인하여 IPTV STB가 개발이 되고 있으며, IP망의 양방향성을 충분히 이용하기 위하여 다양한 복합적 혹은 다른 유무선통신 서비스가 통합이 되는 크로스-오버(Cross-Over) 기술이 개발되고 있다.

T-Commerce, 데이터방송, T-Government 등 다양한 새로운 기술 등이 디지털 케이블 방송 중심으로 개발되고 있는데, IPTV를 통한 좀더 양방향성을 충분히 이용하는 서비스가 개발될 것으로 예상된다.

현재는 주로 디지털 방송과 VoD 등을 중심으로 STB가 개발되고 있지만, 향후 관련한 새로운 소득 창출을 위한 다양한 서비스가 개발이 될 것으로 보이고 이를 위한 기술이 개발될 것으로 기대한다. 일본의 경우, IPTV 인터페이스를 가진 디지털 TV를 올해에 출시한다고 하는데, 국내에서도 이와 유사한 IPTV 인터페이스를 가지는 일체형 디지털 TV도 출시될 수 있을 것으로 보인다.

02 D-TV

1. IPTV와 디지털 방송

1) IPTV와 디지털 방송의 차이점

표 5-3 ▪ IPTV와 디지털 방송의 차이점

구 분	IPTV	방송 서비스
주목적	• 콘텐츠 검색/판매/저자/가공 • 콘텐츠 기반 통신 • 콘텐츠 생성형 통신(원격강의)	• 콘텐츠 소비
전달 대상 및 방식	• 소수를 위한 방송 • 인터넷 방송 채널 • 지역 방송 • 위치기반 서비스	• 한정된 수의 채널 • 불특정 다수 • 1 : N • 지역적 제한
정보의 특성	• 개인화 방송 • 실시간 • 양방향 TV • 개인 방송국	• 일반적 • 비실시간 • 단방향 • 사용자와 생산자 불일치
정보의 구성	• 개인별 채널/프로그램 구성 • 실시간 사용자 참여	• 사업자의 편성/사전 계획

2) 디지털 방송의 장단점

(1) 장 점

- 선명하고 실감나는 화질(아날로그 방송보다 SD급 2배, HD급 5배 화질)
- 쌍방향 커뮤니케이션(시청자가 원하는 정보의 검색 가능)
- 5.1채널 돌비 디지털 사운드(5.1채널 사운드 지원)

(2) 단 점

- EPG(Electronic Program Guide)[1] 사용 어렵다.
- 아날로그 방송에 비해 채널 전환속도가 다소 느리다는 점
- 초기 부담금이 크다.

2. 디지털 방송 기반 기술

1) MPEG-2 시스템과 다중화 기술

1990년 초 세계표준 제정기관인 IEC와 ISO는 디지털 영상 압축방식을 개발하기 위한 프로그램을 설립하였고, 이것이 바로 MPEG(moving picture experts group)의 시작이 되었다. 초기 기술인 MPEG-1을 거쳐 발전된 MPEG-2는 동작 보상 DCT 압축기술을 그 축으로 하고 있으며, DVB는 MPEG-2 방식을 디지털 방송에서의 큰 축이 될 수 있도록 세계 수준의 방식으로 이끌어 냈다.

MPEG-2는 기존의 MPEG보다 압축 효율과 이용 범위가 향상되었고, 고화질, 고음질의 서비스 제공이 가능하며 미래의 고속 정보망에도 적합하다. 영상 코딩 방식은 정보 스트림 형태의 'syntax'를 갖는 MPEG-2 비디오 표준이고 음성 코딩의 경우는 MPEG Layer II 오디오 표준(MUSICAM)를 채택했다.

(1) 압축 원리

모든 프레임을 개별적으로 압축하지 않고 인접 프레임 간 신호의 정보가 크게 차이 나지 않는다는 점을 착안, 동작보상 방식을 이용하여 프레임 간의 차이점만으로 압축하는 방식이다.

---

1) EPG(Electronic Program Guide) : DTV는 채널이 너무 많아서 일반 리모컨으로는 채널을 선택하기가 매우 힘들다. 그러므로 DTV전용 리모컨인 EPG(Electronic Program Guide)을 이용하여 일일이 채널을 거치지 않고 한 번에 원하는 채널을 선택할 수 있다.

① 압축 프레임의 종류

a. I 프레임

정지화상으로 압축된 프레임으로서 임의의 정보에 대한 접근을 위해 사용되며 이후 프레임의 압축에 대한 기본값의 역할을 한다. 다른 프레임과의 비교없이 자신의 이미지에 대하여 정지화상으로 압축된다.

b. P프레임

연속하는 이미지들이 유사하다는 점을 이용하여 이전의 I프레임과 P프레임의 정보를 이용하여 압축되는 프레임이다. 이전의 화면에 대하여 정보의 차이 값만 부호화하여 압축한다.

c. B프레임

이전 이후의 I프레임과 P프레임의 정보를 모두 사용하여 압축을 하는 프레임이다. MPEG 압축방식에서 가장 높은 압축률을 가진다.

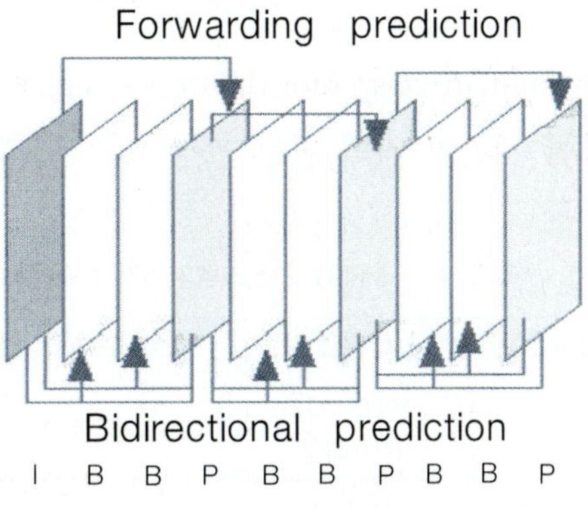

그림 5-6 B프레임 구조

② 프로파일과 레벨

MPEG-2 영상의 경우 일련의 압축 프로파일과 압축 레벨로 정의되며 이 조합에 의해 4가지의 포맷이 존재한다. Main 프로파일이 Main 레벨과의 조합일 경우에는 라인당 720Pixel의 비트스트림을 가지지만 High level일 경우는 라인당 1920Pixel을 가지게 된다.

a. 프로파일

MPEG-2 시스템에는 5가지의 프로파일이 존재한다. 각 프로파일은 서로 다른 압축도구들을 제공하며 상위의 프로파일은 보다 개선된 특성을 가진다.

- Simple 프로파일
- Main 프로파일
  - 양방향 툴이 추가되어 동일한 비트율에서 개선된 품질을 제공
  - Simple 프로파일에 대해서도 디코딩이 가능
- Scaleable 프로파일
  - 코딩된 화상 정보가 Base layer와 Top-up 신호로 분리될 수 있게 하는 툴이 추가되고 이때 Top-up 신호는 SNR이나 또는 Resolution을 개선시키는 기능을 가진다.
  - Scaleable 시스템에서는 최하위 Layer가 보다 안정적으로 코딩이 되기 때문에 광역으로의 방송 서비스와 수신환경이 불량한 지역에서의 서비스를 가능하게 한다.
  - 위의 장점에도 불구하고 현실적으로는 수신기가 너무 복잡해지기 때문에 DVB에서는 채택되지 않는다.
    - ▸SNR Scaleable 프로파일 : SNR 개선을 통한 방식
    - ▸Spatially Scaleable 프로파일 : Resolution의 개선을 통한 방식
- High 프로파일
  - 모든 툴에 line-simultaneous color-difference signal을 코딩할 수 있는 툴이 추가
  - 비트율에 대하여 제한이 거의 없는 가장 발전된 형태의 Super system

표 5-4 ▪ MPEG-2 시스템의 5가지 프로파일

프로파일 레벨	Simple(SP)	Main(MP)	SNR(SNRP)	Spatial(SSP)	High(HP)
High(HL)	–	1920*1152 60프레임	–	–	1920*1152 60프레임
High1440 (H1440)	–	1440*1152 60프레임	–	1440*1152 60프레임	1440*1152 60프레임
Main(ML)	720*576 30프레임	720*576 30프레임	720*576 30프레임	–	720*576 30프레임
Low(LL)	–	352*288 30프레임	352*288 30프레임	–	–

b. 레벨(Level)

레벨은 영상신호의 원 포맷과 관련되어 있으며 이에 따라 다른 품질의 서비스가 제공된다.

- Low 레벨 : 영상의 1/4 형태의 입력 Format

- Main 레벨 : 완전한 입력 프레임을 갖는 Format
- High 레벨 : 고선명도 포맷의 1920샘플/라인

c. 다중화(Multiplex)

- DVB 시스템을 이루는 기본 Building block은 MPEG-2 데이터 패킷이며 이들의 전송경로가 되는 것이 바로 다중화이다.
- 다중화는 데이터 패킷을 DVB Container의 형태로 전송하며 각 Container의 정보는 DVB-SI에 의해 구체적으로 제공된다.
- MPEG 패킷 : 188byte의 데이터를 포함하는 고정된 길이의 Container
- MPEG은 디코더가 패킷 구조를 검색 해독할 수 있도록 하기 위한 Program Specific Information을 포함한다.

(2) 다중화(Multiplexing) 기술

몇 개의 저속 터미널들이 하나의 통신회선을 통하여 저속 채널의 결합된 형태의 신호를 전송하고, 이를 수신 측에서 다시 몇 개의 터미널의 신호로 분리하여 컴퓨터에 입출력할 수 있도록 하는 것이다. 즉 여러 스테이션에서 전송되는 여러 개의 데이터를 하나의 전송로를 공유 전송하는 것을 의미한다.

다중 데이터 터미널 장치(DET)가 하나의 통신회선을 통하여 결합된 형태로 데이터 신호를 전송한 후 수신 측에서 전송된 원래 형태의 데이터 신호를 분리하여 주는 통신방식으로, 다중화기의 기본 특징은 음성과 데이터, 그리고 영상 데이터를 동시에 안전하고 신속하게 서비스해주는 역할을 수행한다.

다중화 기술은 크게 넓은 대역폭을 몇 개의 좁은 대역폭으로 나누어 사용하는 주파수 분할 다중화와 시간을 조각내어 이 조각낸 시간 단위를 여러 이용자에게 할당하여 사용하는 시분할 다중화로 구분된다.

가입자 측에서 다양한 속도로 접속되는 인터페이스 기능을 하며, 음성, 데이터, 영상 서비스, 시스템 사이의 전송선로 자동 우회 기능, 데이터의 멀티드롭(Multi-drop) 기능, T1/E1 대용량 고속전송 기능 등이 있다.

다중화 기술은 우리 생활 곳곳에서 다중화를 볼 수 있는데, 한 예로 전화망에서 전화교환국과 교환국 간 전송의 경우에 많은 가입자의 데이터 또는 신호의 전송을 위해서는 많은 통신회선이 필요로 하게 되는데 이와 같은 방법을 사용하면 선로비용과 유지보수 등으로 인해 비경제적일 뿐만 아니라 비효율적이므로 이를 개선하기 위하여 고속의 통신회선을

설치한 후 다중화기술을 도입하면 많은 가입자의 신호를 동시에 전송할 수가 있다.

그림 5-7은 다중화의 개념과 다중화기(MUX : Multiplexer)에 대해서 나타내었다.

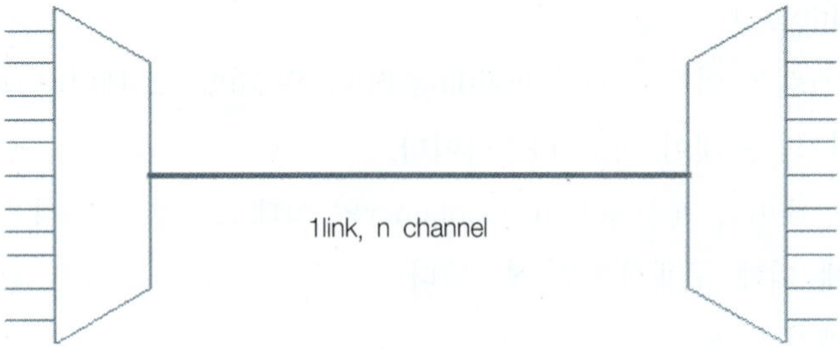

그림 5-7 ▪ 다중화 개념

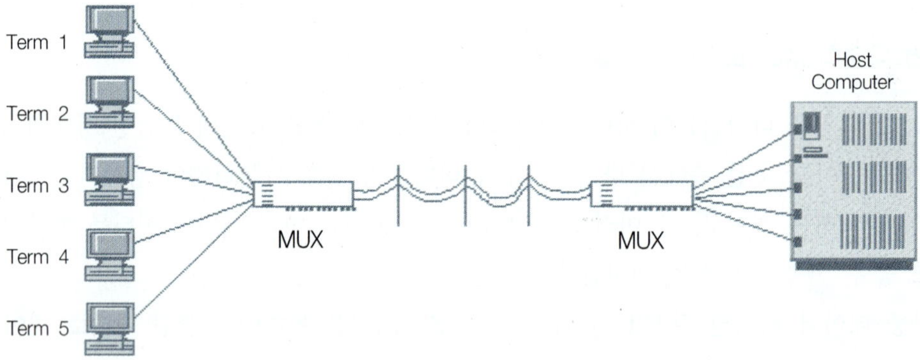

그림 5-8 ▪ 다중화기

다수의 데이터 스트림을 하나의 고속 데이터 스트림으로 집중하는 것을 다중화라고 하고, 그 반대를 역다중화라고 한다, 즉 다중화 기술은 자원(전송채널)의 사용효율을 높이기 위해 통신 링크를 공유하자는 것이 멀티플렉싱(Multiplexing), 즉 다중화 기술이다.

2) MPEG, H.264 영상압축 기술과 적용 이슈

(1) MPEG(Moving Picture Experts Group)

MPEG은 국제표준화 기관인 ISO/IEC 산하의 멀티미디어 부호화 표준을 다루는 JTC1/SC29/WG11 위원회의 별칭으로서, 1988년 구성된 후 1992년 CD-ROM에 자연음 및 동영상을 효율적으로 압축하고 저장하기 위한 부호화 표준인 MPEG-1을 제정하였으며, 1994년에는 디지털 TV 채널에 자연음 및 동영상을 효율적으로 압축하고 전송하기 위한

MPEG-2의 표준을 완성하였다. MPEG-1은 대부분의 기술들이 현재 사용되지 않고 있고, 오디오 압축 표준인 DAB와 MP3 플레이어로서 디지털 오디오 방송 및 인터넷 휴대용 음악 플레이어 제품시장의 표준으로 널리 보급되고 있다. MPEG-2는 DTV 및 DVD의 부호화 표준으로서 매우 커다란 시장을 형성하고 있다.

MPEG-4는 MPEG-1 및 MPEG-2에서 다루어졌던 자연음 및 영상신호의 압축기술을 더욱 발전시키고, 컴퓨터가 생성하는 합성음 및 영상의 부호표준(TTS : Text-To-Speech, SAOL : Structured Audio Orchestra Language)을 비롯하여 멀티미디어 객체를 4차원 가상현실에 배치하고 사용자가 상호 작용할 수 있도록 하는 부호표준(BIFS, MPEG-J), 전송매체방식에 의존하지 않는 멀티미디어 전송규약 표준(DMIF), 저작권관리 및 보호 부호표준(IPMP)을 다루고 있다. MPEG-4는 IMT-2000 영상 서비스 및 모바일 이동통신 서비스의 선택표준으로 채택되어 사용되고 있으며, 현재 휴대용 및 인터넷 영상전화, 영상회의, 인터액티브 TV, 인터넷 방송, 가상현실 멀티미디어 플레이어 등에서 널리 사용되고 있다. 최근 핫이슈로 부각되었던 지상파 DMB의 기술표준으로도 채택된 바 있다.

MPEG-7은 영화, 케이블 TV, 홈비디오 및 음반 산업의 발전에 따른 멀티미디어 콘텐츠 제작의 급증과 함께, 컴퓨터의 활용을 한 단계 높여 사용자가 멀티미디어 정보를 효율적으로 제작, 편집, 검색 등의 처리를 효율적으로 도와주는 도구를 제공하는 데 목적을 두고 있다. 이러한 도구에 있어 핵심이 되는 기술은 멀티미디어 정보를 효과적으로 기술하는 메타데이터 기술로서, MPEG-7은 정지영상, 동영상, 음악 등 멀티미디어 정보에 대한 메타데이터의 표준을 다루고 있다. 향후 전자도서관, VoD, 멀티미디어 검색 소프트웨어 등의 시장을 창출할 것으로 예상된다.

MPEG-21은 MPEG 표준화위원회가 2000년 5월 표준화 작업을 시작하였으며, 영화, 음악, 소프트웨어, 전자서적 등의 멀티미디어 콘텐츠가 제작되면서부터 최종 소비자에게 이르기까지의 과정을 콘텐츠 제작자, 배급업자, 최종 사용자가 쉽게 접근할 수 있는 틀을 제공하는 표준으로서, 멀티미디어 콘텐츠의 전자상거래가 대표적인 응용이다. MPEG-21은 이러한 멀티미디어 틀에 대한 각 사용자의 요구사항을 분석하고, 기존의 다양한 네트워크, 단말기, 전송규약, 디지털 저작권 보호 등의 표준과 기술을 검토하고 이를 보완하여 통합하는 표준을 제정하는 것을 목적으로 하고 있다.

MPEG-2까지는 우리의 일상생활에 벌써 활용되는 것이고, 현재 이슈가 되고 있는 것은 휴대폰 동영상 솔루션으로 MPEG-4를 활용한다는 것이다. 아직 콘텐츠가 부족해 바로 MPEG-4의 확산이 되지는 않겠지만, DMB 표준이 정해지면서 SKT와 KT의 대대적인 투자가 예상되므로 MPEG-4 확산은 시간문제라고 할 수 있다.

표 5-5 ▪ MPEG의 표준

MPEG-1	VCD, MP3 표준
MPEG-2	Digital TV, DVD 표준
MPEG-4	유무선 멀티미디어 표준
MPEG-7	설명, 오디오, 비디오 콘텐츠의 검색 표준
MPEG-21	Multimedia Framework의 표준 또는 유비쿼터스 멀티미디어 표준

MPEG-4가 장기적인 관점에서는 휴대폰 및 각종 모바일 디바이스에 많이 활용될 것이라고 확신을 할 수 있지만, 단기적으로는 약간의 문제점이 있다. 휴대폰에 MPEG-4가 활용될 경우, 기존의 퀄컴 칩 외에 다른 하드웨어가 필요하기 때문에 휴대폰의 가격이 상승하게 되고, 배터리의 용량이 화질이 뛰어난 동영상을 감상하기엔 아직 부족하다는 게 업계 분석이다. 또한, MPEG-4를 활용하는 동영상들의 용량이 커서 망 부하가 걸릴 수도 있다.

이러한 문제점들은 기술인 발전을 통해서 분명히 해결되겠지만, MPEG-4 동영상 솔루션이 아닌, 다른 종류의 동영상 솔루션 기술을 가진 업체들에서는 중요한 마케팅 포인트가 될 것이다.

① MPEG-1, 2 핵심기술

사용자가 시청하는 음질과 화질을 최대한 유지하면서 전송 및 저장에 필요한 데이터의 양을 줄이는 데이터 압축기술과 압축 부호화된 영상과 음성 그리고 부가정보를 혼합하여 CD-ROM 등의 저장매체에 기록, 재생하거나, 공중파를 통해 실시간 전송하는 기술이다.

② MPEG-4 핵심기술

a. 자연 영상압축, 부호화 기술

MPEG-4에서는 기존의 MPEG-1과 MPEG-2에서 영상정보의 부호화를 카메라에서 입력되는 전체 프레임을 기반으로 한데 비해서, 프레임 내의 일부 객체(㉔ 뉴스 장면에서의 앵커 부분)만을 독립적으로 압축하여 부호화하는 기술을 제공한다. 이러한 객체기반의 영상신호 압축, 부호화는 다양한 영상편집을 가능하게 하고, 데이터의 압축효율을 높이는 기능을 지원한다. 데이터의 압축효율을 고도로 높이는 기술로서는 1/4 움직임보상, SPRITE, GME 등의 기술이 채택되었다. MPEG-4의 영상부호기술에서는 이동통신 등 전송과정에서 소음의 영향이 매우 큰 환경에서 안정된 정보를 전송할 수 있는 기술을 제공한다. 또한, 인터넷과 같은 가변적인 통신환경에 적응하여 혹은 다양한 단말의 성능에 따라서 영상신호를 효과적으로 전송·수신할 수 있도록 하는 신축성 부호화 기술 및 Wavelet 기술을 이용한 객체기반 정지영상 부호화 기술을 제공한다.

b. 합성영상 부호화 기술

MPEG-4에서는 컴퓨터 그래픽스에 의해 만들 수 있는 가상 얼굴, 가상 몸 등의 가상 객체(Avatar)의 부호화 기술을 제공한다. 가상 얼굴의 부호화는 얼굴의 특징을 나타내는 점 들을 매개변수로 하여 가상 얼굴을 정의하고, 가상 얼굴을 움직이게 하며, 가상 몸의 부호화는 몸의 특징을 나타내는 관절 점들을 매개변수로 하여 가상 몸을 정의하고, 가상 몸을 움직이게 한다. 또한, 일반적 가상 물체를 표현하는 데 사용하는 3차원 메시(Mesh)를 효율적으로 정의하고 움직이는 기술을 제공한다.

c. 자연음 부호화 기술

MPEG-4 오디오 부호 표준에서는 오디오에 관련하여 낮은 음질에서 높은 음질의 음을 부호화하기 위한 다양한 도구를 제공한다. 먼저 사람의 소리를 부호화하는 기술로서, 사람의 발성기관을 모델로 하는 선형예측 매개변수를 사용한 음성압축 부호화 기술을 제공하며, 음악 등 일반적인 소리를 주파수 마스킹 효과 등 사람의 청각 현상을 모델로 한 고압축 부호화 기술을 제공한다. 또한, 인터넷과 같은 가변적인 통신환경에 적응하여 오디오를 효과적으로 전송하는 신축성 데이터 부호화 기술을 제공한다.

d. 합성음 부호화 기술

MPEG-4는 컴퓨터가 소리를 만들어 낼 수 있는 크게 2종류의 합성음 부호화 기술을 제공한다. 첫 번째는 사람 소리의 기본 구성단위인 음소를 이용하여 문자로부터 소리를 발생시키는 기술인 TTS의 표준을 제공하며, SAOL라고 하는 표준 컴퓨터언어를 사용하여, 신호처리과정을 기술하여 합성음을 정의하고, 이러한 합성음을 발생시간과 음높이 등을 제어하여 MIDI보다 더욱 자유롭게 다양한 합성음을 만들 수 있는 기술을 제공한다.

e. 시스템 기술

MPEG-4에서는 가상 4차원 공간에 멀티미디어 객체를 배치하고 사용자 인터페이스에 의해 이를 조작할 수 있는 가상현실 기술로서, VRML에 기반한 BIFS 기술과 Java 언어에 기반 한 MPEG-J 기술을 제공한다. 또한, 멀티미디어 객체에 대한 불법 사용, 복제 등을 방지할 수 있는 지적재산권에 대한 관리 및 보호에 대한 도구로서 IPMP 기술을 제공한다. 파일 포맷으로서는 MP4라고 하는 Hytime에 기반한 기술을 표준화하여, 멀티미디어 콘텐츠를 효과적으로 접근하고 조작할 수 있도록 파일에 저장할 수 있는 기술을 제공한다. 또한, 여러 명의 사용자가 콘텐츠를 다룰 수 있는 기술의 표준화를 진행중이다.

f. 멀티미디어 전송기술

MPEG-4에서는 멀티미디어 전송기술로서 DMIF를 제공한다. DMIF는 멀티미디어 콘텐츠를 다양한 저장 및 전송매체에 적응하여 응용 프로그램에서 저장 및 전송매체를 의식하지 않고, 전송·저장할 수 있도록 인터페이스와 전송 프로토콜을 제공한다.

③ MPEG-7 핵심기술

MPEG-7에서는 먼저 멀티미디어 콘텐츠에 있어서 고유한 시청각 특성을 표현하는 메타데이터를 표준화하고 있다. 정지영상에 대해서는 모양, 색, 텍스쳐 등의 특징을 효과적으로 표현하는 기술을 다루며, 동영상에 대해서는 Zoom, Panning, Tracking과 같은 카메라 움직임, 객체가 어떤 경로로 움직이었나를 나타내는 움직임 궤적(Motion Trajectory), 그리고 동영상 내에서 얼마나 활발한 움직임이 있는가를 나타내는 움직임 활동(Motion Activity) 등의 특징을 표현한다. 소리에 대해서는 멜로디, 박자, 음색 등 사람의 청각인식에 관련된 메타데이터와 더불어 신호의 세기, 주파수, 피치 등 신호수준에서의 메타데이터 기술을 다룬다. 또한, MPEG-7에서는 멀티미디어 콘텐츠에 일반적으로 적용되는 데이터 모델을 MDS라는 이름으로 표준화하고 있다. MDS는 멀티미디어 콘텐츠의 계층적 구조체계, 개념적 구조체계 및 이들의 관계체계, 멀티미디어 콘텐츠의 요약기술, 사용자 선호도 기술, 전송·저장 매체 및 매개변수 메타데이터 기술 등이 표준화된다.

④ MPEG-21 기술

MPEG-21은 멀티미디어에 관련된 모든 사용자(콘텐츠 제작자, 편집자, 중간상인, 최종사용자)가 멀티미디어를 제작, 편집, 판매, 전송, 사용 등을 통합적으로 할 수 있는 틀의 표준화를 목적으로 하며, 네트워크, 단말기, 디지털 저작권관리, 전자지불, 데이터 부호화 기술, 메타데이터 기술, 전송기술 등이 요소기술이며, 이를 사용자에게 통합적으로 제공하는 틀을 표준화한다. 즉 MPEG-21의 비전은 여러 단체에서 사용되는 광범위한 네트워크와 장비에서 멀티미디어 자원을 투명하게 그리고 다양하게 사용할 수 있는 멀티미디어 프레임워크(Multimedia Framework)를 정의하는 것이다.

멀티미디어 콘텐츠 생성, 제작, 전달과 소비를 지원할 수 있는 하부구조를 구축하기 위해서는 우선 콘텐츠를 개별적으로 식별(Identify)할 수 있어야 하고, 기술(Describe), 관리(Manage) 그리고 보호(Protect)할 수 있어야 한다. 콘텐츠의 전송과 전달은 서로 다른 종류의 터미널과 네트워크를 통해 이루어지며, 여기서 발생하는 행위(Event)에 대한 추적 및 보고 기능도 필요하다. 이러한 보고 기능에는 신뢰성 있는 전달, 사용자의 프라이버시를 담고 있는 개인 데이터와 기호(Preference)의 관리 그리고 금융체결 관리 등이 포함된다.

(2) H.264

H.264는 이전 방식에 비해 현저히 큰 압축률을 제공하는 새로운 비디오 압축 표준으로서 MPEG-4 AVC라고 불린다. H.264 표준은 기존의 MPEG-4 ASP보다 두 배 정도 더 많은 압축률과 보다 개선된 인식 품질을 제공할 것으로 기대된다. H.264 표준은 1Mbps 이하의 속도에서 DVD 수준의 고품질 비디오를 제공할 수 있으며, 무선이나 위성 및 ADSL 인터넷 접속을 통해 동작을 완벽하게 재생하는 비디오를 제공할 수 있을 것으로 여겨지고 있다.

■ H.264의 강화된 압축과 인식 품질

- 시간적 중첩성을 최소화해주는 동작 추정
- 공간적 중첩성을 최소화해주는 내부 추정
- 동작 추정 및 내부 추정을 주파수 영역으로 변환하는 기술
- 압축 구조의 단순화
- 자주 출현하는 부호에 적은 수의 비트를 할당하고 가끔 출현하는 부호에는 더 많은 수의 비트를 할당하는 엔트로피 부호화 기술

2003년 7월 완료된 1차 표준화 작업 이전의 H.264 기술은 우리나라에서 학계나 기업, 연구소 그리고 비디오 전문가들에게 알려진 바와 같이 여러 개의 블록 코딩 모드와 다중 참조 픽처 등의 특징을 사용하여 MPEG-2 보다 두 배의 압축률, MPEG-4 ASP보다 40%의 압축률로 동일한 화질을 구현하는 비디오 압축 기술이다. H.264/AVC의 부호화기 구조는 그림 5-9와 같으며 각 모듈의 세부적인 알고리즘을 제외하면 기존 비디오 코덱의 구조와 크게 다를 바 없어 보인다. 그러나 H.264/AVC는 기존 비디오 코덱들에서 채택되지 않은 많은 신기술과 많은 참조 픽처 혹은 블록들의 사용으로 압축 효율을 극적으로 높였는데, 특히 하인리히 헤르쯔 연구소(HHI)의 토마스 위간드(Thomas Wiegand)에 의해 제안된 rate-distortion optimization 방식은 H.264의 성능을 크게 향상시켜 MPEG-2를 대체하는 새로운 기술로 H.264를 대중화시키는 데 기여하게 된다.

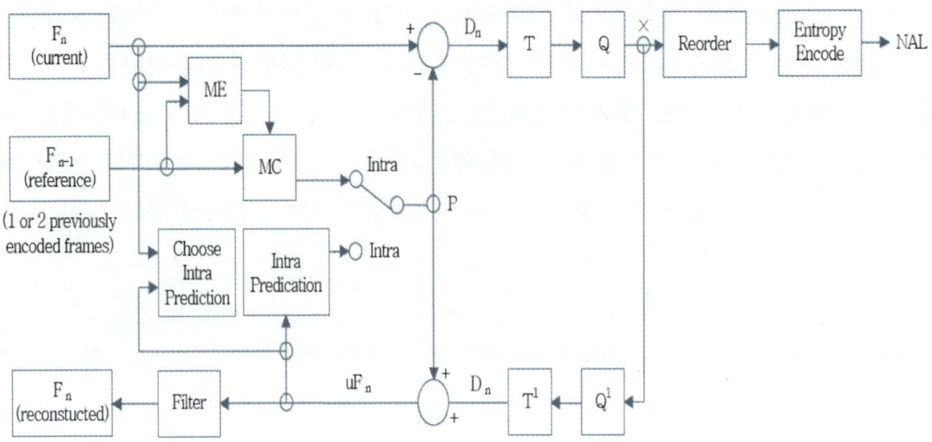

그림 5-9 ■ H.264 부호화기 블록도

H.264 코덱의 기본 개발원칙은 다음과 같다.

① 비디오 코덱의 기본으로 돌아간 기술개발로서 객체 부호화나 스케일러빌러티 등은 도입하지 않는다.
② 높은 압축률을 표준화의 최대 목표로 한다.
③ 시간지연의 자유도를 높여 여러 서비스에 적용 가능하도록 한다.
④ 네트워크 친화성이 높아야 한다.
⑤ 에러 내성에 강해야 한다.
⑥ 부호화기와 복호화기의 규격을 스케일러블하게 변경할 수 있어야 한다.
⑦ 복호기간에 복호값이 같아야 한다.
⑧ 고화질 응용 시스템도 고려한다.
⑨ 저장 매체용 파일 기록 포맷을 정의한다.

이러한 원칙하에 이루어진 표준화 작업결과 현재 일반적으로 알려져 있는 H.264/AVC의 특징들로 구현되었으며 가능한 한 고압축률과 고화질을 위해 많은 기술을 표준으로 채택하여 부호화 및 복호화에 있어 높은 복잡도를 지니게 되어 "매머드 코덱"이라는 별칭을 가지게 되었다. 이 때문에 H.264/AVC 코덱의 성능이 널리 알려져 H.264/AVC 코덱의 실제 구현이 광범위하게 시도되었음에도 ASIC 하드웨어 혹은 대규모 병렬 DSP 방식 외에는 부호화 및 복호화가 모두 어려울 것으로 예상되어 소프트웨어적인 접근보다는 주로 ASIC에 의한 하드웨어 접근과 DSP를 사용한 접근이 주류를 이루었다.

이 과정에서 SD급 테스트 영상뿐 아니라 HD급 영상에 대한 테스트가 이루어지면서 H.264/AVC 코덱의 성능이 유감없이 발휘되자 JVT에서는 HD급 영상에 H.264/AVC 코덱 적용을 위한 표준화 작업에 들어간다.

FRExt로 알려진 HD급을 위한 표준화 작업에서는 주로 Main profile을 확장하여 HD급 영상에 대응하기 위한 High profile의 제정과 H.264 코덱의 약점으로 알려진 색상 공간(Color space)의 보정 및 확장에 주안점이 주어져 다음과 같은 특징을 가지게 되었다.

① YUV 4 : 2 : 0을 기본으로 하되 4 : 2 : 2 및 4 : 4 : 4 포맷을 지원하며 보다 선명한 색상 복원을 위해 Alpha blending을 지원할 수 있다.
② 1pixel의 기본단위는 8bit이나 10, 12bit를 지원한다.
③ Loseless 코딩 및 Stereo 코딩을 지원한다.
④ 기존 4×4 정수 DCT 연산에 부가하여 정수 8×8 DCT 연산을 추가한다.
⑤ Loseless 코딩을 위해 새로운 Intra prediction 모드를 추가한다(I_PCM).
⑥ 새로운 정수 색상공간을 지원한다.(Y, Cg, Co)
⑦ 보다 고품질의 영상복원을 위한 양자화 매트릭스를 선택적으로 입력할 수 있다.

이러한 H.264 FRExt의 특징들은 기존 HD급 영상장비와의 호환성을 염두에 둔 것으로서 많은 HD급 영상 장비들이 주로 10bit 데이터 처리를 하며 Alpha blending을 수행하는 것에 대응하기 위해서이다.

또한, 무손실 부호화를 위한 I-PCM 방식이 FRExt의 주요 특징으로 채택되어 부호화기는 어떤 기준에 부합하다고 판단될 시 참조 픽처의 대블록을 그대로 복사하여 복원할 수 있는 모드가 추가되어 극단적인 고화질 영상, 예를 들어 디지털 시네마와 같은 매우 높은 비트 레이트를 필요로 하는 멀티미디어 서비스에 응용될 수 있게 되었다.

한편 H.264 코덱의 약점으로 알려져 있던 색상 부호화 부분에 있어 새로운 색상 공간을 도입하고 4 : 2 : 2, 4 : 4 : 4 부호화 및 복호화가 가능하도록 하여 색상 부호화의 효율을 높이는 동시에 HD급 영상장비와의 호환성을 높이도록 하였다.

마지막으로 새로운 정수 8×8 DCT 연산이 도입되었는데, 이는 기존의 4×4 DCT 연산이 개발자들의 생각 이상으로 많은 연산 부하를 필요로 하고 하드웨어의 발전에 따라 정수 연산을 도입하였다고 해서 특별히 연산속도가 빨라지지 않으며 기존 부동소수점 8×8 DCT에 익숙한 코덱 개발자들에게 보다 친숙한 DCT 연산을 도입한다는 취지에서 정수형 8×8 DCT가 도입되었다.

03 D-TVTPS

통신사업자 입장에서 기존의 통신 서비스 기반 위에서 비디오 서비스를 제공함으로써 트리플 플레이 서비스(TPS : Triple Play Service, 인터넷, 전화, TV 서비스)를 완결하기 위한 대안으로 부각되고 있는 서비스로서, 좁은 의미로는 PC에서 TV로 확장시킨 개념이지만, 넓은 의미에서는 초고속 인터넷의 가입자망 구간을 물리적 방송매체로 활용하여 A/V(Audio/Video) 형태의 방송 채널을 적극적으로 수용하는 것을 포함한 개념이다. 하나의 셋탑박스를 통하여 인터넷과 전화, TV를 모두 이용할 수 있는 서비스이다.

- 인터넷, 전화, TV의 기능을 모두 갖춘 셋탑박스의 통합으로 인해 사업자는 비용절감의 효과, 가입자당 평균수입 증가, 고객 충성도 제고라는 효과를 갖고, 고객 역시 단말 가격을 절약하고, 이용도보다 저렴하게 받을 수 있는 서비스적 특성을 지닌다.

다양한 연계 서비스 구현한다.

- 막강한 네트워크를 기반으로 하여 하나의 셋톱박스에서 하나의 서비스가 가능하였던 기존의 서비스 개념에서 탈피한다.
- 댁내의 다중접속(Multiple Stream)을 보장하고, Networked PVR 제공 등이 실현되어 차별적 서비스를 제공하게 된다.
- 통신기술(WLAN, WiBro, HSDPA 등)과 호환되어 이동중에도 IPTV 서비스가 가능해질 것이다.

Chapter

6 무선통신과 방송융합기술

01 DMB

1. 개념과 범위

현재 전 세계적으로 개발 및 상용화되고 있는 이동 TV 기술은 막연한 다수의 공중을 대상으로 송출하는 방송기술에 기반한 방송방식(Broadcasting)과 이동통신 기반방식(Cellular based)으로 크게 나뉠 수 있다. 이동통신 기반방식은 2.5G GSM, EDGE, CDMA2000, 1xEVDO, W-CDMA, HSDPA, HSUPA, TD-SCDMA 등 다양한 이동통신망을 기반으로 하는 스트리밍 방식의 유니캐스트(Unicast)나 멀티캐스트(Multicast) 방식으로 MBMS 기술 등이 있다. 방송방식의 기술로는 지상의 송신 시스템을 이용하는 지상파 방식과 위성방식이 있다. 지상파 방식으로는 지상파 DMB, DVB-H, MediaFLO, DAB-IP, ISDB-T, T-MMB 등이 있으며, 위성방식으로는 DVB-SH, S-DMB, CMMB 등이 있다.

지상파 DMB는 이동중(200km/h) 7인치 이하의 화면에서 우수한 TV, CD 수준의 오디오, 데이터 서비스 수신이 가능한 서비스를 제공하는 이동방송 기술 중 하나로 유럽의 디지털오디오(DAB) 표준인 Eureka-147에 기반하여 1.5MHz의 주파수 대역을 기본 단위로 하며 DAB 인프라를 활용할 수 있는 강점이 있다.

DVB-H는 유럽의 디지털 지상파 방송규격인 DVB-T에 기반하여 유럽 디지털 방송표준화 기구(DVB)가 휴대방송용으로 제안한 규격, UHF 대역에서 6~8MHz 대역을 주파수 대역폭으로 활용하며 2~3인치의 휴대폰을 주 대상 단말로 한다.

일반적으로 이동통신 기반의 방송은 이동통신사들이 이동통신 서비스의 부가 서비스로 제공하고 있으며, 방송방식에 기반한 기술들이 방송사에 의한 "이동방송"으로 인식되고 있다.

"이동방송"을 표현하는 용어로 "모바일 멀티미디어", "휴대방송", "휴대이동 TV" 등 다양한 용어가 혼용되어 쓰이고 있다. 이 중 "모바일 멀티미디어"는 VoD, 비주얼 라디오, 양방향 서비스 등을 포함하는 용어로 적합하며, "이동방송"은 이동 중 이용할 수 있는 디지털 라디오 등 TV 이외의 방송을 포함하는 데 보다 적합하다. 또 "휴대성"은 가지고 다니기에 용이함을, "이동성"은 이동중 사용이 용이함을 표현하는 것으로 구별된다.

즉, 15인치 이상의 차량 장착형 TV의 경우 이동성은 높으나 휴대성은 떨어지는 것이며, 휴대폰에 아날로그 TV가 장착되었다면 휴대성은 높으나 이동중 수신율이 떨어지므로 이동성은 떨어진다고 볼 수 있을 것이다. 그러나 많은 경우 이러한 용어들은 그 의미의 구별 없이 혼용되어 사용되고 있다. 방송방식에 기반한 이동방송 서비스를 주요 연구 대상으로 하며 명칭은 "이동 TV"로 통일하여 지칭하고자 한다.

2. 국내외 이동 TV 동향 및 전망

1) 국내 동향

2005년 12월 수도권에서 상용 서비스를 개시한 지상파 DMB는 서비스 개시 만 2년 만인 2007년 12월 870만 대의 단말기가 보급되고, 2005년 5월 일본과 함께 본 방송을 시작한 위성 DMB는 127.3만 명의 가입자를 확보였다. 즉, 2007년 말 현재 우리나라의 DMB 이용자는 총 1천만 명으로 총 인구의 약 20%, 휴대폰 사용인구의 약 25% 규모에 이르고 있다. DMB의 기술 기반인 DAB 서비스의 경우 유럽에서 1997~1999년부터 제공되기 시작하였으나, 영국을 제외하고 대부분의 DAB 단말기 확산에 고전하고 있다.

가장 성공적인 DAB 국가로 영국이 꼽히고 있으나, 서비스 개시 후 약 10년 후인 2007년 10월 말 현재, 500만 대가 판매된 수준이다. 이러한 DAB 서비스의 확산 속도를 고려할 때 한국의 DMB가 매우 빠르게 확산된 것임을 알 수 있다. 판매된 지상파 DMB 단말기 제품별 점유율을 살펴보면 휴대폰(43%)과 차량용(42.4%) 단말기 위주로 시장이 형성되고 있다.

특히 차량용 단말기의 경우 국내 내비게이션 시장의 급성장세로 국내 제조업체 간의 경쟁이 심화되면서 품질상승과 함께 가격경쟁이 가속화되었다.

이와 함께 무료의 지상파 DMB 서비스가 상승효과를 일으켜 휴대폰과 유사한 수준의 속도로 급속히 성장하고 있는 것으로 판단된다. 또한, 서비스 매출의 경우 아직은 적자를 면치 못하고 있으나 그 광고매출이 2007년 한 해 동안 꾸준히 성장하여 연간 52억 원의 매출을 달성하여 지상파 DMB 광고시장의 가능성을 보여주고 있다.

2) 주요국 상용 서비스 추진 동향

(1) 일본 : One-Seg

일본은 ISDB-T의 "One-Seg"를 활용한 이동 멀티미디어 방송을 개발하여 ARIB에서 2005년 12월 표준화가 완료되었다. 2006년 4월 ISDB-T 방식의 디지털 방송과 동시에

Chapter 6

One-Seg MobileTV 서비스가 시작되었으며, 아울러 NTT DoCoMo, KDDI, Softbank Mobile과 같은 이동통신사에서 단말기를 출시하였다.

일본에서는 이동 TV 서비스가 무료로 제공되고 있으며 2007년 말 이용자 수는 2,000만 명 이상 확보하고 있는 것으로 파악된다.

지상파 DTV 채널 내의 일부 주파수를 활용하여 그 중 한 개의 세그를 활용하여 서비스를 제공하므로 이동 TV 채널 수는 해당 지역의 DTV 방송 채널수와 동일하다. 동경의 경우 NHK 종합, NHK 교육 및 지역방송 등 8개 채널을 수신할 수 있다.

(2) 일본 : S-DMB

일본 MBCo는 한국의 티유미디어와 인공위성을 공유하며 2005년 위성 DMB 서비스를 시작하였으나 서비스 활성화에 실패하였다. 티유미디어가 SKT와 함께 휴대폰을 대상으로 위성 DMB 서비스를 제공한 것과 달리 MBCo는 카센터 등을 통해 차량용 단말기를 대상으로 하였으며 휴대폰 결합형은 제공하지 않은 것이 가장 결정적인 실패의 원인으로 꼽힌다.

(3) 이탈리아 : DVB-H

이탈리아의 이동통신 사업자인 3Italia는 지상파 방송사인 Channel 7을 인수하고, 독자적으로 DVBH 네트워크를 구축하고, 2006년 5월 DVB-H 상용 서비스를 개시하였다. 총 15개의 채널을 제공하는데, 이 중 9개 채널이 비디오 채널로 공영방송(Rai1, Rai2) 재전송과 스포츠, 영화 등의 콘텐츠를 제공한다. 이 서비스의 요금은 3유로/일, 9유로/주, 29유로/월이다. 또 최대 이동통신사인 TIM은 2006년 9월, Vodafone은 2006년 12월 DVB-H 서비스를 개시하였다. 이들 서비스는 2006년 월드컵을 계기로 초기에는 확산속도가 빨랐으나 월드컵 이후 가입자 증가 속도가 둔화되어 2007년 말 현재 약 60만 대 정도가 공급된 것으로 추정된다.

(4) 독일 : T-DMB

2006년 5월, 독일의 DMB 방송사업자인 MFD는 유럽 최대의 MVNO 사업자로서 독일, 프랑스, 덴마크 등에서 사업중인 Debitel의 유통 채널과 T-MFD는 독일의 지상파 DMB 서비스를 하기 위해 설립된 신규사업자로 각 주별로 서비스 사업권을 획득하여 전국 서비스 추진 시스템의 네트워크를 이용하여 뮌헨 등 5개 도시에서 상용 서비스를 개시하였다. L-Band를 이용하여 비디오 4개와 오디오 1개의 채널을 제공하며 CAS를 이용하여 월 9.95

유로의 월 이용료를 부과하고 있다.

독일 데비텔의 T-DMB 서비스는 한국 이외의 지역에서 최초로 상용화된 T-DMB 서비스로 큰 의의를 지니나 BandIII 대역에 비해 훨씬 효율성이 떨어지는 L-Band 대역의 한계와 함께 제공 단말기의 한계, 월드컵 이후 매력적인 콘텐츠의 부재 등 몇 가지 난관에 부딪히면서 가입자 모집에 어려움을 겪고 있다. 아울러 2007년 10월 독일 이동통신 가입자 연합과 MFD가 경합을 벌인 DVB-H 사업권이 MFD로 넘어감에 따라 MFD는 당분간 DVB-H 서비스에 무게 중심을 둘 것으로 예측된다.

(5) 영국 : DAB-IP

영국은 DAB 시장이 가장 활성화된 국가로 BBC와 Digital One 등이 BandIII 대역을 이용하여 전국적인 서비스를 제공하고 있다. 2007년 10월 DRDB(영국 DAB 조사기관) 발표에 따르면 500만 대 이상의 DAB 단말기가 판매되었다.

BT Movio(BT 자회사)는 2006년 9월부터 런던지역에서 DAB-IP 서비스를 이용하여 DAB 디지털 라디오 서비스와 함께 이동 TV 서비스를 제공하기 시작하였다. 그러나 가입자 모집의 한계로 어려움을 겪다가 결국 2007년 7월 DAB-IP 사업을 철수할 것을 선언하게 되었다. DAB-IP 서비스 실패의 원인으로 낮은 Bit rate로 인한 화질의 악화, HTC 단말기 한 종류만 공급, 홍보 부족 등이 지적되고 있다.

3. 세계 시장 전망

IMS의 전망에 의하면 전 세계 이동 TV 시장은 2010년까지는 이동통신 기반방식의 서비스가 주도하다가 2011년 이후 아날로그 지상파 방송종료 및 기술발전 등으로 방송방식 서비스의 채널 수가 증가하면서 방송방식의 이동 TV 서비스가 전체 이동 TV 서비스를 주도할 것으로 전망된다. 전 세계적으로 2011년까지 이동 TV 방송방식 시장은 2억 5천 7백 여 명, 이동통신 기반방식은 약 1억 9천 5백여 명 규모로 성장할 전망이다. 이동 TV 방식 시장은 일본과 한국에서 초기시장을 선도하다가 2010년 이후에는 DVB-H 추진사업자들이 UHF 대역 주파수를 확보하면서 본격적으로 성장하여 2011년 방송방식 시장의 14% 정도 차지할 것으로 전망된다.

02 텔레매틱스

텔레매틱스(Telematics)는 통신(Telecommunication)과 정보과학(Informatics)의 합성어로 위치측위기술과 양방향 통신이 가능한 시스템을 이용하여 정보단말을 통해 사용자에게 교통정보, 지리정보, POI, 엔터테인먼트 등 다양한 정보 및 서비스를 제공하는 21세기 첨단 산업이다. 운전자에게는 빠른 길 안내, 실시간 교통정보 및 위치정보 등을 제공하고 탑승자에게는 무선인터넷, 온라인 뱅킹, 생활정보를 제공하며 차량의 상태 및 응급구난 서비스를 제공하여 다양한 니즈(needs)를 가진 소비자들의 삶의 질을 한층 끌어올리고 있다.

텔레매틱스 시장은 무선통신, 이동단말기, LBS, 전자상거래 등 주요 기술과 비즈니스가 핵심으로 활용되기 때문에 타 업종에도 미치는 파급 효과가 크고 관련 산업의 동반 성장을 이끌 수 있는 산업적 속성을 가지고 있다. 특히 국내 텔레매틱스 시장은 서비스 구현을 위한 필수 구성요소인 이동통신 단말기, 모바일 PC, 디스플레이, 안테나, GPS모듈, 자동차 전장품 분야 등의 기술이 선진국과 대등한 수준이어서 세계 기술을 선도할 잠재력을 가지고 있는 것으로 분석된다.

현재 텔레매틱스가 산업화되어 있는 지역은 한국을 포함한 일본, 북미, 유럽지역이며 각 지역의 특성에 맞춘 서비스를 중심으로 획기적인 발전을 이루고 있다. 특히 국내시장은 텔레매틱스 서비스의 필수 기술요소인 이동통신, 자동차산업, 단말기산업, 콘텐츠 등의 산업 인프라가 발전하고 서비스에 대한 사회적 수요와 정부주도의 산업중흥정책이 뒷받침되고 있어 안정적이고 체계적으로 발전하고 있다.

국내에서는 텔레매틱스 산업을 활성화시키기 위해 국가 차원에서 제주 텔레매틱스 시범도시, 텔레매틱스 정보센터 구축사업 등을 수행중이며, 이동통신 및 자동차 회사는 부가가치를 높일 수 있는 신규시장 개척의 일환으로 텔레매틱스 서비스 산업에 집중하고 있어 텔레매틱스 대중화 기반을 조성중에 있다.

하지만, 이러한 노력에 앞서 표준의 부재로 인해 발생하는 문제점의 선결이 필요한데, 이의 해결을 위해 텔레매틱스 표준화 포럼이 2002년 10월에 설립되었다. 국내 단일의 텔레매틱스 관련 사실 표준화 기구로 국내에서는 민간 사업자들을 중심으로 한 표준화가 진행되고 있으며, 향후 해외 표준화 기구들과의 연계 방안을 모색 중에 있다. DMB, WiBro 등 텔레매틱스와 결합하여 보다 큰 시장창출이 기대되는 현 시점에서 업계 표준의 보급은 더욱 중요한 의미를 갖는다고 할 수 있겠다.

1. 핵심 표준화 대상 기술

1) 기술 개요

- 텔레매틱스 서비스 생성에서부터 소비자에게 제공하기까지의 과정은 아래와 같이 표현할 수 있으며, 크게 소비자가 직접 사용하는 단말 부분, 콘텐츠를 생성하는 부분, 콘텐츠의 저장 및 가공과 전송되는 연동부분으로 구분할 수 있다.
- 효과적인 표준제정을 위해 각 부분의 전문적 지식을 바탕으로 한 표준제정이 필요하다고 판단, 다음과 같은 세 개의 분과로 구분하여 운영된다.
- 텔레매틱스는 복합 산업이므로 기존의 산업에서 사용하고 있는 기술을 총 망라하는 구조를 띄고 있다.

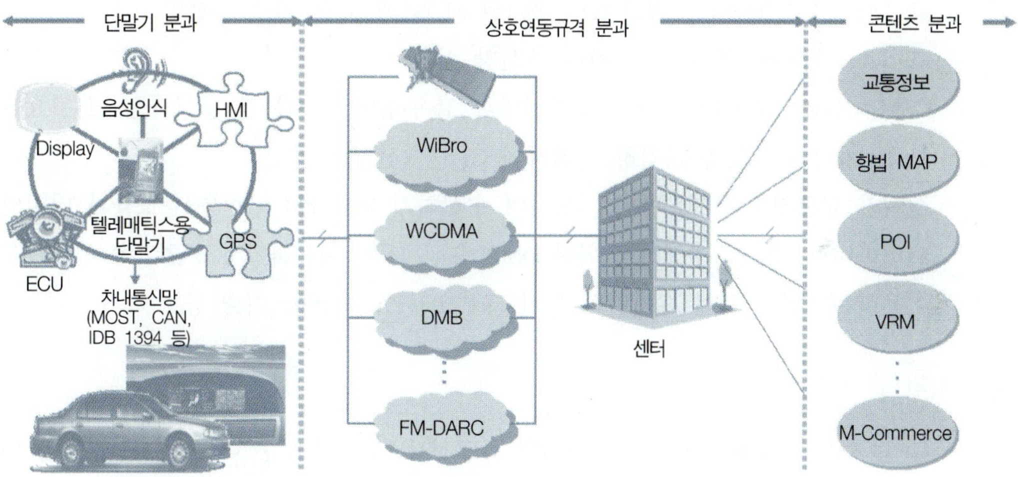

그림 6-1 ▪ 텔레매틱스 표준화 포럼 분과 범위

(1) 단말기 기술

- 텔레매틱스 서버로부터 다양한 통신수단을 통해 가공하여 전달되는 각종 서비스 및 응용 소프트웨어를 사용자에게 제공하기 위한 차량 내 단말 H/W 및 S/W 환경에 관련된 기술이다.
- 단말기 H/W 기술
  - 단말 H/W 형태는 크게 오토 PC타입의 장착형과 붙이고 떼기가 가능한 PDA 또는 휴대폰 기반 타입으로 구분된다.

– 향후 멀티미디어 서비스와 모바일 오피스 등과 같은 고품질, 다양한 멀티미디어 응용서비스들을 지원하기 위해 고속의 CPU와 고속 그래픽 가속기 등 고성능 하드웨어가 장착된 호스트 수준의 시스템으로 진화해 나갈 것으로 예상된다.

- 단말 S/W 기술
  – 단말의 핵심기술로 실시간 임베디드 운영체제(Windows CE, QNX, Embedded Linux 등), 각종 장치 구동을 위한 디바이스 드라이버, HMI, 텔레매틱스 애플리케이션 개발 및 관리 용이성을 위한 미들웨어 기술인 J2ME, OSGi 프레임워크, AMI-C 프레임워크, WIPI 등이 포함한다.

(2) 네트워크 기술

- 차량 내에는 고속의 데이터 버스를 통하여 뒷좌석의 승객들에게 멀티미디어 서비스를 제공하기 위하여 고속의 IDB-1394와 MOST와 같은 차내 유선망
- Zigbee, 블루투스와 같은 근거리 무선망 기술
- GSM, CDMA, TDMA와 같은 모바일망과 접속하거나 차량 간 통신하는 데 필요한 모듈, 차량의 위치를 파악하기 위하여 GPS 수신기 모듈
- 실시간 교통정보를 FM 방송을 통하여 수신하기 위한 FM 수신통신 모듈과 디지털 멀티미디어 방송을 수신하기 위한 DMB 수신 모듈, 이동하면서도 초고속 인터넷을 이용할 수 있는 무선 휴대인터넷 기술인 HSDPA, WiBro 기술 등

(3) 서버 기술(서비스)

- GPS, 자이로, RFID 등의 측위 장비와 유고정보, 도로정보 등 다양한 교통정보를 이용하여 전자지도, 음성안내 등 안전운전을 위한 진보된 방법으로 최적의 경로 제공 서비스 기술
- 텔레매틱스 구현을 위해 요구되는 핵심 정보(교통정보, 지도, POI 등)의 통합, 수집, 공유, 배포체계 마련 및 서비스 제공기술
- 공간정보와 교통정보의 통합 모델링, 분석, 서비스 제공기술

2) 관련 기술 연대표

- 텔레매틱스를 구성하는 기술은 크게 서버 기술, 무선통신 및 측위기술, 단말기술로 구분할 수 있으며, 주요 기술은 다음 표와 같다.

표 6-1 텔레매틱스의 핵심기술 분류

기술분류	주요 기술
서버 기술 (서비스)	• 서버 플랫폼 기술 : HW/SW 플랫폼 기술, 망접속 기술 • 서버 핵심 기술 : 응용 및 포털 서비스 기술, 위치기반 포털 제공 기술, 긴급/보안 에이전트 기술, 모바일 에이전트 기술, 실시간 교통 에이전트 기술 • 기본 서비스 : Navigation, 응급구조, Info_station • 부가 서비스 : 차량안전운행, 차량/도로진단, 차량 Black Box, 차량 자동 주행
무선통신 및 측위 기술	• 액세스 플랫폼 기술 : HW/SW 플랫폼, 망접속 기술 • 액세스 시스템 기술 : Mobile IP기술, 무선 링크 제어기술, 인증 및 암호화 기술 • 핸드오버 기술 : 셀간 핸드오버 기술 • 60GHz Pico 셀 통신기술 : 무선접속/광전송, 지향성 안테나, 고속 패킷 라우터, 다채널 전송 MAC 기술 • IPv6 차세대 인터넷 : 주소 및 네트워크 자동 설정 기술, 트래픽 엔지니어링 • 인터넷 이동성 : 초고속 인터넷 기술, 단말/네트워크 모빌리티 기술, Ad-Hoc 네트워크 기술 • 고정밀 측위기술 : GPS/MEMS DR 통합기술
단말기술	• 단말 플랫폼 기술 : HW/SW 플랫폼, API 기술 • Mobile Computing : 고정밀 위치추정기술, Mobile IP기술, 링크 접속제어 기술, 인증 및 암호화기술, GIS 및 콘텐츠 • 모뎀 및 RF 기술 : SDR 모뎀, UWB 기술, RF 소자기술 • Human Interface 기술 : 음성/영상 인식, 영상처리기술 • 충돌방지 Radar 기술 : 초소형 테라급 저장장치

2. 시장 현황 및 전망

1) 국내 시장 현황 및 전망

(1) 서비스 산업

- 텔레매틱스 서비스는 2001년 11월 대우 자동차의 드림넷 서비스를 시작으로 국내에서 개시되어 시장 초창기 상태로 BM과 AM으로 구성한다.
  - BM(Before Market)은 차량 출고시 텔레매틱스 서비스가 가능한 단말기가 차량에 내장된 형태로 주로 고급차의 고객관계관리(CRM) 차원에서 완성차 메이커가 주도한다.

    ※ BM은 현대 · 기아자동차가 Mozen, 쌍용자동차가 Ever Way 서비스를 제공
  - AM(After Market)은 기존에 운행중인 불특정 다수의 차량을 대상으로 별도 장착된 단말기를 통해 서비스가 제공되는 특징이 있으며 주로 이동통신업체가 주도

    ※ AM은 SK텔레콤이 Nate Drive, KTF가 K-Ways, LG텔레콤이 ez-Drive를 제공

표 6-2 ■ 국내 텔레매틱스 서비스 사업자(TSP) 현황

구 분	BM(Before Market)		AM(After Market)		
사업자	현대/기아차	쌍용자동차	SK텔레콤	KTF	LG텔레콤
개시	2003. 11	2005. 2	2002. 4	2004. 5	2004.9
대상차종	현대(7종), 기아(5종)	체어맨, 렉스턴, 로디우스	전 차종	전 차종	전 차종
요금	가입비 40,000원, 월 28,000원	가입비 30,000원 월 26,000원	월 18,000원	월 7,000원	월 6,000원
가입자수	5,500명	500명	428,000명	45,000명	5,000명

- 국내 텔레매틱스 시장은 서비스 개시 3년이 지난 2004년 4월에야 가입자 수가 15만 명에 이르렀으며, 2005년 10월말 484,000명에 불과, 이는 2003년 4월 ETRI 일반 예측치 2005년 말 961,425명보다 저조하다.

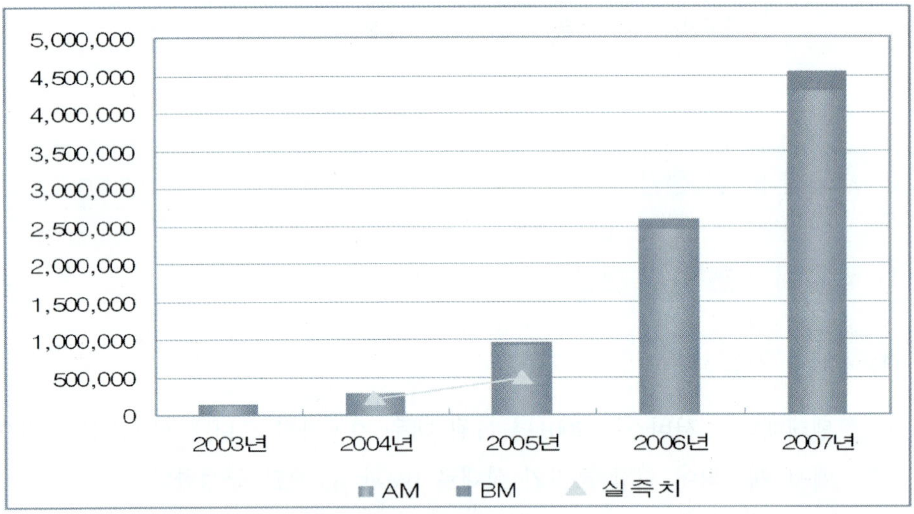

그림 6-2 ■ 텔레매틱스 시장 전망치 대비 실측치

- 시장잠재력에 비해 서비스 활성화가 미진한 것은 내수부진으로 인한 통신비 지출 감소와 자동차 내수시장 위축 같은 외부적 요인 외에도 산업 내의 다양한 내부적 요인에 기인
  - Stand-alone Navigation 기기라는 저가의 대체재를 압도할 정도의 소비자를 만족시킬 수 있는 킬러 애플리케이션 부재에도 불구하고 이용요금 및 단말기가 고가이다.

표 6-3 ▪ 텔레매틱스 단말기 가격

구 분	단말기 가격	이용 요금
내비게이션	10~20만원	무료
텔레매틱스	100~193만원(BM), 30~40만원(AM)	2~3만원(BM), 18,000~6,000원(AM)

※ 국내 이용자에게 있어서 중요한 가입의사 결정요인은 이용요금, 단말기 가격순이며, 서비스 선호도도 내비게이션이 가장 높다.

–이동통신 사업자, 자동차 제조사 등이 텔레매틱스 서비스 사업자화됨에 따라 기존 시장지배력이 전이되어 경쟁이 활성화되지 않고 이로 인해 기존 업체의 대규모의 초기 투자 및 마케팅 전략이 미흡하다.

(2) 단말기 산업

- 텔레매틱스 단말기 시장은 현대오토넷, 삼성전자, LG전자 등 대기업과 기존 Stand-alone Navigation 제조 관련 모빌콤, 네스테크, 모비딕 등 중소기업으로 구성된다.

표 6-4 ▪ 국내 텔레매틱스 주요 단말기 업체 현황

업 체	주요 동향
현대오토넷	• 현대 · 기아자동차, 쌍용자동차, KTF에 공급
삼성전자	• 르노삼성, KTF 이동전화형 보급형 단말 공급
LG전자	• 현대 · 기아자동차에 "Mozen" 서비스용 단말기 공급
네스테크	• 자동차용 멀티미디어 정보단말(차량용 PC)인 카맨아이 공급
모빌콤	• SK(주)에 AV 통합형 단말 공급
모비딕	• 자동차용 종합 멀티미디어 통신단말기인 AUTO PC를 개발 · 보급

- 단말기 가격은 BM의 경우 100~193만원, AM의 경우 30~40만원 선을 유지하고 있으며, 2005년 10월 기준 텔레매틱스 가입자 수를 감안할 때 48만대 이상의 단말기가 보급되어 있는 것으로 추정한다.
- 한편, 시장대체성이 있는 중저가의 보급형 LCD 터치스크린 단말기가 출시되면서 내비게이션 기능 중심의 Stand-alone Navigation 시장이 최근 1~2년 사이에 급속히 성장한다.

  ※ 누적 판매대수가 대략 80만대 가량인 것으로 추정

–이는 중저가의 단말기가 적시에 공급되고, 소프트웨어 비용 부분인 지리정보 업데이트도 무료 또는 매우 저렴한 가격에 제공한다.

–단말기 기능이 TV 수신, DVD, MP3 등의 다양한 엔터테인먼트 및 과속카메라 감지 등이 가능한 복합단말기 출시에 기인한다.

- 단말기 산업은 서비스 산업에 종속적이기 때문에 서비스가 활성화되지 못함에 따라 단말기 산업도 활성화되지 못한 것으로 보인다.
- 특히, 단말기 제조업체는 이동통신 사업자, 자동차 제조사에 대한 종속성이 강함에 따라 자체 개발을 촉진하는 데 제약이 있다.

※ 단말기 제조업체의 경우 CDMA 등 무선 모듈 개발시 이동통신 사업자에게 인증받는 절차가 복잡하며, 자동차 내부 정보가 자동차 업체로부터 제공되지 않음에 따라 독립적인 제조환경이 미비하다.

(3) 콘텐츠 제공산업

- 교통정보, 맵, POI를 주로 제공하며 업체로는 만도맵앤소프트, 로티스, 리얼텔레콤 등이 대표적이다.
- 콘텐츠 제공업체는 이동통신사, 단말기별로 각각 다른 플랫폼으로 콘텐츠를 개발해야 함에 따라 개발비용이 중복되는 문제가 발생한다.

표 6-5 ■ 주요 CP 업체 활동 현황

구 분	내 용
만도맵앤소프트 (항법맵 제작)	• 전체 시장의 50%를 점유하고 있으며, 현대자동차, KTF, LGT 등 대기업은 물론, 여행·레저 분야까지 내비게이션용 디지털 지도를 공급하고 있음 • 최근 글로벌 시장 개척에 힘쓰고 있어 중국 스프레소프트사와 2002년 텔레매틱스 공동 사업에 대한 MOU를 맺고 중국 디지털 지도 작업을 수행중
로티스 (교통정보 수집 및 제공)	• 현대차 모젠, 쌍용차 에버웨이, LG텔레콤 이지드라이브 등 대기업들이 로티스의 정보를 활용해 텔레매틱스 서비스 제공 • 올해 초 말레이시아의 대표 SI기업인 겔롬방(GELOMBANG)과 기술 및 비즈니스 협력을 위한 양해각서(MOU)를 체결, 쿠알라룸푸르 교통정보수집 시스템 구축에 나설 계획
리얼텔레콤 (교통정보 수집 및 제공)	• 리얼텔레콤은 무선호출망(삐삐망)을 이용해 교통정보를 제공하는 독특한 비즈니스 모델 • 현재 KTF의 K웨이즈, 팅크웨어, KBS, SBS 등에 교통정보를 제공중이며, 앞으로 DMB 서비스를 계획중인 방송사로 채널을 확대할 계획을 가지고 있음

(4) 시스템 공급산업

- 텔레매틱스 서비스 센터 구축, 솔루션 개발 등에 참여하는 업체로 이너큐브, 포인트아이, 네이버 등 중소업체가 주축이다.
- 텔레매틱스 서비스 사업자 수가 한정되어 있어 센터 구축시장은 규모가 작아서 일부 업체는 국내에서 습득한 기술을 기반으로 해외진출을 모색중이나 정보 부족 등 어려움을 겪고 있다.

표 6-6 ▪ 주요 SI 및 솔루션 업체 활동 현황

구 분	내 용
포스데이타 (SI)	• 자체 텔레매틱스센터를 구축하고 현대오토넷과의 제휴를 통해 단말기를 개발하여 애프터 마켓용 서비스 제공 예정 • SI 업체의 강점을 살려 물류, 운송회사에 물류관리 시스템과 연계한 텔레매틱스 서비스를 구축해주는 SI프로젝트로 같이 진행하여 B2B 서비스를 계획하고 있는 것이 특징
SK C&C (SI)	• SK Telecom과 컨소시엄을 구성하여 제주도 텔레매틱스 시범도시 구축 과제에 참여 • 텔레매틱스를 비롯하여 통신 분야를 중점으로 한 RFID 사업에도 적극 진입
이너큐브 (SI)	• TELIC 구축은 물론, 쌍용 자동차 텔레매틱스 서비스인 '에버웨이'를 KTF와 공동으로 선보이면서 사업 영역을 확대 중 • DMB 등 신사업으로 사업확장을 준비중이며, 데이터 센터 구축 및 서비스 사업도 추진할 예정.
포인트아이 (SI 및 LBS 솔루션)	• 휴대폰 가입자의 위치정보를 이용해 다양한 부가 서비스를 제공하는 LBS 전문 업체로, 현재 KTF에 친구찾기, K-ways 서비스 등을 제공중

(5) TSP 사업자 현황

- 현재 국내 Before market 가입자 규모는 1만명 이상
- 현대기아자동차 'Mozen'
  - 현대기아자동차의 텔레매틱스는 지난 1996년 당시 선행개발센터의 ITS팀에서 사고기록 및 추적시스템(ARTS)을 연구하면서 시작
  - 현대기아자동차는 2003년 11월에 Mozen을 출시하면서 본격적인 텔레매틱스 서비스 제공
  - Mozen은 LG텔레콤 망을 사용하며, 휴대전화 단말기, 키트, 화면 등이 모두 내장되어 있다.

Chapter 6

	현대자동차	기아자동차
MTS 250	그랜저	-
MTS 200	소나타, 테라칸, 산타페, 트라제 XG, 투싼	리갈, 소렌토, 카니발 II, 스포티지
MTS 300	에쿠스	오피러스

−Mozen에서 제공중인 서비스는 다음과 같다.

Mozen Safety	SOS(긴급구난, 긴급견인, 긴급주유, 배터리 충전, 잠금해제, 타이어 교체, 기타 현장응급조치), 도난추적, 에어백 전개자동통보, 도난경보알림
Mozen Driving	빠른길 안내, 교통정보, 위험지역알림
Mozen Car Care	원격진단, 원격문열림, 소모품 관리, 주차위치알림, 내차위치전송
Mozen Life	추천맛집/여행지, 핸즈프리 이동전화, 생활정보, 개인정보관리
Mozen Secretary	비서서비스(길안내 목적지설정, 정보검색, 전화걸기)

−Mozen 서비스의 예

고급 AV
DVD 및 VCD 지원
MP3 CDP
TV, Radio

Full Map Navigation
Full Map형 내비게이션
위험지역 알림 서비스 기본 제공

차량 관리 기능
차량 소모품 관리 기능
원격진단 지원

그림 6-3 ▪ Mozen 서비스의 예

- 쌍용자동차 'EverWay'
  - 쌍용자동차는 KTF와 함께 독자적인 텔레매틱스 시스템을 개발하였다.
  - EverWay 서비스는 쌍용차 중에서도 고급 브랜드인 체어맨, 로디우스, 렉스턴 등에 옵션으로 장착되어 제공
  - EverWay에서 제공중인 서비스는 다음과 같다.

교통정보	운행전후로도 시간, 고속도로, 수도권 등 원하는 위치의 교통상황을 정지영상 및 문자로 안내
주행정보	출발지, 경유지, 최종목적지를 포함한 경로를 PC에서 web-GIS를 통해 검색, 안내
위치정보	POI 정보를 PC에서 web-GIS를 통해 검색해 원하는 지점까지 안내
생활정보	전용단말기 및 PC를 통해 날씨, 뉴스, 주식 등의 정보제공
My EverWay	이메일, 주소록, 일정관리, 차계부 등 관리가능

  - EverWay 서비스의 예

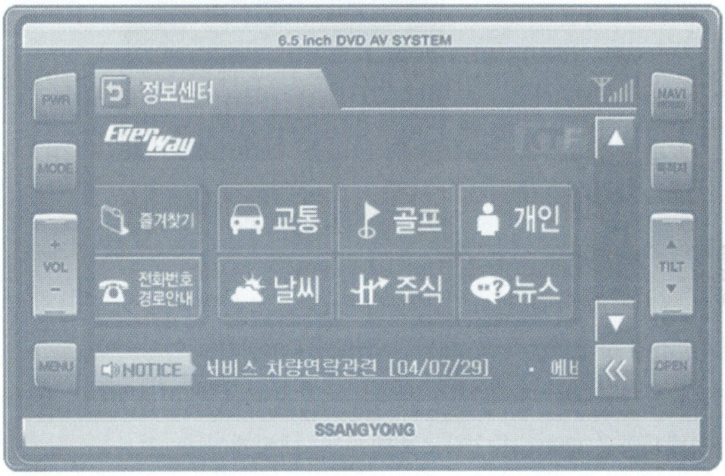

그림 6-4 ■ EverWay 서비스의 예

- 르노삼성자동차 'INS-300'
  - 르노삼성자동차는 2003년부터 삼성전자, SK텔레콤, TU 미디어콥 등과 전략적 제휴를 맺으며 이를 바탕으로 텔레매틱스 시장공략에 나서고 있다.
  - INS-300은 음성통화는 물론 길안내, 교통정보, 주변 시설물 찾기, 긴급구난 서비스, 생활정보 등 다양한 서비스를 제공하는 차량일체형 텔레매틱스 서비스로 SM 시리즈에 적용중이다.

－타 서비스에 비해 차량과의 연계 서비스가 부족한 편으로 지적되지만, DMB 사업자인 TU 미디어콥과 함께 위성 DMB 서비스 제공 예정이다.

－INS-300은 다음과 같은 서비스를 제공한다.

내비게이션 서비스	지도보기, 길안내(음성안내), 주변 시설물 찾기
핸즈프리 서비스	전화 서비스, SMS 서비스, 핸즈프리 서비스
생활정보 서비스	뉴스정보, 날씨정보, 골프정보
긴급구난	ERS(Emergency Rescue Service)

－INS-300 서비스의 예

그림 6-5 ▪ INS-300 서비스의 예

- 현재 국내 After market 가입자 규모는 50만 명 이상이다.
- SK텔레콤의 'Nate Drive'
  －SK텔레콤은 2002년 3월, 휴대폰에 내비게이션 키트를 장착해 사용하는 Nate Drive 서비스를 출시하면서 본격적으로 텔레매틱스 시장에 진출한다.
  －출시 2년 만인 2004년 4월에 가입자 10만 명 돌파하고, 12월에는 20만 명 이상의 가입하는 관심을 갖고 있다.
  －Nate Drive는 기존 내비게이션 서비스와 달리 무선망과 GPS를 통해 변화하는 교통상황을 실시간으로 수집, 분석하고 최적의 경로를 음성과 그래픽으로 제공하는 양방향 커뮤니케이션 서비스

Nate Drive 장비

Nate Drive 길안내 화면

그림 6-6 ▪ Nate Drive 서비스의 예

- KTF 'K-ways'
  - KTF는 2004년 5월 K-ways를 출시하고, 음성 내비게이션과 입체지도가 결합된 도로상황 안내를 제공해 타사와의 차별화 시도
  - KTF는 삼성화재와 함께 삼성화재 자동차보험 가입자를 대상으로 '애니넷' 서비스를 제공한다.
  - 애니넷 서비스는 고객이 교통사고를 당했을 경우 즉시 위치를 파악해 구조활동을 펼치는 '현장출동 서비스' 등 자동차보험 고유 기능을 강조한 것이 특징
  - 단말 타입에 따른 K-ways 서비스 종류는 다음과 같다.

그림 6-7 ▪ KTF 서비스 종류

Phone type	• 휴대폰 스스로 현재 위치를 계산하여 제공하는 서비스 • 차량 내에서뿐만 아니라 도보, 전철, 버스 등 다양한 이동수단에 따라 길안내 서비스, 안전운행 서비스 제공
Kit type	• 차량 내에서 사용하는 서비스로, 실시간 교통정보안내, 길안내, 전화번호 길안내, 긴급 도우미 서비스 등을 제공
Wide type	• 휴대폰과 내비게이션을 연결해 LCD 창을 통해 지도화면 및 음성 교통길안내 등을 받을 수 있는 서비스 • 터치스크린 방식

- LG텔레콤의 'ez Drive'
  - 2004년 9월, 이동통신사의 텔레매틱스 서비스 중 가장 저렴한 'ez Drive' 출시
  - ez Drive는 휴대폰으로 빠르고 안전한 길을 찾아주는 것을 비롯, 자동 길안내, 도로 위험안내, 맛집 안내 등의 서비스를 제공한다.
- Navigation 시장
  - 최근에는 100만대 이상 내비게이션이 보급되어 있는 것으로 추정되며
  - 차량 내장형 내비게이션 : 전체 차량 모델 중 2%가 내비게이션을 기본 사양으로 제공하고 있으며 약 18% 이상의 모델은 내비게이션을 옵션 사양으로 제공한다.

그림 6-8 ■ 소나타, 스포티지에 적용되는 내장형 내비게이션(현대오토넷)

  - On dash type navigation : 차량구입시 기본 장착이나 옵션 장착이 아닌 운전자의 필요에 의해 추후 장착해 사용하는 내비게이션

그림 6-9 ■ 탈부착 가능한 내비게이션

- 안전운전 단말기
  - 현재 안전운전 단말기는 총 100만대 이상 보급되어 있는 것으로 조사됨
  - 안전운전 단말기는 통상 GPS 단말기로 불리는 것으로 GPS 수신기가 내장된 단말기를 차량 내에 장착함으로써 운전자가 각종 도로정보를 습득하게 되는 것을 의미한다.

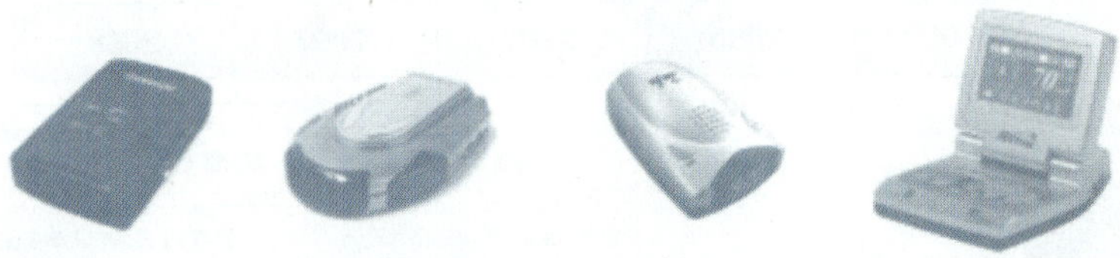
그림 6-10 ▪ 안전운전 단말기

(6) 국내 텔레매틱스 산업의 SWOT분석

강 점	약 점
• 세계 최고 수준의 유무선 통신 인프라 및 기술 확보 • 세계 5~6위권의 자동차 생산 • Early adapter로서의 소비자 특성 • 우수한 콘텐츠 개발능력	• 표준지도의 부재로 인한 중복투자 및 소비자 불편 가중 • 비싼 단말기 구입비용과 서비스 이용요금 • 전문인력 부족 • 자동차의 진동, 온도, 습도 등에 내구성이 강한 전자 부품 핵심 기술 취약
기 회	**위 기**
• 산업의 초기단계로 선진국과의 기술격차가 적음 • 정부의 차세대 성장 동력의 하나로 선정되어 핵심 기술 개발 및 제주도 시범사업의 추진, ITRC 지정 등 강력한 추진	• 도로교통법, 교통안전법 등 관련 법·제도 정비의 지체 • 이종 산업간, 부처 간 협력체계 결여 • 플랫폼 등에 대한 국제 표준화 과정에서의 주도권 취약 • 일본의 VICS나 미국의 OnStar와 같은 산업주도세력 부재로 인한 산업의 방향성 혼란 • 국책 사업에 대해 검토기간이 부족하여 사업 진행에 어려움이 존재

(7) 서비스 발전 전망

- 텔레매틱스 서비스는 통신망의 광대역화와 DMB, 홈네트워크, RFID/USN 등의 타 서비스 간 융합에 큰 영향을 받을 것으로 전망이다.
  - WiBro와 HSDPA 등 무선망이 광대역화됨에 따라 대용량 멀티미디어 서비스가 원활히 제공한다.
  - DMB 데이터 채널을 통해 실시간 교통정보를 제공하므로 동적 내비게이션 기능이 강화한다.
  - RFID/USN 기술과 미래형 자동차기술 등이 접목하여 첨단 차량 안전운행 서비스를 제공한다.

  ※ 교차로 충돌방지, 도로상황 정보제공, 졸음운전 경보, 차량 간 유고정보, 차선유지, 위험상황 경고 등

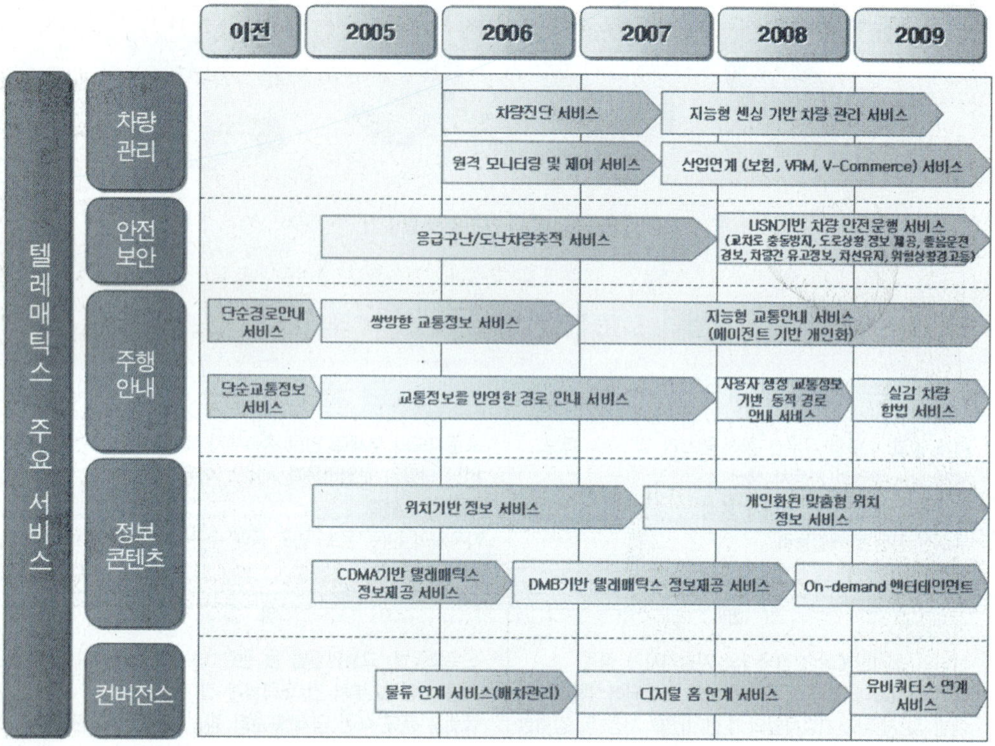

그림 6-11 ■ 텔레매틱스 서비스 발전 전망

(8) 기술 발전 전망

- 텔레매틱스 기술은 DMB, WiBro 등 IT839와 융·복합되는 기술개발이 진행될 전망이다.
  - 다양한 광대역 통신망과의 융합되고 저렴한 텔레매틱스 통신방법을 선택하여 사용자 부담을 낮추는 기술
  - 차량, 집, 직장 등 공간을 초월한 텔레매틱스 서비스를 위한 홈네트워크, 임베디드 SW 등과의 융합·연계 기술
  - 음성인식, 차세대 디스플레이, 첨단 자동차 기술을 통한 안전하고 편리한 차량 운행을 지원하는 기술 개발

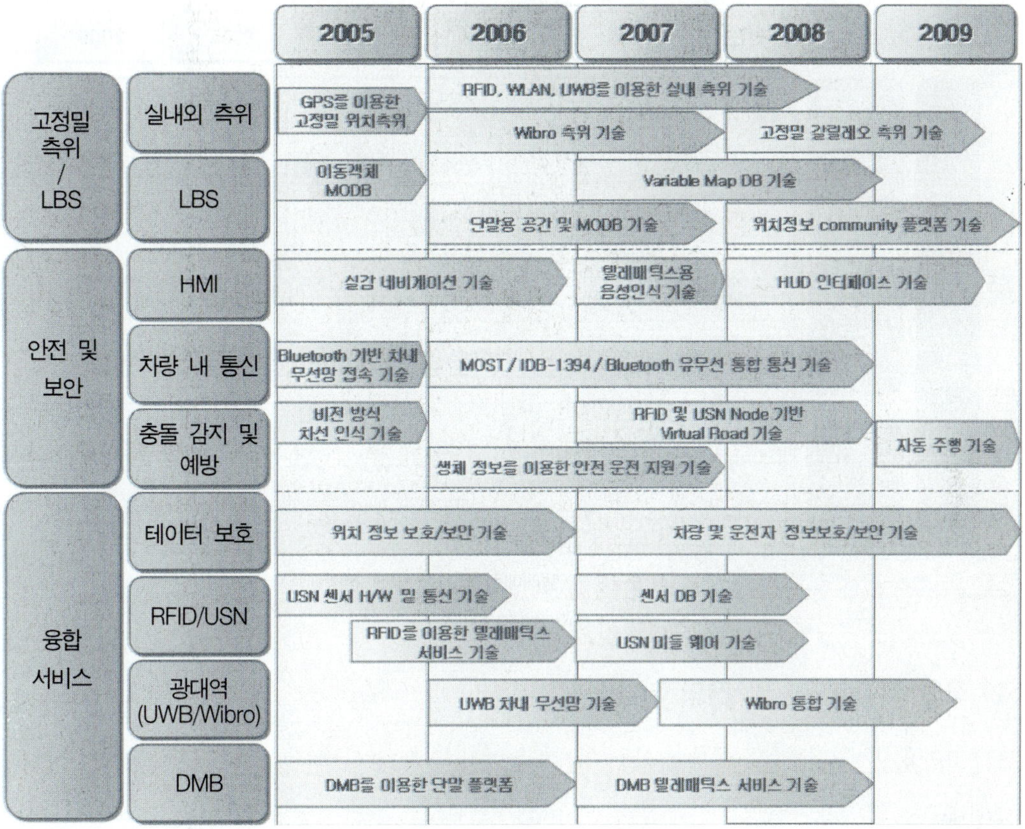

그림 6-12 ▪ 텔레매틱스 기술 발전 전망

(9) 시장 발전 전망

- 텔레매틱스 시장은 통신망의 광대역화와 기술발전에 따라 다양한 멀티미디어 서비스 차량관리 · 제어, 홈네트워크, RFID와의 접목을 통한 고품질 서비스를 제공하는 시장으로 발전
- 시장대체성이 있는 CNS는 단말기 시장에서 경쟁이 심화됨에 따라 미래 수익창출을 위해 DMB 등 신규 서비스와의 결합을 시도할 것으로 예상
  - 일차적으로 DMB와 단순 결합하여(통신망을 통한 쌍방향성을 갖지 않고) 저가의 내비게이션 서비스 전략을 택하면서 텔레매틱스와 경쟁 관계를 지속적으로 유지
  - 일부는 WiBro 등 통신망과 결합하여 쌍방향성을 갖는 텔레매틱스로 진화할 것으로 예상

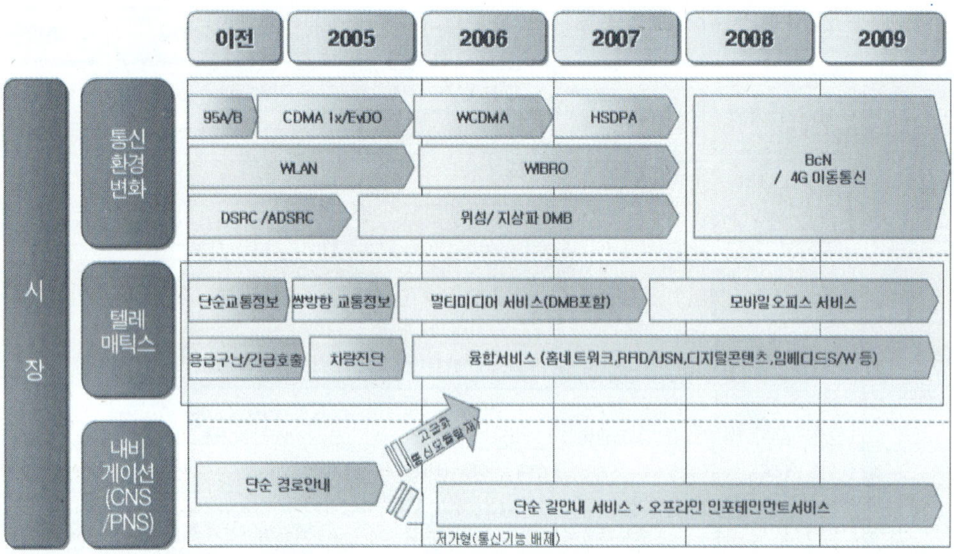

그림 6-13 ▪ 텔레매틱스 시장 발전 전망

2) 국외 시장 현황 및 전망

(1) 미 국

① 개 요

- 미국은 자동차 문화가 발달한 광범위한 국토로 인해 내비게이션보다는 안전(Safety) 및 보안(Security) 서비스 위주에 콘텐츠를 결합하는 방식으로 발전한다.
- 특히 장거리 운행이 많고 운행중 다른 차량이나 건물을 접할 수 없는 경우까지 종종 발생하므로 긴급구난, 도난방지, 도난차량 추적 등의 서비스 제공이 활발하다.
- 텔레매틱스 서비스의 수익모델 관점에서는 단말기나 시스템의 판매보다는 서비스 이용료 중심으로 사업이 전개되는 양상을 보이고 있다.
- 기본 혹은 옵션으로 텔레매틱스 시스템을 제공하는 브랜드는 2004년 25개, 차량 모델은 100개 이상이 존재하며, 텔레매틱스를 제공하는 승용차와 소형 트럭의 수가 지난 3년 동안 2배 이상 증가(Telematics Research Group, 2004.4)하였다.

표 6-7 ▪ 북미의 텔레매틱스 서비스 관련 사업구도

Value Chain	특 징	주요 업체
콘텐츠 사업자	• 유럽의 CP도 서비스 제공 • GPS 종주국으로 위치정보 발달 • Traffic 관련 콘텐츠는 미미한 상황 • 디지털 Mapping을 위한 콘텐츠는 활성화 단계	TeleAtlas, NavTech, Webraska, XM Radio, Sirius Radio
통신사업자	• CDMA, TSMA, GSM의 3개 표준이 혼합된 상태, 비표준화 → 시장 확대에 장애 요인 • 전국 커버리지를 가지는 사업자가 없음	Verizon Wireless Sprint PCS AT&T Wireless
TSP	• OnStar는 OEM이 설립, ATX는 Vodafone Mannesman이 투자자를 모아 설립 • Safety&Security가 주품목인 OnStar는 After Market에 진출 안함	OnStar ATX Technologies WirelessCar
OEM	• 텔레매틱스 사업의 가장 중요한 player • 다양한 차종과 OEM들이 존재하나 서비스는 고급차종에 우선적 제공중	GM, Ford, Honda, DC, BMW
단말기 제조업체	• 제조업체들은 Before&After Market용 상품을 동시에 개발중 • Infotainment와 Navigation System은 After Market에서 판매 가능	Delphi, Ericsson, Visteon, Qualcomm, Denso, Motorola

② 시장 현황

- 현재 북미 시장의 일반 소비자 시장은 Before Market과 After Market을 OnStar와 ATX Technologies가 양분하고 있으며, LoJack과 AirIQ가 약 30만 대 차량에 텔레매틱스 서비스를 제공하고 있다.
- 상용차(렌터카, 물류, 트럭, 트레일러, EMS-Emergency Medical Servcie 등) 시장에서는 Qualcomm이 가장 큰 시장을 형성하고 있고, NetworkCar, @Road 등이 그 뒤를 쫓고 있다.
- 2005년 북미 지역의 텔레매틱스 보급률은 약 2.04%로 예상되며, 상용차량 텔레매틱스 보급률은 7.21%, 일반 소비자 시장규모는 1.7% 규모로 예측된다.

표 6-8 ▪ 북미 텔레매틱스 서비스 보급률 현황

(단위 : 1,000)

분 류	가입 차량수	보급률
상용 차량	15,000	7.21%
소비자 차량	216,000	1.68%
총 계	231,000	2.04%

- 텔레매틱스 활성화 저해요인
  - CDMA, TDMA, GSM의 3개 표준이 혼합되어 전반적인 표준화가 이루어지지 않은 이동통신 상태를 가지고 있으며, 이는 모바일 폰 시장 확대에 장애요인인 동시에 텔레매틱스 서비스의 원활한 제공에도 영향을 미치고 있다.
  - 현재는 전국적 서비스 영역(Coverage)을 가진 사업자가 없어서 로밍(Roaming)을 통해서 전국을 커버하고 있는 형편이다.

③ 업계 현황

- 미국 내에서 제공되는 주요 텔레매틱스 서비스는 GM의 OnStar 서비스와 ATX Technologies의 ATX 등이 있다.
- 2002년 미국 텔레매틱스 단말기 판매 순위 10위권 내의 차량 브랜드에 제공되는 텔레매틱스 서비스는 대표적인 차량 제조업체인 GM의 OnStar 서비스가 약 80%로 가장 높으며, 다음으로 독립적인 텔레매틱스 제공업체인 ATX Technologies의 서비스가 약 13.7%를 차지한다.
- 이 밖에 텔레매틱스 서비스는 Ford의 Wingcast 서비스가 2002년 6월에 사업을 철수하는 등 실적이 낮은 편이다.
- ATX Technologies가 BMW, Mercedes-Benz, Maybach, Rolls-Royce Motor Cars 등의 여러 OEM을 통해 텔레매틱스 서비스를 제공중이지만 전체 가입자가 2002년 말 기준 30만 명으로, 이는 대표적인 OEM인 GM의 OnStar가 2003년 말에 250만 명에 육박한 것과 비교해 볼 때 가입자수 측면에서 차이가 크다.
- 그러나 앞으로 텔레매틱스 수요 증가와 이에 따른 기술의 발전을 통해 업체의 이익 제고, 텔레매틱스를 통한 고객 충성도 향상 등의 이점을 누리려는 여러 OEM들과 관련 업체들 속에서 텔레매틱스 산업은 크게 활성화될 것으로 보고 있다.

표 6-9 북미의 텔레매틱스 사업동향

구 분	2001년	2002년	2003년	2004년
텔레매틱스 제공 차량 제조업체 수	12	15	19	25
텔레매틱스 제공 차량 모델 수	51	67	88	101
차량 평균가격(달러)	40,166	48,097	47,969	39,962
텔레매틱스 시스템 평균 가격(달러)	2,218	1,900	1,238	922
텔레매틱스 지원 가능차량 판매량(백만 대)	1.63	2.02	2.45	N/A

〈GM의 OnStar〉

- 미국의 대표적인 자동차 제조업체인 GM의 OnStar는 1997년에 사업을 시작하여 안전 기능에 주안점을 둔 서비스를 선보이며 세계적인 텔레매틱스 붐을 일으켰다.
- 1997년부터 자동차 브랜드가 독립적으로 자체 센터를 구축하여 텔레매틱스 서비스를 제공한 대표적 사례로서 GM은 1999년에 OnStar를 독자적, 세계적 브랜드로 키우기 위해 타 OEM(Saab, Audi, Volkswagen 등)에 서비스를 제공하기 시작했으며 최근에 서비스 적용 차종이 전 종에 이른다.
- GM은 OnStar를 범유럽 텔레매틱스 서비스로도 추진중이며 Fiat 지분의 20%를 인수하여 Viasat 서비스를 OnStar로 통합하였다.
- 현재 옵션 체제인 OnStar를 GM 출고 차량의 100%까지 장착할 예정이다.
  - 현재까지 OnStar는 GM 차량의 2/3에 표준장비로 탑재되고 있으며, 가입자 수가 1,000만을 돌파하였다.
  - OnStar의 표준 장비의 장착은 모든 모델에 100% 장착하였다.
  - OnStar는 가입 첫해 무료로 제공되고 그 다음해부터는 기본적인 Safe & Sound Plan 상품의 경우 매월 16.95 달러의 이용료를 내야 하는 사업모델을 갖고 있으며, OnStar의 무료기간 이용 후 유료 수용률은 약 60% 정도이다.
  - 현재까지 OnStar의 표준장착 후 요금체계 변화 가능성에 대한 공식적인 발표는 없는 상태이다.
- 콜센터 중심의 Operator Interface의 비즈니스 모델에서 최근에는 음성인식을 활용한 단말기 자체의 Machine Interface로 변화하는 특징을 보이고 있는데, 여기서 가입자가 늘어날수록 Operator의 숫자도 늘려야 하는 문제를 안고 있는 실정이다.
- OnStar는 다양한 안전(Safety), 정보(Information) 그리고 비서 서비스(Concierge)를 가지고 있으며 이를 조합한 서비스 플랜을 제공중이다.
  - OnStar의 텔레매틱스 서비스는 크게 두 가지가 있는데 하나는 기본적인 안전·보안 서비스 플랜(Safe & Sound Plan)이다.
  - 다른 하나는 기본 서비스에 방향, 정보 서비스까지 제공하는 방향·정보 서비스 플랜(Direction & Connections plan)이다.
  - 이 서비스들은 차량구매시 옵션으로 제공되는 단말기를 구입하면 초기 1년은 무료로 이용할 수 있으며, 향후 1년 추가시 199 달러(기본)~399 달러(프리미엄) 정도의 서비스 이용료를 지불한다.

Chapter 6

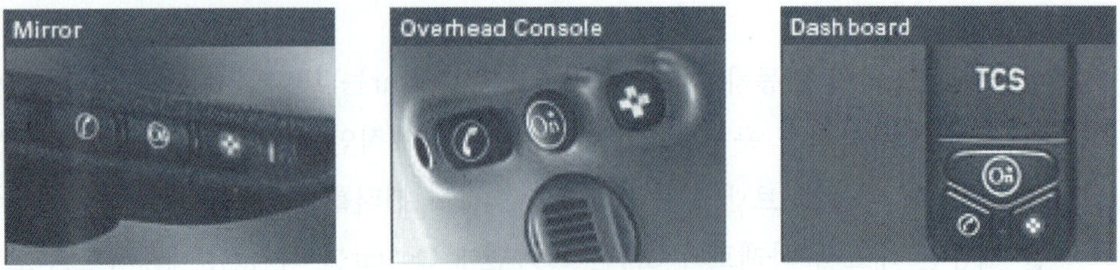

그림 6-14 ▪ 장착 위치에 따른 버튼 3-Button System

〈ATX Technologies〉

- ATX Technologies는 독립적인 텔레매틱스 서비스 제공업체로서 1994년에 설립, 1996년 Ford의 서비스를 대행한 이래 현재 여러 OEM 브랜드(BMW, Mercedes-Benz, Maybach, Rolls-Royce 등)를 통해 서비스를 제공하고 있다.
- 2000년 12월 말에 약 19만 대, 2004년 3월 말 기준으로 약 53만 대의 차량에 서비스를 제공하고 있으며 이는 지난 3년 동안 ATX 서비스 차량이 거의 3배가 증가한 수치이다.
- 또한 ATX Europe이 제공하고 있는 BMW-Europe를 통해 독일, 영국에서도 서비스 중이며, GM의 OnStar와 같이 자동차 제조업체가 중심인 텔레매틱스 서비스와 달리 차별화된 범용 서비스 제공 가능하다.
- 1996년에 텔레매틱스 서비스를 개척한 ATX Technologies는 2001년 6월에 미국 전역에 텔레매틱스 서비스를 최초로 개시한 이래 2002년 말 전체 회원수를 30만 명 이상 확보하였으며, 2003년 7월에는 텔레매틱스 서비스 제공업자인 Vodafone Passo GmbH를 인수하여 서유럽 시장진출의 발판 마련하였다.
- Mercedes-Benz의 TeleAid는 북미를 통해서, BMW의 Assist는 북미와 서유럽을 통해서 텔레매틱스 서비스를 제공하는 것으로 잘 알려져 있다.
- GM의 OnStar 다음으로 큰 텔레매틱스 사업자이며, 텔레매틱스 서비스 사용 고객의 연간 사용료에서 주 수익을 얻었으나 2003년 말부터 OEM 서비스와 관련된 수익도 창출하기 시작하였다.
- 서비스 제공에 있어서 연중무휴 서비스인 "24/7/365 기반의 반응센터(Response Center)"의 운영이 특징적이며, 긴급 서비스(Emergency services), 항법 서비스(Navigation services), 개인화된 텔레매틱스 가입자 웹 포털 서비스 및 여러 부가 서비스도 제공한다.

〈기 타〉

- OnStar, ATX Technologies를 제외한 미국 내 텔레매틱스 서비스를 제공하는 업체들의 실적은 낮은 편이다.
  - Ford가 미국의 이동통신 사업자인 버라이존(Verizon)과 제휴하여 만든 Wingcast라는 텔레매틱스 서비스가 있었는데, 이는 100개 채널의 위성 라디오 방송(Sirius Satellite Radio), 원격진단, 도난차량 추적 등의 텔레매틱스 서비스를 제공하였으나 가입자 수가 기대에 못 미쳐 수익 부재로 2002년 6월에 사업 철수하였다.
- 에릭스, 볼보, 텔리아의 3개사가 합작 설립한 스웨덴을 중심으로 사업을 추진중인 차량 텔레매틱스 벤처인 WirelessCar가 차량 제조업체와 상업용 차량을 위한 텔레매틱스 서비스 제공을 위해 북미에 진출중이다.
- 영국의 여행관리 선도회사인 Trafficmaster가 2001년에 미국의 모바일 기반 차량관리 솔루션 제공전문 업체인 Teletrac를 인수하여 현재 약 4만 대의 차량에 위치 및 통신 서비스 제공하였다.

④ 시장 전망

- 미국의 텔레매틱스 시장 전망을 보면 2001년에 약 11%의 차량에 텔레매틱스 시스템이 장착되었는데, 이는 전세계 텔레매틱스 탑재 차량의 약 90%에 해당하는 규모로 초기 미국의 텔레매틱스 시장이 전세계를 대표했다고 볼 수 있다.
- 텔레매틱스 지원 차량은 2007년까지 약 500만 대, 2010년까지는 약 1,000만 대, 2025년까지는 모든 차량에 장착될 것으로 예상이다.
- 상용 차량의 텔레매틱스 보급률은 2000년에 6%였으나 2007년에는 19%에 달할 것이며, 2010년까지 미국 내 판매되는 차량의 약 42%인 약 760만 대에 텔레매틱스 시스템이 장착될 것으로 전망이다.
- 한편, 텔레매틱스 서비스 가입자는 2001년에 210만 명 규모에서 2005년에 1,340만 명, 2010년 4,400만 명으로 증가율이 40%에 달할 것이며, 서비스 및 기기 매출액 규모도 2001년 4억 달러에서 2010년에 146억 달러로 평균 49% 이상의 높은 성장률을 보일 것으로 전망이다.
- 안정적인 성장 전망에도 불구하고 최근 북미 시장에서 텔레매틱스 서비스 제공을 포기하고 있는 자동차 브랜드가 증가하고 있다.
  - 최근 GM의 OnStar 표준 탑재 전략 등 공격적인 OnStar 확대 전략에도 불구하고 GM 계열사를 제외한 다른 차량 브랜드들의 OnStar 탑재 포기가 확산되고 있다.

- 최근 Volkswagen, Audi, Subaru 등 GM OnStar를 사용하던 제조업체들의 OnStar 탑재 포기를 결정하였으며, Honda 역시 OnStar 탑재 포기를 고려중이다.
- 특히, Audi는 기대에 미치지 못하는 가입자 수 규모와 브랜드 경쟁력 강화에 큰 영향을 주지 못한다는 이유로 현재 OnStar를 채택하고 있는 A8 모델을 마지막으로 OnStar 탑재를 포기할 계획이다.
- 반면, GM 계열사를 제외하고는 Lexus만이 유일하게 OnStar의 탑재를 확대하고 있는데, Lexus는 2003년 통신망과 관련한 문제로 서비스 제공을 포기했던 Lexus Link(OnStar의 Lexus 브랜드명)를 2006년형 GX470과 LX470에 다시 탑재하기로 결정

• GM 이외 브랜드들의 텔레매틱스 서비스 포기는 향후 텔레매틱스 서비스 시장 확대에 부정적인 영향을 미칠 것으로 예상되며 대책 마련이 필요하다.

(2) 유 럽

① 개 요

• 유럽의 텔레매틱스 서비스는 북미와 일본의 중간적 형태로서, 내비게이션과 POI(Point of Interest) 정보 같은 실시간 원격지 운전자 지원을 가능하게 하는 콜센터 기반 서비스에 역점을 두고 있다.

• Mercedes-benz나 Volvo 등 유럽 자동차 업체들은 내비게이션과 교통정보를 통합한 수준의 텔레매틱스 서비스를 실시하고 있으나 보급률은 미국이나 일본에 비해 낮다.

• 그러나 차량항법장치와 교통흐름 정보안내 서비스가 통합된 형태로 제공 서비스가 발전하고 있으며, 2006년까지는 응급구조 서비스와 안전관련 서비스가 빠르게 성장할 것으로 전망한다.

• 서유럽 지역은 경로 및 안전 중심의 텔레매틱스 서비스가 주를 이루며 이로 인해 미국과 달리 이동통신 단말기를 통한 내비게이션 서비스의 제공이 높은 편이다.

• 유럽의 텔레매틱스 시장은 주로 서유럽 국가들이 주도한다.
특히 독일, 프랑스, 이탈리아, 영국 등 주요 4개국의 2003년까지의 누적 텔레매틱스 시스템 보급대수는 서유럽 전체 누적 보급 대수인 127만 대의 85%인 105만 대에 달한 것으로 나타나 그 밖의 국가들에서는 아직 텔레매틱스 산업이 활성화되지 못하고 있음을 알 수 있다.

• 유럽은 1990년대 후반부터 본격적으로 텔레매틱스 사업 추진하고 있다.
그 결과 2003년까지 서유럽 13개국, 15개 자동차 회사가 텔레매틱스 서비스를 제공한다.

② 시장 현황

- 유럽의 텔레매틱스 시장은 주로 서유럽 국가들이 주도한다.
  특히 독일, 프랑스, 이탈리아, 영국 등 주요 4개국의 2003년까지의 누적 텔레매틱스 시스템 보급 대수는 서유럽 전체 누적 보급 대수인 127만 대의 85%인 105만 대에 달한 것으로 나타나 그 밖의 국가들에서는 아직 텔레매틱스 산업이 활성화되지 못하고 있음을 알 수 있다.
- 유럽은 1990년대 후반부터 본격적으로 텔레매틱스 사업 추진하였으며, 그 결과 2003년까지 서유럽 13개국, 15개 자동차 회사가 텔레매틱스 서비스를 제공한다.
- 유럽은 2003년 기준 60개의 단말기 제공차량 모델, 14개의 OEM 브랜드, 1,787 달러의 단말기 평균 가격 등을 나타내 미국과 일본의 중간수준이나, 텔레매틱스 서비스의 연간 평균요금은 235 달러로 다른 지역에 비해 높은 편이다.
- 텔레매틱스 산업을 살펴보면 유럽은 하드웨어와 애플리케이션을 포함하는 텔레매틱스 시스템 부문이 2003년 기준 82%의 시장을 점유하고 있으며, 콘텐츠를 포함한 서비스 부문은 18% 정도로 적은 부분을 차지한다.
- 최근에는 상용 차량의 50%가 텔레매틱스 시스템을 장착할 것이다.
- 향후 2010년까지 텔레매틱스 서비스 산업의 높은 성장이 기대되어 유럽 전체 텔레매틱스 매출의 38% 이상을 차지할 것으로 예상되지만 서비스 유형, 가격결정, 사업모델 등은 아직 유동적이다.
- 유럽지역은 정보, 통신사, 자동차사 및 장비업체가 참여한 ERTICO(European Telematics Implementation Coordination Organization)를 통해 1980년대부터 텔레매틱스 R&D와 시범사업을 추진해 왔으며, 2001년부터 3세대 텔레매틱스 프로젝트 관련 클러스터 지원을 하고 있다.
- 특히 스웨덴은 투자유치기관인 ISA(Invest in Sweden Agency)의 주도하에 민간기업과 공동으로 텔레매틱스 밸리 구축 등의 사업을 추진하고 있다.
- 또한, 영국의 WMG(Warwick Manufacturing Group), 네덜란드의 TGS(Telematics Graduate School) 등과 같은 텔레매틱스 대학에서 전문적으로 기술개발과 인력양성을 추진중이다.

표 6-10 유럽의 텔레매틱스 서비스 관련 사업구도

Value Chain	특 징	주요업체
콘텐츠 사업자	· 전 유럽을 대상으로 서비스 제공중 · Traffic Service의 경우 Beacon을 통한 정보 축적 · TeleAtlas의 경우 광범위한 디지털 지도 작성 완료	DDG, TeleAtlas, Traffic Master Webraska, Manesmman Telecommerce, ADAC
통신사업자	· 텔레매틱스 산업의 중요한 player · 2G는 GSM, 3G는 UMTS로 표준화 · 전 유럽을 커버하는 사업자 없음	T-Mobile Traffic Mannesman
TSP	· 다양한 교통 및 위치정보 서비스 제공 · ADAC는 자동차협회로서 가장 많은 고객 DB확보로 AfterMarket이 강자로 부각 가능성	T-Mobile Traffic, Traffiocmaster, OnStar, ADAC
OEM	· 텔레매틱스 산업의 가장 중요한 player · 독일에서는 차가 중요한 자기과시 상품	Mercedes-Benz, BMW, PSA Group, Fiat Group, Audi Opel
단말기 제조업체	· 자동차용 전자장비 제공업체와 차량 장비의 After Market이 활성화 되어 있음 · 이에 따라 After Market에서 텔레매틱스 관련 상품의 판매 기반 정착	Motorola, Becker, Blaupunkt, Nokia, Mannesman VDO, Alcatel, Bosch, Siemens

③ 국가별 현황

- 독일은 유럽 텔레매틱스 서비스의 선두주자로서 OEM 중심으로 사업이 추진되고 있으며 다른 유럽 국가들에 비해 텔레매틱스 지원 차량의 보급률이 높다.
  - Mercedes-Benz의 TeleAid와 BMW의 Assist 시스템은 Vodafone과 T-Traffic을 TSP로 이용하여 웹 포털 액세스 서비스까지 제공하고 있다.
  - Opel은 제공하는 텔레매틱스 옵션이 가장 다양하며 미국의 주요 텔레매틱스 서비스인 OnStar를 이용하여 안전 및 보안에 치중하고 있다.
- 프랑스는 Citroen과 Peugeot를 생산하는 PSA 그룹에 의해 텔레매틱스 시장이 주도되고 있으며, Citroen은 유럽 9개국에 Peugeot는 10개국에 텔레매틱스 시스템을 공급
  - 프랑스는 유럽 제 2위의 규모를 가지고 있는 가운데, 독일과 비교하면 이동통신 단말기 통합 시스템이 시장을 주도하고 있다.
- 이탈리아의 Fiat 그룹은 독일의 Mercedes-Benz나 BMW에 비해 고급이 아닌 중소형 차량 모델에 대한 텔레매틱스 시스템 보급의 특징을 가지고 있어서 텔레매틱스 산업의 대중화 가능성을 보여주고 있다.
  - TagaSys라는 자체 TSP를 통해 다른 OEM에까지 서비스를 제공중인데 Connect 시스템을 통해 유럽 전체를 커버하고 있으며, 내장형 GSM 전화를 이용하고

High-end MP3 오디오 기능을 포함한 다양한 서비스도 제공한다.

–Fiat 그룹은 유럽의 어떤 OEM에도 텔레매틱스를 구현할 수 있는 기술력을 가지고 있어 유럽 텔레매틱스 OEM 부문에서 선두 역할을 하고 있으나 AM의 해외의존도가 다른 유럽 국가에 비해 높은 것이 단점이다.

- 영국은 Ford가 텔레매틱스 시장에서 철수한 이래 아직 대표적인 OEM 업체는 없으며, 다른 유럽 주요 국가에 비해 텔레매틱스 산업의 활성화가 늦은 편이다.

표 6-11 ▪ 유럽 각국별 텔레매틱스 시장 및 제조업체 현황

구 분	텔레매틱스 서비스 현황
독 일	• 다른 유럽국가에 비해 텔레매틱스 지원 차량 보급률이 높으며, 현재 12개 OEM브랜드가 텔레매틱스 지원 차량을 공급중 • 텔레매틱스 보급이 5년째로 OEM을 중심으로 견고한 파트너십 형성중 • 2005년 텔레매틱스 장착률이 6.0%이며 2006년에는 11%, 2010년에는 52.9%로 전망 • Mercedes-Benz는 고급 승용차 부문에서 텔레매틱스 시스템 보급률 1위로 2005년 기준 서유럽에 판매된 96만 대의 차량 중 6.6%인 약 6만 5천대에 텔레매틱스 시스템을 장착하였으며, 2002년에는 판매된 차량의 5.5%인 5만 5천대 장착 ※ Mercedes-Benz의 TeleAid : 실시간 교통 데이터를 포함해 선택 가능한 TSP를 통해 전달받는 모델. 비상전화(E-call)와 고장 서비스(B-call) 포함. 하드웨어 시스템은 약 1,500유로 • BMW의 2002년 텔레매틱스 시스템 장착률은 6.7%, 2005년에는 10% 수준이며 텔레매틱스 역량강화 수단으로 고객 충성도 제고가 목적
프랑스	• Citroen와 Peugeot을 생산하는 PSA 그룹이 텔레매틱스 시장 주도 • 유럽 제 2위의 시장 규모를 보이고 있으나 독일에 비해 차이가 큼 • 누적 시스템 판매량은 2005년 21만 2천대로 전체 유럽의 약 17% 차지 • 독일에 비해 이동통신 단말기 통합 시스템 보급이 시장을 주도 • Citroen와 Peugeot를 생산하는 PSA 그룹은 유럽 OEM 텔레매틱스 부문에서 선두 기업 ※ Cietroen은 Auto PC, Peugeot는 RTS라는 텔레매틱스 시스템 제공중
이탈리아	• 이탈리아와 프랑스의 OEM에서 제공하는 시스템이 주로 보급되어 있으며 현재 15개의 브랜드가 시스템 보급중 • 누적 시스템 판매량은 약 19만 6천대로 전체 유럽의 16% 정도 차지 • 무선통신 기술과 주변장치의 해외 주도로 AM의 해외 의존도가 다른 유럽 국가에 비해 높은 편
영 국	• 2005년 전체 텔레매틱스 시스템 장착률은 2.51%이며, 2010년에는 57.1%로 전망 • 누적 시스템 판매량은 2005년 약 11만 대로 전체 유럽의 6.7% 정도 차지 • 유럽 주요 국가에 비해 텔레매틱스 산업 활성화가 늦은 편 • Ford가 영국 텔레매틱스 시장에서 철수한 이후 아직 OEM 시장이 없으며, 상대적으로 AM제품은 비교적 성공적으로 평가
기타 유럽국가	• 서유럽 국가 중 텔레매틱스 시스템이 판매되는 국가는 15개국 • 스웨덴을 비롯한 북유럽 국가는 GDP가 높아 2007년경에 타 서유럽 국가의 텔레매틱스 보급률에 이를 것으로 전망 • 폴란드, 체코, 헝가리 등은 2007년경 텔레매틱스 시스템 보급이 시작될 것으로 전망 • 스페인, 포르투갈, 그리스 등은 상대적으로 시스템 보급이 늦은 편

④ 시장 전망

- TRG(Telematics Research Group)에 따르면 향후 2010년에는 텔레매틱스 시스템 간 수익 비율이 모니터 및 비모니터형을 합한 임베디드 텔레매틱스 시스템이 72%로 증가하고, 현재 항법용으로 널리 퍼져 있는 이동통신장치 통합 시스템이 28%로 감소할 것이라고 분석하고 있다.
- 따라서 유럽 지역의 텔레매틱스 시스템 시장은 현재 이동통신 단말기를 통한 AM 중심에서 미국과 같은 OEM 주도의 BM(Before Market)으로 옮겨갈 것이라는 것을 예상할 수 있다.
- Strategy Analytics에 의한 유럽 지역의 시스템 및 서비스를 합한 텔레매틱스 시장 규모에 대한 전망을 나타내는데 2004년에 약 22억 달러였던 텔레매틱스 시장 규모가 2010년에는 약 36억 달러로 성장할 것으로 예상이다.

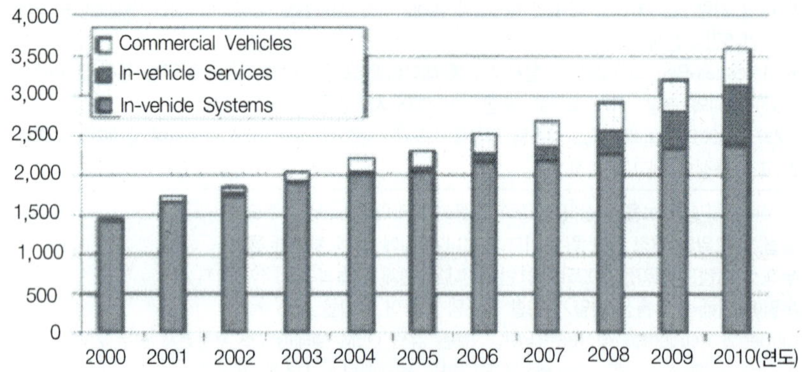

그림 6-15 유럽의 텔레매틱스 시장 규모

⑤ 업계 현황

〈T-Mobile Traffic의 T-Traffic〉

- 유럽 내 텔레매틱스 시장의 개척자이며 가장 큰 서비스 사업자인 Daimer Chrysler가 Deutche Telecom과 합작 설립한 TEGARON Telematics 회사를 거쳐 현재는 T-Mobile International의 자회사이다.
- T-Mobile Traffic은 안전 · 편안함 · 이동성을 위한 텔레매틱스 서비스 제공에 있어서 이동통신과 차량 서비스 양쪽 분야에서 노하우를 보유하였으며, 유럽 이동통신사 중에서 가장 선두 기업으로서 TEGARON Telematics라는 이름으로 1997년에 서비스를 제공한 이래 텔레매틱스 분야의 개척자로서 노력해오고 있다.

- 현재 영국 내 고속도로 및 간선도로 중심으로 교통정보를 수집하여 제공하고 있으며, 2000년에 독일, 프랑스, 이탈리아의 유럽 지역 내에 자회사를 설립하여 수집체계를 구축하기 시작했다.
- 초기에 AM용 단말기 판매에서 2000년부터 여러 OEM들과의 제휴를 통한 사업전략으로 방향 전환하고 있다.
- 비상구조 서비스인 'E-call'을 통해 운전자가 연락할 수 없어도 비상사태를 구조센터에 보고하여 구조에 걸리는 시간을 줄이는 자동 시스템을 유럽에서 처음으로 제공했다.
- 단말기 종류로는 동적 내비게이션 시스템인 T-Mobile NaviGate, 노키아의 모바일 폰, 이동통신 항법기기인 T-Mobile MDA 등이 있으며, 교통정보 서비스(Info), 경로안내 서비스(Route), 지리정보 서비스(Guide), 항법 서비스(Scout), 안전·보안 서비스(Safety)의 5가지 서비스를 제공하고 있다.
- Audi, Mercedes-Benz, Volkswagen, Daimlerchrysler, Renault와 파트너십을 유지하고 있다.

Chapter 6

〈Trafficmaster의 Trafficmaster〉

- Trafficmaster는 1988년에 설립된 영국의 여행관리 선도회사로서 위성항법과 디지털 교통정보 및 차량추적 서비스를 제공
- 주요 제공 서비스로는 항법 서비스(Navigation), 차량추적 서비스(Vehicle Tracking), 교통정보 서비스(Traffic)
- 1990년부터 8,000마일 이상의 도로를 커버하는 교통흐름 모니터링 네트워크를 구축해 실시간 교통정보를 제공
- 단말기 종류로 위성 내비게이션 시스템인 Smartnav는 698유로, 연간이용료는 120유로이며, GPS 기반의 차량추적 시스템인 RAC Tracker는 299유로, 연간 이용료는 Smartnav와 같은 120유로, 음성기반의 실시간 교통정보 제공 모듈인 Trafficmaster Freeway는 1년간의 정보 서비스를 포함하여 79.99유로에 제공

(3) 일 본

① 개 요

- 일본의 텔레매틱스 시장은 안전 및 보안 서비스 제공보다는 길안내 서비스가 중심을 이루고 있으며, 특히 도로 교통정보 통신 시스템인 VICS(Vehicle Information & Communication System)를 통하여 실시간 교통정보를 무상으로 제공함으로써 교통

정보 및 경로안내 서비스 위주의 시장으로 형성되고 있다.

- 일본 정부는 텔레매틱스 산업을 육성함에 있어서 ITS, GIS, GPS 등 IT 기술과 자동차 등 타 기술과의 융합을 추진하고 있으며, 도로가 복잡하고 도심 내 교통혼잡이 극심하기 때문에 일찍부터 카내비게이션이 도입되어 서비스되고 있다.
- 카내비게이션 시장규모 추이를 보면 장착차량 수는 1998년 이후 매년 평균 20% 내외의 증가율을 보이며, 시스템 가격도 꾸준히 하락하고 있는 추세이다.

② 시장 현황

- 일본의 주요 텔레매틱스 사업은 공공기반의 VICS와 CP(Content Provider) 및 단말기 제조업체가 주도한다.
- 최근 들어 OEM(Original Equipment Manufacturer)업체인 Toyota가 "G-BOOK" 서비스를, Nissan이 "Carwings" 서비스를, Honda가 "InterNavi Premium" 서비스를 제공하고, CNS(Car Navigation System) 업체로는 Pioneer가 "Air Navi" 서비스를 제공하는 등 활발한 움직임을 보이고 있다.

  –특히 Toyota, Nissan, Honda 등의 업체들은 과거부터 제공해 왔던 초기 버전의 텔레매틱스를 최근 들어 대폭 네트워크화시킴으로써 명실상부한 텔레매틱스 산업을 주도하고 있다고 볼 수 있다

표 6-12 ▪ 일본의 텔레매틱스 서비스 관련 사업구도

Value Chain	특 징	주요 업체
콘텐츠 사업자	· 교통정체 해소를 위한 Traffic Information 주도(VICS가 주도) · 지방자치단체의 ITS에의 활발한 투자를 통한 실시간 교통정보 서비스를 위한 여건 확립 · 주요 텔레매틱스 산업 주도자	JAF, JTB, Edia, Whether News, Kydo, Zenin, VICS
통신 사업자	· PDA 기반으로 표준화되어 있고 3G는 UMTS로 표준화될 것임 · 모바일폰의 보급률이 높고, 모바일 인터넷에 발달되어 있음	J-phone, KDDI Group, NTT DoCoMo
TSP	· VICS를 제외한 TSP는 OEM이 여러 회사와 컨소시엄을 구성하여 설립 · VICS는 80개 기업이 기금을 모아 설립한 도로교통정보 시스템 센터로 서비스 외에 축적된 콘텐츠를 여러 서비스 제공업자에게 제공	MONET, Honda, Carwings, Mazda, E-call, VICS
OEM	· 유럽이나 미국에 비해 상대적으로 텔레매틱스 산업의 주도권이 작음	Toyota, Honda, Nissan, Mazda, DC
단말기 제조업체	· 여러 전자 회사들이 항법 시스템 개발을 통해 텔레매틱스 산업을 OEM보다 먼저 주도	Motorola, Becker, Blaupunkt, Nokia, Mannesman VDO, Alcatel, Bosch, Siemens

③ VICS

- 정부 주도 도로교통정보의 유기적인 관리 시스템과 민간기술의 접목을 통한 도로정보와 교통상황 전달체계를 갖춘 VICS는 현재 세계적인 수준에 있으며, 차량 적재대수 약 2,000만대 이상에 ETC 이용률은 약 50%이다.
- VICS에서 부처 간 협력
  - 1994년부터 우정성, 운수성, 경찰청, 통산성 등이 VERTIS(Vehicle, Road & Traffic Information System)란 협의체를 통해 ITS 및 전국 교통정보와 항법지도 제공을 지원하여 도코모와 도요타 등의 텔레매틱스 사업의 인프라를 구축
  - IT 전략본부를 중심으로 4개 부처(총무성, 경제 산업성, 국토 교통성, 경찰청)가 공동으로 추진
  - 4개 부처는 ITS 추진 단체인 ITS Japan, ITS의 국제협력 기관인 ITS 표준위원회 등과 협력하여 사업을 추진중이며, 전국 단위로 추진

표 6-13 ▪ VICS의 출하대수

(단위 : 대)

	제1/4분기 (4~6월)	제2/4분기 (7~9월)	제 3/4분기 (10~12월)	제4/4분기 (1~3월)	연도 합계	누계
1996년	20,699	34,124	40,342	33,317	128,482	-
1997년	49,299	82,155	104,087	78,469	314,010	442,492
1998년	148,819	132,913	172,514	122,921	577,167	1,019,659
1999년	192,376	207,091	208,818	187,487	795,772	1,815,431
2000년	233,992	231,134	290,629	233,004	988,759	2,804,190
2001년	368,456	414,055	490,063	411,846	1,684,420	4,488,610
2002년	493,588	488,192	580,246	530,276	2,092,302	6,580,912
2003년	586,522	616,094	675,013	658,567	2,536,196	9,117,108
2004년	658,543	663,722	739,674	706,530	2,768,469	11,885,577
2005년	741,903	747,819	-	-	1,489,722	13,375,299

- VICS 센터에서는 3개의 통신 · 방송 미디어로 정보 제공한다.
  - FM 다중방송 : 전국에 설치된 VICS FM 방송국으로부터 FM 방송파를 이용하여 광역정보를 일괄하여 제공한다.
  - 전파 beacon : 고속도로에 설치되어 전파에 의해 전방 200km 정도의 고속도로의 도로교통정보를 중심으로 제공한다.

－光 beacon : 주요 일반도로에 설치되어 光에 의해 전방 30km 정도 앞까지의 일반 도로의 도로교통정보를 중심으로 제공한다.

그림 6-16 ▪ VICS의 구조

④ 업체 현황

표 6-14 ▪ 일본 텔레매틱스 사업자 동향

구 분	Toyota		Nissan		Honda	Mazda
서비스명	MONET	G-BOOK	CompassLink	Carwings	InterNavi	Mazda 텔레매틱스
서비스 개시	1997년 11월	2002년 10월	1998년 9월	2002년 8월	1998년 7월	2002년 7월
통신접속방법	휴대전화	전용통신 모듈 또는 휴대전화	휴대전화	휴대전화	휴대전화	휴대전화
회원수	4만 명	4만 명	2천명	N/A	30만 명	5천명
이용료	가입비 2,500엔 600엔/월	650엔/월 5,600엔/6개월 6,600엔/년	가입비 5,000엔 2,500엔/월	가입비 2,100엔 5,250엔/년	가입비 2,500엔 인터넷 무료	차량 이용자 무료
주요 서비스	• 내비게이션 • 교통정보 • 이메일 • 멀티미디어 콘텐츠 • 인터넷 포털서비스	• MONET의 확대로 Safety, Security • E-Commerce	• 내비게이션 • 교통정보	• CompassLink의 확대로 Safety, Enjoy • 메일, Auto DJ	• 인터넷 포털	• 내비게이션 • 교통정보 • 보안

〈Toyota의 G-Book〉

- Toyota는 1998년 4월에 일본형 텔레매틱스 컨셉인 MONET을 도입했으나 낮은 데이터 통신속도와 비현실적인 요금체계 및 서비스 품질에 대한 낮은 소비자 평가 등으로 한계에 부딪혀 이를 극복하고자 G-BOOK을 시도한다.
- G-BOOK은 E-Commerce 전문 웹사이트인 GAZOO와 긴급구조 서비스인 HELPNET를 일원화시킨 통합 시스템 개념으로 2002년 10월 시작되었으며, KDDI의 1X 네트워크에 기반한 G-BOOK 단말, 휴대폰, PDA, PC, E-Tower 등 다섯 가지 유형의 단말을 통한 서비스를 제공한다.
- G-BOOK은 항법 서비스, 정보 서비스, 엔터테인먼트 서비스, 의사소통 서비스, 안전·보안 서비스, E-Commerce 서비스로 대별되며, 2004년 10월 현재 총 64개의 개별 서비스가 제공되고 있는 가운데 뉴스, 일기예보, e-mail 등 41개 서비스는 무료로 제공한다.
- 현재 콘텐츠 강화를 목적으로 엔터테인먼트 중심의 메뉴화를 꾀하고 있으며, 안전 및 보안 서비스, 기업용 서비스를 확대하고 있다.
- 또한, G-BOOK은 MONET와 GAZOO를 통합한 새로운 정보 네트워크로 향상된 MONET 시스템으로 지도정보나 음악수신은 개인용 컴퓨터나 편의점 등에서 SD카드에 다운로드할 수 있으며, 2004년 중에는 옵션용을 포함하는 대응 차종을 50종으로 확대할 전망이다.
- G-BOOK은 타사와 대비해 다양한 서비스와 콘텐츠를 제공한다는 점이 가장 큰 특징이라고 볼 수 있는데 이것은 MONET의 취약점인 콘텐츠 서비스의 강화(음성 작동 가능, 정액요금제 등)에서 비롯된 것이라 할 수 있다.
- Toyota의 차량 기능에 대한 직접 제어와 자사 KDDI를 통한 모바일 콘텐츠/서비스 역량의 결합은 G-BOOK에 경쟁 우위를 부여해주고 있다.
  - 이를 배경으로 G-BOOK 서비스의 value positioning은 차량 내에서의 다양한 콘텐츠 활용, 이종 단말기 상호 간의 끊임없는 서비스를 제공하는 '차량 중심형 디지털 컨버전스(Vehicle-centric Digital Convergence)' 환경을 구축하고 있다.
  - 이는 북미 사업자 및 주요 자동차 메이커 중심으로 전개되고 있는 Safety & Security에 특화된 텔레매틱스 서비스와 비교할 경우 접근방식에서 차이가 있다.

〈Honda의 InterNavi〉

- Honda는 2002년 10월 InterNavi 서비스를 기반으로 "InterNavi Premium Club" 서

비스를 시작했으며, 설문지를 통해 선정한 도로교통정보 서비스와 지도갱신 서비스에 중점을 두고 있다.

- 차량 항법장치, PC, 휴대전화 등과 InterNavi 정보 서비스를 연결하여 on demand형 VICS 및 차량관리 정보, 드라이브 정보 등을 제공한다.
- VICS와 연계한 운전 소요시간 계산 서비스와 도로 어시스턴스 서비스인 'QQ콜'이 중심이 되고 있으며, 실시간 도로교통 정보제공 서비스 강화를 통한 차별화 전략으로 오퍼레이터를 통한 정보제공 서비스 시행하고 있다.

〈Nissan의 CompassLink, Carwings〉

- Nissan 자동차는 1998년 9월부터 출자회사인 CompassLink를 통해 카내비게이션과 휴대전화를 활용한 텔레매틱스 시장에 진출했으며, 최근에는 Carwings 서비스를 시작하여 24시간 오퍼레이터에 의한 음성정보와 데이터를 동시에 제공한다.
- CompassLink 서비스는 타사의 정보제공 서비스 경우 원하는 정보를 오퍼레이터 조작에 의거 원터치하는 것만으로도 애매한 정보까지 간단하게 정보인출이 가능하며 24시간 고속도로 교통정보는 알고 싶은 구간을 오퍼레이터에 알리는 것만으로도 교통정보를 제공하고 데이터는 5분마다 갱신된다.
- Carwings는 차량 관련 서비스가 중심이 되고 있으며, 오퍼레이터를 통한 음성 서비스가 24시간 제공된다는 점이 가장 큰 특징이다.
  - 고장 등의 각종 문제 발생시 휴대전화를 통해 오퍼레이터의 지원을 받을 수 있으며, 음성정보를 통한 정보검색도 가능하다.
  - 또한 타 업체들과 달리 B2B 비즈니스 모델에 주력하고 있다는 점을 주요 특징으로 볼 수 있다.

〈기 타〉

- Mazda는 2000년 6월에 'Mazda 텔레매틱스센터'를 개설하고, 같은 해 7월부터 'Mazda 텔레매틱스'라고 불리우는 서비스를 개시한다.
  - 이 서비스는 타사와 유사한 텔레매틱스 서비스로 인터넷과 카내비게이션 시스템을 이용해 뉴스나 일기예보, 레스토랑 등의 시설정보를 제공하는 서비스가 중심
  - 일본 자동차 제조업체로서는 처음으로 가입비와 연회비를 무료화하고 화면표시를 단축하여 통화요금을 절감한다.
- Pioneer의 Air Navi는 내비게이션 단말 메이커로서 내비게이션 업계에서 쌓은 노하

우를 바탕으로 2002년 11월부터 통신 모듈을 탑재한 Air Navi 단말기를 시판한다.

- 타사와 비교시 단말기 자체를 제외하고는 서비스 측면에서 열세에 놓여 있는 것으로 평가되고 있다.
- 유저가 Pioneer의 단말을 직접 구입해 서비스를 이용해야 하며, 서비스로는 교통정보 외에 각종 정보검색, 여행보험 가입 서비스 등 제한다.

3. 기술개발 현황

1) 국내 기술개발 현황

- 텔레매틱스의 주요 핵심 기술은 실시간 교통정보, 경로안내, 안전운전 등의 주요 서비스를 제공하는 서버기술과 통신 및 측위기술, 단말기술로 구분
- 텔레매틱스 서버 요소기술
  - 교통정보 수집 · 통합 기술, 교통정보 유통기술, 교통정보 응용기술, 지리 정보 관리 기술, 콘텐츠 제공기술, 표준화 및 위치정보/LBS 연계기술, 서비스 스트리밍 기술 등

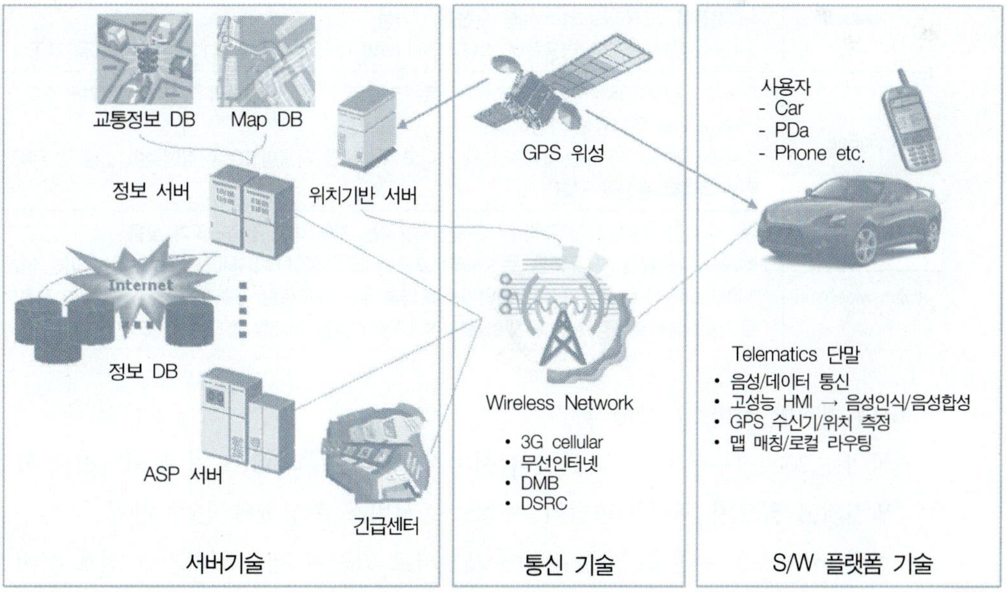

그림 6-17 ▪ 텔레매틱스 주요핵심 기술 구성도

- 텔레매틱스 단말 요소기술
  - 단말 플랫폼 기술, 단말 고도화 기술, 단말 부품기술, 사용자 인터페이스 기술, 개인정보 기반 자동화 기술 등
- 텔레매틱스 통신 인프라는 현재 2세대 셀룰러망을 주로 활용하고 있으나, 향후 차세대 셀룰러 이동통신 기술(HPi, 4세대 이동통신)과 DSRC 통신, WLAN 통신, DMB 기술을 활용하여 텔레매틱스 통신망이 고도화되어 차량에서 초고속 멀티미디어 서비스를 제공할 수 있을 것으로 전망
  - 단일 통신방식보다는 통신방식별 특성을 유기적으로 결합하여 차량의 고속 이동성과 전방위 네트워킹 기능을 지원하기 위하여 셀룰러와 DSRC, IR 방식을 수용하는 CALM(Communication Air interface Long and Medium range) 규격에 대한 표준화가 ISO TC204에서 추진중
  - 차량 내 통신기술로는 Bluetooth 기술, WiMedia 기술과 ZigBee 기술, UWB 기술 등이 연구되고 있음

표 6-15 ▪ 차량 내 통신기술 특징

통신 기술	특 징
Bluetooth	• 0~10m 단대다(point-to-multipoint) 네트워크인 피코넷에서 데이터와 음성을 통신하는 저비용, 저전력, 단거리(short-range) 무선통신 가능 • 2.4GHz ISM 밴드를 이용하여 최대 721kbps의 데이터 통신과 3개의 음성 채널을 제공
ZigBee	• 0~10m 단대다(point-to-multipoint) 네트워크인 피코넷에서 데이터 통신하는 단거리(short-range) 무선통신 가능 • 2.4GHz ISM 대역 또는 915MHz의 라디오 주파수를 사용함으로써 장애물이 있을 경우에도 무선 데이터 통신을 구현
UWB (Ultra-wideband)	• 수~수십GHz대의 넓은 주파수 대역을 사용하는 것에 비해 전력소비가 낮음 • 전송속도는 현재 가장 빠른 무선 LAN 표준인 IEEE802.11a(54Mbps) 보다 10배 이상 빠른 500Mbps~1Gbps에 이르며, 보안기능과 다른 무선 네트워킹 기술과의 공존이 가능한 장점으로 인해 홈네트워킹 시장에 있어서 무선 LAN 기술을 대체할 것으로 전망

- LBS(위치기반 서비스) 기술
  - 국내는 2000년부터 Cell-ID 기반의 서비스, 2002년부터 GPS 기반 서비스로 확대 발전되고 있으며 최근 LBS법의 제정으로 서비스 활성화의 근거 마련
  - 한편, 서비스를 위한 표준 플랫폼이 개발되고 있는데 단순 위치기반 정보 서비스 지원에서 대용량 위치정보에 대한 실시간 시공간 검색저장 기술을 지원하는 형태로 발전될 전망
  - LBS 플랫폼은 LBS의 가장 기본적이고 핵심적인 기능을 제공하며, 위치 서버, 위치

데이터서버, 위치응용 서버로 구분

－LBS 응용서비스 기술은 위치정보에 기반한 부가 서비스를 지원하기 위해 필요한 것으로, 국내의 LBS 시장은 최근 다양한 관련 서비스가 개발되고 있고 무선인터넷 분야에서 새로운 킬러 애플리케이션으로 각광받고 있다.

－국내에서는 1999년 이동통신사를 중심으로 소개되었고, 친구찾기, 쿠폰 제공 등과 같이 일반 가입자용 LBS와 물류, 보험, 택시 등의 법인고객을 대상으로 하는 서비스를 제공한다.

- 측위기술

－국내에서는 차량에서 측위정보를 획득하기 위하여 GPS 기술을 사용하고 있으나, 대도시 빌딩의 음영 지역에서 측위를 위한 네트워크기반 측위기술과 RFID와 같은 고정밀 측위 기반 기술을 대학을 중심으로 연구한다.

－차량의 충돌방지용 60, 76GHz 차량 레이더 기술은 국내 대학과 기업체를 중심으로 기술개발이 되었으며 상용화를 추진하고 있다.

표 6-16 ▪ GPS 측위기법과 정확도

기 법	내 용	정확도	비 고
단독측위 (Positioning)	GPS 수신기 1대	15~30m 100m(SA)	• 이동체 실시간 항법용 • 저가의 항법용 수신기 사용
DGPS (Differential)	측량용, 항법용	1~5m	• 이동체 정밀항법용 • 기준점과 통신매체 필요
상대측위 (Static Survey)	측량용 2대 이상	수m	• 실시간 측정 불가능 • 기준점과 고가 수신기 필요
RTK (Real Time Kinematic)	측량용 2대 이상	1~2cm	• 기준점과 통신매체 필요 • 고가의 수신기 사용

- 단말 플랫폼 기술

－국내에서는 ETRI가 단말 플랫폼을 위한 WiPi, Q-Plus OS 기술을 개발하였으며, 텔레매틱스 단말 플랫폼 기술을 연구하고 있다.

- 차량 통신기술

－국내에서는 CAN, MOST 등의 유선통신과 블루투스 무선통신기술을 개발하고 있으며 Ad-Hoc 기반의 차량 간 통신 알고리즘의 개발이 착수 단계에 있다.

－현대모비스는 오디오, CDP, 튜너, 앰프, 모니터, DVDP 등을 연동하기 위해 MOST 기술을 연구중이다.

2) 국외 기술개발 현황

(1) 무선통신기술

- DSRC 통신은 고속이동시에 근거리 통신영역 내에서 차량 간, 차량과 기지국 간 무선접속을 통해 다양한 ITS 서비스를 제공하고 교통정보 수집에 활용이 가능하며 미국과 유럽, 일본에서 상용화되었다.
- 미국과 유럽, 일본에서는 실외에서 인터넷 서비스를 지원하는 무선랜 기술을 개발하고 있다. 저렴한 요금으로 영화, 음악, 게임 등의 엔터테인먼트 서비스 및 교통정보 서비스를 제공하기 위한 지상파 DMB 방송과 위성 DMB 방송 기술개발이 진행되고 있다.
- 프랑스의 VDL이 유럽의 전송방식(Eureka 147)과 MPEG-2를 이용한 단순 동영상 전송실험시 제품을 개발하여 2002년부터 현장 실험하였고, 미국은 디지털라디오 방송을 아날로그 FM 대역을 검토하고 있다.
- 유럽에서는 2000년 'Diamond 프로젝트'를 통해 DMB 방송과 셀룰러의 상호 보완적 서비스 제공 기술을 개발하였으며, 현재 방송과 무선의 통합 단말기 기술개발
- 일본의 경우 '인터넷 ITS 프로젝트'를 통해 이동통신, DSRC, 무선 LAN 등의 무선통신 상호 접속이 가능한 통합 무선통신망 기술을 개발하고 있으며, 이를 이용한 차내 인터넷 접속, 홈오토메이션 연계 등과 같은 텔레매틱스 서비스 제공을 목표로 삼고 있다.

(2) 위치기반 서비스 기술

- 미국과 유럽에서는 E-911과 E-112 등 긴급구조 시스템과 연계하여 LBS 인프라를 구축하고 법 · 제도의 정비와 관련된 기술의 개발 등을 통해 서비스 활성화중이다.
- 일본의 LBS는 2001년 KDDI를 통해 제공된 퀄컴의 gpsOne 방식 GPS 서비스를 기점으로 활성화되기 시작했으며 2001년부터 이미 망개방이 이루어져 독립 CP들 역시 독자적인 방식의 위치정보 서비스를 NTT 도코모와 KDDI 등의 이동통신망을 통해 제공할 수 있어서 일본의 위치정보 서비스는 다른 나라에 비해 매우 다양하다.
- 유럽의 LBS는 위치정보를 활용해 현재 위치와 관련된 교통정보, 쇼핑정보, 식당정보 등의 생활정보를 제공하는 서비스가 2000년경 이후로 가장 먼저 시작되었다.
- 유럽은 LBS 부문에 있어서 우리나라, 일본과 같은 선도적인 다양한 서비스는 아직 이루어지고 있지 않지만 서비스 업그레이드와 다양화가 진행중이며, LBS 이용률은

낮지만 유럽 전체 차원에서 위치기반 E112 서비스의 향후 향방이 구체화될 경우 이를 통한 LBS의 확산이 가능할 것으로 기대된다.

- 미국지역의 LBS는 연방정부 주도하에 공공 서비스인 E911 중심으로 서비스가 발전 및 육성되고 있다는 특징을 가지고 있다.

(3) 서비스 프로토콜 기술

- 유럽에서는 자동차 회사들과 이동통신사들 중심으로 각기 다른 서비스 프로토콜을 정의하여 사용함으로써 서비스 상호운용성이 떨어지는 문제점을 해결하기 위해 개방형 구조의 GTP(Global Telematics Protocol) 개발
- 향후에는 방송 기반 서비스를 위한 DMB 연동 프로토콜과 다음 단계에서는 서버 쪽에서 실시간으로 변경되는 정보를 반영하여 제공하는 푸쉬(PUSH)형 서비스에 필요한 응용 프로토콜 개발로 발전될 전망이다.

(4) 단말 플랫폼 기술

- 미국에서는 단말기 업체, 자동차업체 및 이동통신업체 등 50여개 업체가 참여 1999년부터 OSGi 기술개발하였으며, Home Networking 과 텔레매틱스 단말 플랫폼으로 활용될 전망이다.
- 마이크로소프트의 Car.Net는 자동차의 강력한 플랫폼으로 발전하고 있는 Windows CE for Automotive와 Mobile Information Server for Automotive를 기반으로 하고 있어 텔레매틱스 서비스 전체 분야에 걸쳐 통합과 협력을 위한 분산 웹서비스가 가능하다.
- Prosyst사는 OSGi(Open Service Gateway Initiatives)를 기반으로 하는 Telematics Suite 개발한다.
- 향후 단말 S/W 플랫폼 제품은 OSGi나 AMI-C 등 산업표준을 기반으로 하여 운영체제상에서 DMB, WiBro, 블루투스, CAN, UPnP 등을 지원하는 통합 플랫폼으로 발전될 전망이다.

(5) 차량 통신기술

- 차내 통신은 유선통신과 무선통신, 그리고 유무선 상호 연동기술로 구분되며, 유선통신 방식에는 CAN, MOST, LIN, IDB1394, D2B가 있고 무선통신방식에는 블루투스와 UWB가 있다.

- CAN은 유럽 독일 로버트 보쉬사가 제창하여 현재 ISO 국제표준으로 채택된 기술로, 최고 1Mbps의 통신속도, 뛰어난 오류 검출능력 때문에 차량뿐만 아니라 산업계 전반에서 제어용 프로토콜로 널리 사용한다.
- 유럽에서는 2000년 'Diamond 프로젝트'를 통해 DMB 방송과 셀룰러의 상호 보완적 서비스 제공 기술을 개발하였으며, 현재 방송과 무선의 통합 단말기 기술을 개발
- 일본의 경우 '인터넷 ITS 프로젝트'를 통해 이동통신, DSRC, 무선 LAN 등의 무선통신 상호 접속이 가능한 통합 무선통신망 기술을 개발하고 있다.
- 세계적으로 차량 내 통신을 위해 CAN, LIN, MOST, IDB1394, 블루투스, WirelessLAN 등의 기술이 개발되고 있다.
- 블루투스 SIG는 2001년 핸즈프리 프로파일을 채택한 차량 내부 무선 시스템의 시제품을 제작하였으며, 다임러는 휴대전화, 블루투스와 IBM의 음성인식 기술로 차량의 오디오, 디스플레이 시스템 등을 원격으로 조작할 수 있는 텔레매틱스 시스템을 2002년에 시판하였다.

4. 텔레매틱스 서비스 현황

1) 국가별 서비스 특성

미국의 경우 에어백 자동감지, 도난차량 추적 등 보안 서비스와 운전자의 안전확보를 위한 긴급통보나 긴급구조 서비스가 주를 이루고 있다. 광활한 대륙횡단 도로 등 장거리 운전이 많아 운전자에 대한 안전확보가 최우선으로 다루어지고 있다. 또한, 운전자의 집중력을 최대한 떨어뜨리지 않도록 사람과 사람을 잇는 휴먼 인터페이스와 음성인식 엔진 개발에 주력하고 있다. 유럽에서는 항법, 안전 및 보안 서비스 중심의 서비스가 주로 제공되고 있다. 항법측면에서는 교통정보와 경로 제공, 안전 및 보안 서비스는 긴급구난과 같은 서비스가 주류를 이루고 있다.

일본의 경우 만성적인 도로 정체 현상으로 인해 경로 검색과 빠른 길안내가 주요 서비스를 이루고 있다. 막히는 길을 빨리 통과해 목적지에 정확한 시간에 도착하도록 하는 기능이 발달돼 있다. 정체가 심하여 차량 내에서 즐길 수 있는 영상 콘텐츠와 다양한 엔터테인먼트 기능이 발달해 있다.

한국은 신기술 서비스 확산이 매우 빠른 편이며, 특히 교통 혼잡과 높은 자동차 이용시간 등의 이유로 다른 국가들에 비해 텔레매틱스 서비스 시장이 상대적으로 빠르게 성장할

것으로 전망된다. 초기에는 단말기에 의해 주도되어왔으나, 성숙기에 접어든 2004년 이후에는 서비스의 비중이 확대되는 추세이다. 국내 텔레매틱스는 안전보안 및 교통정보 서비스가 대부분이지만, 통신방송 서비스와 접목이 시도되고 있어 차세대 광대역 네트워크(BcN), 디지털 멀티미디어 방송(DMB) 등 타 부문과 연계된 종합 서비스 산업으로 성장할 것으로 예상된다.

2) 국내 이동통신 사업자별 서비스 특성

SK텔레콤의 경우 기존 음성통화 중심 이동통신망 사업을 무선 데이터 통신으로 확대하기 위한 방안 중 하나로 텔레매틱스 사업을 강화하고 있다. 2002년 3월 SK(주), 삼성전자와 공동으로 네이트 드라이브를 출시해 본격적으로 텔레매틱스 시장에 진출하여 초기 텔레매틱스 시장 형성에 기여했다.

내비게이션 키트, 단말기 거치대, GPS 안테나를 일체형으로 통합한 10만원 대의 '콤팩트형 네이트 드라이브'를 출시하였고, 최근에는 20만명의 네이트 드라이브 가입자를 확보했다.

2002년 4월 SK(주), 르노삼성자동차, 삼성전자와 텔레매틱스 사업공동추진을 위해 제휴관계를 맺고 출고되는 르노삼성자동차 모델에 네이트 드라이브를 옵션으로 제공하고 있다. KTF의 주요 협력 업체는 쌍용자동차 등 자동차 제조사, 단말기 업체, 주요 SI업체, 콘텐츠 제공업체 등이다.

자동차산업의 특성상 장기적인 사업협력 모델을 만들고 자동차의 라이프사이클과 이동통신망의 라이프사이클을 맞추어 최적의 서비스를 제공하는데 일차적인 목표를 두고 진행하고 있다. 쌍용자동차와 제휴하여 조만간 텔레매틱스 Before Market에 진출할 예정이다. After Market 시장에서는 상용화한 'K-ways'라는 휴대폰 기반 항법시스템으로 지도가 표시되어 길안내를 제공하는 텔레매틱스 서비스를 제공하고 있다.

LG텔레콤에서는 Before Market에 초점을 맞춰 집중하고 있다. 자동차 내수시장의 75%를 점유하고 있는 현대 및 기아자동차와 2000년 사업제휴를 체결하였다. 텔레매틱스 태스크포스팀을 구성하여 통신기술, 요금제, 고객센터 구축, 가입 프로세스 등 세부 업무를 추진했으며 2002년에는 텔레매틱스 센터를 구축했다. 이에 따라 에쿠스를 비롯한 10여 종의 승용차에 텔레매틱스 단말기를 장착 '모젠'이라는 브랜드로 본격적인 서비스에 착수했다. 중대형 승용차에 이어 향후 RV, 중소형 승용차에도 텔레매틱스 단말기를 적용하고, 8톤 이상 트럭을 비롯한 상용차로 확대할 계획이다. 현대모비스와 제휴해 After Market 시장에도 진출할 예정이다.

5. 텔레매틱스 단말 하드웨어 기술

1) 시스템 구성 및 주요 기술

텔레매틱스 단말을 구성하는 하드웨어 및 주변 장치는 CPU, Memory(ROM, RAM), 음성인식/합성 장치, 멀티미디어 지원장치(MPEG, DSP, LCD, HUD 등), 입력장치(터치스크린, 푸시버튼, 음성 등), 출력 장치(그래픽 화면, 음성, 오디오 등), GPS, USB, 차내/외부 통신 인터페이스 등으로 이루어진다.

단말 하드웨어 형태는 크게 오토 PC 타입의 장착형과 착탈이 가능한 PDA 또는 휴대폰 기반 타입으로 나누어지며 향후 멀티미디어 서비스와 모바일 오피스 등과 같은 고품질, 다양한 멀티미디어 응용서비스들을 지원하기 위해 고속의 CPU와 고속 그래픽 가속기 등 고성능 하드웨어가 장착된 호스트 수준의 시스템으로 진화해 나갈 것으로 예상된다. 또한 텔레매틱스 단말과 차량 내의 다른 기기들과의 데이터 및 제어통신을 위한 유선통신방법으로 각각의 용도에 따라 CAN, MOST, IDB-1394와 같은 고속 직렬 버스들이 사용되고 있다. CAN과 이를 고속화한 IDB-C의 경우 자동차 내부의 전장, 공조, 내장 시스템의 제어 전용 버스로서 공통사양으로 탑재되는 추세이며, 비디오 및 오디오 등의 멀티미디어 데이터 통신용으로 MOST와 IDB-1394 등이 경합을 벌이고 있는 상태이다.

2) 국내 주요 단말기 업체

현대 오토넷의 경우 현대 · 기아자동차, 쌍용자동차, KTF에 공급하며 주로 고급차종이 목표이다.

AV 통합형태의 단말기(이동통신 단말기 + AV 시스템 + 내비게이션 시스템의 통합으로 기능 구현) 형태로서 CD-ROM 형태의 지도 채택에 다른 실시간 교통정보 제공이 불가능하다.

현대 모비스는 현대 · 기아 자동차의 After Market용 단말기를 주로 공급하며 최초의 무선통신을 통한 인터넷 서비스를 지원하며 차량위치추적 및 고장진단기능을 갖추고 있다.

삼성전자는 르노삼성, KTF 이동전화형 보급형 단말을 공급하고 있으며, 텔레매틱스 본체에 임베디드시키지 않는 탈착형 휴대폰 단말기 형태에 주력하고 있다.

LG전자는 현대 · 기아자동차에 "MOZEN" 서비스용 단말기를 공급하고 있으며 무선인터넷을 통한 정보수신에 초점을 맞추고 있다.

6. 텔레매틱스 단말 소프트웨어 기술

1) 개 요

텔레매틱스 단말 플랫폼에서도 일반적인 임베디드 시스템처럼 상호연동성, 호환성, 유연성, 확장성 등의 특성이 요구되나, 텔레매틱스 차량기술과 IT 기술 상이성 가능한 서비스의 다양성과 무궁무진한 발전성, 안전이 극히 요구되는 차량의 특성 등으로 인해 간단한 구조로 해결하기 어렵다. 또한, 이미 서비스하고 있거나 실현가능한 다양한 정보 및 멀티미디어 엔터테인먼트 서비스, 편리하고 안전한 운전 등 텔레매틱스 서비스는 종류와 기술이 매우 다양하다. 새로운 기술이 등장하면 해당 기술을 바탕으로 한 새로운 서비스를 수용할 수 있어야 한다.

텔레매틱스 단말 미들웨어는 텔레매틱스 단말 하드웨어와 소프트웨어를 쉽게 추가 또는 제거할 수 있도록 모듈화 구조를 가지며, 차량 내의 네트워크에 새로운 하드웨어 및 소프트웨어를 추가 또는 삭제할 수 있는 AMI-C 표준 규격을 반영할 것으로 예상된다. 차량의 상태정보를 감시 또는 제어하는 다양한 차량진단 및 제어 응용 프로그램을 개발하려면 차량 인터페이스 관리 컴포넌트를 제공하는 기술이 요구된다.

운전자의 음성 명령어를 입력받는 마이크, 터치스크린, 푸시버튼과 같은 입력장치와 응용 프로그램의 데이터를 스피커, TFT LCD, HUD 모니터와 같은 다양한 출력장치로 출력해 주는 HMI 관리자 컴포넌트를 제공하는 기술과 개인정보와 운전자에게 맞는 서비스를 제공하는 개인화 기술이 요구된다.

2) 운영체제

기존 텔레매틱스 단말기의 경우 QNX와 같은 전통적인 실시간 운영체제를 채택하였으나 최근 Microsoft WINCE나 임베디드 리눅스가 주목받고 있다. Microsoft Windows Automotive와 Window CE Embedded와의 차이점은 Windows Automotive가 타킷에 적용할 응용이 더욱 텔레매틱스의 환경에 적합하도록 구성할 수 있다는 점이다.

주요 특징으로는 다양한 CPU 지원(ARM, MIPS, PowerPC, SH, x86)을 지원한다는 것이며, 핸즈프리 통신 인터페이스(SAPI) 지원(음성인식기능), 고성능의 그래픽 지원, 시스템 진단기능 및 다양한 통신지원을 제공하고 있다.

임베디드 리눅스의 경우 오픈소스 운영체제로써 선점형 스케줄링(Preemptible Scheduling)을 기술 및 커널 구조 최적화로 수백 마이크로초 이내에 반응하는 실시간 응답시간 지원한다. 빠른 부팅 지원, 빠른 시스템 설정과 구축을 할 수 있게 하는 시스템 설정도구 지원이 강점이다. 텔레매틱스 관련된 음성인식, 합성 모듈, 내비게이션 지원, 지도정보 관리 등의 관련 소프트웨어가 공개되어 있지는 않으나 국내에서 리눅스용 기술을 개발하고 있다.

마이크로소프트사의 Windows CE에 비해 텔레매틱스 관련 솔루션이 아직은 미흡하나 궁극적으로 임베디드 리눅스가 텔레매틱스 단말에도 확대 적용될 것이다.

3) OSGi

OSGi는 단말기 업체, 자동차업체 및 이동통신업체 등 50여 개 업체가 참여하여 1999년부터 OSGi 표준 개방형 게이트웨이 플랫폼 기술을 개발하였으며, 서로 다른 운용 환경하에서 서비스를 원격 및 동적으로 제공, 통합 관리하기 위한 공통 플랫폼을 제공하는 개방형 소프트웨어 표준이다.

OSGi는 홈네트워크와 텔레매틱스 단말 플랫폼으로 활용되고 있으며, 2000년 기본 프레임워크를 정의한 Release 1을 시작으로, 2005년에 OSGi Release 4가 출시될 예정이다. 주요 OSGi 상용 제품의 다음과 같다.

- JavaEmbedded Server(JES) : Sun
- Service Management Framework(SMF) : IBM, OSGi Release 3지원
- mBedded Server : Prosyst, OSGi Release 3지원
- Oscar : Open Project, OSGi Release 3지원, Java2 SE 이상
- Knopflerfish OSGi, OSGi Release 3지원, Java 1.2.2 이상, Gatespace사 Telematics product Ubiserv에 적용
- Opensugar, OSGi Release 2지원

4) AMI-C

AMI-C는 차량정보 엔터테인먼트 시스템과 차량 통신 네트워크 인터페이스 표준화를 위해 자동차 제조업체를 중심으로 설립되었으며, OSGi 프레임워크상에서 동작한다. AMI-C는 크게 다음의 세 항목으로 구성된다.

- Vehicle interface : 차량 시스템, 정보, 신호(signal) 등에 관한 인터페이스
- Network(s) : 컴포넌트 간의 데이터 교환 및 제어를 위한 표준네트워크와 메시지 집합

- Host : 플랫폼 상호 간 다운로드 가능한 응용 코드를 실행하기 위한 구조 AMI-C는 서비스를 위한 응용 프로그램을 실제로 수행하기 위한 규격이며 대부분 서비스 위주로 필요한 인터페이스(API)와 새로운 응용의 적재, 실행 및 업그레이드 등의 실행 환경에 대한 규격을 포함한다. 호스트 규격의 특징은 특정 운영체제와 하드웨어 플랫폼에 의존하지 않고 서로 호환될 수 있도록 한다. 이를 위하여 JAVA 가상 머신 환경 위에서 구축된 OSGi 프레임워크를 기반으로 표준 규격이 기술된다.

Chapter

7 모바일 IPTV의 구성

IPTV 서비스는 기존의 방송 서비스와 통신 서비스를 융합하는 새로운 차세대 서비스로 대두되고 있다. IPTV 서비스는 Open Internet 형태와 Managed Internet 형태로 추진되고 있으며 국내에서는 Managed Internet을 기반으로 상용화중에 있다. IPTV 서비스를 위한 콘텐츠는 IP망을 통해 사용자에게 전달되는데, 이때 기존 TV를 시청하면서 경험한 사용자의 Quality of Service 및 Quality of Experience를 IP망에서 어느 수준까지 만족시킬 수 있는지는 여전히 기술적 숙제로 남아 있고, 특히 Open Internet은 그 심각성은 더욱 크다. 또한, IPTV 서비스는 점차 무선 네트워크로 확대될 것으로 전망하고 있으나 여전히 QoS/QoE 측면에서 어떻게 무선 네트워크의 링크 특성 및 여러 가지 제약들을 극복할 것인지는 미지수로 남아 있다. IPTV 서비스를 다양한 무선 네트워크로 확장하는 모바일 IPTV와 이를 위한 다양한 형태의 기술적 접근에 대해 설명한다. 동시에 현재 빠르게 진행되고 있는 국내외 관련 표준화 쟁점 및 주요 이슈 사항들을 정리하여 모바일 IPTV에 대한 이해에 도움이 되도록 한다.

01 모바일 IPTV의 개요

디지털 TV에서 Take-Out TV인 모바일 TV(DMB, DVB, MediaFLO 등)로 TV는 계속 진화하고 있다. 또한, 2006년부터는 정보통신의 대표적 국제표준화단체인 ITU-T에서 새로이 IPTV Focus Group(이하 FG IPTV)이 설립되고 국내에서는 TTA 산하 PG219(IPTV Project Group) 및 IPTV 포럼코리아가 발족하는 등 TV는 또 다시 IPTV라는 새로운 형태로 빠르게 이동하고 있다. 또한, 최근 IPTV 서비스와 관련하여 방송영역과의 조율이 활발하게 진행됨에 따라 향후 IPTV 시장은 더욱 확산될 것으로 전망된다. 여기에서 다루는 모바일 IPTV 그림 7-1은 기존 IPTV 기술에 무선기술과 이동성 기술을 확장한 형태의 새로운 서비스를 가리키며, 여기서의 모바일 IPTV 서비스는 특정 무선기술상에서의 서비스에 국한되지 않는다.

현재 IPTV 관련 대부분의 표준화 및 관련 기술개발은 시급한 사업적 이유로 QoS가 지원되는 안정된 네트워크 환경에서 충분한 화면크기와 성능을 가진 고정형 ITPV를 통해 고화질(SD/HD급) 콘텐츠를 송수신하는 것에 중심을 두고 진행되고 있다. 하지만, 가까운 미래에 많은 사람은 IPTV 서비스를 이동단말을 통해 언제, 어디서나 사용하고자 하는 요구가 증가할 것이며 이를 위해서는 무선기술과 이동성 기술에 대한 필요성이 커질 것으로 예상된다. 이에 대비해 국내에서는 PG219 산하 WG2193(Mobile IPTV 실무반)에서 관련 기술들을 선행 연구 중에 있으며 이를 통해 선점된 기술과 경쟁력을 바탕으로 모바일 IPTV 시장의 국제표준화를 선도하고자 노력하고 있다. 여기에서는 모바일 IPTV와 관련된 기술적 이슈를 설명한다. 또한, 국내외 표준화 동향과 모바일 IPTV 서비스를 위해 현재 진행되고 있는 다양한 기술적 접근방법 등에 대해 설명한다.

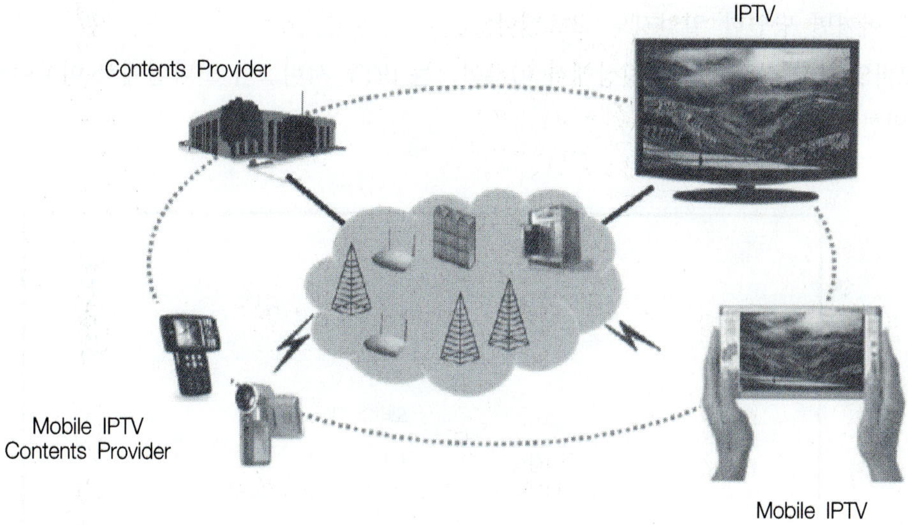

그림 7-1 ▪ 모바일 IPTV 전체 구성도

02 모바일 IPTV의 의의

우리 산업계를 달구는 핫트렌드인 IPTV에 대한 논의가 수년째 뜨겁다. 이는 그 중요성이나 사업적 가치 그리고 앞으로 세계 시장에서의 우리의 위치를 고려해서 제자리걸음만 하고 있는 상황에서 이제는 더 이상 지체할 수 없다는 위기감마저 감도는 가운데 IPTV에 대한 논쟁이 이제는 법제화로 옮겨가 있다. TV의 미래는 IPTV, 특히 모바일 IPTV가 될 것이라는 전망이 우세한 가운데(그림 7-2 참조) 기존의 방송시장에서 기득권을 가진 공중파, 케이블 방송사와 이제 새롭게 방송시장에 뛰어들 준비를 하고 있는 통신사들 간의 혈전은 어쩌면 당연한 일인지도 모르겠다.

모바일 IPTV란 유선인터넷상에서 이루어지는 IPTV 서비스가 모바일에서 이루어지는 것을 말한다.

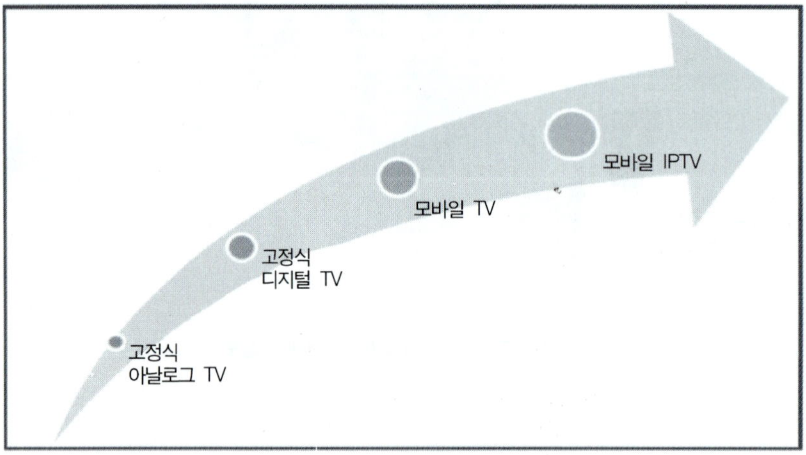

그림 7-2 TV의 진화과정

세계 최고의 인터넷 인프라를 갖추고 있는 우리로서는 아쉽게도 디지털 시대에 맞지 않는 법 · 제도와 행정기관 간 갈등으로 IPTV 실행이 계속 늦춰지고 있는 가운데 세계의 기술발전 추세는 벌써 모바일 IPTV 표준화를 논의하는 단계에까지 이르고 있다. 업계에 따르면 국제전기통신연합(ITU)은 그동안 안정된 환경에서 고화질(HD)급의 화면과 성능을 제공할 수 있는 IPTV와 관련한 연구에 중점을 두어 왔지만 머지않은 장래에 이동단말에서의 IPTV 수요가 발생할 것으로 보고 모바일 IPTV 표준에 관심을 돌리고 있다.

향후 모바일 IPTV는 인터넷의 연결성과 양방향 서비스를 활용할 수 있는 IPTV의 특징과 이동성을 통한 사용자 편익증대를 동시에 만족시킬 수 있는 기술로 향후 무선 환경에서 자유롭게 IPTV를 사용하려는 사용자들이 늘어나면서 수요가 계속 증가할 것으로 예측되고 있다. 해외에 서는 이미 모바일 와이맥스를 기반으로 하는 IPTV 서비스를 제공하고 있으며, 홈네트워크 분야에서는 IPTV 서비스를 수신한 셋탑박스가 무선을 통해 가정 내 다른 무선단말에 서비스를 전달하는 형태로 적용범위를 확산하고 있다. 모바일 IPTV는 그러나 특성이 전혀 다른 무선랜과 와이브로(휴대인터넷)망, 무선랜과 CDMA(코드분할다중접속)망 간의 이동처럼 서로 다른 무선망 간에 서비스의 연속성을 보장할 수 있는 다양한 기술적 뒷받침이 필요한 상태이다(그림 7-3 참조). 이에 따라 지난 제네바에서 열린 ITU-T IPTV 포커스 그룹회의에서는 모바일 IPTV 시나리오 구성을 기반으로 하는 제안서가 채택되어 내년 중순까지 관련 연구를 진행할 예정이다. 국내에서도 이 같은 국제적 움직임에 발맞춰 삼성전자 디지털 미디어 연구소 등 관련 연구단체를 중심으로 모바일 IPTV 표준화 연구를 선도하고 있지만, 아직 유선 IPTV조차 도입되지 않은 상황이어서 연구에 많은 애로를 겪고 있다.

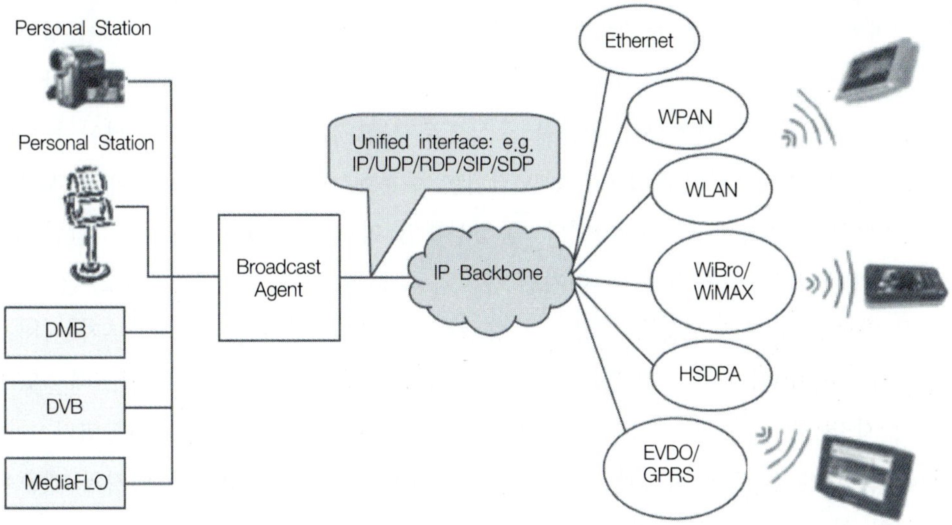

그림 7-3 다양한 무선접속을 통한 모바일 IPTV 구성도

3 모바일 IPTV의 장단점

IPTV가 양방향성을 무기로 유비쿼터스형 미디어가 될 것이라는 데는 이견이 없다. 특히 그림 7-2에서 보듯 IPTV가 모바일로 옮겨갈 것이라는데도 의견을 같이 한다. 현재 DMB(디지털 미디어 방송)가 고정형 TV에서 이동형 TV 시대로 가는 촉매 역할을 하고 있듯 IPTV도 유비쿼터스시대의 핵심 트렌드인 모빌리티와 동조해 이동형으로의 진화는 당연해 보인다. 이동 공간인 지하철에서 TV를 볼 수 있듯 이제 지하철에서 원하는 동영상을 꺼내 보고 공유하는 것이 보편화되는 것이다. 모바일 와이맥스를 기반으로 하는 IPTV 서비스가 '모바일 IPTV'의 기반이 되고 홈네트워크에서도 IPTV 서비스를 수신한 셋탑박스가 무선을 통해 가정 내 다른 무선단말에 서비스를 전달하는 형태로 적용범위가 확산될 수 있다(그림 7-3 참조).

아이서플라이는 IPTV 서비스 매출이 올해부터 탄력을 받기 시작하면서 2011년에 263억 달러에 이를 것으로 내다봤다. 이는 2006년 7억 7,920만 달러와 비교하면 34배 이상 늘어난 수치이다. 여기에 광고수입과 부가 서비스 매출은 포함되지 않았다. 특히 통신업체가 자꾸 떨어지는 음성매출을 보존하기 위해서 IPTV 사업에 주도적으로 나서면서 성장을 견인할 것으로 전망하고 있다. IPTV 콘텐츠 가운데 가장 관심을 끌 분야로는 동영상 서비스를 꼽았다. 이 때문에 기능과 서비스를 중심으로 시장경쟁이 전개될 가능성이 높으며 고선명을 기반한 HD 프로그램, DVR 등과 결합한 주문형 비디오(VoD) 사업이 IPTV 분야의 핵심 사업으로 부상한다고 분석하였다. 동영상뿐만 아니라 IPTV 플랫폼을 기반한 부가사업의 전망도 낙관적이다. IPTV가 디지털 음악과 주문형 게임, 데이터 서비스, 홈시큐리티와 같은 다양한 콘텐츠 상품을 제공하는 창구로 떠오르고 있다는 점이다. 부가 서비스 매출은 2010년에 10억 달러 이상을 기록한다고 예측하였다. IPTV를 통한 광고매출도 지금은 초기 시장으로 수요가 거의 없지만 2010년에 10억 달러에 달한다고 덧붙였다. 아이서플라이 측은 "케이블 TV 시장과 비교해 아직은 규모는 작지만, IPTV 가입자와 매출은 괄목할 만한 성장세를 이어갈 것"이라며 "아직은 확실한 강자가 없지만 통신 · 케이블을 포함해 치열한 시장경쟁이 불가피할 것"으로 보고 있다. 이런 모바일 IPTV의 장단점을 중심으로 살펴보면 표 7-1과 같다.

표 7-1 모바일 IPTV의 장단점

장 점	단 점
• 시청 시간이 랜덤 • 이동성(핸드오버 : 장소, 공간 극복) • 접근성 • 공간적 제약 극복 • 모든 단말에 IPTV화 • UCC처럼 개인의 녹화자료도 IP망으로 전송 가능	• 사용 시간이 절대적으로 적음 • 모바일 콘텐츠 부족 • 소형 스크린 • 라이브 콘텐츠에 대한 요구 감소 • 성능 저하(모바일 기기) • 이동성(계속 움직이기 때문에 문제 발생) • 대역폭 제한 • 성능 및 크기 등이 다른 단말이 존재 • 프로토콜 문제 및 패킷 손실 문제 • convergence 문제 • 환경에 따른 문제 • 개발의 문제점

4 모바일 IPTV에서의 주요 이슈 사항

모바일 IPTV는 무선구간에서 이동성을 지원하여 언제, 어디서나 자유롭게 IPTV 서비스를 이용하도록 하는 서비스이다. 사용자는 무선접속이 가능한 구간에서 자유롭게 IPTV 서비스를 사용하며, 또한 다른 무선구간으로 이동하는 경우에도 핸드오버와 같은 이동성 지원기술을 통해 IPTV 서비스를 지속할 수 있다. 특히 특성이 서로 다른 무선구간을 이동하는 경우에는 매우 복잡한 기술적 이슈가 발생하게 되지만 이와 같은 기술들은 모바일 IPTV의 가용범위를 확대하는 효과를 가지므로 관련 표준화 단체들은 필요한 기술에 대한 연구범위를 넓히고 있다. 또한 NGN(Next Generation Network)에서의 이동성 연구는 ITU-T SG13과 이동통신 네트워크 표준을 담당하는 SG19가 공동으로 NGN-GSI(Global Standards Initiative)산하에 Mobility Management라는 그룹을 형성하여 표준화 작업을 진행하고 있으며 FMC(Fixed Mobile Convergence)와 같은 이슈들도 동시에 연구되고 있다.

앞서 설명한 바와 같이 현재의 IPTV 서비스는 콘텐츠를 최종적으로 수신하는 사용자가

SD/HD급 이상의 고화질 콘텐츠를 충분히 전달할 수 있는 안정된 네트워크와 이를 수신할 수 있는 성능 좋은 단말을 가지고 있으며, 또한 서비스를 송신하는 송신자로부터 사용자에 이르기까지의 데이터 경로도 유선으로 연결되어 비교적 안정적인 QoS를 지원한다는 전제를 가지고 있다. 하지만 이와 같은 전제들이 모바일 IPTV에서는 기술적으로 상당한 어려움이 있다. 즉 모바일 IPTV의 가장 큰 기술적 이슈는 데이터를 수신하는 최종 경로가 무선구간이며, 사용자가 사용할 수 있는 무선구간에서의 가용 대역폭은 상황에 따라 수시로 변경된다는 것이다. 즉 유선에 비해 서비스를 수신함에 있어서 안정적이지 않으며, 경우에 따라서는 연결이 끊길 수도 있다. 또한, 무선구간에서는 데이터 손실률 및 지연이 유선구간에 비해 크게 발생할 수 있으므로 사용자에게 IPTV 서비스가 원활하게 전달되지 못하는 경우도 종종 발생한다. 이와 같은 기술적 이슈는 무선망 간의 이동뿐만 아니라 이동하지 않는 무선환경에서도 발생한다. 즉 해당 무선구간에 얼마나 많은 사용자가 접속되어 있는지, 유선망접속점(AP, BS 등)에서 얼마나 멀리 떨어져 있는지, 또한 사용자의 위치 및 어떤 간섭이 주변에서 발생하고 있는지 등 다양한 형태로 사용자의 무선환경 특성이 변하기 때문이다. 또한, 모바일 IPTV 사용자는 자유롭게 이동하면서 서비스를 이용하고자 하므로 이와 같은 무선구간 간의 이동에 대한 기술적 이슈도 발생한다.

또 하나의 기술적 이슈는 사용자가 수신하고 있는 모바일 IPTV 단말의 성능한계이다(CPU 성능, 메모리 성능, 지원가능 코덱, 화면 사이즈 등). 모바일 IPTV는 소형의 이동단말이 주를 이룰 것으로 전망되므로 성능의 한계는 필수적으로 극복해야 하는 기술적 이슈이다. 즉 대화면의 일반 가정용 IPTV 단말에서 수신할 수 있는 고화질의 콘텐츠를 사용하기에 매우 어렵고 또한 SD/HD급의 콘텐츠가 모바일 IPTV 단말에서 요구되지도 않는다. 물론 현재 Set-Top을 중심으로 개발되고 있는 미들웨어들도 모바일 IPTV 단말에는 적합한 형태가 아니다. 따라서 모바일 IPTV 서비스를 위해선 다양한 기술적 이슈들이 해결되어야 한다.

05 모바일 IPTV 최근 동향

휴대성과 편의성을 갖춘 모바일 기기를 이용해 TV 방송을 시청할 수 있는 '모바일 TV'는 인터넷 이용자의 잠재적 욕구까지 충족시켜 줄 수 있는 기반을 갖고 있다. 공간적 제약 없이 이동중에 손쉽게 언제, 어디서나 TV를 시청할 수 있고(이동성) 불특정 다수를 대상으로 하지 않는 개인맞춤 방송이 가능하기(개인형 미디어) 때문이다. 또 다양한 콘텐츠를 수신하고 무선인터넷 등을 이용할 수 있다(융합형 멀티미디어)는 점도 빼놓을 수 없다.

시장조사기관 가트너에 따르면 세계 모바일 TV 시장은 2007년 1,878만 대에서 2010년에는 1억 1,347만 대 규모로 성장할 것으로 예측하고 있다. 3년 만에 시장 규모가 6배로 커진다는 것이다. 또 2010년이 되면 모바일 TV폰이 세계 휴대전화 시장의 9%를 차지해 '10명 중 1명'은 모바일 TV를 즐기게 될 것으로 가트너 측은 예상하고 있다. 미국과 유럽은 이미 모바일 TV 시장을 장악하려는 시스템 기술경쟁을 벌이고 있다. 핀란드의 노키아가 주축이 된 'DVB-H' 기술진영에는 프랑스의 SFR, 독일의 보다폰, 네덜란드의 KPN, 스위스의 스위스컴 등이 참여하고 있다. DVB-H 진영은 올해 20여 개국에서 시범 서비스 및 본 방송을 실시할 계획이다. 북미 시장에서는 퀄컴이 자사가 개발한 미디어플로(MediaFLO) 방식의 서비스를 본격화하려는 준비를 하고 있다. 하나 국내에서는 모바일은 고사하고 유선 IPTV조차 정식 서비스를 못하고 있는 실정이다. 급변하는 국제정세 속에서 우리의 전략은 미흡하기만 하다. 국가의 미래 성장 동력과 경쟁력을 위해서라도 국내의 좁은 시장에서 헤게모니 쟁탈보다는 좀 더 넓은 시야로 글로벌 시장과 경쟁력을 목표로 정부와 산업계가 시야를 돌리는 전략과 정책이 필요하다 할 것이다.

1. 해외 트렌드

우리나라 방송과 통신계가 최근 몇 년 동안 IPTV 서비스 도입을 놓고 논쟁을 벌이고 있는 동안 해외 통신업체들은 통신과 방송이 융합된 형태의 IPTV를 속속 내놓고 있다. 정부 규제나 서비스의 근거 법안 미정비로 인해 IPTV 서비스를 하지 못하고 있는 우리나라는 희귀한 경우이다. 그것도 기술과 서비스 능력면에서 최고이며 국제표준까지 주도를 하는 마당에서 말이 안 되는 상황이 벌어지고 있는 것이다. 최근 미국 · 일본 · 영국 · 이탈리아 ·

중국 · 홍콩 등 20여개 국가 280여개 업체가 IPTV 서비스를 시행 또는 추진하고 있다. 모바일 IPTV도 와이맥스를 기반으로 하는 서비스가 진행중에 있으며, 홈 영역에서도 셋탑박스를 통한 IPTV를 수신해 각 무선단말로 서비스를 제공하는 형식으로 영역을 확대해 나가고 있는 실정이다. 그중에서도 통신강국인 영국은 IPTV 서비스에서도 앞서 나가고 있다. 지난 2000년 영국의 통신업체 비디오 네트웍스는 세계 최초로 IPTV 서비스 '홈초이스'를 시작하였다. 이후 PCCW, 패스트웹 등 군소통신업체들을 중심으로 IPTV 서비스 제공이 확산되었다. IPTV 서비스가 가능하려면 일정한 품질 이상의 초고속 인터넷 네트워크가 구축되어 있어야 하는데 이들 군소업체들은 발빠르게 특정 지역에서 제한적으로 서비스에 들어간 것이다. 2005년 이후 분위기는 더욱 고조되었다. 전 세계적으로 초고속 인터넷 네트워크 구축이 붐을 이루면서 미국의 AT&T · 버라이존, 영국의 BT, 독일의 DT 등 각국의 주요 통신업체들이 네트워크 구축과 동시에 부가 서비스 형태로 IPTV 서비스를 실시하기 시작하였다.

미국의 시장조사업체 아이서플라이에 따르면 IPTV는 2006년 이후 매년 92%의 높은 성장세를 기록, 오는 2010년에는 6,300만 가구가 IPTV 서비스에 가입할 것으로 전망되고 있다. 영국 공영방송사 '채널4(Channel 4)'를 중심으로 구성된 컨소시엄이 최근 이동휴대방송용 주파수를 확보, 지상파 DMB의 현지 본 방송 추진이 급물살을 타고 있다.

이에 따라 한국형 지상파 DMB의 유럽 진출에 가속도가 붙을 것으로 전망된다. 지난달 말 채널4 등 4개사가 연합한 컨소시엄이 주파수(밴드3 대역)를 확보하고 우리 측에 추가 테스트를 요청하는 등 한동안 정체되었던 지상파 DMB의 영국 진출이 활기를 띠고 있다. 영국 채널4는 포드캐스팅(Podcasting) 같은 동영상 서비스, 낮은 동영상 전송비트율 개선 등 2가지에 관심을 보이고 있어 국내 업체들이 다음달 네덜란드에서 열리는 국제방송장비전(IBC)에서 기술 시연을 하기로 했다. 이에 더해 영국은 대만의 에이서와 공동으로 추진하던 자체 규격인 'DVB-IP' 방식의 서비스를 한국 지상파 DMB 채택 가능성이 더욱 높아지게 되었다. 영국은 런던에서 지상파 DMB 실험방송을 실시한 후 단말기 부족 등 여러 문제에 봉착해 본방송까지 잇지 못했다. 그러나 최근 전통적이고 보수적인 영국이 IT에 관심을 보이고 IT 서비스 및 제품 수용가 확산되면서 모바일 TV에 대한 관심도 부쩍 높아진 것으로 관측된다. 특히 영국 방송사들이 지상파 DMB에 관심을 보인 것은 유럽연합위원회(EU Commission)를 중심으로 통신 측인 노키아의 DVB-H 지지세력이 늘면서 이에 대한 견제 움직임으로도 해석된다.

유럽연합위원회는 DVB-H를 디지털 TV의 휴대폰 전송을 위한 표준 신호로 공식 지지를 하는 시장에는 DVB-H가 적합하다. 그러나 DVB-H 상용화에는 주파수(UHF 대역) 부족, 디지털저작관리(DRM) 표준 미비, 언어장벽, 나라별로 다른 주파수 정책, 수익모델 부재 등에 대한 논란이 벌어지고 있다. 그리고 2.6GHz의 주파수로 작동하는 대역을 패키지로 묶을 것인지를 현재 평가하고 있다.

모바일 와이맥스는 여러 가지 면에서 현재 사용중인 3G 셀룰러 네트워크를 계승할 4G의 자리를 빼앗을 가능성이 있는 서비스로, 통신사업자들이 이미 많은 돈을 쏟아 부은 와이파이 무선 기술의 경쟁 기술로 꼽히고 있다. 와이맥스는 데이터 트래픽에 맞추어진 장거리 고대역폭 무선기술이지만 와이파이와는 달리 직선 공간, 즉 장애물이 없는 공간에서만 사용할 수 있다는 조건이 없다. 이 기술의 기초는 무선 대도시 네트워크를 위한 IEEE 802.16 계열 표준이며, 이 기술을 촉진시키고 공인된 제품을 호환성이 있는 것으로 인증하도록 2001년 6월에 설립된 산업단체인 와이맥스 포럼에서 와이맥스(Worldwide Interoperability for Microwave Access)라는 이름을 땄다. 반면에 모바일 와이맥스의 기초는 IEEE 802.16e- 2005 표준이며, 휴대폰과 같은 장치는 완전 모바일 방식으로 사용할 수 있고 랩탑과 같은 시스템은 사방으로 돌아다니면서 사용할 수 있다. 하지만, 모바일 와이맥스가 특별히 관심을 모을 것으로 예상되는 곳은 현재 유선 인프라가 제한된 수준으로만 구축되어 있는 개발도상국들이다. 이것은 기존의 셀룰러 타워를 보완하는 와이맥스 기지국을 설치하는 데 관련된 비용이 고정 통신선로를 처음부터 새로 설치하는 것에 비해 더 낮을 가능성이 있기 때문이다. 특히 지형이 평평하고 인구 밀도는 낮은 지역에서 그러하다. 선진국에 속한 일부 이동통신 사업자들도 모바일 와이맥스를 멀티미디어와 같은 데이터 중심형 애플리케이션을 위한 대역폭을 증가시키는 수단으로 추천하고 있다. 예를 들어 스프린트넥스텔은 2.5GHz에서 작동하는 미국 와이맥스 네트워크를 구축하는 데(15억 파운드)를 사용할 것이다. 모바일 와이맥스로 인해 현재 이동통신 사업자가 아닌 사람이 이 영역으로 진입할 수 있는 기회가 생겼다.

2. 국내 트렌드

현재 산업계를 비롯하여 국민들의 시선은 국회로 시선이 집중되어 있다. IPTV 사업자(유선)가 무선 IPTV 서비스도 할 수 있게 되는 것 아닌가 하는 우려가 DMB 업체 등 관련 업체들의 우려가 나오고 있다. 무선 IPTV 경쟁업체가 될 것으로 보이는 DMB 업체들은 KT에 대한 규제조항이 논의되지 않는 상황에서 IPTV가 시행되면 선발 뉴미디어인 DMB는 존폐위기에 놓일 것이라는 게 DMB 업계의 입장이다. 유선 IPTV로 포장되어 있는 IPTV 사업은 일부 의원이 발의한 법안대로 갈 경우 무선사업도 할 수 있게 되는 엄청난 혜택을 담고 있고, IPTV 사업은 반드시 유선과 무선이 분리되어야 한다고 요청을 하고 있다. "현재로서는 IPTV 법안이 통과되고 서비스가 시행돼 무선 및 모바일 IPTV가 다 가능해진다"며,

DMB가 어렵게 모바일 방송을 제공하고 있는데 거대 통신사가 아무 장벽 없이 시장에 진입하게 되면 DMB 사업자는 죽으라는 소리"라고 목소리를 높였다. "고정매체인 케이블과의 규제 형평성뿐만 아니라 기존 이동방송인 DMB와의 경쟁상황도 심각히 고려해야 한다.

지상파 DMB 업계는 "거대 통신사가 무선으로 IPTV 서비스를 하게 되면, 다양한 결합상품이 가능하다는 점에서 가뜩이나 어려운 DMB 업계는 존폐위기에 놓일 수밖에 없다"며, IPTV에서 토종 뉴미디어인 DMB에 미치는 영향이 충분히 논의되어 적절한 규제 정책이 마련되어야 한다. 한편, 현재 KT가 제공중인 와이브로 서비스에서는 고속이동중 IP 네트워크로 모바일로 방송을 제공할 수 있는 모바일 IPTV가 사실상 개발되어 있다. 모바일 IPTV 및 유사 서비스를 중심으로 관련 기업들의 전략 및 트렌드를 살펴보고자 한다.

1) 삼성전자

삼성전자는 유럽을 중심으로 진행되는 DVB-H 기술과 미국 중심의 미디어플로 기술 등 지역별로 차별화된 모바일 TV 기술을 모두 확보하고, 신속하게 상용화 제품을 만들어 시장 경쟁력을 강화하고 있다. 양 시장을 모두 노리는 전략인 셈이다. 삼성전자는 2005년 2월 노키아에 이어 세계 2번째로 'DVB-H' 폰을 개발하였다. 미국에서 열리는 세계 최대의 전자 가전 전시회인 'CES'에서 미디어플로 기술을 시연하기도 했다. 삼성전자는 휴대전화뿐만 아니라 노트북, 내비게이션, 휴대용 DMB TV 등 다양한 제품을 통해 모바일 TV 시장을 주도해 나갈 전략이다.

2) LG전자

LG전자도 DVB-H폰과 미디어플로폰, 그리고 3세개(G) 이동통신 서비스인 '광대역 부호분할다중접속(WCDMA)' 방식의 DMB폰을 모두 개발해 모바일 TV 시장공략에 나서고 있다. 특히 일반 디지털 TV에만 적용해 온 광시야각 액정표시장치(LCD) 구현 기능을 휴대전화에 최초로 채택해 상하 좌우의 170도 옆에서도 선명한 시청이 가능하게 하였다. LG전자의 대표적 모바일 TV폰인 'LG-VX9400'은 북미 모바일 TV 시장에서 큰 인기를 끌고 있다.

3) SK텔레콤

SK텔레콤이 모바일 TV 시장공략에 나선다. SK텔레콤은 네덜란드 암스테르담에서 열린 방송전시회 'IBC 2007'에서 독일 방송 솔루션 업체 T-시스템즈와 양해각서(MOU)를 맺고 모바일 TV 시장에 함께 진출키로 하였다. 두 회사는 유럽과 아시아를 포함한 글로벌 모바일 TV 시장에 공동 진출키로 합의하였다. 또 유럽의 모바일 TV 표준인 DVB-H를 포함해 지상파 DMB, DVB-T 등 다양한 모바일 TV 기술개발에 협력하기로 하였다.

프리미엄 멀티미디어 서비스인 '준(June)'을 선보인 SK텔레콤은 최근 들어 WCDMA 서비스가 활성화되면서 모바일 TV 관련 기능을 다양화하는 데 주력하고 있다. 특히 국내외 드라마 보기에 상당한 경쟁력을 갖췄다는 평가를 받는다. '드라마 먼저 보기' 기능은 지상파 TV의 인기드라마를 10분 정도로 짧게 편집해 실제 방영일보다 며칠 먼저 볼 수 있게 해준다. 실시간 TV 프로그램을 중간부터 보게 되면 처음으로 다시 돌아갈 수 있는 기능도 제공한다.

4) KT

KT는 최근 하나의 플랫폼에서 개발됨 IT 신규 서비스를 홈네트워크, 텔레매틱스, 스마트폰, PDA, 휴대폰, 산업자동화, 백색가전, 로봇 미들웨어 등에 손쉽게 적용할 수 있는 KOSP(KT OSGi Service Platform) 개발을 완료하였다. KT는 KOSP에 대해 개방형 서비스 게이트웨이(OSGi) 표준화 단체로부터 규격 적합성 인증을 획득한 데 이어, 성능검증이 끝나는 대로 상용화 준비에 나선다. 이러한 기술이 상용화될 경우 와이브로용으로 개발된 서비스를 u-시티 및 홈네트워크나 로봇 등에도 손쉽게 적용할 수 있다. 따라서 언제, 어디서나 어떠한 단말을 이용해서도 IT서비스를 이용할 수 있는 유비쿼터스 환경 구현에 한 걸음 더 다가설 수 있게 되었다. 현재 물리적 결합 없이 서비스 결합상품을 내놓고 있는 통신사업자의 서비스 구현에도 일대 혁신이 일어날 전망이다. KT KOSP에 대한 인증은 KT 솔루션의 우수성을 보여주는 쾌거"라며 향후 와이브로, u-시티, 홈네트워크, 로봇 등 다양한 신성장 사업에 통합 서비스 플랫폼으로 적용 가능하다. 서비스업체가 KOSP를 적용할 경우 홈네트워크용으로 개발한 서비스를 텔레매틱스나 모바일 등 다른 영역에도 쉽게 적용하고 관리할 수 있는 것으로 평가를 받고 있다. 그 동안 OSGi에서는 각종 통신단말에 적용되는 소프트웨어 애플리케이션을 원격지에서 재부팅 없이 설치 · 시작 · 정지 · 업데이트 · 제거할 수 있는 관리 프레임워크와 정보기기 · 휴대 단말 · 보안 시스템과 같은 인터넷 장비의 표준 연결 규격 등을 개발해 왔다. KOSP를 이용할 경우 기존에 각기 별개의 서비스로 이용했던 IPTV, VoIP, 홈네트워크 서비스도 손쉽게 융합 서비스로 구현이 가능하다. 현재까지 OSGi 프레임워크 R4 표준에 대한 인증을 통과한 업체는 5개 업체로, 해외에서는 이클립스의 Equinox를 비롯해 3개 업체, 국내에는 KT와 삼성이 유일하다. 현재 국내에서는 KT · 삼성전자 · ETRI 등 11개 업체가 '한국 OSGi 사용자 포럼'을 창립해 활동 중이며, 최근에 텔레매틱스, 홈네트워크 등 OSGi의 적용분야가 늘어나고 있어 KT의 이번

OSGi 솔루션 확보가 관련 산업의 활성화에 크게 기여한다. KT는 3G 서비스인 '쇼(SHOW)'의 출범과 함께 초당 화면수를 10프레임에서 12프레임으로 늘리는 등 모바일 TV의 영상 품질을 크게 향상시켰다. 이 회사는 현재 KBS MBC SBS를 포함해 38개 채널을 실시간으로 제공하고 있다. 또 영화, 스포츠, 교육, 종교, 손수제작물(UCC) 등의 동영상 콘텐츠 3만여 건도 KTF의 '모바일 TV'를 통해 볼 수 있다.

5) LG텔레콤

LG텔레콤은 휴대전화에서 방송 시간 및 프로그램 정보를 제공하는 'DMB 방송 가이드'를 실시해 좋은 반응을 얻고 있다. 이 DMB 방송 가이드를 이용하면 채널 검색 및 이동에 드는 시간을 대폭 줄일 수 있고 방송을 보면서 다음 프로그램에 대한 상세정보를 동시에 확인할 수도 있다. 전문가들은 PMP나 UMPC 같은 멀티미디어 단말기가 집에서는 IPTV 셋탑 기능을 하고, 집 밖에서는 무선인터넷을 이용한 IPTV 시청기능을 하게 될 것으로 보고 있다. 초기 제품이나 다음이 선보인 '다음고 타비'도 비슷하다. 집안에서는 인터넷선을 직접 단말기에 연결하면 되고, 실외에서도 무선인터넷(와이파이)용 중계기(AP)가 설치된 지역에서 수신기를 단말기에 꽂아 무선인터넷으로 시청하는 모델이다.

6 모바일 IPTV 국내 표준화 동향

ITU-T에서의 IPTV 활동을 대응하기 위해 TTA에서는 2006년 PG219를 신설하였다. 동시에 국내에서는 초기부터 모바일 IPTV의 중요성을 인식하고 ITU-T에서 본격적으로 논의되기 전에 국제표준을 선행 준비하고자 WG2193(Mobile IPTV 실무반)을 설립하였다.

초기 ITU-T에서는 시급한 유선망에서의 IPTV서비스를 중심으로 표준화가 진행되었지만 WG2193에서는 IPTV가 향후 무선망으로 점차 확대될 것을 예상하여 이에 필요한 국내규격 작업을 개발하였다. WG2193에서는 IPTV에서의 이동성 지원기술작업을 수행하여 ITUT에서 논의되지 않은 Mobile IPTV를 위한 기술적 요구사항들을 자체적으로 표준개발하였다.

이렇게 개발된 요구사항들 중 시급하게 ITU-T FG IPTV에 반영되어야 하는 기술들은 지속적으로 FG회의를 통해 해당 기술을 반영하였다. 또한 WG2193에서는 Mobile IPTV 관련 국제표준화에 대응하고자 국내표준안의 영문 작업을 동시에 수행함으로써 향후 국제표준화에 대비하였다. 현재 WG2193에서는 아직 국제적으로도 개발되지 않은 Mobile IPTV 기술 표준규격을 주도하기 위해 "Mobile IPTV Specification" 개발을 관련 회원사들과 함께 준비중이며 이를 위해 현재 모바일 IPTV와 관련된 모든 국제표준기술들을 분석하고 시장에서 필요로 하는 모바일 IPTV 시나리오들을 분석하는 Gap Analysis 작업을 진행중이다.

표 7-2는 현재 WG2193에서 완료된 "IPTV에서의 이동성 지원기술" 규격초안이며 향후 TTA 내 관련 PG 및 전문가들을 통해 지속적으로 내용을 보완해 나갈 것이다.

표 7-2 ▪ TTA WG2193에서 작성된 IPTV에서의 이동성 지원기술 목차

요구사항	상세항목
서비스 요구사항	Multimedia Contents
	High Layer Protocol
	Middleware
	Mobility
단말 요구사항	무선구간에서의 링크특성 검출기술
	수신단말 Capability
	Multi-Interface 지원기술
네트워크 요구사항	서버
	Middlebox Traversal
	Contents Delivery Network
	무선링크 Adaptation
서비스 품질보장(QoS/QoE)	Network QoS 적응기술
	End-To-End Signaling
	품질보장 기능측정을 위한 단말/라우터 간 기능
	Media QoS/QoE
보안 요구사항	서비스 보안
	콘텐츠 보안
	단말 보안
	사용자 보안

07 모바일 IPTV 국제 표준화 동향

모바일 IPTV 서비스를 위해 다양한 표준기술들이 개발되고 있다. 국내 DMB와 해외 DVB/MediaFLO로 대표되는 단방향성 모바일 TV는 IP기술을 기반으로 개발되지 않았다. 하지만 IP를 기반으로 하는 인터넷상의 무수히 많은 콘텐츠 및 다양한 장점들을 기술적으로 수용하기 위해 IP기술을 결합하는 확장 표준화를 진행중에 있다(그림7-4의 좌측 기술접근방식). 또한, IPTV 국제표준화를 담당하고 있는 ITU-T FG IPTV에서는 현재 NGN을 기반으로 하는 고정형 IPTV에 많은 비중을 두고 있다. 물론 ITU-T FG IPTV 관련 워킹그룹에서 모바일 IPTV를 위한 기본적인 기술적 요구사항들이 최근 추가되고는 있지만, 여전히 시장에서의 시급한 기술표준은 고정형의 IPTV 서비스이다. 이와 같이 기존 IPTV 기술을 무선 네트워크에서 가능하도록 확장한 형태도 모바일 IPTV 서비스의 기술이다. (그림 7-4의 우측 기술접근방식)

또 하나의 방식은 이동통신영역에서의 모바일 IPTV 서비스 지원기술이다. 이와 관련하여 OMA(Open Mobile Alliance)에서의 BCAST가 매우 중요한 기술로 간주되고 있다. 이 장에서는 모바일 IPTV를 위한 세 가지의 방식에 대해 간략히 살펴본다.

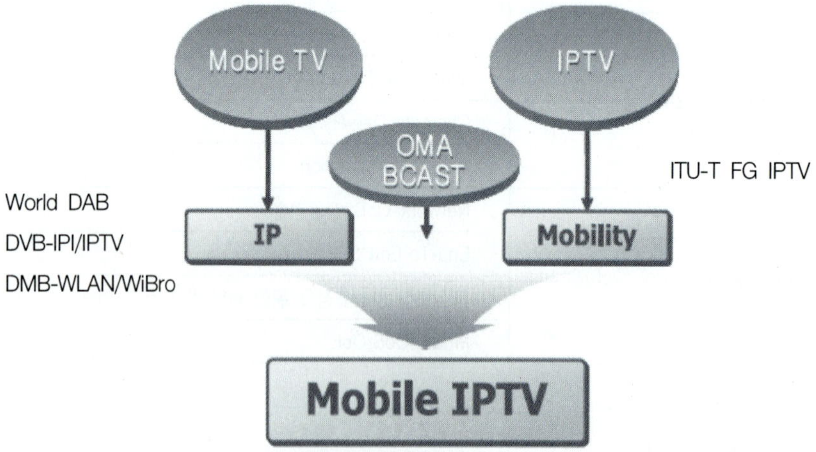

그림 7-4 모바일 IPTV 서비스를 위한 다양한 기술적 접근

1. 모바일 TV와 IP를 결합한 형태의 모바일 IPTV 서비스

이와 같은 형태의 모바일 IPTV는 전형적인 디지털 방송 네트워크를 사용하여 IP기반의 오디오, 비디오 및 다양한 콘텐츠들을 사용자에게 전달하는 방식이며 방송과 통신융합의 가장 대표적인 형태다. 모바일 TV는 단방향 형태로 안정된 무선방송 전송방식을 사용하므로 서비스가 안정적이며 양방향 서비스로의 확장을 위해 리턴채널을 결합하는 형태로 개발중이다. 가장 대표적인 표준화는 현재 DVB-CBMS이며 DVB-IPTV Commercial Module을 통해 IPTV에 필요한 구조 및 요구사항들을 연구한 후 DVB-IPI Technical Module을 통해 모바일 IPTV를 위한 표준 초안을 개발하였다.

DVB의 경우 유럽지역의 표준이며 유럽 전역에 서비스가 가능한 3GPP 기술을 주로 리턴채널로 사용하여 양방향 모바일 IPTV를 연구하고 있다. 국내에서는 모바일 TV기술로 DMB가 널리 사용되고 있으며 최근 리턴채널을 위한 기술로 WiBro를 접목한 양방향 형태의 모바일 IPTV 기술을 초기 개발하고 있다.

Chapter 7

2. 고정형 IPTV에 모바일 기능을 결합한 형태의 모바일 IPTV 서비스

IPTV는 다양한 표준단체에서 개발되고 있으며 2006년부터는 ITU-T에서 FG IPTV를 통해 국가 간의 통일된 표준화 규격을 작업중이다. 특히 미국에서는 ATIS를 중심으로 기존 통신사업자들이 NGN 기반의 IPTV 관련 장비들을 개발하고 있다. 현재 대부분의 IPTV 표준화는 NGN을 기반으로 하는 안정된 유선망을 중심으로 하고 있다. 기존 IPTV는 IP기반의 다양한 콘텐츠를 IP망을 통해 사용자에게 전송하는 방식이므로 이를 모바일 IPTV로 확장하기 위해서는 사용자가 사용하는 환경이 무선이어야 한다. 무선기술들은 특정 기술에 국한되지 않지만 최근에는 광대역 무선접속기술인 WiMAX(국내에서는 WiBro)를 이용하여 IPTV 서비스를 제공하는 초기 형태의 모바일 IPTV 기술이 개발되고 있다. 또한, IPTV 서비스와 같은 멀티미디어 콘텐츠를 해당 무선기술상에서 보다 효율적으로 전달하기 위해 무선기술을 확장하고 있다. 즉, WiBro의 기반기술인 IEEE 802.16e에서는 MBS(Multicast Broadcast Service)에 대한 전송방식에 대한 표준이 완료되었으며 WiMAX Forum에서는 Release 1.5에서 MBS에서 대한 요구사항을 정의하였고 이를 위한 표준화 작업에 현재 WiMAX NWG에서 진행중이다. IPTV의 De-Fecto 표준기구 중 하나인 OMA(Open Mobile Alliance)에서도 IMS를 기반으로 하는 모바일 IPTV 서비스를 2008년부터 본격적으로 개발할 계획이다.

3. 이동통신 영역에서의 모바일 IPTV 서비스

현재 국내에서 이동통신상의 멀티미디어 서비스는 이동통신 사업자들을 통해 이루어지고 있다. 물론 법적 이슈로 아직 실시간 방송이 서비스되고 있지는 않지만 이런 형태의 서비스 또한 초기 모바일 IPTV 서비스라 할 수 있다. 이동통신 영역에서 IPTV 서비스를 보다 원활하게 제공하기 위해 연구되고 있는 가장 대표적인 표준화는 OMA BCAST(BroadCAST)이다. 이는 다양한 이동통신 단말들이 IPTV와 같은 형태의 서비스들을 원활하게 수신할 수 있도록 Enabler라는 기능을 표준화한다. 3GPP와 3GPP2기반에서의 IPTV 서비스에 대한 연구는 각 표준단체에서 활발하게 진행중이며 특히 3GPP에서의 MBMS(Multimedia Broadcast/Multicast Service) 표준이 Release 6에서 정의되었으며 현재 Release-7 및 Release-8 3G LTE(Long Term Evolution)망에서 방송 서비스의 전송효율을 높이기 위한 기능 확장을 포함하는 진보된 eMBMS(Evolved MBMS) 규격 개발이 진행중이다.

08 모바일 IPTV의 향후 전망

IPTV 서비스는 2000년 초부터 유선부문에서 논의가 시작되었고 2005년부터는 도입 논의가 활발하게 진행되었으나 방향을 잡지 못하다가 2006년 7월 방송통신융합추진위 발족으로 큰 기대를 모으기도 하였다. IPTV는 우리나라 IT 산업의 위기 탈피와 성장 동력으로서의 중요한 촉매제라 할 수 있다. 최근 IT분야의 활력이 일부 대기업 중심으로만 이루어지고 있어 우려감이 높은 가운데 IPTV 등장은 그야말로 우리 정보기술(IT)을 새롭게 변모시킬 중요한 실마리가 되리라고 기대를 모으고 있다. IPTV와 관련된 네트워크, 방송 · 콘텐츠 업체 등은 기대감 속에 서둘러 투자를 하였고 2000년부터 2007년까지 세계 IPTV 관련 특허 102건 중 40건의 특허를 출원하는 쾌거를 이루기도 하였다. 특히 국제전기통신연합(ITU-T)에 반영된 770건의 표준 가운데 한국 IPTV 기술이 차지하는 비중이 18%로 국제표준을 주도할 입지도 확보하고 있다. IPTV가 상용화하지 않는 상황에서 일구어낸 성과이기에 가치는 더욱 크다. 그러나 국내의 상황은 전략과 정책의 부재로 이런 호기를 상실할

위기에 처해 있기 때문이다. 관련 기업들은 투자가 회수되지 않아 80여 중소기업과 대기업들이 어려움을 겪고 있다. 연구보고서에 의하면 IPTV 지연으로 연 1조 원 가량의 기회비용을 포함한 경제적 손실을 입고 있다고 한다. 2000년 초반부터 각 국가에서 IPTV 상용서비스를 시작하였고 현재 30여 국가에서 상용 서비스를 제공하고 있다.

한국정보산업연합회가 전망한 것처럼 IPTV는 통신 · 방송업계는 물론 컴퓨팅 · 콘텐츠업계에 새로운 시장을 창출해 나갈 것으로 기대를 모으고 있다. 그리고 유비쿼터스화가 진전되면서 이동성과 편의성을 아우르는 모바일로의 발전이 급속히 일어날 것으로 보인다. 따라서 앞서 보았듯이 모바일 IPTV의 개인과 산업적 활용도도 다양하게 확대되어 나갈 것으로 보인다. 이는 단순한 새로운 서비스의 확대를 떠나 기존산업 경쟁력을 높이고 다양한 비즈니스 서비스 모델(IPTV가 사내 전사자원관리(ERP)와 통합 등 대규모 시스템으로 확장이 용이하게 때문에 고화질 광고방송뿐 아니라 정보교류, 사내교육, 대외홍보, 고객관계관리(CRM), 지식경영(KM)에 활용할 수 있다.)들을 창출해 나아감으로써 산업에 활력과 파급력 면에서도 기대가 되는 산업이다. 따라서 국가적 차원에서 몇 안 되는 국제경쟁력을 갖춘 부문에서의 산업적 활성화를 위해 노력을 해야 할 것이다.

Chapter

8 차세대 방송·통신융합기술

1 새로운 융합기술과 기술진화에 관한 예측

1. 차세대 멀티 방송통신

차세대 멀티 방송(DxB : Digital any x Broadcasting) 표준화 기술은 이동환경 중 언제, 어디서나, 누구나, 저렴한 비용으로 다양한 멀티미디어 서비스가 가능한 유비쿼터스 시대의 새로운 통합방송 표준 기술이다.

차세대 멀티 방송(DxB) 표준화 기술은 유럽 디지털 라디오 방식인 DAB(Digital Audio Broadcasting)/DMB(Digital Multimedia Broadcasting), 유럽 디지털 비디오 방송방식인 DVB(Digital Video Broadcasting)-{T, S, H} 및 일본의 ISDB(Integrated Services Digital Broadcasting)-T 등의 다양한 방송 서비스를 IP(Internet Protocol) 기반으로 통일하여 Harmonization하며, 향후 IP기반의 3G, 3.5G 및 4G 이동통신 기술과 확장 및 융합이 가능한 새로운 방송·통신융합을 위한 차세대 개념의 통합방송 표준화 기술이다.

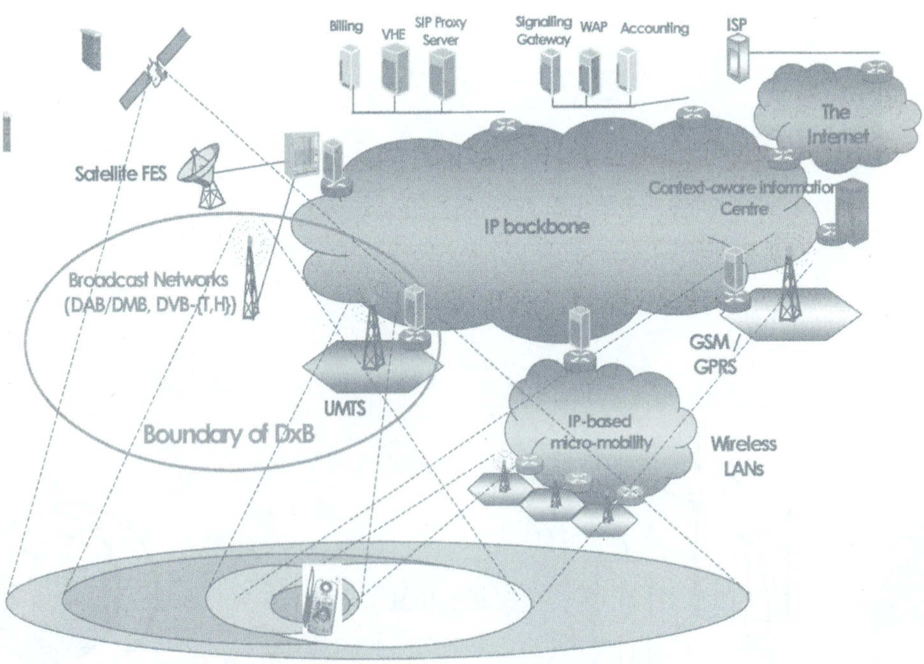

그림 8-1 ■ 차세대 방송·통신융합 네트워크 개념도

차세대 멀티 방송(DxB) 표준화 기술개발을 통해 유럽형 DAB 기반으로 세계 최초로 실시간 TV 서비스가 가능한 한국형 DMB 표준을 다른 국가에서도 채택하도록 유도하며, 향후 국제표준 가능성이 매우 높은 DxB 표준화 기술개발의 초기부터 참여하여 새로운 기술 확보는 물론 국내 기술을 차세대 멀티 방송(DxB) 표준에 제안하여 채택할 수 있도록 하고 있다.

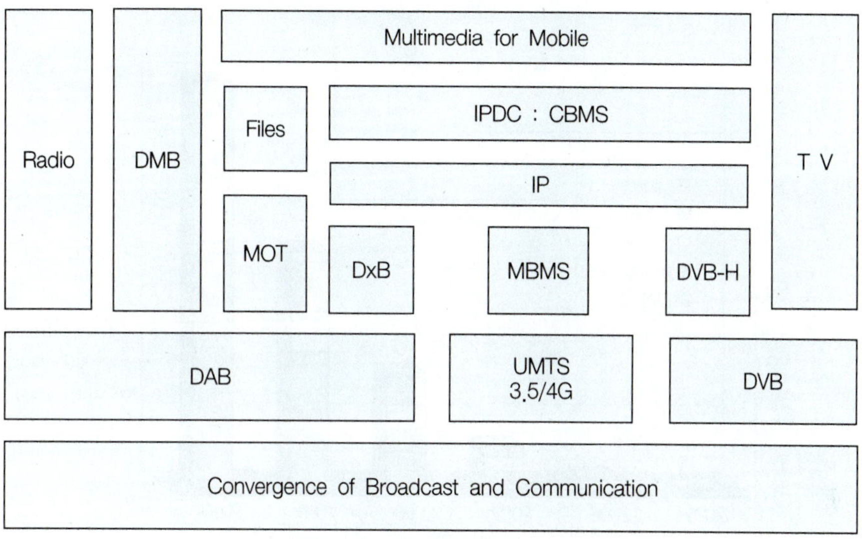

그림 8-2 차세대 방송·통신융합 계층별 개념도

1) 차세대 멀티 방송통신 개발의 중요성(필요성)

차세대 멀티 방송·통신 개발에 대해 먼저, 기술적인 측면을 살펴보면 최근에는 이동환경 중에 다양한 멀티미디어 서비스에 대한 수요가 증가하고 있는 추세에 맞추어, 국내에서는 지상파 DAB(Digital Audio Broadcasting) 기반의 DMB(Digital Multimedia Broadcasting)를 개발하였으며, 유럽을 중심으로 기존의 DVB(Digital Video Broadcasting)-T를 기반으로 DVB-H를 개발하였다.

이미, DVB-T망이 구축되어 있는 유럽, 아시아 및 호주 등에서 DVB-H 표준이 유력시되고 있으며 핀란드, 영국 및 독일에서 시험 서비스중에 있고, 동남아시아, 유럽 일부 지역을 중심으로 국내 DMB 표준을 시범 서비스하고 있다.

따라서, 국가별 대륙별로 다양한 멀티미디어 방송수신 및 통신기술과의 융합을 위해 새로운 기술 분야이며 관련 기술에 대한 국가경쟁력, 국제표준 채택 등을 위해서는 관련 기술의 표준화 개발이 시급히 요구되고 있는 실정이다.

또한, 차세대 방송 및 통신의 흐름은 궁극적으로 방송과 통신 서비스의 융합이라는 단일 종합 서비스 시스템으로 진화할 것으로 예상되며, 이러한 서비스의 통합적 지원을 위해서는 각각의 단일 규격 지향 플랫폼을 효과적으로 융합할 수 있는 표준화 기술개발이 필수적이다.

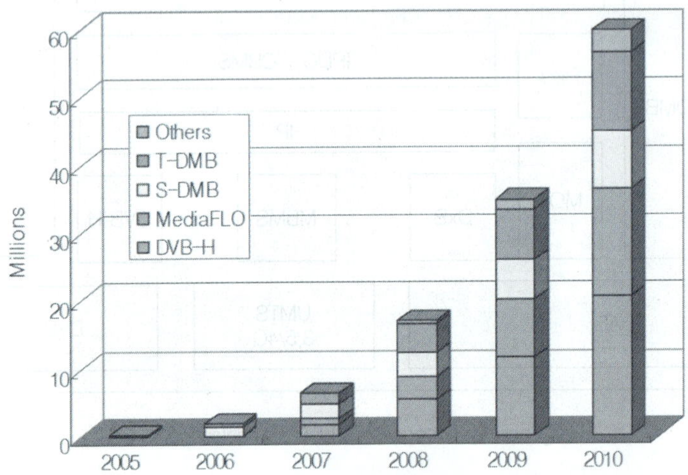

그림 8-3 ▪ 차세대 멀티 방송통신 기술별 가입자 수

경제·산업적 측면으로 살펴보면 디지털 전자산업의 경우, 디지털 시대가 전개됨에 따라 오디오, 데이터, 영상과 같은 정보의 융합, 방송, 통신 및 인터넷과 같은 네트워크의 융합, 컴퓨터, 통신, 디지털 정보가전 등 기기의 융합 등으로 디지털 컨버전스 시대가 가속화되고 있다.

관련 산업의 확대에 따라 수 연내 국가별 지역별로 자동차, HiFi 홈씨어터, 휴대용 등과 같은 다양한 디지털 멀티미디어 방송방식에 대한 수신기의 수요 및 서비스 시장이 폭발적으로 증가할 것으로 예상된다.

세계 시장은 멀티미디어 지상파 방송(단독형 및 복합형 포함) 규모가 2008년에 459억불, 2012년 1,033억불 규모로 전망되며, 미국 연평균 200% 이상, 유럽 등 기타는 125% 이상 시장 확장되고 있다.

국내 시장은 멀티미디어 지상파 DMB 송·수신기 개발을 통해 생산(수출)이 2008년 20억불(10억불), 2012년 120억불(80억불) 규모로 2012년 이내 세계 1위의 디지털 멀티미디어 방송수신기 생산국이 될 것이라는 비전이 제시되고 있다.

국가별 대륙별로 다양한 차세대 디지털 멀티미디어 방송 분야에 대해 국내 업체들이 국제 경쟁력을 확보하고, 관련 분야의 국제 기술을 선도하며, 세계 시장을 선점할 수 있는 기회가 되는 것이다.

따라서 폭발적인 증가가 예상되는 디지털 멀티미디어 방송에 대한 수신기 및 서비스 시장 선점 및 확보를 위해 차세대 멀티 방송(DxB) 표준화 기술을 개발이 절실히 요구된다.

표 8-1 ▪ 차세대 멀티 방송통신 기술별 가입자 수

Millions

	2005년	2006년	2007년	2008년	2009년	2010년
DVB-H	0	0.11	1.856	5.535	11.661	20.63
MediaFLO	0	0.065	0.801	3.242	8.386	15.722
S-DMB	0.295	1.263	2.124	3.564	5.924	8.571
T-DMB	0	0.442	1.581	4.248	7.488	11.518
Others	0	0	0	0.398	1.339	3.268
Total	0.295	1.88	6.362	16.987	34.798	59.709

2) 차세대 멀티 방송통신의 국내외 현황 및 동향

차세대 멀티 방송통신의 국내외 규격(국제규격(ISO, IEC), 지역블록규격(CE 등), 국가규격(KS, JIS 등), 단체규격) 제정 현황을 살펴보면, 차세대 멀티 방송(DxB) 표준화 기술 관련한 국내외 규격은 아직까지 제정된 바 없는 신규 표준 기술이며, 유럽의 DAB 진영, DVB 진영 및 유럽 특정 국가에서 지원하는 컨소시엄 진영을 중심으로 관련 표준화 기술 개발 초기 단계에 있으며, 국내에서는 관련 활동이 전혀 없는 실정이다.

따라서 차세대 멀티 방송(DxB) 표준화 기술을 조기에 개발하여 관련 기술에 대한 국내 업체들의 국제경쟁력을 제고하고, 관련 분야의 국제 기술을 선도하여 세계 시장의 선점 및 확보가 가능할 것으로 사료된다.

차세대 멀티 방송통신의 국내외 개발동향 및 향후 전망을 보면 국내의 경우는 이동 환경 중에 다양한 멀티미디어 서비스에 대한 수요가 증가하여, 국내에서는 지상파 DAB (Digital Audio Broadcasting) 기반의 DMB(Digital Multimedia Broadcasting) 서비스를 개발하여 국제 표준화 단계에 있다.

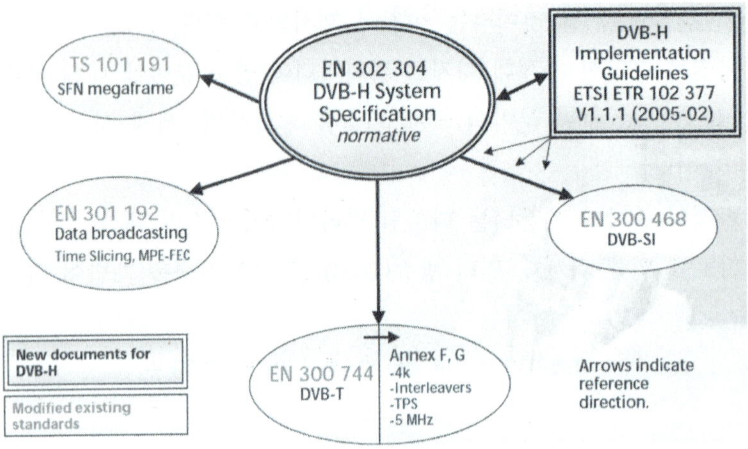

그림 8-4 DVB-T/DVB-H 표준화 구성도

2005년 3월 방송위원회에서 KBS, MBC 등 6개의 지상파 DMB 사업자를 선정하였고, 2005년 7월부터 DMB 본방송이 시작되었다.

현재, DxB 프로젝트의 테스트 방안 및 관련 테스트 송신장비, 테스트 방안 및 수신기는 초기 개발 단계에 있으며, 국내에서는 전자부품연구원에서 2004년 11월부터 DxB 수신기 개발하였다.

해외의 동향을 살펴보면 독일은 정부 지원의 Sony, Vodafone, IRT, T-Systems, Siemens, FhG-HHI 6개사가 기존의 DVB-T망과 DAB망을 이용하여 멀티미디어 서비스를 제공하고, 3G와 WLAN을 통한 양방향 서비스를 제공하기 위한 DxB 프로젝트가 2005년 1월부터 시작되었다.

DVB 진영과 이동통신 단말기 업체 주도의 DVB-TM-CBMS 표준을 개발하고, 동남아시아, 유럽 일부 지역을 중심으로 국내 DMB 표준을 시범 서비스하고 있다.

DVB-H는 O2, Sony, ntl 및 노키아 중심으로 유럽의 DTV 표준 방식 DVB-T를 근간으로 개발하여 2004년 11월에 국제 표준화가 완료되었다.

3) 파급 효과

기술적으로는 국내외 차세대 멀티 방송 표준화에 기여할 수 있고, 중소기업 등의 국내 멀티 방송 표준화 기술개발 활동 지원하는 효과를 기대할 수 있으며, 기술선진국과 대등한 멀티 방송 표준화 기술확보를 통하여 관련 제품의 설계기술을 선도할 수 있는 가능성을 기대할 수 있다.

차세대 방송 · 통신융합기술과 신규 시장을 선점할 수 있고, 차세대 멀티 방송통신 시스템에 대한 기반 기술을 확보할 수 있으며, 이동 TV 핵심기술 확보를 통한 국제표준화를 선도할 수 있는 이점을 기대할 수 있다.

또한, 차세대 통합형 무선 및 이동통신 서비스의 조기 도입 촉진할 수 있고, 이로써 원천기술 확보를 통한 방송통신 산업에서의 부품 수입 대체 및 이에 따른 국외 시장경쟁력이 강화되는 효과를 기대할 수 있을 것이다.

경제적으로는 개발도상국 및 미개발지역의 관련 기술 이전을 통하여 고부가가치를 창출할 수 있으며, 관련 산업 및 기반 기술확보를 통하여 핵심 인력양성 배출을 기대할 수 있고, 국내 멀티 방송 기술개발에 따른 관련 부품, 시스템 산업으로의 육성을 통하여 경쟁력을 확보할 수 있을 것이다.

4) 활용방안

이 기술개발의 결과물로 예상되는 차세대 멀티 방송(DxB) 기술 동향 연구 및 표준화 기술개발로 중요 일부 핵심기술에 관해서는 국제 표준화 제안 및 핵심기술의 concept 적인 기술에 대한 부분은 특허화를 시도하여 국제 표준화 기술개발에 적극 참여할 수 있을 것이다.

차세대 방송통신융합을 위한 국내 자체 표준 기술개발에 활용하고, 개발되는 중요 결과물들은 홈페이지나 학회 또는 워크숍의 형태로 정리 발표하여 차세대 멀티 방송(DxB) 기술에 적극 대처할 수 없는 중소기업 등의 기술개발 움직임에 적극 지원이 가능하다.

또한 3.5G 및 4G 복합 휴대기기용 단말기 기술로의 개발 확장이 가능하며, MBMS (Multicast/Broadcast Mode Service) 국제 표준화 주도 및 기여할 수 있을 것이다.

2. 방송통신융합 관련 특허출원 동향

최근 디지털 멀티미디어 방송(DMB), TV포털, 인터넷 프로토콜 텔레비전(IPTV)과 같은 방송과 통신이 융합된 서비스가 속속 등장하고 있다. 방송 · 통신융합 서비스는 시청자와 방송사 간의 실시간 상호작용을 통해 주문형 비디오(VoD), 온라인게임, 전자상거래, 영상전화 등 다양한 양방향 서비스를 TV 화면으로 즐길 수 있는 것이 특징이다. 특허청의 자료에 따르면 방통융합 관련 특허는 5년 동안 115건 출원되던 것이 매년 35% 이상 증가하여 최근 한 해만 165건이 출원되었다.

10년간 출원된 603건의 특허 중, 내국인이 68.0%(410건)를 출원한 것으로 나타났는데,

이는 같은 기간 국내 전체 산업분야 내국인 특허출원 비율에 비해 5% 정도 낮은 수치이다.

주요 내국인 출원인으로는 삼성전자가 내국인 전체 출원의 26.8%(110건)로 가장 많았고, 다음은 한국전자통신연구원 20.2%(83건), 엘지전자 9.5%(39건), SK텔레콤 7.1%(29건), KT 5.4%(22건) 순으로 출원이 많은 것으로 나타났다. 이는 방통융합기술에 대한 연구개발이 주요 IT 제조업체와 통신사업자, 정부출연연구소를 중심으로 이루어지고 있음을 보여준다.

외국인 출원으로는 네덜란드가 전체 출원의 12.6%(76건)로 가장 많았으며, 이는 필립스의 출원이 많았기 때문이다. 그 뒤를 이어 미국 10.0%(60건), 일본 3.8%(23건), 프랑스 3.6%(22건) 순으로 출원이 많았다. 주요 외국인 출원인으로는 필립스 외에 퀄컴(9건), 제네럴 인스트루먼트(9건), 마이크로소프트(7건), 소니(8건), 톰슨(21건) 등이 있다.

세부기술별로는 코덱 및 패키징 기술 관련 출원이 전체 출원의 54.6%(329건)로 가장 많았고, 서비스 품질 제어기술이 28.0%(169건), 네트워크 연동기술이 17.4%(105건) 출원되었다. 외국인 출원은 서비스 품질 제어기술과 네트워크 연동기술에 있어서는 10% 이내로 낮은 비율을 보이는 반면, 코덱 및 패키징 기술에 있어서는 50% 이상의 높은 비율을 보이고 있다.

방통융합 서비스는 이탈리아, 프랑스, 영국, 홍콩을 포함한 세계 여러 국가에서 이미 주문형비디오(VOD), 다채널 방송 서비스, TV포털, 양방향 서비스 등 다양한 형태로 제공되고 있으나, 각 국가별 네트워크 구축 상태와 법 · 제도 환경에 따라 제공되는 서비스 수준에는 많은 차이가 있다.

표 8-2 ▪ 방통융합기술의 국내 업체별 특허출원 비율

국 가	한국	네덜란드	미국	일본	프랑스	핀란드	스웨덴	기타	합계
출원(건)	410	76	60	23	22	4	3	5	603
출원비율	68.0%	12.6%	10.0%	3.8%	3.6%	0.7%	0.5%	0.8%	100.0%

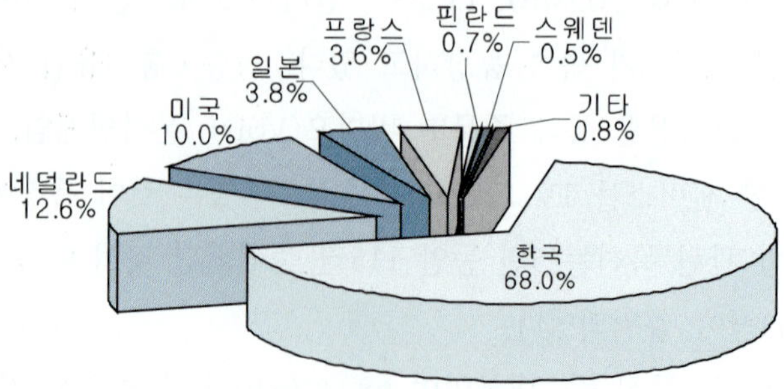

표 8-3 ▪ 방통융합기술의 특허출원 비율

(단위 : 건)

국내기관	삼성전자	한국전자통신연구원	LG전자	SK텔레콤	KT	기타	합계
출원(건)	110	83	39	29	22	127	410
출원비율	26.8%	20.2%	9.5%	7.1%	5.4%	31.0%	100.0%

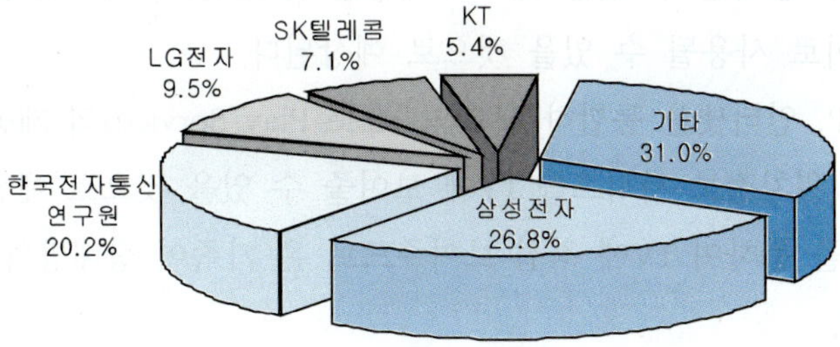

표 8-4 ▪ 방통융합기술의 세부기술

세부기술	코덱 및 패키징 기술	서비스 품질 제어기술	네트워크 연동기술	합 계
내국인	161	154	95	410
외국인	168	15	10	193
합 계	329	169	105	603

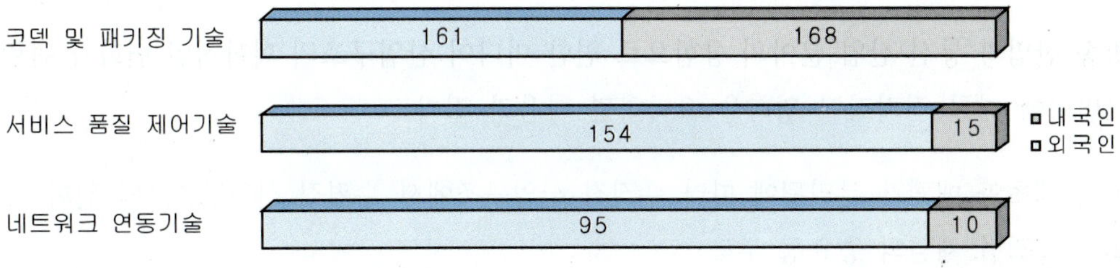

국내에서도 방송위원회와 정보통신부가 IPTV(인터넷 프로토콜 TV) 서비스를 내년부터 상용화하기로 함에 따라 본격적인 방통융합 시대가 열리게 된다. 방통융합 서비스의 도입으로 기존 방송과 통신 산업구조에 많은 변화가 생길 것으로 예상되며, 또한 각종 콘텐츠 산업, 플랫폼 산업 및 장비산업도 크게 성장할 것으로 기대된다.

3. 새롭게 등장할 수 있는 기술에 대한 아이디어

현재 디지털 케이블 방송 및 IPTV STB는 케이블카드(Cable Card) 혹은 스마트카드(Smart Card)를 사용한 CAS를 사용하는데, 향후 망을 통하여 CAS를 가입자 STB에 전달하는 시스템이 개발될 것으로 보인다. 이러한 경우 STB의 Hacking에 대한 콘텐츠 등의 보호 및 유지 보수가 매우 용이할 수 있을 것으로 예상된다. 또한, IPTV STB를 이용하여 홈네트워크의 게이트웨이로 사용될 수 있을 것으로 예상된다.

IPTV 서비스는 VoIP, 인터넷을 통합하여 TPS(Triple Play Service)의 제공도 가능하다. 한 편으로는 핸드폰의 위치정보 서비스를 TV에 보여줄 수 있을 것으로 예상하는데, 가족의 위치정보를 인터넷을 통하여 TV에 직접 보여주므로 온 가족이 상대방의 위치를 알 수 있을 것으로 기대된다.

지금까지는 위성 DMB 및 지상파 DMB 콘텐츠가 무선으로만 제공되고 있는데, 이를 IPTV 서비스와 연계하여 위성 DMB의 가입자에게 무료로 보여줄 수도 있을 것으로 예상된다. 해외 IPTV 서비스와의 연계가 가능할 것으로 사료된다. 미국, 일본 등의 전 세계의 다양한 문화와 접할 수 있도록 접속하는 기술이 개발될 것으로 보인다. 이 밖에도 UCC 연계 서비스로서 IPTV STB 등에 카메라를 달아서 가족 중심의 UCC 등을 제작하여 인터넷과 연계하여 UCC를 시청할 수 있도록 할 수 있을 것으로 예상된다.

4. 융합형 멀티미디어 시장의 변화

방송 산업과 통신 산업 분야의 융합으로 인한 미디어 산업구조의 화학적인 변화가 관련 시장변화에 미친 직접적인 영향을 요약하면 다음과 같다.

① 콘텐츠와 매체가 분리됨에 따라 수직적 산업구조에서 수평적 산업구조로의 전화
② 고객접점 채널의 중요성 부각
③ 콘텐츠의 중요성 증대
④ 인터넷 미디어 위상의 강화를 들 수 있다.

우선 방송과 통신의 융합으로 다양한 매체의 등장이 가속화됨에 따라, 다수의 콘텐츠가 다수의 매체를 통해 전달되었고 결과적으로 콘텐츠와 매체 간 분리화가 일어났다.

기존에는 개별 콘텐츠마다 그에 적합한 전달매체가 따로 정하여졌기 때문에 매체와 콘텐츠의 구별이 모호하였다.

실례로 신문매체의 경우 콘텐츠는 뉴스로서 매체는 신문지와 같은 개념으로 따로 구분하지 않고 사용하였다.

또한, 방송매체의 경우 콘텐츠인 방송 프로그램과 매체인 TV가 구별 없이 사용되었다.

그러나 콘텐츠 생산과 유통이 수직적으로 결합된 구조가 점차 수평적으로 분리되면서 시장에서 규모의 경제를 확보할 수 있는 방향으로 변화되었다.

둘째, 최종적으로 고객에게 서비스를 제공하는 접점인 '고객접점 채널'의 중요성이 부각되고 있다. 이것은 고객이 직접 비용을 지불하거나 광고주가 대신하여 비용을 지불하는 대상을 말한다. 방송통신융합 환경에서 경쟁우위는 누가 매체를 소유하느냐에 있지 않고, 누가 고객접점이 될 수 있는 채널을 장악하느냐로 전환하였다.

예를 들면, 가정 내 TV 채널을 장악하기 위해 방송 산업의 지상파 방송사업자, 케이블 방송사업자, 위성방송사업자 간 IPTV가 경쟁한다. 또는, 사무실의 PC라는 채널을 장악하기 위해 콘텐츠 업체들 간에, 실외의 휴대단말이라는 채널을 장악하기 위해 이동통신 사업자 간에 경쟁이 치열해지고 있다.

이와 같이 매체는 고객과 콘텐츠를 연결하는 접점 역할을 담당하는데, 융합은 다매체 환경을 파생시켜서 매체확보보다는 고객의 충성도(loyalty)를 확보하는 것이 훨씬 중요하게 되었다. 10년 정도의 역사를 가진 인터넷 포털은 물리적인 매체를 가지고 있지 않지만 높은 미디어 파워를 확보하였다. 한국의 대표 포털인 네이버나 다음의 주간 방문자(UV, Unique Visitor)수는 2,000만 명 이상(Korean Click 기준)으로 PC라는 채널의 절대적인 영향력을 가지고 건실한 수익 모델을 만드는 데 성공하였다. 인터넷 포털의 약진이 채널의 중요성을 잘 설명한다.

셋째, 다매체 시대에는 매체의 영향력은 줄고 콘텐츠가 산업의 중심으로 작용한다. 매체가 제한적이었을 때는 매체 소유자가 직접 고객에게 제공할 콘텐츠를 선택했던 반면, 지금은 콘텐츠 소유자가 고객에게 제공한 콘텐츠를 선택한다. 고객은 제공받는 콘텐츠의 사용여부에 대한 선택만 있었고, 콘텐츠 제공자도 고객에게 콘텐츠를 제공할 다른 방법이 없었기 때문에 이 시기에 매체의 영향력은 절대적이었다. 그러나 이제는 고객에게 가치를 어필할 수 있는 것이 미디어 매체의 브랜드가 아니라 콘텐츠 브랜드로 전환되었다.

예를 들면, 고객은 케이블 TV 매체인지 위성 TV인지 매체를 중요하게 생각하기보다는 특정 채널만을 기억하게 되며, 드라마를 시청하는 매체보다는 특정 프로그램을 기억하게 된다. 해외의 경우를 살펴보면 일찍이 디즈니, 유니버설과 같은 세계적인 콘텐츠 제공사업자들을 중심으로 콘텐츠 분야의 시장 영향력이 막강하였다.

따라서 방송이나 통신사업자들은 시장에 진입시 콘텐츠 투자에 공격적인 전략을 취하고 있다. 국내 대표적인 이동통신 사업체인 SKT는 국내 최대의 연예기획사인 iHQ, 음반기획사인 서울 음반을, 채널 공급자인 YTN 미디어, 2006년에는 영화제작사 청어람을 인수하였으며, 콘텐츠 시장지배력을 확보하기 위해 약 1,000억 원 규모의 엔터테인먼트 펀드를 운영중에 있다.

KT의 경우도 아래에서 보는 바와 같이 유선전화, 초고속 인터넷 등 기존사업군은 성장이 감소하고 있는 반면, 신규사업군도 10%대 성장세에 머물러 있다.

따라서 새로운 성장 동력원 확보를 위해 영화제작사 싸이더스 FNH를 KT 196억 원, KTF 84억 원을 투자하여 지분율 51%로 인수하여 양질의 콘텐츠를 확보하였다.

쇼박스 영화펀드, 음악펀드에 출자하였으며 최근에는 최대의 방송 콘텐츠 제작사인 올리브나인에 220억 원을 출자하여 지분율 19.12%로 인수하여 방송계 네트워크 강화나 방송사업의 역량을 강화하였다.

향후 스카이라이프를 통해 위성방송 사업으로까지 진출(지분율 29.8%)을 확대해 나갈 것이며 최근에는 IPTV 사업을 상용화하였다. 이러한 통신사업자의 콘텐츠 투자는 앞으로도 지속적으로 이루어질 것으로 예상된다.

마지막으로, 인터넷 미디어의 약진은 상대적으로 활자 매체인 신문과 같은 전통 미디어의 영향력 감소로 이어졌다.

인터넷에서 기반을 확보한 포털들은 영향력을 무선과 TV까지 확장하려고 노력하고 있다. 2007년부터 전격적으로 시행하게 되는 이동통신의 무선망 개방은 콘텐츠 업체가 유선과 같이 직접 고객과 접속할 수 있는 계기를 마련할 것으로 보인다.

그간은 이동통신사가 망의 폐쇄적으로 운영하였으나, 망이 개방되면 콘텐츠 업체는 WINC라는 접속번호를 부여받게 되어, 고객은 콘텐츠 업체를 직접 접속할 수 있게 되었으며, TV 서비스 시장으로 진입하고 있다.

최근에 IPTV 시범사업에 다음커뮤니케이션 컨소시엄이 선정되어 서비스를 제공하고 있으며 네이버도 통신사와 제휴하여 TV Portal 사업을 하였다.

5. 방송통신융합에서 채널 유형별 기대가치 전망

통신망 또는 방송망에서 고객과의 접점을 제공하는 채널들은 각기 가치제안(Value proposition)을 가지며, 교차영역에 해당하는 채널 간에 경쟁 양상을 보일 것으로 전망한다. 특히, 특정 채널에서 상당한 지배력의 경쟁력을 확보한 사업자는 여타 산업으로의 전이(Leverage)를 통해 시장확장을 추진하게 될 것이다.

여기서는 궁극적인 방송통신융합 산업에서 최종적인 고객 접점 채널이 되는 TV, 모바일 디바이스, PC별 미래 가치제안 및 발전전망에 대해 예측하고자 한다.

1) TV(Home media)

미디어 산업에서 대표적인 홈 미디어 매체인 TV 사용자들은 가족단위의 군집특성을 보이며, 양방향이 아닌 단방향성 정보전달, 즉 엔터테인먼트 중심의 대중매체에 영향을 받는다. 특히, TV라는 윈도 앞에서 소비하는 시간이 크고 집중도가 높은 편이다. 이러한 사용자층을 기반으로 한 TV 윈도를 통한 가치창출 방안은 디지털화와 인터넷과의 결합을 활용한 Digital Cable TV나 IPTV로의 발전방안을 생각할 수 있다. 여기서, 타 매체의 콘텐츠가 영상 콘텐츠로 재구성되는 양방향 채널의 신규시장이 등장하게 된다. 또한, 군집적 특성을 가지는 사용자들에게 Personality 특성의 서비스를 제공할 수 있다.

2) 이동형 디바이스

핸드헬드(Handheld) 디바이스는 개인화(Personality)와 이동성(Mobility)을 동시에 충족시키는 철저한 개인적 특성의 기기이다. 이러한 이동형 디바이스는 윈도 크기의 한계성과 프라이스의 영향으로 단시간 소모 위주의 미디어로서, 양방향성 커뮤니케이션 속성이 강하고 미디어가 부가적인 양상을 보인다. 향후 Mobility에 브로드밴드 특성이 결합되어 신규 미디어로 진화함에 따라 Wibro/HSDPA와 같은 3.5G가 등장하여 이동형 미디어로써의 영향력이 증대되고 있다.

3) PC(personal computer)

퍼스널 컴퓨터(PC)는 개인화 형식의 고정형의 디바이스 특성을 가진다. 기술적 진보로 TV 윈도와의 화질 및 콘텐츠 형상의 차이가 없다.

하지만, PC는 양방향적인 특성으로 인해 대중의 참여도가 높은 UCC 서비스가 활성화될 수 있으며, 신문, 방송, 잡지 등 모든 매체의 윈도로 활용이 가능하다. PC 윈도의 Value proposition은 윈도 특성의 발전보다는 다양한 표현방식 및 서비스 방식으로 발전하여, YouTobe와 같은 UCC 생성용 수직형 포털(Vertical portal)이다.

향후 대형 포털의 미디어 영향력을 계속적으로 증대될 것으로 예상된다.

6. 방송통신융합과 웹(Web) 2.0

Web 2.0이라는 용어의 유래에 대해서는 약간의 논란이 있지만, Tim O' Reilly가 웹 컨퍼런스에서 사용하기 시작했다고 일반적으로 알려져 있다. 웹 2.0은 기술 자체라기보다는 초기 웹의 사용과 구별되는 새로운 형태의 웹 사용을 통틀어 가리키는 개념으로 이해하는 것이 적절하다(웹 2.0 비즈니스 전략, Sigma Insight). 웹 2.0은 소비자에서 참여로, 개별 제품에서 웹 플랫폼으로, 무리에서 끼리로, 거래에서 관계로, 통제에서 자치로 변화되는 것을 그 특징으로 들 수 있다.

웹 2.0에서 특히 많이 사용되고 더 중요하다고 여겨지는 기술은 AJAX(Asynchronous JAva script + XML), RSS, Flex, Tag, Blog 등이 있는데, 이러한 기술을 바탕으로 하여 웹 2.0에서 나타나는 여러 가지 가능성은 개방과 참여, 소수자의 중시, 플랫폼에 의한 비즈니스를 가능하게 하여 새로운 비즈니스 기회를 제공한다. 이는 기술의 융합, 그리고 서비스의 융합으로 새로운 가능성을 보여주는 방송통신융합과 그 개념이 상통한다고 할 수 있다.

웹 2.0을 기반으로 만들어지는 UCC는 새로운 디지털 콘텐츠로서 인터넷뿐만 아니라, 모바일, TV 등에까지 그 영향을 확산시킬 수 있다. 이는 방송통신융합과 더불어 가치를 창출하고, 영역을 확대하여 새로운 비즈니스를 만들어낼 수 있도록 연구되어야 할 것이다.

7. 미래 융합산업을 위한 선결과제

방송통신융합 환경의 주요 이슈와 산업간 경쟁구도를 중심으로 고찰하여 향후 융합 서비스 상용화 및 활성화를 위한 향후 정책 방향에 관해 제시하고자 한다.

① 현재 위성 DMB뿐 아니라 지상파 DMB는 안정된 수익구조의 부재로 경제적으로 심각한 재무위기에 처해 있다.

이는 현실적으로 위성 또는 지상파 프로그램의 재전송이 불가하고, 신규 콘텐츠 개발에서의 실패에서 기인하는 다양한 킬러 콘텐츠의 확보가 되지 않았기 때문이다. 따라서 지상파 방송 프로그램의 재전송은 위성 DMB 초기 활성화를 위한 필요하지만, 단순 재전송 방식은 지양하고 프로그램 재가공을 통해 지상파 방송과의 상호 협조적인 협업체계를 갖추어야 한다.

② 미디어 산업에서 TV 윈도기반 방송시장에서의 우위를 선점하기 위한 통신사－지상파－케이블 간의 미디어 간 경쟁이 가열화 양상을 보이고 있다.

통신사업자의 경우 IPTV 서비스를 본격적으로 출시하였고, 지상파 방송은 다채널화

(Multi Mode Service, MMS)를 위한 기술적 검증을 완료한 상태이다. 또한, 케이블 분야는 디지털 전환(DOCSIS 3.0)과 PP의 디지털 전환에 대한 SO의 지원이 진행되고 있다. 이와 같이, TV 기반 IPTV 시장은 미디어간 경쟁으로 인해 IPTV 관련 법적 또는 규제적 제약이 존재한다. 따라서 IPTV 유형 가운데 지상파 및 케이블 대체형 IPTV는 규제 프레임워크를 마련하는데 시간이 소요될 것이며, 여타 유사방식의 서비스들이 틈새시장을 확보해 나갈 것으로 예상된다.

③ 융합시장 선점의 핵심 방안은 다양하고 풍부한 콘텐츠를 차별화된 방식으로 서비스하는 전략이다.

따라서 콘텐츠 확보에 시장참여자들의 관심이 집중되는 양상을 보인다. 방송 프로그램을 중심으로 콘텐츠 제작자의 위치에 있는 지상파에 대한 영향력은 실로 막강하므로, 방송사업자들은 이를 지속적으로 유지해 나가기 위해 노력한다. 케이블 사업자들은 자체 제작 프로그램을 통해 콘텐츠 통제력을 강화해 나가고 있다.

④ 막대한 자본력을 바탕으로 콘텐츠 회사를 인수 합병하거나 펀드를 조성하는 전략을 추진해 나가고 있다.

특히, 인터넷 방송의 경우 가장 큰 문제점으로 볼 수 있는 저작권 문제가 해결되지 않은 콘텐츠 및 성인물과 같은 불법 동영상의 범람에 대응하는 자체적 정화 노력과 미디어 채널로서의 위상을 제고하여야 한다. 이를 통해 의합법적인 상용 콘텐츠의 유치가 가능해지고, 핵심 미디어로의 확고한 위상을 확보할 수 있을 것이다.

정보통신 기술의 발전과 디지털 컨버전스의 가속화는 방송 · 통신과 관련된 기기와 콘텐츠는 물론 네트워크와 각종 서비스 및 산업까지 융합시키고 있다. 즉, 여러 가지 기능을 복합적으로 제공하는 PMP나 DMB 폰과 같은 기기들이 일상적으로 사용되고 있고, 방송망을 통한 통신 서비스나 통신망을 이용한 방송 서비스가 제공되고 있다. 또한, 방송과 통신의 특성을 모두 가진 Web Casting, IP Casting, VoD, 데이터 방송 등의 융합된 서비스가 출현하였고, 방송과 통신사업자들이 상대 영역에 진출하여 기존에는 상이하게 구분되던 사업과 산업도 융합되는 현상을 보이고 있다.

방송통신융합에 관한 각국의 동향을 살펴보면 세계 각국은 종전의 통신과 방송 서비스 간의 영역을 없애고 상호 진입규제를 완화하거나 폐지하는 추세이다.

미국은 1996년 새 통신법 제정을 통해 통신 · 방송 · 케이블 TV · 신규 미디어 등의 모든 분야에서 진입규제를 철폐하는 흐름을 보이고 있고, 일본은 종래의 엄격한 법체계를 개정하고, 양대 진영 사업자들 사이에 다양한 형태의 업무제휴 · 합병을 유도하고 있는 실정이다.

유럽연합(EU)은 2002년 EU지침(Directive)을 제정, 예외적으로 사업권을 허가할 뿐 원칙적으로는 통신·방송망을 통한 모든 서비스에 한해 최소한의 진입규제를 권고하고 있다.

영국은 2003년 개정 통신법으로 규제 최소화 정책을 견지해 방송전송 서비스에 한해 허가제 철폐했다. 한국은 지상파 방송·SO·DMB 사업자들의 주요 업무를 상당 부분 시장자율에 맡기고 있는 실정이다. EU는 녹서나 보고서 발간을 통해 단계적이고 지속적인 논의를 통해 수평적 규제체계를 마련하였고, 마침내 EU Directive(2002)는 전자 커뮤니케이션 전 분야에 수평적 규제체계를 적용하는 기반이 되었다. EU의 대표적인 특징으로는 전송계층과 콘텐츠계층을 철저히 분리한 2분위론의 프로토 타입으로서 현재까지 각국 규제환경에 큰 영향력을 끼치고 있는 체계를 갖추고 있다. 유럽 24개 회원국이 EU의 수평적 규제체계를 수용하였으며, 그리스의 경우 1단계까지 수용하였다.

영국은 Ofcom을 중심으로 방송과 통신을 관할하는 통합형 규제체계를 갖추고 있다. 정책규제 통합조직인 영국의 Ofcom은 Office of Communication Act(2002)를 통해 설립되었으며, 동법에 의거하여 공식적인 권한 수행 기관이 되었다. Ofcom에는 방송, 통신, 라디오 및 주파수 산업 전반에 대한 기존 규제기구들의 기능이 통합되어 단일화 형태로 운영된다. 해외 주요국들이 수평적 규제체계를 전면 또는 부분적으로 도입하고 있는 추세이다. 전통적인 수직적 규제체계를 유지해 온 미국도 운영 측면에서는 수평적 규제체계의 긍정적 효과를 경험하고 있다.

미국은 통합기구인 통신위원회(FCC)가 방송·통신 분야의 법적 규제를 관할하는 수직적 규제체계의 형태이다. 전반적으로 수직적 규제체계이지만, 단일규제기관에서 단일법을 통해 방송·통신융합 서비스를 적절히 규제하여 운영하고 있다. 개정통신법(1996)을 통해 방송·통신 산업 모두 규제하고 있다. 일본은 미국과 같이 통신법과 방송법의 이원화된 분리체계 '전기통신 역무이용방송법'으로 방송·통신융합 서비스를 규제하는 수직적 규제방식을 채택하고 있다. 통합 규제기구인 총무성의 주도 하에 정보통신정책국이 방송·통신 정책 및 법규제의 정비를 총괄적으로 담당하고 있다.

(1) 기술현황

유럽의 경우 이탈리아의 Fastweb, Telecom Italia(TI), 프랑스의 Free Telecom, France Telecom(FT), 영국의 British Telecom(BT) 등 여러 나라에서 IPTV 상용 서비스를 제공하고 있다.

이탈리아의 Fastweb은 이탈리아 기반 초고속 인터넷 서비스 제공업체로 현재 약 38만 명의 초고속 인터넷 가입자를 확보하고 있으며, 19만 명의 IPTV 서비스 가입자를 확보하고 있다. Fastweb의 IPTV 서비스는 Cinema SKT, Sport SKY, CALCIO SKT로 제공되며 이 세 가지를 모두 신청할 경우 월 46유로로서, Fastweb은 향후 IPTV 서비스를 대도시 및 인구 밀집지역에 중점적으로 제공할 예정이다.

프랑스의 FT는 1003년 'MaLigne TV'라는 IPTV를 런칭하였고, 2006년 말까지 22개 대도시지역 서비스를 계획하였다. 가장 큰 시장을 형성하고 있는 프랑스서는 Free Telecom과 FT, Neuf Telecom의 세 개의 통신사업자가 각각 13만 명, 11만 6천 명, 3만 명의 가입자를 확보하고 있다.

영국의 유럽에서 가장 오래된 IPTV 시장으로 Video Networks사의 'HomeChoice', Kingston Communication사의 'KIT'라는 Broadband TV 서비스가 런칭되었다.

Video Networks사는 2004년에 재런칭하여 최근 4만 명 이상 가입자를 확보하였고 서비스 시작에 비해 시장성이 매우 미미한 편이다.

미국의 거대 통신사업자들은 위성 TV의 재판매 형식을 통한 방송 서비스의 제공과 FTTP의 구축에 중심을 두고 있는 반면에, 소규모 통신사업자들은 IPTV 서비스를 늘려가고 있다. 캐나다는 미국의 경우와 마찬가지로 전화사업자들이 IPTV를 제공하고 있으며, 케이블사업자와의 치열한 경쟁의 돌파구로서 IPTV를 채택하였다.

전 세계적으로 IPTV에 대한 참여 러시가 지속되고 있는 가운데, 그중에서도 특히 아시아 · 태평양 지역은 역내 각 국가의 높은 브로드밴드 가입자율과 통신규제 당국의 대대적 지원으로 IPTV 분야에서 오는 2010까지 세계시장을 선도하며 성장세를 지속해 나갈 것으로 보인다. 특히 홍콩의 경우 IPTV 가입자가 현재 전체 가구 중 50% 정도의 점유를 하고 있어 가장 빠른 성장세를 보이고 있다. 또한, 아시아 · 태평양 지역은 높은 브로드밴드 가입자율과 ADSL, FTTH 등 브로드밴드 기반 설비, 일본, 홍콩 등과 같이 좁은 지역에 인구가 밀집된 지역적 특성으로 IPTV 성공에 필요한 모든 여건을 갖추고 있다.

향후 통신사업자들은 소비자 유도와 경쟁력 유지를 위해 IPTV를 중심으로 기존의 인터넷 서비스와 인터넷전화 등의 서비스를 한데 묶어 제공하는 통합 서비스를 출시함으로써 더욱 큰 시너지 효과를 얻을 것으로 전망하고 있다.

(2) IT 산업 동향

IT 산업은 초고속 성장을 통해 국가 경제의 핵심역량으로 자리 매김 하였지만, 기존 시장의 포화로 성장률이 저하되고 있는 실정이다. 국내 IT 산업 평균성장률은 30.7%에서

2001년 이후 성장률은 15.7%로 급격히 저하되고 있다.

따라서 방송·통신융합을 통해 과거의 IT 인프라스트럭처 조기 구축을 통한 급속한 경제성장과 IT 강국의 성공 모델을 다시 추진해야 할 시점에 있다고 할 수 있다. 한편, 세계 경제적 관점에서 살펴보면 인터넷과 이동통신의 급격한 확산으로 IT 산업이 세계 경제 성장을 주도해 나가고 있다고 볼 수 있다. 또한, 세계적인 IT 기업들은 디지털 컨버전스(Digital convergence) 환경에 대응하기 위해서 기존 하드웨어 및 소프트웨어 분야에서 콘텐츠 및 네트워크 분야로 관심을 전환하고 있다. 고도성장을 실현했던 IT 산업은 2001년 거품 붕괴의 영향으로 성장이 둔화양상을 보이며 조정기를 거치고 있으나, 세계 각국은 신성장 동력산업으로서 네트워크의 광대역화(국내 BcN)와 디지털 컨버전스 및 방송·통신융합을 포함한 융합서비스의 적극적인 도입을 추진중에 있다.

국내 방송·통신 관련 분야의 품목별 수출·입 실적은 반도체와 무선통신기기의 수출이 괄목할만한 성장세를 보이고 있음을 알 수 있다. 이에 따라 두 분야와 관련된 수입품목도 해마다 증가하고 있는 추세이다. 또한, 패키지 소프트웨어, 컴퓨터 관련 서비스, 디지털 콘텐츠 부분의 수출도 해마다 증가하고 있음을 알 수 있다. 2001년부터 감소되기 시작한 외국인 직접투자는 2003년도에 절반 가까이 줄었다가 IT 산업을 중심으로 2004년부터 다시 증가하기 시작하였다. 한편, 국내 총사업체 수는 완만한 증가세를 보이고 있으나, 방송·통신 관련 사업체 중 정보통신기기 분야는 전반적으로 급증하고 있다. 그러나 정보통신서비스 분야는 부가통신 서비스와 방송통신 서비스 분야들을 필두로 급속히 저하되고 있는 현상을 보이고 있다. 방송·통신 관련 생산액은 2001년부터 정보기기와 방송기기를 제외하고는 모든 부분에서 생산액이 증가하고 있다.

방송통신융합에 의한 기술의 변화를 살펴보면 다음과 같다.

디지털화가 가속화되면서 디지털 컨버전스도 급속히 진행되어 산업의 패러다임을 변화시키고 있는 상황에서 방송과 통신 영역에서의 컨버전스 모델로 떠오르는 것이 IPTV이다.

통신사업자 입장에서 기존의 통신 서비스 기반 위에서 비디오 서비스를 제공함으로써 트리플 플레이 서비스(TPS : Triple Play Service)를 완결하기 위한 대안으로 부각되고 있는 서비스로서, 좁은 의미로는 PC에서 TV로 확장시킨 개념이지만, 넓은 의미에서는 초고속 인터넷의 가입자 망 구간을 물리적 방송매체로 활용하여 A/V(Audio/Video) 형태의 방송채널을 적극적으로 수용하는 것을 포함한 개념이다.

IPTV는 IP망을 기반으로 하고 있어 통신, 커뮤니티, 투표, 양방향 광고, T-커머스 등 양방향(Interactive) 서비스가 가능하다는 것이 특징이며, 점대점 전달 방식으로 개인화된 채널을 볼 수 있어 개인화된 TV 포털이 가능하다. 초고속 인터넷, VoIP와의 결합을 통해 번들 서비스가 용이해 트리플 플레이 서비스를 제공할 수 있다. 지능형 TV추천, 개인화된 광고, VoD, 디지털 비디오 레코딩(DVR) 등 비디오 프로그램 등의 개인화가 이루어질 수 있으며, 주문형 게임, 음악, 미디어 애플리케이션, 홈네트워크 관리, 보안 등의 부가가치서비스가 가능하다. 비디오 및 오디오 스트리밍 서비스시에는 QoS와 QoE를 보장해 줄 수 있다.

차세대 멀티 방송통신 개발 관련해서는 먼저, 기술적인 측면을 살펴보면 최근에는 이동 환경 중에 다양한 멀티미디어 서비스에 대한 수요가 증가하고 있는 추세에 맞추어 국내에서는 지상파 DAB(Digital Audio Broadcasting) 기반의 DMB(Digital Multimedia Broadcasting)를 개발하였으며, 유럽을 중심으로 기존의 DVB((Digital Video Broadcasting)-T를 기반으로 DVB-H를 개발하였다.

이미, DVB-T망이 구축되어 있는 유럽, 아시아 및 호주 등에서 DVB-H 표준이 유력시되고 있으며 핀란드, 영국 및 독일에서 시험 서비스중에 있고, 동남아시아, 유럽 일부 지역을 중심으로 국내 DMB 표준을 시범 서비스하고 있다.

따라서 국가별 대륙별로 다양한 멀티미디어 방송수신 및 통신기술과의 융합을 위해 새로운 기술 분야이며 관련 기술에 대한 국가 경쟁력, 국제표준 채택 등을 위해서는 관련 기술의 표준화 개발이 시급히 요구되고 있는 실정이다. 또한 차세대 방송 및 통신의 흐름은 궁극적으로 방송과 통신 서비스의 융합이라는 단일 종합 서비스 시스템으로 진화할 것으로 예상되며, 이러한 서비스의 통합적 지원을 위해서는 각각의 단일 규격 지향 플랫폼을 효과적으로 융합할 수 있는 표준화 기술개발이 필수적이다.

차세대 멀티 방송통신 개발은 기술적으로는 국내외 차세대 멀티 방송 표준화에 기여할 수 있고, 중소기업 등의 국내 멀티 방송 표준화 기술개발 활동을 지원하는 효과를 기대할 수 있으며, 기술선진국과 대등한 멀티 방송 표준화 기술확보를 통하여 관련 제품의 설계기술을 선도할 수 있는 가능성을 기대하는 효과를 가져올 수 있다.

차세대 방송통신융합기술과 신규 시장을 선점할 수 있고, 차세대 멀티 방송통신 시스템에 대한 기반 기술을 확보할 수 있으며, 이동 TV 핵심 기술확보를 통한 국제 표준화를 선도할 수 있는 이점을 기대할 수 있다.

또한, 차세대 통합형 무선 및 이동통신 서비스의 조기 도입 촉진할 수 있고, 이로써 원천기술 확보를 통한 방송통신 산업에서의 부품 수입 대체 및 이에 따른 국외 시장경쟁력이 강화되는 효과를 기대할 수 있을 것이다.

경제적으로는 개발도상국 및 미개발지역의 관련 기술 이전을 통하여 고부가가치를 창출할 수 있으며, 관련 산업 및 기반 기술확보를 통하여 핵심 인력양성 배출을 기대할 수 있고, 국내 멀티 방송 기술개발에 따른 관련 부품, 시스템 산업으로의 육성을 통하여 경쟁력을 확보할 수 있을 것이다.

방송통신융합에 따른 경제발전을 전망해보면 산업적 직접 효과로서 우선, 가치사슬의 변화를 들 수 있다. 방송통신융합 시장은 독립적인 산업 인프라를 가졌던 방송시장과 통신시장의 파생 시장이 아니라, 디지털화와 네트워크 광대역화라는 공통분모로 통합된 새로운 방송통신융합 시장이다.

과거에는 방송통신 산업 가치사슬의 각 단계가 전송수단인 컴퓨터망, 통신망, 방송망에 따라 수직적으로 결합된 산업구조를 형성해왔으나, 이제는 가치사슬의 단계별로 통합된 수평적인 산업구조로 변모하였다.

따라서 가치사슬 부문별로 경쟁의 양상과 산업구조가 다르게 발전해 나가는 추세이다. 특히, 위성방송과 케이블 TV와 같이 방송산업 가치사슬상에서 유통산업 부문은 점차로 경쟁구조의 양상을 변화하고 있다.

이러한 변화의 동인이 되는 방송기반 인프라 제공자 간의 경쟁은 방송의 디지털화(digitalization)와 네트워크 고도화로 인한 매체나 채널의 융합을 통해 나타나지만, 근본적인 원인은 주요 콘텐츠인 방송 프로그램의 수급을 보다 원활히 할 수 있느냐에 달려 있다. 멀티미디어 산업 가치사슬의 변화 추이를 분석하면 콘텐츠 제작산업은 규모의 경제를 극대화한 독점적 시장구조를 추구함에 따라 망과 분리되고 있으며, 콘텐츠 유통 및 배급 산업은 번들링의 중요성이 점차 커지고 있다.

또한, 유료화에 대한 사용자 인식이 변화됨에 따라 과금의 중요성도 부각되고 있다. 일반적으로 콘텐츠 유통산업은 공급 측면에서는 규모의 경제가 발생하고, 수요의 측면에서는 네트워크 외부성이 발생하는 비대칭적 과점시장 구조의 형태이므로, 마케팅이나 차별화 전략이 중요하다.

네트워크 산업 부문은 다양한 접속망 간의 경쟁이 치열하기 때문에 규모의 경제가 극대화되고 선점효과가 중요하다. ISP 사업자와 수직적 결합이 시도되는 분야이다.

마지막으로, 인터페이스 산업부문은 멀티미디어 기반의 다양한 단말기가 등장함에 따라 점차 단말기의 소형화 및 이동성이 발전하는 추세이다. 현재까지 단말기 간 경쟁은 없으나, 향후 플랫폼 및 단말기 간 경쟁이 예상된다. 방송통신융합의 진화 단계를 고려해 볼 때 관련 산업구조는 서비스 결합(bundling)이나 구조적 통합(integration)이 지속적으로 이루어질 것이다.

방송통신융합 환경에 따른 유통산업 전 영역의 전반적인 추세를 살펴보면 콘텐츠를 제공하는 유통매체 간 경쟁이 심화되고, 나아가 신규 매체의 등장으로 기존 매체의 광고점유율이 분산되고 고정적인 시청점유율도 큰 변동을 일으키며 지속적으로 하락하게 될 것이다.

국내 광고매출 추이를 살펴볼 때 신문, TV 등 전통적 미디어의 성장률 둔화에 비하여 케이블, 인터넷 영역의 광고매출은 지속적으로 큰 폭으로 증가하고 있다.

유통산업에 대한 영향에 비해 콘텐츠 산업 측면은 가시적인 변화는 더디게 진행될 것으로 예상되고 있다(high-risk).

유통영역과는 달리 콘텐츠 영역에서 케이블 PP의 지상파 의존도는 상당히 높으나, 급속히 발전하고 있는 콘텐츠 시장의 진화를 고려할 때 영화나 애니메이션과 같은 특정 장르나 전문화된 프로그램 채널은 오히려 케이블 PP들의 인지도나 시청률이 앞서가기도 하고 이러한 추세는 점차 확산될 것으로 전망된다.

그리고 융합 서비스 산업과 같은 신규 매체의 등장으로 전혀 새로운 콘텐츠가 개발되기보다는 향후 기존 콘텐츠가 거대화되는 방향으로 콘텐츠 진화 가능성이 보여지고 있다.

또한, 컨버전스를 통한 디지털 콘텐츠 시장의 변화 중에는 '융합(Convergence)'의 반대 개념인 '분화(Divergence)'를 의미하기도 하며, 콘텐츠 사업자 입장에서는 유통 채널의 확대와 신규 시장의 확대나 새로운 사업기회에 대한 가치제안(value proposition)이 될 수도 있다.

방송통신융합 환경의 주요 이슈와 산업간 경쟁구도를 중심으로 고찰하여, 향후 융합 서비스 상용화 및 활성화를 위한 향후 정책방향에 관해 제시하고자 한다.

첫째, 현재 위성 DMB뿐 아니라 지상파 DMB는 안정된 수익구조의 부재로 경제적으로 심각한 재무 위기에 처해 있다. 이는 현실적으로 위성 또는 지상파 프로그램의 재전송이 불가하고, 신규 콘텐츠 개발에서의 실패에서 기인하는 다양한 킬러 콘텐츠의 확보가 되지 않았기 때문이다.

따라서 지상파 방송 프로그램의 재전송은 위성 DMB 초기 활성화를 위한 필요하지만, 단순 재전송 방식은 지양하고 프로그램 재가공을 통해 지상파 방송과의 상호 협조적인 협업체계를 갖추어야 한다.

둘째, 미디어 산업에서 TV 윈도기반 방송시장에서의 우위를 선점하기 위한 통신사-지상파-케이블 간의 미디어 간 경쟁이 가열화 양상을 보이고 있다.

통신사업자의 경우 IPTV 서비스를 본격적으로 출시하였고, 지상파 방송은 다채널화 MMS(Multi Mode Service)를 위한 기술적 검증을 완료한 상태이다.

또한, 케이블 분야는 디지털 전환(DOCSIS 3.0)과 PP의 디지털 전환에 대한 SO의 지원이 진행되고 있다. 이와 같이, TV 기반 IPTV 시장은 미디어 간 경쟁으로 인해 IPTV 관련 법적 또는 규제적 제약이 존재한다. 따라서 IPTV 유형 가운데 지상파 및 케이블 대체형 IPTV는 규제 프레임워크를 마련하는데 시간이 소요될 것이며 여타 유사방식의 서비스들이 틈새시장을 확보해 나갈 것으로 예상된다.

셋째, 융합시장 선점의 핵심 방안은 다양하고 풍부한 콘텐츠를 차별화된 방식으로 서비스하는 전략이다. 따라서 콘텐츠 확보에 시장참여자들의 관심이 집중되는 양상을 보인다.

방송 프로그램을 중심으로 콘텐츠 제작자의 위치에 있는 지상파에 대한 영향력은 실로 막강하므로, 방송사업자들은 이를 지속적으로 유지해 나가기 위해 노력한다. 케이블 사업자들은 자체 제작 프로그램을 통해 콘텐츠 통제력을 강화해 나가고 있다.

마지막으로, 막대한 자본력을 바탕으로 콘텐츠 회사를 인수 합병하거나 펀드를 조성하는 전략을 추진해 나가고 있다. 특히, 인터넷 방송의 경우 가장 큰 문제점으로 볼 수 있는 저작권 문제가 해결되지 않은 콘텐츠 및 성인물과 같은 불법 동영상의 범람에 대응하는 자체적 정화 노력과 미디어 채널로서의 위상을 제고하여야 한다. 이를 통해 합법적인 상용 콘텐츠의 유치가 가능해지고, 핵심 미디어로의 확고한 위상을 확보할 수 있을 것이다.

연구를 통해 도출된 바람직한 방송과 통신의 융합은 각 분야에서 기존가치의 저하 없이 새로운 가치를 창출(value creation)하고, 영역을 확대(coverage extension)하며 소비자 관점에서도 기능들을 통합(function integration)함으로써 우리나라가 새로운 기술과 세계시장을 선도하기 위한 방송 · 통신융합의 시너지 효과를 창출하는 것이다. 즉, 방송 · 통신융합을 통한 새로운 비즈니스 창출을 선발자의 이점(First Mover's Advantage) 극대화와 방송 · 통신의 진흥과 균형발전은 물론 고용창출과 경제성장 그리고 국가경쟁력 제고의 기회로 활용하는 것이다.

따라서 기존 관성의 법칙을 탈피한 새로운 방송 · 통신융합 패러다임에서 요구되는 법 · 제도와 정책 및 규제로의 변화가 절대적으로 필요하고, 사회 · 문화적인 분위기들도 바람직한 방송 · 통신융합 환경을 조성하는 방향으로 진화하여야 할 것이다. 즉, 정보통신 기술의 발전과 디지털 컨버전스의 가속화에 보조를 맞추는 인문 · 사회적인 발전이 병행되어야만 방송 · 통신융합을 통한 기술 · 경제 · 산업적 발전 효과를 극대화할 수 있다.

02 융합시대의 전파정책 방향

무선통신 · 방송기술의 비약적인 발전과 융 · 복합 서비스의 등장, 유비쿼터스 사회의 진전에 따라 전파는 이제 새로운 방송 · 통신 서비스 도입과 국민생활에 있어 없어서는 안될 소중한 자원으로 성장하였다. 이러한 환경변화에 따라 학자들은 한정된 전파자원을 효율적으로 이용하기 위한 이론적 모델을 개발하고 있고 주요 국가의 전파정책 당국도 자국의 실정에 맞는 전파정책을 수립하고 있다. 교재에서는 명령과 통제, 시장기반, 공유방식 등 전파관리에 대한 기본적인 모델과 현행 전파정책에서의 적용사례들을 소개한다. 또한, 주파수 수요증가, 융 · 복합화 등 주요 전파정책 환경변화와 이에 대응한 주요 국가들의 전파정책동향을 검토한 후 주파수 회수 · 재배치 활성화, 시장기반의 주파수 할당제도 도입, 전파이용에 대한 사전 규제 완화 등 개괄적이나마 우리나라의 중장기 전파정책 방향을 설정하였다

전파는 방송 및 통신 등 무선서비스 제공에 필수적인 매개체이다. 전파의 주요 활용분야가 군 · 국가기관 등 공공중심에서 방송, 이동통신 등 민간분야로 확산되었고 유비쿼터스화의 진전으로 의료, 교통, 물류 등 우리 생활 전반으로 확대되었다. 또한, 단순한 음성위주의 통신에서 W-CDMA, WiBro, DMB 등의 무선 데이터 · 인터넷 서비스, 이동방송 서비스의 등장에 따라 상업적 용도의 전파자원 이용수요가 급증하고 있다.

앞으로 전화(음성), 방송, 인터넷, 무선통신 등 지금까지 독립적으로 제공된 서비스들이 방송 · 통신융합의 진전으로 하나의 통합된 서비스로 제공되고 IT와 기존산업이 결합된 새로운 형태의 융합 서비스가 등장할 것으로 예상된다.

주파수 수요증가, 전파이용 기술발전, 융 · 복합화 등 전파정책 환경변화에 대응하여 명령과 통제(Command & Control) 방식, 시장기반(Market Based) 방식, 공유(Commons) 방식 등 전파관리에 대한 다양한 모델이 등장하였고 세계 각국은 전파이용의 효율성을 높이기 위해 자국의 실정에 맞는 중장기 전파관리 정책을 마련하고 있다.

전파정책이라 함은 주파수의 확보라는 전파자원 탐색의 과정에서부터 어떤 방식으로 누가 이용할 것인지를 결정해주는 전파자원의 분배 및 할당, 그리고 이용자가 할당받은 주파수를 잘 이용할 수 있도록 지원해주고 불법 이용이 발생하지 않도록 보호해주는 사후관리의 전 과정을 포괄하고 있는 개념이다. 넓은 의미로는 전파를 보다 효율적으로 이용할 수

있는 신기술을 개발하고 전파를 이용하는 산업의 진흥을 도모하는 것도 포함한다.

이에 우리도 전파관리 모델과 주요국의 적용사례 등을 분석하여 이를 토대로 유한한 자원인 주파수를 보다 효율적으로 활용하기 위한 중장기 전파정책 방향을 설정하는 것은 의미있는 일이라고 하겠다.

1. 전파관리 체계에 대한 주요 모델

1) 명령과 통제(Command & Control) 방식

정부가 주파수의 용도, 주파수를 이용할 사업자, 이용대가, 전자파 방출에 대한 기준치 등을 결정하여 관리하는 방법으로 전파자원에 대한 상업적 수요가 크지 않던 시기에 정부에 의한 혼신 관리에 초점을 둔 가장 전통적인 방법이다.

현재까지도 인명안전, 국가안보 등 혼신 방지가 최우선시 되는 해상항행용, 공공기관용 주파수 등에 활용되고 있으며 경매제를 도입한 영국의 경우에도 2005년 기준으로 3GHz 이하 주파수의 68.8%가 명령과 통제방식에 의해 할당될 정도로 아직까지 가장 많이 사용되고 있는 모델이라고 할 수 있다.

2) 시장기반 방식

시장기반(Market based)은 경매제 등을 통해 주파수의 이용권자와 주파수 가치를 시장에서 결정하도록 하는 방식으로 1959년 Coase는 주파수는 땅과 노동처럼 필수 생산요소이기 때문에 이들과 같은 시스템, 즉 가격 시스템에 의해 최고가격 제시자에게 주어져야 한다고 주장하였다.

시장기반 접근법은 명령과 통제 방식보다 크게 2가지의 장점이 있는 것으로 볼 수 있다.

첫째는 주파수 이용의 효율성을 들 수 있는데 주파수를 가장 효율적으로 이용할 수 있는 사람이 해당 주파수에 가장 높은 가격을 제시하기 때문이라는 것이다. 또한, 주파수 임대와 거래를 통해 비효율적으로 사용되는 주파수는 더욱 효율적인 이용자에게 양도될 수 있다.

둘째는 시장기구하에서 면허보유자들은 한정된 주파수를 더 효율적으로 이용하고 장비를 개선하기 위해 투자와 혁신을 촉진하게 되며 새로운 서비스를 제공하고자 하는 기업가들은 필요한 주파수를 시장기구를 통해 제공받으면 된다는 것이다.

주파수 경매제가 대표적인 적용사례라고 할 수 있으며, 주파수에 대한 양도·임대기준 완화 등 2차 시장활성화를 위한 정책들도 시장기반 방식을 적용한 사례이다.

3) 공유 방식

공유(Commons) 방식은 시장기반 방식과 달리 특정인에게 주파수에 대한 배타적 권리를 부여하지 않고 이용하는 사람의 수에 제약없이 기술적 조건을 만족하는 한 누구나 자유롭게 특정 주파수대역을 이용할 수 있도록 허용하자는 주장이다. 공유 방식의 옹호자들은 고성능 마이크로칩 기술을 내장한 "지능형 송신기와 수신기" 등의 기술발전으로 상호전파 간섭현상을 피할 수 있으며 도로의 자유로운 이용을 보장함으로써 자동차 시장을 활성화시키는 것처럼 다양한 기기·서비스가 주파수를 공유하게 함으로써 혼신 방지 등 혁신에의 투자유발과 주파수의 효율적 사용이 가능하다고 주장한다.

공유 방식은 전통적으로는 TV 리모컨, 무선전화, 무선랜, 무선 데이터 등 소출력 기기들이 사용하는 주파수 대역에 적용되었고 최근 미국은 디지털 TV 방송대역에서 스텍트럼 이용현황을 실시간으로 감지한 후 비어 있는 주파수에서 적절한 변조방식, 출력 등을 결정하여 전송하는 통신 방식인 Cognitve Radio 기술을 적용한 경우 비교적 대출력의 무선기기에 대해서도 비면허로 운용할 계획임을 밝힌 바 있다.

2. 전파이용 환경변화

1) 전파이용 환경변화

유비쿼터스화의 진전으로 모든 사물, 기기들이 무선 네트워크로 연결됨에 따라 이를 구현하는 핵심요소로서 전파의 이용이 확산되고 있다. 이에 따라 소출력 주파수 등 신규 주파수 자원확보와 전파환경 관리가 중요한 정책과제로 대두되고 있다.

특히, 앞으로 4G 등 신규 서비스의 등장, 광대역 멀티미디어 서비스 이용 비중의 확대에 따라 소요되는 전파이용량이 급속히 증가할 것으로 예상되고 있으며 ITU에서는 2020년까지 이동통신 용도로 총 1,280~1,720MHz의 대역폭이 필요할 것으로 예측하고 있다.

2) 전파이용 기술의 발전

디지털화와 압축기술의 발달 등으로 고속의 광대역 데이터 전송이 가능함에 따라 데이터 전송 및 주파수의 이용효율성이 개선되었다. 예를 들어 이동통신의 데이터 전송속도는 1990년 초에 9.6Kbps에서 현재는 2Mbps(3G)이고 2010년 이후에는 100Mbps(4G) 이상으로 향상될 전망이다. 다만, 4G 이동통신에서 이러한 고속의 대용량 데이터 서비스를 제공하기 위해서는 주파수 대역폭도 광대역화가 필요하다는 점을 고려해야 한다.

아울러, 자동인식 기술의 하나로 초소형 반도체에 식별정보를 입력하고 무선주파수를 이용하여 이 Chip을 지닌 물체나 동물 등을 판독, 추적, 관리할 수 있는 기술인 RFID, 무선접속장치가 설치된 곳을 중심으로 일정 거리 내에서 초고속 인터넷을 이용할 수 있도록 하는 무선 이더넷 기술인 Wi-Fi, 저속 전송속도를 갖는 홈오토메이션 및 데이터 네트워크를 위한 표준 기술인 ZigBee, 근거리에 놓여 있는 컴퓨터, 프린터, 휴대폰 등 정보통신기기 및 디지털 가전제품을 무선으로 연결해 주는 근거리 무선접속기술인 브루투스, 넓은 주파수대역에 걸쳐 낮은 스펙트럼 밀도의 신호를 송신하여 기존 시스템에 간섭을 주지 않으면서 통신이 가능하도록 하는 방식인 UWB(Ultra Wide Band) 등의 근거리 소출력 통신기술이 다양한 서비스에 적용될 것으로 예상되며 동일대역에서 기존 주파수와 병행하여 이용가능한 CR(Coginitive Radio) 등 공유기술이 등장하고 있다. 이러한 기술발전에 대응하기 위해서는 소출력·비면허주파수를 서비스별로 분배하기보다는 기술방식별로 혼신없이 주파수를 공유할 수 있는 기술기준을 마련하는 것이 중요한 정책과제로 대두될 것이다.

3) 전파자원에 기반한 융·복합 서비스의 등장

디지털 컨버전스 진전으로 산업간 경계가 모호해짐에 따라 IT와 기존산업이 결합된 새로운 형태의 융합 서비스가 등장할 것으로 예상되며 이러한 신규 융합 서비스의 조기 도입 및 촉진을 위해 주파수의 적기 공급이 무엇보다도 중요할 것으로 예상된다.

아울러, 융·복합화 등으로 새로운 기술이 등장하는 환경에서는 주파수 용도, 기술방식 등을 정부가 구체적으로 지정할 경우 민간의 창의적인 기술개발과 서비스 창출을 저해할 수 있으므로 정부의 산업정책과 주파수 이용권의 범위에 대한 재고가 필요할 것으로 생각된다.

3. 해외 주요국의 전파정책동향

1) 미 국

미국은 2004년 6월 대통령 지시로 주파수 경매·임대와 공공용 주파수대역의 상업용 전환 등 효율적인 주파수 이용정책 강화, 분배 · 할당 등 전파관리 업무의 정보화, 국가안보 및 공공안전에 대비한 전파정책 추진 등을 주요 내용으로 하는 중장기 전파정책을 수립하였다.

최근 미국의 주요 정책동향을 사례를 통해 살펴보면 방송용으로 사용하던 700MHz 대역을 회수하여 '고정, 이동, 방송' 등 용도를 포괄적으로 설정하고 연방정부용 · 고정통신용 등으로 사용하던 1.7GHz, 2.1GHz 대역 등을 회수하여 AWS(Advanced Wireless Service)를 2세대 이동통신 이후의 무선통신 기술로 정의하고, "고정 및 이동지상파 무선 서비스"로 용도를 설정해 다양한 용도로 이용 가능한 AWS 대역으로 재배치하였다. 아울러 방송의 디지털 전환이 완료되는 2009년 2월부터는 CR 기술을 적용하는 경우 디지털 TV 대역에서 다른 사업자도 이용할 수 있다.

2) 영 국

Ofcom은 2005년 6월 기술 · 용도 중립성을 최대한 보장하는 등 주파수 이용의 유연성 제고, 시장기반과 비면허 대역 확대 등을 주요 내용으로 하는 'Spectrum Framework Review'를 수립 · 발표하였다.

Ofcom의 주요 정책동향을 사례를 통해 살펴보면 다음과 같다. 먼저 기존 사업자가 보유 중인 900MHz 대역의 이동통신 주파수를 일부 회수하여 후발 또는 신규 사업자에게 할당하고 2G 서비스용 주파수를 3G 서비스로도 활용할 수 있도록 용도제한을 완화할 예정이다.

또한, 3GHz 이하의 상업용 주파수는 원칙적으로 경매를 통해 할당하고, 그동안 일부 상업용 주파수에만 부과하였던 행정유인가격(Administrative Incentive Pricing)을 국방용까지 확대하였고 향후에는 항공 및 해상 주파수, TV와 라디오 주파수에 대해서도 확대를 추진하고 있다(표 8-5 참조).

Chapter 8

표 8-5 전파관리 유형별 주파수 비중현황 및 전망

구 분	3GHz 이하			3GHz~60GHz		
	명령 및 통제	시장기반	비면허	명령 및 통제	시장기반	비면허
1995년	95.8%	0.0%	4.2%	95.6%	0.0%	4.4%
2000년	95.8%	0.0%	4.2%	95.3%	0.0%	4.7%
2005년	68.8%	27.1%	4.2%	30.6%	61.3%	8.2%
2010년	22.1%	73.7%	4.2%	21.1%	69.3%	9.6%

3) 일 본

일본 총무성은 효율적 주파수 이용방안과 시장원리를 반영한 '전파정책 비전'을 발표하고 이를 바탕으로 주파수 회수·재배치 및 제도개선을 추진하고 있다.

신규 주파수 수요에 대한 신속한 주파수 지원을 위해 매년 주파수 이용현황조사를 실시하고 이용이 저조한 주파수의 회수·재배치를 추진하고 있다. 아날로그 방송종료에 따라 700MHz 대역을 포함하여 130MHz 폭을 회수·재배치할 예정이며, 800~900MHz 대역의 정비, 이동통신 서비스 고도화와 이용확대 등에 대비한 주파수 확보 등을 추진하고 있다(표 8-6 참조).

아울러 R&D, 정보격차 해소 등에 필요한 재원충당을 위해 기존 비용충당 위주의 전파사용료의 산정방식을 전파의 경제적 가치를 반영하도록 개선하였다.

표 8-6 ▪ 일본의 주파수 중장기 소요량

업무별	2003년 할당폭	2008년	2013년
이동통신	370MHz	330~340MHz	1060~1380MHz
무선 LAN	160MHz	240~300MHz	540~740MHz
무선 홈링크	무선랜과 공유	240~300MHz	460MHz
위성통신	C/Ku 대역	11궤도	12궤도

4. 해외 정책사례

먼저, 주파수 수요증가에 대응하여 회수·재배치를 적극 추진하고 있다는 점이다. 전파는 역사적으로 기술개발이 용이한 저대역부터 해당 시점에 개발된 서비스에 우선 배분되어 이용되고 있다. 그러나 기술발전에 의한 신규서비스 등장으로 기존 서비스에 대한 이용이 감소하기도 하고 기술발전과 디지털화에 따라 보다 효율적인 주파수 이용이 가능해지기도 한다. 이에 따라 세계 각국은 아날로그 방송용 주파수와 공공용 주파수 회수 및 상업용 전환 등 이용효율이 저조한 주파수를 재배치하여 전파이용을 효율화하고 주파수 수요증가에 대응하고 있다.

둘째, 앞에서 소개한 시장기반과 공유기반의 전파관리를 확대하여 주파수의 경제적 활용과 효율적 이용을 촉진하고 있다. 상업용 주파수에 대해서는 3G 서비스 사업자 선정을 계기로 시장 메커니즘에 의한 사업자 선정방식인 경매제가 본격적으로 도입되기 시작하였다.

또한, 영국의 국방용·항공해상용 주파수에 대한 행정유인가격 부과, 일본의 전파사용료 산정방식 개선도 완전한 의미의 시장기반이라고는 할 수 없지만, 주파수 이용에 대한 경제적 가치를 반영하기 위한 노력이라고 할 수 있다. 또한, 영국의 비면허대역의 확대, 미국의 TV 대역에 CR 기술을 활용한 주파수 공유 허용 등은 공유 모델을 적용한 것이다.

셋째, 융·복합화에 따라 정부가 주파수의 용도, 기술방식 등을 구체적으로 결정하기보다는 사업자에게 주파수 이용권의 범위도 점차 확대되는 추세이다. 미국의 700MHz 대역과 AWS 대역에 용도자율성 허용주파수 용도자율성은 주파수 면허부여시 또는 거래시 용도에 대한 제한을 완화하여 사업자가 용도를 자유롭게 선택할 수 있도록 허용하는 것을 의미, 영국의 2G 주파수의 3G 허용, 임대·양도 등 주파수 거래 규제완화 등이 그 예이다.

5. 국내 전파정책의 경과 및 향후 정책방향

1) 국내 전파정책의 경과

1980년대 초까지는 남북분단 상태라는 국가안보적 측면을 고려하여 민간의 전파사용은 안전통신이나 해상구조용 등 제한된 분야에서만 허용되었으며 전파정책도 혼신 및 간섭 방지가 주축을 이루었다.

1990년대부터는 전파관리법을 전파법으로 개명하고 전파진흥재원 마련을 위한 전파사용료 부과 근거를 신설하였다. 아울러 셀룰러·PCS 등 이동전화 서비스 도입으로 일반국민의 전파이용이 확대됨에 따라 휴대용 단말기에 대한 허가의제제도를 도입하는 등 규제완화를 통해 전파의 상업적 이용과 산업 진흥이 전파정책의 중점을 이루었다(표 8-7 참조).

이동통신 서비스의 급속한 보급 등 전파의 상업적 이용이 증가함에 따라 2000년에는 전파이용의 효율성을 제고할 수 있도록 전파법을 전면 개정하였다. 먼저 경쟁적 수요가 큰 통신사업용의 경우 주파수의 경제적 가치에 기반해 대가할당제도를 도입하였고, 이용효율이 저조한 경우나 대역정비가 필요한 경우 주파수를 회수하여 재배치할 수 있는 제도를 도입하였으며 주파수 임대·양도에 대한 법적 근거를 마련하였다.

표 8-7 우리나라 전파정책 추진경과

구 분	~1980년대	~1990년대	~2000년대
정책 목표	주파수 혼신·간섭 배제 (1961년 전파관리법)	전파이용 확대 (1991년 전파법으로 개명)	전파자원의 이용 효율성 극대화 (2000년 전파법 전면 개정)
관련 제도	무선국 허가, 검사, 감시	전파사용료 부과, 무선국 허가 완화 등 산업진흥	대가할당 기준마련, 회수·재배치 제도 도입 등
시장 변화	아날로그 이동통신 개시(1984)	셀룰러, PCS, 무선데이터 도입	3세대 이동통신, DMB, Wibro, 지상파 LBS

2) 향후 정책 추진방향

국내 전파정책은 시장과 기술의 변화에 대응하여 관련 제도를 지속적으로 개선하였다고 할 수 있다. 그러나 4G 등 신규 서비스 도입, 기술발전, 융·복합화와 유비쿼터스화의 진전으로 앞으로도 주파수 수요는 지속적으로 증가할 것이며 이용형태도 다양하고 복잡해질 것으로 예상된다. 이러한 환경변화에 대응하기 위해 전파자원의 중요성을 인식시키고 창의적으로 이용할 수 있도록 전파 마인드를 확산하는 한편 한정된 전파자원을 더욱 효율적으로 이용할 수 있도록 주파수 회수·재배치 활성화, 주파수 경매제 도입과 이용의 유연성 확대를 추진할 예정이다.

또한, 전파이용이 보편화되고 유비쿼터스 사회 진전에 따라 소출력·비면허 주파수 이용증대에 대비하여 국민들이 보다 쉽게 전파를 이용할 수 있도록 사전규제를 완화하고 비면허대역 확대를 검토할 필요가 있다.

아울러, 지상파 방송의 디지털 전환을 촉진하고, 전파를 이용하는 산업이 국가 경제발전에 이바지할 수 있도록 핵심 기술개발을 지속적으로 추진해야 할 것이다.

3) 주요 정책과제

(1) 전파 마인드 확산

전파는 방송·통신 등 정보전달의 기능뿐만 아니라 전파가 보유하고 있는 에너지와 전파(Radio frequency)의 전파(Propagation) 특성 등을 활용하여 의료, 가전, 교통, 물류 등 다양한 산업분야에서 활용되고 있다. 이처럼 전파를 창의적, 혁신적으로 이용할 경우 다양한 신규 산업을 창출할 수 있음에도 불구하고 국내에서는 방송·통신분야 이외의 전파응용 기술에 대한 연구는 매우 부족하다고 할 수 있다.

따라서 향후 방송통신위원회는 학생, 일반시민 등을 대상으로 전파를 직접 체험하고 이해할 수 있도록 다양한 체험행사와 교육 등을 실시할 계획이다. 이를 통해 전파의 중요성을 널리 알리고 각종 생활 및 산업 분야에 전파를 창의적으로 활용하고자 하는 '전파마인드'를 배양하여 국민편익과 산업경쟁력을 제고할 예정이다. 아울러 전파를 이용한 인체진단 및 암치료 기술 등 전파응용 기술에 대한 연구지원을 확대하여 신규산업 창출을 지원할 계획이다.

또한, 유비쿼터스화로 모든 사물·기기가 무선 네트워크로 연결되어 전파의 이용이 확산됨에 따라 앞으로는 전파의 혼·간섭 문제뿐만 아니라 전자파에 의한 방송통신기 기간 오작동을 방지하는 것도 중요한 정책문제로 대두되었다고 할 수 있다. 모든 전자기기들은 기기 본래의 기능을 최대한 발휘하는 동시에 기기 자체에서 발생하는 전자파 방해를 억제하여 다른 시스템에 나쁜 영향을 주지 않도록 할 필요가 있으나 그 때문에 전자파 방사를 극도로 줄이거나 전자파 방해에 대한 내성을 과다하게 설계하는 것은 경제적 부담이 크므로 전자파 장해(Electro Magnetic Interference)와 전자파 내성(Electro Magnetic Susceptibility)에 대한 적절한 조화와 균형이 필요하다.

현재 우리나라의 경우 유선기기와 정보기기에 대해서는 전자파 적합 여부를 시험 · 인증하고 있으나 유비쿼터스 환경에서 방송통신기기의 오작동을 방지하기 위해서는 무선기기에 대해서도 전자파 적합 여부를 규율할 필요가 있다고 하겠다.

(2) 주파수 회수 · 재배치 활성화

전파는 역사적으로 기술개발이 용이한 저대역부터 해당 시점에 개발된 서비스에 우선 배분되어 이용되고 있다. 그러나 기술발전에 의한 신규 서비스 등장으로 기존 서비스에 대한 이용이 감소하기도 하고 기술발전과 디지털화에 따라 보다 효율적인 주파수 이용이 가능해지기도 한다. 이에 따라 세계 각국은 이용효율이 저조하거나 대역별 특성에 맞도록 주파수를 재배치하여 전파이용을 효율화하고 신규 서비스용 주파수를 보급하고 있다.

우리나라의 경우에도 그동안 후발사업자들로부터 제기되어 왔던 보유 주파수의 전파특성에 따른 망 구축비용 차이와 불공정경쟁 논란을 해소하기 위해 1GHz 이하의 우량 이동통신 주파수를 재배분을 추진하고 있다. 2011년 6월에 이용기간이 만료되는 800MHz 대역(50MHz 폭)의 이동통신 주파수 중 20MHz를 회수하고 세계적으로 이동통신용으로 사용되고 있는 900MHz 대역에서 20MHz 폭의 이동통신 주파수를 확보하여 신규 또는 후발사업자에게 우선배분할 계획이다.

아울러, 지상파 디지털 방송 채널 배치계획에 따라 현재 지상파 TV방송용으로 사용중인 698~806MHz를 회수하고 사회 각계의 의견 등을 수렴하여 활용방안을 마련할 예정이며 2.5GHz 대역 · 3.4~3.6GHz 대역 등 4세대 이동통신 주파수 확보를 위한 회수 · 재배치도 추진할 계획이다.

4) 시장기반의 주파수 할당제도 도입

주파수 수요증가에 따라 세계 주요국은 경쟁적 수요가 있는 주파수의 효율적인 배분을 위해 시장에서 주파수 이용가격과 이용 대가를 결정하는 경매제를 채택하고 있다. 우리나라의 경우 1999년 전파법 개정을 통해 경매제 도입을 추진하였으나, 주파수 독과점화 및 경매대금의 소비자 요금전가 등에 대한 우려 제기로 국회 입법과정에서 정부가 주파수를 이용할 사업자와 이용 대가를 결정하는 대가할당방식으로 전환되었다.

그러나 대가할당 등 비교심사방식은 주파수 할당기준의 공정성·투명성에 대한 비판이 제기되고 있고 방송·통신의 융합화 현상이 가속화될 경우 사전적인 시장확정이 어려워 정부에 의한 매출액 추정 및 주파수 가격산정이 곤란하다는 단점이 꾸준히 제기되고 있다. 따라서 경쟁적 수요가 있는 주파수에 대해서는 시장상황에 따라 대가할당 외에 경매로도 주파수를 할당할 수 있도록 전파법을 개정하여 정책적 유연성을 확대할 계획이다.

또한, 융·복합화 등으로 새로운 기술이 등장하는 환경에서는 기술방식 등을 경직적으로 지정할 경우 민간의 창의적인 기술개발과 서비스 창출을 저해할 수 있으므로 주파수 할당시 기술중립성, 용도자율성 도입 등 주파수 이용의 유연성 확대도 검토할 예정이다.

5) 비면허 주파수의 분배확대와 신산업 창출 유도

유비쿼터스화의 진전에 따라 홈네트워크, RFID/USN, ITS, u-health 등 다양한 분야에서 허가없이 사용할 수 있는 소출력 주파수가 필요할 것으로 예상되고 있다.

방송통신위원회는 다양한 소출력 주파수 수요를 신속하게 발굴·배분하기 위해 온라인 주파수 수요제기 창구를 개설·운영하고 원격진료·독거노인 보호서비스에 필요한 주파수 등 전파가 국민안전과 복지에 더욱 기여할 수 있도록 생활 밀접형 주파수의 분배를 추진할 계획이다. 아울러, 기존에 분배되어 있는 소출력 주파수의 용도를 확대하는 등 기술기준을 완화하고 구체적인 용도를 지정하지 않는 개방형 주파수 분배를 확대하여 기업의 창의적인 서비스와 기술개발을 촉진할 예정이다.

6) 전파관리 패러다임을 사전규제에서 사후관리로 전환

무선설비의 디지털화 등 성능향상과 전파이용이 보편화됨에 따라 정부에 의한 무선국 허가·검사, 기기인증 등 사전규제는 완화하고 사후관리를 강화하는 것이 세계적인 추세이다. 방송통신위원회는 W-CDMA, WiBro 등의 급증하는 이동통신 무선국 관리를 효율화하고 통신사업자의 신속한 무선국 설치를 통한 음영지역 해소를 위해 이동통신 무선국 검사를 전수검사에서 표본 검사제로 완화하고, 중장기적으로는 설비 인증제도를 도입하여 준공 검사없이 무선국을 설치·운용할 수 있도록 완화할 예정이다.

아울러, 방송통신기기에 대한 인증제도도 사업자 부담을 완화하는 방향으로 개선을 추진하고 있다. 현행 인증제도는 위험 정도에 관계없이 사전에 정부인증을 받도록 하고 있으나, 향후에는 위험 정도가 낮은 제품의 경우 정부의 인증없이 제조자가 자체 시험결과를 바탕으로 시장에 출시할 수 있도록 허용할 예정이다. 또한, 기술기준이 미처 마련되지 못한 경우에는 신제품의 적기 시장출시가 가능하도록 국민안전과 관련되는 최소한의 기준만 확인하고 제품을 판매할 수 있도록 잠정 인증제도를 도입할 예정이다.

7) 방송의 디지털 전환 촉진

디지털 방송은 아날로그 방송에 비해 6~7배의 우수한 화질과 데이터 방송 · 양방향 방송 등 새로운 서비스가 가능해 시청자의 복지향상과 방송사의 다양한 수익원 제공이 가능할 뿐만 아니라 디지털 방송기기 생산 · 수출 등 관련 산업에 파급 효과가 큰 성장동력 산업이다.

이에 따라 세계 주요국은 2010년을 전후하여 디지털 방송으로 전환을 완료하고 아날로그 TV 방송을 종료할 계획이다. 우리나라의 경우에도 2008년 제정된 '지상파 텔레비전 방송의 디지털 전환과 디지털 방송의 활성화에 관한 특별법'에 따라 2012년 말 이전에 아날로그 방송을 종료하도록 되어 있다. 이를 위해서는 디지털 방송국 채널배치 및 디지털 전환 시나리오 마련 등 TV 방송 주파수의 전환 · 이용계획 마련, 디지털 TV 구매가 어려운 저소득층에 대한 컨버터 지원, 아날로그 방송 종료에 대한 대국민 홍보 등 체계적인 디지털전환 노력이 필요하다고 하겠다.

아울러, 전 국민의 70% 이상이 시청하고 있는 케이블 TV의 촉진이 필요하며 고음질과 다양한 부가 서비스를 제공하고 FM방송용 주파수 신규 수요 등에 대응하기 위해 디지털 라디오 도입방안도 마련할 계획이다.

8) 미래 핵심 기술개발

그동안 휴대폰, 디스플레이 등 방송통신 관련 산업이 우리나라의 경제성장과 수출을 주도하였듯이 향후에도 전파관련 산업을 성장동력으로 육성하기 위해 기술개발 등을 지속적으로 지원할 예정이다. 초고화질 · 3D 방송 등 실감 미디어 방송기술, WiBro Evolution, LTE Advanced 등 4세대 이동통신 기술 등 산업적 파급 효과가 큰 방송통신 기술개발을 적극 지원하고 밀리미터파 · 테라헤르쯔 등 미이용 주파수대역을 경제적으로 활용할 수 있는 기술을 개발하여 신규 주파수 자원을 개척할 예정이다. 아울러 기기 간 · 서비스 간 주파수를 공유할 수 있는 무선인지(Cognitive Radio) 기술개발 등 전파이용 효율화 기술개발도 적극 추진할 계획이다.

Chapter

9 방송 · 통신융합과 디지털 콘텐츠 기술

01_콘텐츠와 네트워크의 결합

02_방송 · 통신융합 콘텐츠 산업 및 기술동향

03_방송 · 통신융합기술 및 콘텐츠 시장 전망

04_방송 · 통신융합의 멀티미디어 콘텐츠 기술

05_콘텐츠 진흥전략

06_방송 · 통신융합 및 콘텐츠 진흥을 위한 법 · 제도 정비

아날로그 시대와 디지털 시대의 초기 단계에는 방송 서비스와 통신 서비스가 서로 독립적인 영역을 확보하여 발전해 왔다. 방송 서비스의 디지털화는 음성, 데이터, 영상, 멀티미디어 등 모든 형태의 콘텐츠를 애플리케이션간의 이동과 저장이 가능하고 타 서비스와의 통합을 용이하게 만들어 다양한 고품질의 정보제공을 가능하게 했다. 또한 통신 서비스의 고속화 및 고용량화는 대용량 콘텐츠를 저렴한 비용으로 제공하게 만들어 줌으로써 문자 중심의 서비스에서 점차적으로 오디오 및 동영상 서비스 제공을 가능하게 했다.

미디어 서비스의 이용자인 일반 대중은 점차 방송과 통신 미디어 모두에서 고화질의 동영상 서비스 제공을 요구하고 있으며 사용자가 직접 제작한 이미지나 동영상 콘텐츠를 의미하는 UCC(User Created Contents)가 일반 대중들에 의해 인터넷을 통하여 공유되고 있다. 정부 또한 소비자의 권익보호를 위해 품질관리 기준을 강화하고 시장경쟁 환경을 유도하기 위해 규제를 완화하는 등 일련의 노력을 경주하고 있다. 이와 같은 사회적 요구는 방송과 통신 서비스가 서로 독립된 영역을 벗어나 상호간에 융합이 이루어지도록 하였다. 이와 같은 사회적 배경에 비추어 볼 때 방송·통신융합이란 "디지털화 및 광대역화 등 정보통신 기술의 발달로 인해 양 산업에서의 가치활동이 통합됨에 따라 멀티미디어 콘텐츠가 다양한 네트워크를 통하여 혼합형 단말기에 의해 전달되는 현상"이라고 정의할 수 있다.

01 콘텐츠와 네트워크의 결합

방송과 통신의 융합이 불러온 매체 환경의 변화는 '원 소스 멀티 유즈'나 '크로스 미디어'와 같이 콘텐츠의 생산방식과 유통구조, 이용자의 콘텐츠 소비양식 등에 많은 영향을 미치고 있다.

방송·통신융합은 그림 9-1와 같이 '콘텐츠와 네트워크의 결합'으로 콘텐츠, 네트워크, 단말기 간의 가치사슬을 새롭게 재편하고 있다. 즉, 방송과 통신의 융합(DMB, IPTV), 유선과 무선의 융합 등 이종 산업 간 가치사슬의 해체와 통합을 통해 새로운 시장, 산업, 서비스 및 단말이 출현하고 있으며, 이러한 융합 미디어 서비스의 상용화는 본격적인 경쟁과 수요가 늘어날 전망이다.

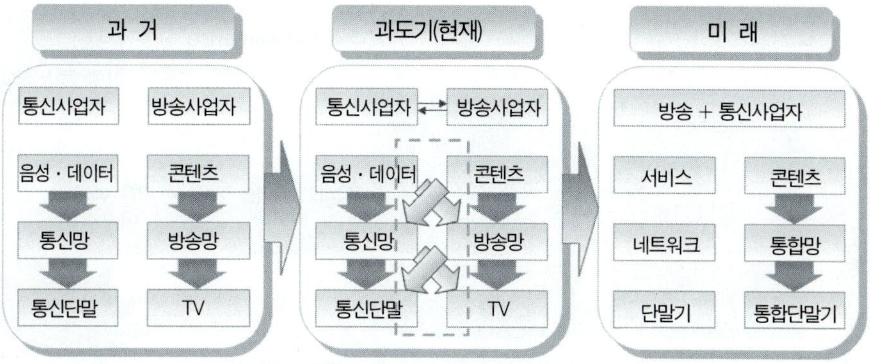

그림 9-1 ▪ 방송 · 통신융합 컨버전스 추이

기존의 콘텐츠 생산과 유통구조는 전송수단에 따라 수직적으로 결합된 형태로 통신업자나 방송사 등 망사업자가 지배력을 행사하여 경쟁사를 배제해 왔으나, 방송 · 통신융합에 따라 단계별로 수평적인 산업구조로 바뀌고 있다.

즉, 기존의 네트워크 중심의 가치사슬구조를 벗어나 가치 중심이 점차 콘텐츠와 단말기와 같은 말단으로 이동하기 때문에 방송 · 통신융합 서비스에 있어 양질의 콘텐츠 확보 및 사용자 중심의 콘텐츠 유통체계를 갖추는 것이 무엇보다 중요하다.

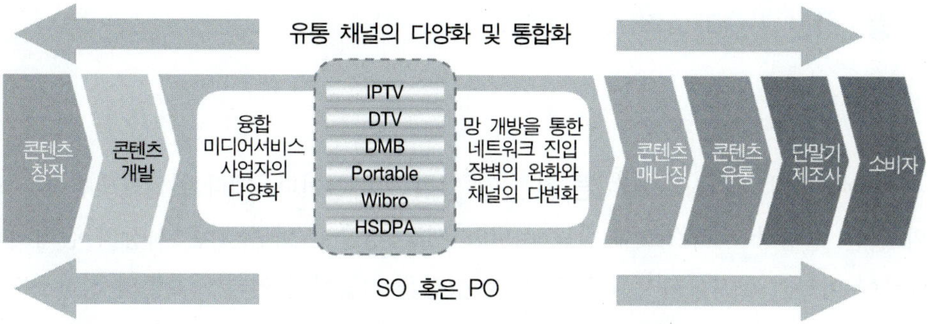

그림 9-2 ▪ 융합 미디어 콘텐츠 시장의 가치사슬구조

뿐만 아니라 방송 · 통신융합에 의한 다매체 · 다채널 환경에 따라 콘텐츠 경쟁 심화가 예상되므로, 디지털 콘텐츠 육성을 위해서는 적극적 지원책보다 규제완화를 통해 자연스러운 시장경쟁 환경을 조성하는 것이 필요하며 규제의 경우 유통사업자와 콘텐츠 사업자는 매우 다른 방식으로 경쟁을 하기 때문에 새로운 규제의 틀을 마련하는 것도 필요하다.

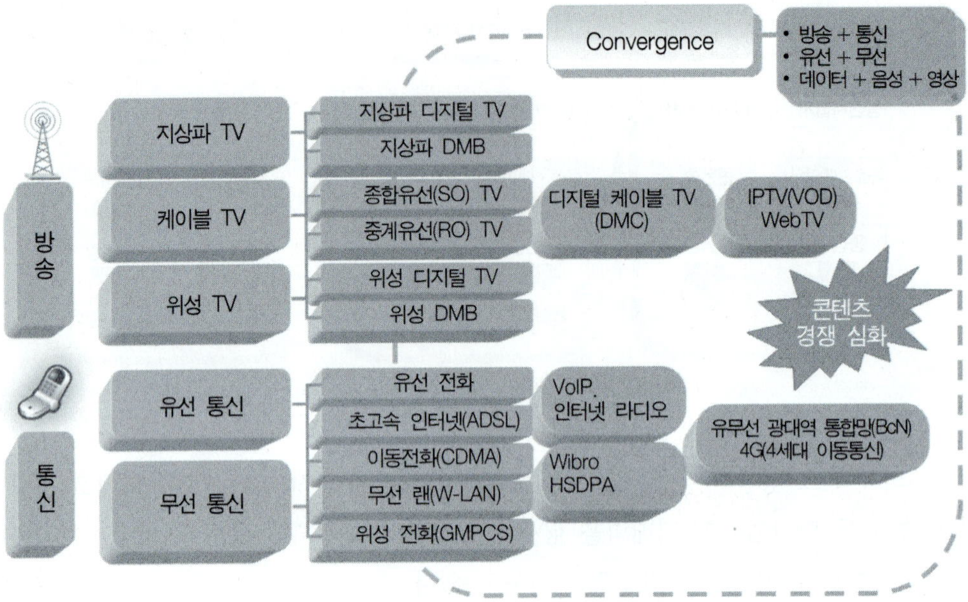

그림 9-3 ▪ 융합에 따른 콘텐츠 경쟁 양상

방송·통신 기술과 서비스의 융합은 왜 일어나는지에 대하여 살펴보고자한다.

1. 방송·통신 기술과 서비스의 융합

1) 신규 서비스 시장 창출

통신시장이 이미 포화상태에 이른 것은 잘 알려진 사실이다. 게다가 인터넷전화나 와이브로와 같은 신성장 서비스조차 신규 서비스 시장 창출이 아닌 기존 시장의 잠식이라는 인식때문에 여전히 활성화되지 못하고 있다. 성장을 거듭하던 인터넷 포털의 성장세도 6년만에 꺾인 것으로 나타나고 있어 신규 통신 서비스 시장 창출을 위한 기회가 필요하였다.

방송 서비스 또한 최근 수년 동안의 한류 덕택에 겉으로는 드라마 공화국이라는 위상을 유지해 왔지만 2007년의 방송 콘텐츠 수출 중 약 89.7%가 드라마에 치중되었고 과중한 제작비 등으로 인해 더 이상 성장하지 못하는 한계에 이르렀다. 제작단가를 낮추기 위해 핵심 문화 콘텐츠 제작기술을 개발해야 하고 문화 콘텐츠 사업활성화를 위해 사용자가 원하는 고품질의 다양한 콘텐츠를 개발해야 하는 등 새로운 시장창출을 위한 기회가 필요하였다. 이와 같은 방송과 통신의 시장 침체와 포화상태는 콘텐츠가 새로운 매개체가 되어 신규 방통융합 서비스 시장을 창출하는 기회가 되었다.

2) 다양한 멀티미디어 단말기 출현에 따른 융합 콘텐츠의 필요성

불과 수년 전만해도 방송 콘텐츠는 TV 또는 데스크톱 PC를 통해서만 시청할 수 있었지만 이제는 모바일 PC, 휴대폰, 내비게이션 단말기 등 TV를 시청할 수 있는 단말기는 아주 다양해졌다. 인터넷을 즐길 수 있는 멀티미디어 단말기 또한 다양해졌다.

이와 같은 멀티미디어 단말기에서 사용할 수 있는 다양한 방통융합 콘텐츠는 방송 서비스와 통신 서비스를 융합하는 새로운 계기가 되었다.

3) 사용자의 다양한 콘텐츠 요구

사용자들은 하나의 단말기에서 전화, 인터넷, 방송, 게임 등 자기의 취향에 맞는 고품질의 다양한 서비스를 사용하고자 한다. 방통융합형 콘텐츠가 이와 같은 사용자의 요구를 만족시켜 줄 수 있는 수단이 된다. 지금 사용자에게 부족한 것은 다양한 콘텐츠이고 돌파구는 역시 문화 콘텐츠이다.

콘텐츠 산업은 전자기기산업, 제조업 및 서비스 산업과도 산업연관효과가 있어 콘텐츠 산업의 육성은 곧바로 타산업의 동반성장을 유도하게 되며 국가 브랜드 및 경쟁력 강화에 기여할 것으로 기대된다. 이와 같은 콘텐츠 산업의 육성을 뒷받침하기 위해서는 가장 먼저 소비자가 선택할 수 있는 다양한 콘텐츠 개발이 선행되어야 하고 정부를 포함한 산업계 전반에 걸친 콘텐츠 진흥전략 수립과 추진이 필요하다.

2. 방송 · 통신융합 서비스의 산업동향

방송과 통신의 융합의 결과로 신규 사업자들의 시장 참여와 새로운 매체의 출현이 가시화되고 있어 이와 같은 방통융합 서비스 플랫폼에 맞는 새로운 유형의 콘텐츠가 등장할 것으로 예상된다. 예를 들면, IPTV에 탑재될 양방향 데이터캐스팅 콘텐츠나 모바일 서비스 콘텐츠를 비롯한 신규 방송 콘텐츠의 유형이 생성될 뿐만 아니라 이동수신 등의 수용 환경변화를 반영한 신규 콘텐츠의 필요성 역시 크게 높아지고 있다. 이처럼 뉴미디어의 중심이 PC에서 인터넷 기반 TV로 이동해 보다 많은 사람들이 인터넷을 통해 다양한 콘텐츠를 이용할 것으로 전망된다.

방통융합시대의 콘텐츠는 비단 미디어 산업뿐 아니라 전자상거래, 소프트웨어 산업, 정보통신산업, 문화산업에까지 영향을 미치고 있어 지식기반 경제의 핵심이 되어가고 있다. 따라서 양질의 콘텐츠 확보는 경제발전의 핵심 요인으로 부상하고 있다. 이는 양질의 콘텐츠가 갖는 가치는 경제적 파급효과가 매우 크기 때문이다.

결국, 방송과 통신의 융합은 사업자, 네트워크 및 서비스의 융합을 가져오기 때문에 서비스의 융합은 최종적으로 이용자가 디지털 기기를 통하여 이용하는 콘텐츠가 중심이 되는 산업을 형성하게 된다. 따라서 콘텐츠가 미디어 및 플랫폼을 지배하게 될 것이며, 이용자는 이용자 중심의 디바이스와 콘텐츠가 융합된 서비스를 이용하게 될 것이다. 이처럼 방통융합시대의 연결고리는 콘텐츠에 있으며 콘텐츠의 역할은 매우 중요하다 하겠다.

1) 방송 서비스 산업동향

방송사업은 지상파 방송, 유선방송, 위성방송 등으로 구분된다. 케이블 TV로도 불리는 유선방송사업은 2005년 1월 본 방송을 시작한 CJ 케이블넷을 중심으로 디지털로의 변환을 진행하고 있다. 디지털 케이블 방송은 기존의 위성방송이나 디지털 방송과 비교하여 Return channel의 사용이 자유로워 보다 다양한 양방향 서비스를 제공하고 있다.

위성방송은 디지털 위성방송 사업자가 2000년 12월에 선정되어 2002년 3월부터 본격적인 서비스를 시작하였다. HD 방송 및 PVR(Personal Video Recorder) 서비스 제공도 이루어지고 있으며, 2007년 3월에 200만 가입자를 돌파하였다. 위성 DMB 서비스의 경우에는 지상파 DMB 보다 빠른 2005년 5월에 방송 서비스를 시작하여 2006년 말에 100만 가입자를 돌파하였고 현재 약 160만 6,600명 이상 가입자를 확보하고 있다.

2) 통신 서비스 산업동향

초기의 통신기술은 저속의 Text data의 교환을 목적으로 이루어져 왔으며 1990년대 이후에 와서 본격적인 고속화 서비스 단계에 이르렀다. 현재 유선통신 기술은 초고속 인터넷으로 표현되는 ADSL(Asymmetric Digital Subscriber Line) 및 VDSL(Very high bit rate Digital Subscriber Line)을 거쳐 FTTH(Fiber-To-The Home) 서비스로 발전되고 있다. 이러한 초고속 서비스는 일반이용자의 단말에서 수백 Mbps 이상의 서비스 제공을 가능하게 하였다. 유선통신 서비스 시장은 유선통신망과 휴대무선인터넷(WiBro) 및 고속하향 데이터 전송(HSDPA) 서비스를 제공하는 무선통신망을 융합하는 유무선 광대역통합망(BcN)으로 기술발전이 이루어지고 있다. 이러한 통신망의 발전에 따라 방송, 통신과 전화 서비스를 묶는 TPS(Triple Play Service)에 이어 무선통신 서비스도 함께 제공되는 QPS(Quadruple Play Service)가 가능하게 되었다.

3) 방송 · 통신융합 서비스 산업동향

방송의 디지털화, 통신기술의 발달, 미디어 및 정보처리 기술의 향상 등으로 방송과 통신 기술의 융합이 가속화되고 있으며 신규 서비스 플랫폼을 등장시키는 가장 큰 요인이 되고 있다. 방통융합의 대표적인 예로는 IPTV를 들 수 있다. IPTV 서비스는 인터넷 프로토콜을 이용하여 언제든지 원하는 방송 서비스와 부가 서비스를 이용할 수 있는 새로운 유형의 미디어 서비스다. 현재 우리나라의 IPTV 서비스는 VoD 및 실시간 방송 서비스를 제공하고 있으며, SK브로드밴드의 '브로드앤 TV', KT의 '메가TV', 그리고 LG데이콤의 'myLGTV' 서비스가 제공되고 있다. IPTV 서비스와 더불어 디지털 방송신호를 이용한 지상파 DMB와 위성 DMB 등 이동수신 방송 서비스 또한 방통융합의 대표적인 예라고 할 수 있다.

02 방송 · 통신융합 콘텐츠 산업 및 기술동향

방송 콘텐츠는 지상파, 케이블, 위성 등의 방송 서비스를 통해 제공되는 드라마, 영화, 뉴스 등 주로 문화생활과 관련된 정보를 의미한다. 통신 콘텐츠는 인터넷, 모바일 등의 통신망을 통해 제공되는 포털, 전화, VoD, 온라인 게임 등 주로 산업과 관련된 정보를 의미한다. 이처럼 방송과 통신은 서로 다른 플랫폼을 기반으로 특화된 콘텐츠를 제공하였다.

그러나 콘텐츠 산업은 아날로그에서 디지털 융 · 복합 형태로 진화함으로써 다양한 비즈니스 모델 등장 및 선진화된 유통구조로 전환되고 있다. 하나의 콘텐츠가 IPTV, DMB, WiBro 등의 다양한 소비매체를 통해 유통되거나 다른 장르의 콘텐츠로 가공되어 부가가치를 창출하고 있으며 이러한 융 · 복합 서비스를 위한 창의적이고 다양한 콘텐츠의 중요성이 날로 증대되고 있다. 방통융합 콘텐츠는 IPTV나 DMB와 같은 방송과 통신이 융합된 새로운 매체를 통해 제공되는 사용자 참여형 및 맞춤형 콘텐츠를 의미한다.

디지털 콘텐츠 산업은 현재 엔터테인먼트 위주의 디지털 콘텐츠와 제조, 서비스를 포함한 전산업 영역에 체화 · 융합되는 융합형 콘텐츠 시장으로 재편될 전망이다. 융합 콘텐츠는 콘텐츠 간 융합, 새로운 매체, 새로운 플랫폼과의 융합, 제조 및 서비스업 등 타 산업과의 융합으로 구분되며 이러한 차세대 융합형 콘텐츠는 시장형성 초기단계이나 디지털 컨버전스의 진전에 따라 폭발적 성장이 기대되고 있다. 특히 방송과 통신기술의 융합이 가속화됨에 따라 콘텐츠의 소비환경이 다변화되고 있고 소비자의 요구 또한 더욱 복합하고 다양화된 형태로 진화하고 있다.

1. 방송·통신융합 콘텐츠 산업동향

1) 방송·통신융합 콘텐츠 산업의 해외동향

구글은 기존 사업을 기반으로 모바일 검색 영역으로 진출하는 등 높은 부가가치를 창출할 수 있는 비즈니스 모델로 사업 영역을 확장하고 있다. 아울러 소니, MS, 구글, 인텔 등은 디지털 홈의 주요 콘텐츠를 HD 영상 콘텐츠로 설정하고 서비스의 차별성으로 경쟁하고 있으며, 애플은 온라인 음악 서비스를 통해 콘텐츠를 저가로 공급(i-Tunes)하고 전용단말기(i-Pod)를 통해 부가가치 창출을 실현하고 있다. 또한 애플은 자사의 TV 셋톱박스로 YouTube 동영상을 TV화면에서 검색이 가능하도록 서비스(그림 9-4 참조)하고 있다.

그림 9-4 ▪ Apple TV에서의 YouTube UCC 동영상 검색

한편, 방통융합시대의 차세대 융합 콘텐츠로 3D 콘텐츠 산업이 활성화되고 있다. 미국 헐리우드는 오는 2010년까지 3D 콘텐츠로 제작되는 영화가 17편에 이르고 국내 일부 영화사도 입체영화 제작을 준비중이다. 오는 2011년까지 전세계 영화관 가운데 20% 정도가

3D 스크린으로 교체될 것으로 영화업계의 추산이다. 일본에서는 3D 방송이 상용 서비스에 들어가면서 3D 방송을 볼 수 있는 3D TV에 대한 관심이 높아지고 있다. 3D TV는 기존 2D TV와 달리 3D필터와 3D 영상을 구현할 수 있는 솔루션과 3D 안경 등이 필요하다. 현재는 3D TV를 보기 위해서는 3D 필터를 부착한 안경을 갖춰야 하지만, 머지않아 안경 없이도 볼 수 있는 3D TV가 나올 것으로 예상된다.

또한, 미국, 유럽, 중국, 일본 등 세계 30여 개국 670여개 사업자들이 IPTV 서비스를 실시하거나 도입중이며 전세계 가입자 수는 2007년 말 기준 1300만 명에 이르고 있다. 미국은 버라이존이 2005년부터, AT&T가 2006년부터 IPTV 서비스를 시작하였고 영국은 비디오 네트워크를 세계 최초로 서비스하였다. 프랑스는 2003년 프리텔레콤 서비스를 통해 400만 가입자에게 서비스를 제공하고 있다. 중국은 차이나텔레콤이 IPTV 사업자인 Shanghai Media Group(SMG)과 함께 IPTV 서비스를 보급하는 것을 필두로 데이터 방송과 STB 서비스를 제공하고 있다. 유럽은 TV-Bank, TV-Messaging, TV-Game, TV-Betting, TVCommerce 서비스 등 다양한 서비스 분야에서 데이터 방송 서비스를 제공하고 있다.

2) 방송·통신융합 콘텐츠 산업의 국내동향

2007년 5월 현재 국내 미디어 이용자 추세는 주문형과 이동형을 합쳐 1,200만 명을 넘어선 것으로 추산되고 있다. 이는 방통융합시대의 콘텐츠 수요성과 사업성을 보여주는 예로, 다음(Daum)은 IPTV 사업에 뛰어드는 등 높은 부가가치를 창출할 수 있는 비즈니스 모델로 사업 영역이 확장되고 있다.

국내의 주요 방송통신 사업자들은 무선사업자의 위성 DMB 서비스 진출, 케이블 TV 사업자의 초고속 인터넷 서비스 제공, 주요 통신사업자의 IPTV 서비스 준비 등 방통융합시대에 발빠르게 대응해 나가고 있다.

또한 곰 TV, 판도라 TV, 인터넷 동영상 포털(네이버, 다음 등), 아프리카 TV, 유팸 TV 등 다양한 형태의 인터넷 TV 서비스가 제공되고 있다. 하나로텔레콤은 2006년 7월부터 실시간 방송이 제공되지 않는 주문형 비디오(VoD) 서비스를 시작으로 지상파 방송의 재방송을 비롯한 실시간 방송 서비스 등 pre-IPTV 서비스인 하나TV를 상용화하였으며 KT도 2007년 7월부터 pre-IPTV 서비스인 메가TV를 본격적으로 서비스함으로써 본격적인 경쟁체제로 들어섰다.

또한 2008년 9월 KT, SK브로드밴드, LG데이콤이 사업허가를 취득하여 2008년 말부터 VoD 및 실시간 방송 등 IPTV 상용 서비스가 개시되었다. 케이블 방송사업자 역시 DV라는 브랜드를 내놓고 영화, 드라마, PPV 등의 서비스를 제공하고 있다.

Chapter 9

그림 9-5 ▪ C-Cube 서비스 화면구성 사례

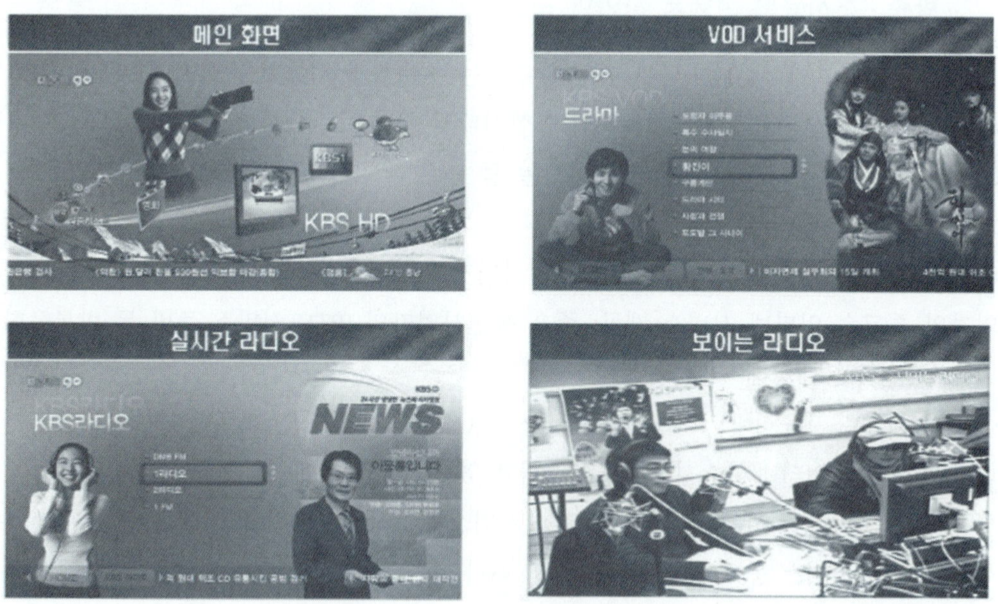

그림 9-6 ▪ Daum 서비스 화면구성 사례

2006년 11월부터는 당시 정보통신부, 방송위원회 공동으로 IPTV 시범사업을 추진하여 C-Cube(주관사 : KT), 다음(주관사 : 다음커뮤니케이션) 컨소시엄 등 2개 컨소시엄을 선정함으로써 방통융합 서비스 제공에 필요한 초기 수준의 기술개발을 완료하고 약 340여 가구를 대상으로 다양한 IPTV 서비스를 성공적으로 제공하였다.

그림 9-5와 9-6은 방통융합 서비스의 화면구성 사례를 보여준다.

2. 방송·통신융합 콘텐츠 기술동향

방통융합 서비스 환경에서 디지털 콘텐츠의 주요 특성은 양방향성(Interactivity)과 개인맞춤형(on Demand)이다. 소비자들은 인터넷 사용과정에서 이러한 양방향성과 개인맞춤형 서비스를 경험해왔고 최근 웹 2.0 시대의 조류에 맞추어 직접 콘텐츠 생산에 참여하고 공유하는데 익숙해 있다. 이러한 소비자의 콘텐츠 이용 트랜드는 인터넷 영역을 넘어 TV 방송 영역으로까지 확대되고 있다.

1) 방송·통신융합 콘텐츠 기술의 해외동향

방송과 통신의 융합으로 국내외에서 HDTV 방송 콘텐츠의 고품질성과 인터넷의 양방향성 및 개인맞춤형이 융합된 실감적인 특성을 반영하는 차세대 융합 콘텐츠 원천기술 확보를 위한 연구가 진행되고 있다.

영국의 BBC에서는 맞춤형 방송기술을 위한 메타데이터 저작, 송출, 소비 및 이종 메타데이터 호환성에 대한 연구를 진행하고 있다. 또한 미국 CMU에서는 Multiview/Panoramic 서비스 기술을 연구하고 있으며 Adobe에서는 대화형 멀티미디어 및 데이터 서비스 기술 연구를 활발히 진행하고 있다.

IPTV, 3DTV, 세컨드라이프 등의 새로운 방통융합환경에서 서비스될 차세대 3D 콘텐츠의 거대 신규시장을 선점하기 위한 연구 또한 활발히 진행되고 있다. 유럽연합의 ATTEST, 3DTV NoE 과제, BBC의 Prometeus 과제, NHK의 Multi-viewpoint HDTV 과제, MERL의 3DTV 시스템, MSR의 다시점 비디오 시스템 개발 등 많은 기초 연구들이 수행되고 있고 일본 NICT는 2006년 4월 홀로그램 디스플레이와 연계하여 2015년 "3D 입체 영상 및 음향을 포함하는 오감 방송·통신 실현"을 목표로 연구중에 있다.

일본에서는 국가차원에서 공감각 3DTV 및 UDTV(Ultra-Definition TV) 기술개발을 추진하고 있다. 2007년 말부터 일본의 후지 위성방송에서 Side-by-Side 포맷 입체영상을 이용하는 3DTV 방송을 하루에 약 15분씩 제공하고 있다.

한편, 유럽에서는 MOBILE3DTV 과제를 통해 이동방송 규격인 DVB-H에서 3DTV 콘텐츠를 서비스하기 위한 전체 방송 시스템 개발을 목표로 하고 있다.

다시점 3DTV 방송기술은 2002년부터 2년동안 수행된 유렵의 ATTEST 과제를 통해 3D 콘텐츠 획득, 부호화, 전송, 스테레오 및 다시점 영상생성 기술개발을 진행하였다.

2008년 2월부터는 고품질의 3D 콘텐츠 획득, 전달, 재생하기 위한 기술과 전달 데이터의 포맷을 정의하기 위한 3D4YOU 과제를 진행중이다. 한편, 2004년 미국 MERL에서 16개의 HD급 카메라로 다시점 동영상을 획득하여 프로젝터 16대 및 렌티큘라 스크린으로 제작된 다시점 3D 디스플레이를 통해 초당 12프레임 정도를 디스플레이할 수 있는 end-to-end 다시점 3DTV 시스템을 구현하였다. 일본에서는 2005년부터 총무성 지원하에 TV 화면에 나온 음식의 냄새를 맡을 수 있고, 상품의 촉감도 느낄 수 있는 공감각 입체 TV 기술개발을 추진중이며, 2007년 NTT, SONY, NHK 등 60여개 단체가 참여하는 URCF를 구성하여 기술개발을 진행중이다.

방통융합환경에서는 제작자에 의해 일방적으로 제공되는 기존 영상 콘텐츠를 넘어 다양한 사용자 인터랙션을 지원하는 실사기반의 3D 콘텐츠의 제작/서비스를 위한 Full 3D 복원기술이 필수적이다. 미국에서는 Google Earth의 StreetView, Microsoft의 Photosynth 등의 정적환경의 3D 콘텐츠 서비스가 시작되었고 Stanford 대학 등에서는 도심 지역의 3차원 복원을 위한 프로젝트를 수행중이다. 미국 CMU와 영국 Surrey대학은 제한된 실내환경에서 다시점 영상을 이용하여 인체의 외형과 모션을 동시 복원하기 위한 기술을 연구중이고, Microsoft사는 일반적인 실내 환경에서 다시점 영상을 이용한 동적 환경의 깊이 영상 추출 및 이를 기반으로 한 자유시점 영상기반 렌더링 기술을 연구중이다.

2) 방송 · 통신융합 콘텐츠 기술의 국내동향

한국의 TU미디어는 위성 DMB에서 side-by-side 포맷을 적용한 3DTV 위성방송 서비스 제공을 위해 TTA를 통해 위성 DMB 송수신 정합표준 개정을 추진하고 있으며, ETRI에서는 지상파 DMB와 위성 DMB에서 3D 입체영상을 서비스할 수 있는 방송기술을 개발하고 있다. MBC는 LG전자와 공동으로 지상파 DMB 데이터 서비스 프로토콜 중 하나인 MOT(Multimedia Object Transfer)를 이용한 '3D 정지영상 슬라이드 쇼' 기술을 2006년에 선보였다.

3D DMB 기술을 개발중인 ETRI는 우선 2008년 상반기에 휴대용 컴퓨터(UMPC) 기반 3D DMB 시제품 테스트를 거쳐 하반기에 3D 데이터 시험방송, 2009년 하반기에 3D 데이터 상용방송을 진행한다.

한편, ETRI, KIST, GIST, 광운대, 삼성전자, LG전자 등에서 다시점 3DTV 방송을 위한 요소기술 개발 및 국내외 표준화에 적극적으로 참여하고 있다. ETRI에서는 2007년부터 무안경 개인형 3D 방송기술 개발과제를 통해 3D DMB 방송 시스템 개발 및 다시점 3DTV 요소기술 개발을 함께 추진하고 있고 GIST는 실감방송연구센터를 통해 실감방송에 필요한 여러 가지 요소기술 개발을 추진해오고 있다. 또한, ETRI는 2011년 세계 육상 선수권 대회에서 인터랙티브 3D 콘텐츠 서비스 기술을 이용한 방송을 통해 시청자가 원하는 각도에서 원하는 3D 장면을 볼 수 있도록 직접 조정하여 방송을 시청할 수 있는 3D 방송 인터렉티브 기술을 개발중이다. 예를 들면 축구경기에서 특정 선수가 골을 넣었을 때 그 선수의 골 장면이 3D 영상으로 보이며 시청자가 앵글을 조정하면 원하는 각도에서 골 장면을 자세히 볼 수 있도록 해준다.

또한 상상속의 캐릭터를 만드는 디지털 크리처 기술, 유체 시뮬레이션 기술, 비사실적 디지털 초상화 기술, 기능 확장형 렌더링 기술 등을 포함하는 영상제작 기술을 개발하고 있으며 게임엔진 기술, 가상현실 기술, 양방향 체험학습을 지향하는 u-러닝 콘텐츠 기술, 저작권보호 및 유통기술 등을 개발하고 있다.

03 방송 · 통신융합기술 및 콘텐츠 시장 전망

1. 방송 · 통신융합기술 시장 전망

세계적으로 방통융합은 21세기에 있어 가장 중요한 산업 중 하나로 인식되고 있고 각국에서는 관련 산업의 육성과 기술개발에 이미 수년 전부터 많은 지원을 아끼지 않고 있다. 국내에서도 관련 기술개발과 산업의 육성이 선진국 대열에 진입할 수 있는 성장동력으로 인식되고 있다.

국내에서는 다양한 신규 유형의 방통융합 서비스를 통해 DMB, IPTV, WiBro 등 융합 서비스를 활성화하여 2012년 1조 5천억 원의 신규시장을 창출하고 방통융합 분야에서는 1만 2천여 명의 신규 고용을 창출할 것으로 예상된다. 또한 최근 한국콘텐츠진흥원과 미국 내 3대 연예 및 저작권 에이전시인 윌리엄모리스와 한국 콘텐츠의 글로벌 시장진출 및 헐리우드 진출을 위한 상호양해각서를 체결하는 등 해외시장 진출도 활발하게 일어나고 있다.

이와 같이 디지털 방송과 유무선통신의 융합 환경에서 향후 5년간 미디어 환경은 급격한 변화가 예상되며 인터랙티브 3D 기술이나 홀로그램 기술 적용과 같이 콘텐츠의 차별성을 부각시켜야 신규 시장의 활로를 열어줄 것으로 예상된다.

2. 방송·통신융합 콘텐츠 시장 전망

1) 해외 디지털 콘텐츠 시장 전망

세계 디지털 콘텐츠 시장의 규모는 2006년 2,560억 달러에서 2007년 2,985억 달러로 16.6% 성장했으며, 2012년까지 13.3%의 연평균 성장률을 기록하면서 5,565억 달러를 달성할 것으로 전망된다. 이 중에서 2012년 방통융합기술에 해당하는 디지털 방송과 디지털 영상 시장 규모가 2,468억 달러로 전체 디지털 콘텐츠 시장의 46.5%를 차지할 것으로 예상되고 있다. 표 9-1은 2007년 세계 디지털 콘텐츠 시장의 부문별 규모와 성장 추이를 나타낸다.

표 9-1 ▪ 세계 디지털 콘텐츠 시장의 부문별 규모 및 성장 추이

(단위 : 백만 달러)

구 분	2005	2006	2007	2008	2009	2010	2011	2012
디지털 콘텐츠	214,286	256,006	298,542	344,337	394,611	447,013	500,052	556,509
디지털 방송	58,079	68,438	79,595	92,515	110,445	126,775	146,617	165,393
디지털 영상	41,624	47,487	52,025	57,060	62,327	68,497	74,935	81,383

한편, 세계 디지털 방송시장 규모는 2012년까지 15.8%의 연평균 성장률을 기록하면서 약 1,654억 달러에 달할 것으로 전망되며 아직 시장 초기 단계인 IPTV 시장은 2012년까지 연평균 55.1%의 급성장할 것으로 예상된다. IPTV 시범 서비스는 주요 서비스가 방송 콘텐츠로 IPTV 시장에서의 콘텐츠의 중요성은 매우 크다고 할 수 있다. 차세대 방송기술인 Full 3D 서비스가 보급될 경우 약 10% 이상의 시장창출 효과가 있을 것으로 기대된다.

표 9-2 세계 디지털 콘텐츠 시장의 부문별 규모 및 성장 추이

(단위 : 백만 달러)

구 분	2005	2006	2007	2008	2009	2010	2011	2012	CAGR
전 체	58,079	68,438	79,595	92,515	110,445	126,775	146,617	165,393	15.8%
디지털 TV	56,822	66,325	76,100	86,418	99,091	109,400	122,006	133,997	12.0%
IPTV	1,257	2,113	3,495	6,096	11,354	17,375	24,611	31,396	55.1%

표 9-2는 세계 디지털 방송시장의 규모와 성장 추이를 나타낸다.

2005~2008년 중국의 D-TV 시장규모는 약 3,651억원이었고, 콘텐츠 부분은 약 578억원이었다. 2008년 이후 중국은 정부 위주의 시장 전략을 민영, 외자 등 시장 자금의 참여형태로 추진중이어서 그 시장규모는 더욱 확대될 전망이다.

유럽에서는 TV-Bank, TV-Messaging, TVGame, TV-Betting, TV-Commerce 등의 사용자 참여형 콘텐츠를 통한 데이터 방송 서비스를 제공중이며 이 중에서 TV-Commerce 서비스는 매년 11.2%씩 전체 데이터 방송 시장의 40%를 차지할 것으로 예측된다.

2) 국내 디지털 콘텐츠 시장 전망

최근 국내 디지털 콘텐츠 시장은 약 6조 300억원 규모로 전년 동기 대비 10.5% 성장했으며 전년도보다 시장 규모가 12.8% 증가해 약 11조 2천억원 이상은 기록한다. 국내 디지털 콘텐츠산업은 2007년 10조원 규모에서 2012년 16조원 규모로 연평균 10.1% 정도의 성장을 지속할 것으로 전망되어 당분간 높은 성장세를 지속하게 될 것이다. 이중 디지털 영상 및 디지털 방송은 각각 5,892억원과 18,059억원으로 급격히 성장할 것이다.

최근 국내 디지털 콘텐츠 산업은 비교적 안정적인 성장을 기록하였으나 게임업계의 M&A 이후의 부진은 아쉬운 부분으로 남아 있다. 그러나 하반기에는 IPTV의 실시간 방송시대 돌입과 DRM 해제 및 대형 포털의 음원 시장진출 등을 발판으로 11조원의 시장규모를 형성할 것으로 전망된다.

방통융합 콘텐츠 서비스의 주요 관련 분야인 디지털 방송 분야는 방통융합에 따라 IPTV 서비스가 상용화되었고 모바일 방송도 위성 DMB 및 지상파 DMB 전국 방송 등으로 방송 서비스 지역이 확대되는 등 시장규모가 더욱 커질 것으로 예상된다. 특히 디지털 방송시장의 콘텐츠 업종은 최근 약 26% 이상의 성장률을 기록했다.

IPTV 관련 산업은 2011년까지 연평균 57%의 급격한 성장세를 구현하며 164억 100만

달러 규모에 이를 것으로 전망된다. 또한 IPTV가 기존의 VoD에 지상파 재전송을 포함한 실시간 방송, 교육, 금융거래, 검색, 채팅, 이메일 송수신, 게임 등의 다양한 분야의 콘텐츠 서비스를 제공할 수 있어 산업 파급효과가 막대할 것으로 기대되고 있다.

04 방송·통신융합의 멀티미디어 콘텐츠 기술

1. 방송·통신융합에 따른 멀티미디어 콘텐츠

1) 디지털 미디어 콘텐츠 보안

아날로그 콘텐츠의 경우는 노력과 시간이 소요되고 복제 회수에 비례하여 질이 저하되며 시간과 공간의 제약이 있던 반면, 정보통신 기술이 발달함에 따라 생긴 디지털 콘텐츠는 신속하고 원본과 동일한 품질을 유지할 수 있고 인터넷을 이용하여 급속하게 전송할 수 있게 되었다.

아날로그 콘텐츠의 저작권 보호를 위해서는 법과 규제가 행해졌다면 신속하고 확산이 용이한 디지털 콘텐츠에서는 디지털 콘텐츠 보호기술을 이용하여 저작권을 보호해야 한다는 필요성이 제기되고 있다. 아날로그 방송에서는 노이즈 등으로 인한 화질 저하가 있고, 방송주파수 자원 사용효율이 낮은데다가 멀티미디어 데이터 서비스를 제공하는 데 어려움이 있었다.

하지만, 디지털 전송, 편집 기술의 발전으로 프로그램의 제작과 편집 및 전송과정에서의 신호의 열화를 개선하고, 디지털 압축, 복원, 저장 기술이 발전되고, 디지털 멀티플렉싱 기술과 인터넷망과 같은 양방향성을 제공할 수 있음에 따라 디지털 방송에서는 고화질/고음질이 실현되고, 다채널, 통합 데이터 서비스, PVR(Private Video Recoding) 등 부가기능이 추가될 수 있게 되었다.

이렇게 디지털 방송이 현실화되면서 미국에서는 디지털 지상파 방송 프로그램의 불법복제 수단을 STB에 의무적으로 탑재하도록 하는 방송처리와 같은 디지털 콘텐츠 보호법안이 등장하게 되었다.

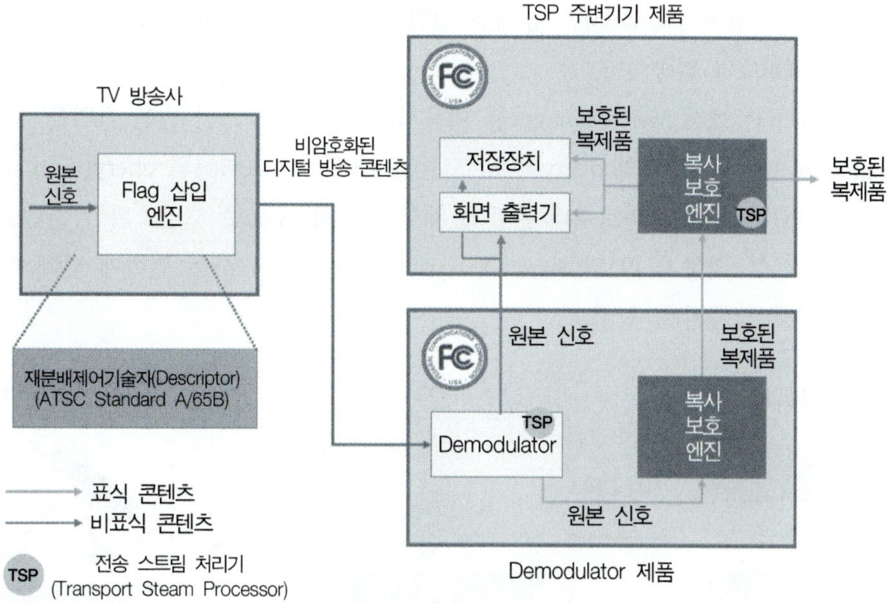

그림 9-7 ▪ 방송처리 동작도

디지털 미디어 콘텐츠 보안기술은 크게 DRM(Digital Rights Management), CAS (Conditional Access System), 복사방지(Copy Protection)으로 구분할 수 있다.

DRM(디지털 저작권 관리)는 디지털 콘텐츠에 대한 지적 재산권을 관리하고 제어하기 위한 제반행위로서 암호화 기술을 이용하여 인터넷망의 VoD에 주로 사용되고, 실시간 방송 콘텐츠 보호영역으로 진화하여 무선 콘텐츠 보호에 사용된다. 3대 구성요소로 원본 디지털 미디어 콘텐츠 파일을 암호화하는 모듈인 DRM Packager, 라이센스를 발급하는 서버인 DRM 라이센스 서버, 라이센스를 이용한 암호화된 DRM 콘텐츠 복호화 수행 및 콘텐츠 사용권한을 감시하는 DRM Agent가 있다.

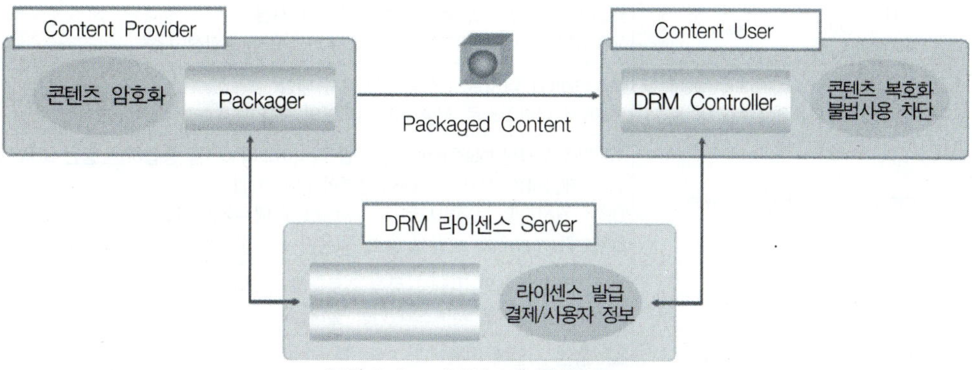

그림 9-8 ▪ DRM 3대 구성요소

Sync 서비스 & 임베디드 DRM은 휴대용 단말기에서 다양한 DRM 콘텐츠 사용을 가능하게 해 주는 DRM의 일종이다.

이는 사용자가 PC에서 Sync Manager를 이용하여 DRM 콘텐츠간 변환 작업을 수행하여 Sync Manager가 각사 DRM의 decryption 모듈과 Portable Device의 encryption module을 실행하고, PC는 Sync 서버로부터 콘텐츠 재생 권한과 Sync로 재암호화한 콘텐츠를 사용자가 PD로 전송, 사용자 PD의 Sync Decryption module이 사용 권한에 맞게 복호 및 재생되는 원리로 작동된다.

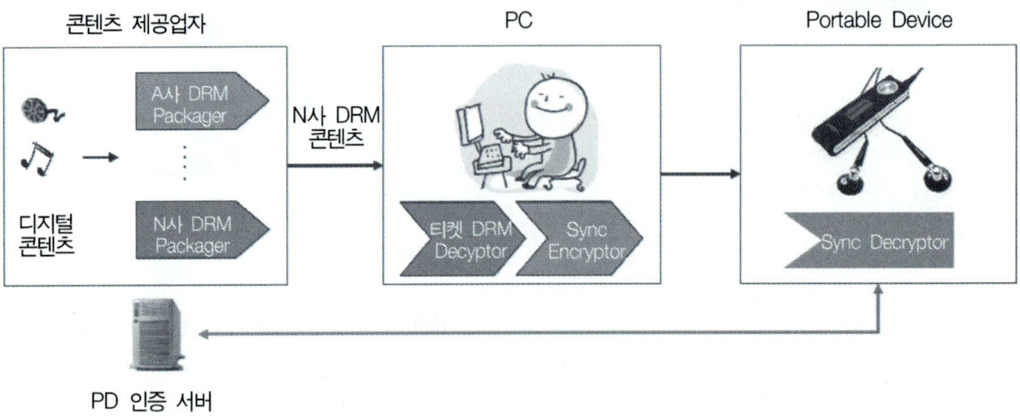

그림 9-9 ▪ Sync 서비스 & 임베디드 DRM 동작원리

표 9-3 ▪ 해외 DRM 솔루션 현황

회사명	주력상품	특 징
Microsoft	Yanus (WMRM 10.0)	WMRM의 일부 소스 코드를 공개하여 필요에 따라 컴파일하여 사용 운영체제에 독립적인 Device DRM
IBM	EMMS	일본의 음악 콘텐츠 보호의 선두 주자였지만, 현재는 한 걸음 후퇴. RealNetworks와 제휴하여 반격도모 % Electronic Music Management System
Real Networks	Helix	Windows Media 포맷과 애플의 퀵타임 지원 MS DRM, Apple DRM, Real Networkd DRM호환성 지원
Sony	MagicGate/OpenMG OpenMG X 등	Microsoft와 디지털 가전의 분야에서 대항 PC에서 디바이스로 전송되는 미디어의 보호
InterTrust	Rights I System	1990년 설립된 InterTurst는 멀티플 디바이스와 OS를 통합하는 일반 DRM 플랫폼을 제공하는 회사로서 DRM영역의 선도 기업 DRM 원천기술 보유회사로 소니-Philips에 매수(2002.12) DRM Framework, 보안성 강조, 사용자 편리성 취약, 시장진입 실패
Apple	Fairplay	애플 iPod 장치와 iTunes 뮤직 스토어를 연결하는 독자적인 DRM 타 디바이스나 웹 서비스와 연동 불허
Verimatrix	VCAS	KT 홈엔 사업에 적용

표 9-4 ■ 국내 DRM 솔루션 현황

회사명	주력 제품	특 징
디지캡	Mobile DRM	WIPI 플랫폼용 DRM OMA 표준에 기반
마크애니	DocumentSafer	문서 보안기술
	ContentSafer	멀티미디어 콘텐츠 보호기술
	WebSafer	웹콘텐츠 보호기술
실트로닉	RightSafer	멀티미디어 콘텐츠 불법복제 방지
	eDocuSafer	온라인 문서 보호기술
	CastSafer	방송용 콘텐츠 보호기술
코어트러스트	Media Keeper	멀티미디어 콘텐츠 보호기술
	Software Keeper	ESD(Electronic Software Delivery) 구축 솔루션
	iTV Keeper	MPEG-2, VoD 및 멀티캐스팅 DRM
테르텐	MediaShell 등	멀티미디어, 문서, 소프트웨어 등 다양한 콘텐츠 유통 및 라이프사이클 관리
파수닷컴	Fasoo DRM Platform	통합 DRM 플랫폼을 기반으로 Enterprise DRM, Commerce DRM, Embedded DRM 다양한 분야
한마로	MediaRose	온라인 DRM 기술
	Handheld DRM	모바일 DRM 기술, OMA 표준(2.0) 지원

CAS(Conditional Access System : 수신권한 제어 시스템)은 스크램블링(Scrambling) 기술을 이용하여 시청자격이 있는 가입자만 시청할 수 있도록 권한을 부여하는 시스템으로서 인터넷망의 VoD 콘텐츠 보호영역으로 진화되고 있다.

복사방지(Copy protection)는 암호화 기술을 이용하여 장치간 전송 데이터, 저장 미디어(DVD)의 디지털 콘텐츠 보호에 사용되고 있으며 DTCP, HDCP, APS 등이 있다.

국내 DRM 표준화 활동을 보면 상용화된 DRM은 많으나 호환성이 없다. 따라서 DRM간 데이터 교환을 위한 상호 연동이 가능한 인터페이스 규격을 제정하는 것이 필요하며, EXIM 기술규격 표준화를 추진중에 있다. 이러한 디지털 미디어 콘텐츠의 보안기술 트렌드와 발전 방향을 살펴보면 표 2-5와 같다.

방통융합의 근간은 디지털 기술의 발전으로서 서비스가 융합되고 보호기술이 융합되는 것이 그 요체라 할 수 있다. 하지만, 국내에서는 보호기술이 미흡한 부분이 있는 것이 사실이다. 적극적인 보호방법으로는 불법 콘텐츠 사용자 추적기술(Forensic Tracking)이 있는데, DRM 콘텐츠 재생 시점에 사용자 정보를 기록하여 유출된 콘텐츠를 분석하여 공격자를 추적하는 기술이지만 콘텐츠 사용자를 범죄시하는 등 비윤리성이 내포되어 있고, 실시간으로 사용자 정보를 워터마킹 기술로 기록해야 하는 등 구현에 많은 어려움이 있다. 방통융합으로 양방향 데이터 서비스에 대비하여 독자 CAS 기술개발이 필요하며, DTV 시대에 대비하여 HDCP 등 콘텐츠 복사를 방지하는 기술에 대한 연구가 필요하다.

표 9-5 ▪ 디지털 미디어 콘텐츠 보안기술 표준

기술 분야	표준단체	기술 내용	현재 상태
DRM	MPEG-21	범용적으로 사용할 수 있는 DRM framework 표준 개발	진행중
	DMP	DRM의 정책 및 기술사양 표준을 마련하기 위한 프로젝트 형태의 포럼	진행중
	OMA DRM	모바일 환경에서 사용될 수 있는 DRM 기술사양 개발 Open Mobile Alliance	진행중
	CPTWG (www.cptwg.org)	DVD, 디지털 방송 콘텐츠의 불법복제 방지기술 표준화 MPAA, CEMA, ITA 등의 Copy Protection 기술자들이 주도 Content Protection Technical Working Group	진행중
	ISMA (www.isma.tv)	IP상에서 오디오, 비디오와 같은 스트리밍 공개 규격 작성 Internet Streaming Media Alliance	진행중
	CORAL (http://www.coral-interop.org/)	삼성전자를 비롯해 HP, 인터트러스트, 필립스, 마쯔시타, 소니, 폭스영화사 등 7개사가 '코럴(Coral) 컨소시엄' 결성 이기종 DRM 간에도 서로 호환되는 공개 표준화 규격 제정 추진	2004.10.4~
CAS	DVB CPCM	유럽 방송표준으로 사용될 수 있는 방송 콘텐츠 보호기술 사양 개발 Copy Protection and Content Management	
	ATSC CAS	디지털 지상파 방송의 수신권한 제어기술	
복사 방지	5C DTCP	IEEE 1394 등의 디지털 인터페이스를 통해 전송되는 디지털 콘텐츠의 불법복제 방지기술 DTCP : Digital Transmission Content Protection; 5C: Hitachi, Intel, MEI, Sony, Toshiba	
	4C CPRM	저장매체의 불법복제 방지기술 ; CPRM : Content Protection for Recordable Media) ; 4C: IBM, Intel, MEI, Toshiba	
	HDCP	DVI, HDMI 등의 디지털 인터페이스를 통해 디지털 디스플레이로 전송되는 디지털 신호의 불법복제 방지기술	
	OpenCable CPT	디지털 케이블 방송의 복제 방지기술	

2) 디지털 콘텐츠 식별체계

디지털 콘텐츠 식별체계는 온라인 인터넷 또는 오프라인상에서 유통될 수 있는 콘텐츠에 대하여 유일하고 영구적으로 관리할 수 있는 고유번호와 관련 메타데이터를 등록하여 체계적으로 관리하므로 저작권을 보호하고 유통경로를 추적하며 인터넷 이용자가 쉽고 편리하게 원하는 콘텐츠를 구매하거나 무료로 이용할 수 있는 환경을 제공할 수 있다.

디지털 식별체계에 대한 필요성은 상대적으로 인터넷 환경에서 저작권 보호가 일찍이 문제화되었던 국제 출판계에서 먼저 제기되어졌으며, 1994년 미국 출판협회는 온라인 출판물의 저작권 보호 및 유통경로 추적을 위해 DOI(Digital Object Identifier)를 제안하게 되었으며, ISBN과 같은 오프라인 출판물 식별번호에 대한 DOI의 활용을 지원한다.

미국의 CNRI(Corporation for National Research Initiatives)는 일반 인터넷 이용자가 DOI를 사용하여 편리하게 원하는 온라인 출판물의 정보 및 해당 출판물 콘텐츠에 접근할 수 있는 DOI 변환 시스템인 Handle System을 개발하였으며, 이를 계기로 국제 DOI 재단인 IDF(International DOI Foundation)을 설립하여 국제표준화 작업을 추진하게 되었다.

국내외에서 DOI 외에 일본의 CID(Content IDentifier), 정보사회진흥원의 UCI (Universal Content Identifier), 문화콘텐츠진흥원(KOCCA)의 COI(Content Object Identifier), KISTI의 KOI(Knowledge OI), 기술표준원의 SOI(Standard OI) 등과 같은 다양한 디지털 콘텐츠 식별체계가 정의되어 활용되고 있다. 디지털 콘텐츠 식별체계는 식별대상을 고유하게 식별하게 기능과 URN(Uniform Resource Name) 변환(Resolution) 서비스 기능이 결합되어 온라인 인터넷 환경에서 다양한 서비스를 제공할 수 있다.

(1) URN(Uniform Resource Names)

- 인터넷상의 디지털 콘텐츠에 접근하기 위한 기존의 방법은 www.mic.go.kr과 같이 인터넷주소를 의미하는 URL(Uniform Resource Locators)체계를 사용하고 있으나, 이와는 별도로 각각의 디지털 콘텐츠를 식별하여 유통하기 위해서는 디지털 콘텐츠별로 영구적이고 유일한 식별자를 부여해야 하는데 이를 URN이라고 한다.
- URN은 urn:uci:g113++i300-9999912345와 같이 시스템이 인식하는 일련의 숫자와 알파벳의 조합으로 구성되며, 상품의 바코드가 상품의 생산연월일, 가격 등의 다양한 정보를 포함하는 것과 같이 해당 디지털 콘텐츠의 제작자, 제작연월일, 장르 등의 다양한 정보(메타데이타)를 포함하는 체계이다.

표 9-6 ▪ 디지털 콘텐츠 식별체계의 적용분야

식별체계	관리기관	비 고
UCI (Universal Content Identifier)	한국정보사회진흥원	디지털 또는 실물 자원
COI (Content Object Identifier)	한국문화콘텐츠 진흥원	저작권 등 문화 관련 콘텐츠
KOI (Knowledge Object Identifier)	한국과학기술 정보연구원	학술 관련 콘텐츠
SOI (Standard Object Identifier)	기술표준화	국내외 표준 관련 콘텐츠
NID (Name Identifier)	이만 GNS(민간)	이름으로 접근할 수 있는 인터넷 자원
DOI (Digital Object Identifier)	IDF(미국 중심)	출판(ISBN, ISSN) 관련 콘텐츠
CID (Content Identifier)	cIDf(일본)	디지털 동영상 관련 콘텐츠

디지털 식별체계는 서비스 영역이 인터넷을 기반으로 한 온라인 환경이므로 전세계적으로 고유한 식별자가 발급되도록 관리해야 한다. 국제표준화기구인 IETF/IANA와 MPEG-21 DII RA에서 국제적 활용을 위한 식별체계의 네임스페이스 등록관리 기능을 제공하고 있으며, IETF에 신청한 URN 관련 ID는 최종적으로 등록과정이 완료되면 IANA에서 관리되고 있다.

대부분의 디지털 식별체계는 식별 대상과 관련된 ISSN, ISBN 등과 같은 오프라인 코드와의 호환성을 제공하며 식별 메타데이터 내에 관련된 오프라인 코드를 함께 관리한다.

또한, 디지털 식별자를 발급하는 기관을 등록 관리기관 혹은 RA(Registration Agency)라고 하며, RA 기관은 한번 발급된 식별자는 영구히 관리하게 된다. 디지털 식별체계는 식별 대상을 식별하고 관리하기 위해 식별자를 발급할 경우 식별체계마다 고유하게 정의된 식별 메타데이터를 등록하여 식별자와 함께 관리하며, 디지털 콘텐츠 식별자와 함께 관리되는 메타데이터에 포함된 정보를 사용자에게 제공하거나 메타데이터 내에서 관리하는 해당 URL 정보로 이동하는 변환 서비스를 제공한다.

국내에서는 추진되고 있는 디지털 식별체계로는 UCI와 COI를 들 수 있다.

표 9-7 디지털 콘텐츠 식별체계 해외동향

기 관	내 용
IDF	DOI(Digital Object Identifier)를 개발하여 실제 적용하고 있으며, 전세계적으로 7개의 RA와 천만건의 콘텐츠를 확보하고 있음
cIDf	일본의 NTT Docomo 주도로 개발되었으나 실제 적용은 미미한 실정이나 기술적으로는 상당수준에 있음
IETF	URN 프레임워크, DDDS변환 구조, IANA와 namespace 협력 등 기술적 작업을 위주로 활동 전개
MPEG-21	디지털 콘텐츠 프레임워크 제정을 목표로 하는 세계적인 표준화 기구로써 최신 유통기술 확보 및 표준화, 디지털 콘텐츠 식별체계도 한 부분으로 포함되어 있음
TV-anytime 포럼	디지털 방송 플랫폼 표준 제정을 목표로 하여 CRID라는 자체 식별체계를 제정하여 사용
DMP	디지털 미디어의 본격 유통표준 제정을 위한 사설 기구로써 실세계의 디지털 미디어 이용 저해 요인에 대한 제반 기술적·정책적 해결방안 제시

(2) UCI(Universal Content Identifier)

식별 가능한 자원의 유통과 활용을 위하여 유일한 코드를 부여하고 이를 관리해 주는 체계 및 기타 식별체계 간의 연계표준으로서 2003년 정보사회진흥원에서 독자 개발하였다. UCI는 식별체계 구성요소인 구문구조, 메타데이터, 운영절차가 유기적으로 연계되어 있으며, UCI가 구현된 시스템 및 이를 활용한 DRM, 웹 서비스, 거래인증 등의 UCI 응용 모델까지 넓은 의미의 UCI로 간주한다.

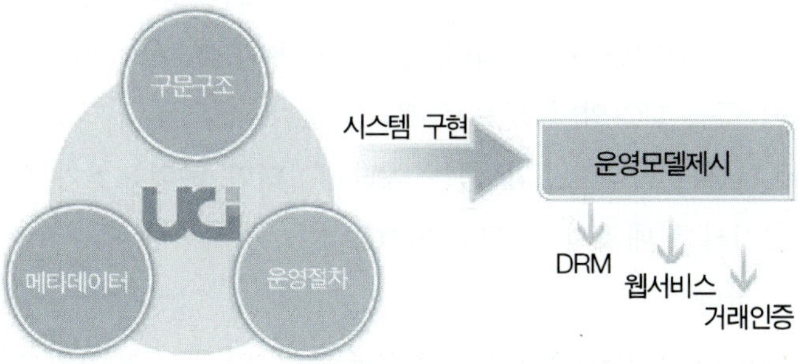

그림 9-10 UCI 개념도

UCI 운영 및 등록기관은 주무부처는 정보통신부로서 2000년부터 "국가 URN 기반 구축 사업"을 통해 UCI 개발하였다. 운영기관은 한국정보사회진흥원(u-비즈니스팀)이며, 2005년 UCI 적용 시범사업을 추진하고 있으며 KISTI, SBSi, 하나로드림에 UCI체계 적용 및 100만 건을 등록했다.

- 추진경과
  - 2000년 : 정보화지원사업(정책과제)로 식별 시스템 구축사업 진행(DPC)
  - 2001년 : 경제정책조정회의에서 정통부와 문광부간 역할분담 합의
  - 2002년 : 온라인디지털콘텐츠산업발전법 제정, 공포 한국전산원을 디지털 콘텐츠 식별 시스템 운영기관으로 지정
  - 2003년 : 독자적인 UCI 식별체계 개발 완료
  - 2004년 : KISTI, KTH 등 6개 기관을 대상으로 식별 시스템 시험운영 관련 특허출원
  - 2005년 : 총괄시스템 고도화 및 시범적용사업 실시
    IETF Informational 표준제정 완료(RFC4179)
    콘텐츠 유통 표준기구 DMP(Digital Media Project) 표준채택

UCI의 특성을 보면 전 세계적으로 유일한 식별자가 적용되는 포괄성(Global scope)이 있고, 동일한 식별자가 부여될 수 없는 유일성(Global uniqueness), 기존 식별자 ISBN, ISSN, DOI 등이 수용 가능한 호환성(Legacy support), 해당 URL 또는 다른 연결 정보로 변환 가능한 변환성(Resolution), 기존 URN 기반 식별체계의 필수 메타데이터와 상호운용성이 보장되는 상호운용성(Interoperability)을 들 수 있다.

또한, UCI의 모든 이용자들에게 공개를 원칙으로 하는 공개성(Publicity), 총괄기구, 등록관리기관, 등록자 세 단계로 구성되어 구조적 계층성(Hierarchical structure)이 있고, UCI 부여는 서로 동일한 작품의 다른 디지털 개체에는 다른 UCI를 부여하는 다형성(Polymorphism), UCI 식별 메타데이터에서 한정 코드는 정확성을 보장해야 하나 부가적인 정확성 없이도 그 메타데이터의 의미 파악이 유용한 Dumb Down 원칙을 추구하는 상속성(Inheritance) 등을 UCI의 특성으로 볼 수 있다.

Dumb Down 원칙은 하위요소가 있는 메타데이터와 하위요소가 없이 여러 개 반복된 값을 가진 메타데이터를 매핑시, 상위요소(TOP Level) 하나에 열거식으로 의미 없이 값을 나열하는 것을 말한다.

예로 G100:I100-koi(25895860958) : 과학기술분야 KISTI(G100)의 하부 RA 중 하나인 인물정보DB센터(I100)에 등록된 정보

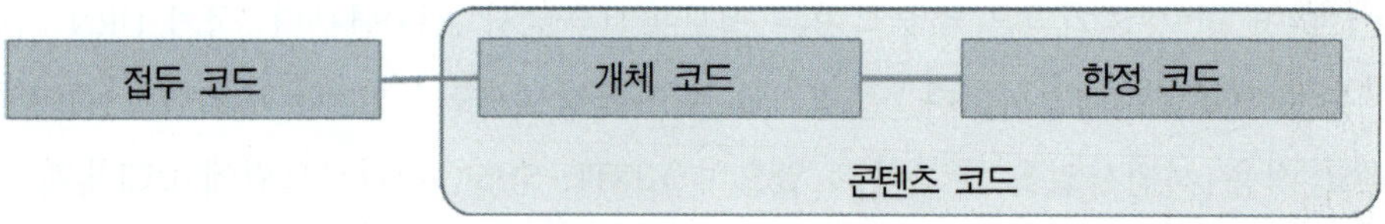

그림 9-11 ▪ UCI 구문 구조

표 9-8 ▪ UCI 구문내용

접두코드(prefix code)	• 구문구조의 가장 앞에 붙는 코드로 식별체계의 관리 구조와 관련되어 있는 필수사항 • RA코드, 하부 RA코드, 등록자 코드 등이 입력 ※ RA코드는 R(지역), G(장르), I(기관)로 구분하여 개별번호 부여
개체코드(instance code)	• 기존 식별체계를 그대로 사용할 수 있으며, 유일성을 보장하는 범위내에서 자체적으로 부여하여 관리가 가능한 필수 사항
한정코드(qualifier code)	• 디지털 콘텐츠 형태상의 변화가 생길 경우 이를 관리하기 위한 수단이며 선택사항

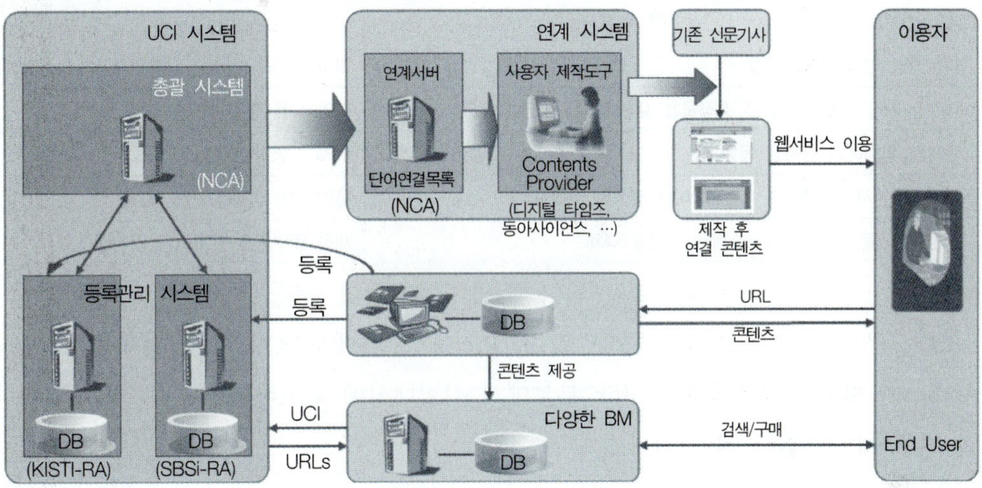

그림 9-12 ▪ UCI 서비스 개념도

표 9-9 ▪ COI 운영 및 등록기관(RA)

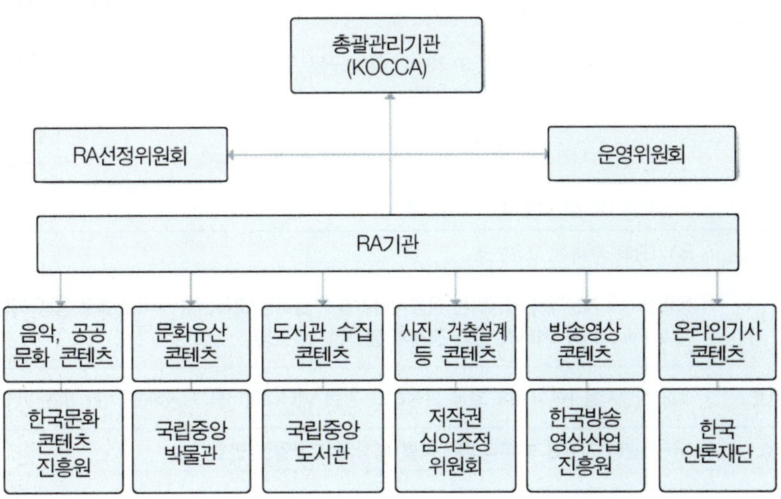

(3) COI(Content Object Identifier)

디지털 문화콘텐츠의 저작권 관리를 체계화하고, 투명한 유통을 도모하기 위해 문화관광부에서 표준화한 식별체계로서, 디지털 문화콘텐츠에 부여되는 고유한 인식코드 또는 이를 관리하는 체계를 말한다. COI 운영 및 등록기관(RA)은 주무부처가 문화관광부이고, 한국문화콘텐츠진흥원(KOCCA)이 운영기관으로 되어 있다.

표 9-10 ▪ COI 식별대상 유형

유 형	예
추상적인 창작정보를 식별	작사 , 작곡, 소설 , 시나리오
연주 , 가장 , 공연과 같은 창작물을 표현하거나 실연하는 것	라이브 등 연주 행위
온라인 환경에서 유통할 목적으로 디지털 파일 형태로 고정된 저작물	MP3 , 영화 , 동영상 , PDF
오프라인에서 유통될 수 있는 매체에 고정된 저작물	음악 CD, 영화 , DVD, 도서
실물 저작물 범주에 속한 수많은 저작물 객체	제작 일련번호가 부여된 타이틀

COI 구문구조는 그림 9-13과 같이 Prefix 부분에서 COI 운영정책상의 Naming Authority 체계를 반영하고, Suffix 부분에서 식별대상에 부여하는 고유성 및 식별성 부분을 반영하는 구조로 되어 있다.

그림 9-13 ▪ COI 구문 구조

표 9-11 ▪ COI 구문 내용

COI 고유번호	식별체계 COI를 식별하는 고유번호
RA 번호	RA기관에 부여한 고유번호
서비스 번호	동일한 RA 기관에서 제공하는 응용서비스를 구별하는 고유번호, 서비스별로 응용 메타데이터의 내용과 Resolution 서비스 결과 형태가 달라질 수 있음
등록자 번호	COI 식별자를 RA기관에 발급 요청하고 관련 메타데이터를 제공하는 기관 또는 개인의 고유번호
일련 번호	RA기관이 자유롭게 부여하는 식별 대상의 고유일련 번호

Prefix 부분에서 RA기관 응용 서비스 관리 기능을 반영하는데, 총괄관리기관의 관리 범위를 RA기관의 응용 서비스 단계까지 확장한 것으로서, RA기관의 응용 서비스별 메타데이터의 정의 체계 수립하고 응용 서비스별 변환 서비스를 차별화하는 수단을 제공한다.

3) 콘텐츠 차단 서비스

P2P, 웹하드, 메신저 등의 기본사상은 사용하고 있지 않은 PC의 CPU 및 디스크를 공동으로 사용하여 정보를 빠르고 안전하게 가공 및 공유하는데 있지만, 현실적으로는 유해정보의 유통 통로로 이용되고 있어 폐해가 증가하고 있다.

최근 유해정보 유통의 다양한 패러다임은 유료인 웹(www)에서 무료인 P2P, 웹하드, 메신저로 전환하고 있으며, 그 사용량은 계속 증가추세에 있다.

유해 콘텐츠의 확산은 청소년 Sex 중독 등의 심각한 사회문제로 대두되고 있고, 문화 콘텐츠의 불법유통으로 인해 지적재산권이 침해되고 콘텐츠 관련 사업이 붕괴되는 등 콘텐츠 산업의 커다란 장애물로 자리하고 있다. 또한 현상까지 일어나고 있다. 이런 불필요한 트래픽이 인터넷 사업자의 Bandwidth를 대다수 점유하여 다른 건전한 목적의 네티즌의 인터넷 사용을 침해하고, ISP의 통신 장비를 증설하게 하여 예산을 낭비하고 있다.

이러한 불법 및 유해 콘텐츠의 유포 및 사용에 대한 법적 근거 마련으로 본격적인 차단과 단속이 가능하지만, 이는 불법 및 유해 콘텐츠 사용자의 식별기술 및 트래픽에 대한 차단기술이 있어야 효과를 볼 수 있다.

이러한 기술을 구현하는 서비스로는 모든 트래픽을 검색 및 서비스 카테고리별 트래픽을 구별하고 구별된 트래픽 중 불법 콘텐츠 DB와 비교 차단 요청한 불법 콘텐츠를 다운로드하고 있으면 필터링하여 구현할 수 있는데, 불법 및 유해 콘텐츠의 폐해를 막고, 콘텐츠 산업의 보호를 위해 보다 적극적으로 도입을 검토해야 할 것이다.

05 콘텐츠 진흥전략

1. 문화와 산업의 차이

우리는 일반적으로 통신은 산업으로 그리고 방송은 문화로 구분해 왔다. 그렇다면 산업과 문화는 어떤 차이가 있을까? 산업과 문화는 여러가지 측면에서 차이가 있다.

첫 번째, 문화는 오래가지만 산업은 그 생명이 너무나 짧다. 다시 말해서 문화 콘텐츠는 쓸 만한 물건을 만들면 자손대대로 오랜 기간동안 돈을 벌어들일 수 있다. 세계적인 문화유산이 그렇다. 또한 우리는 자동차를 산업으로 여기지만 독일에서는 문화라고 한다고 한다. 독일 자동차가 고급이고 유명세를 달고 다니는 이유가 아닐까?

두 번째, 문화 콘텐츠는 사람을 불러들여 돈을 벌지만 산업은 돈을 벌기 위해 사람을 쫓아가야 만한다. 다시 말해서 문화콘텐츠는 앉아서 돈을 번다는 뜻이다. 전국이 문화유산인 이탈리아나 대박을 터트린 영화 하나가 그 예가 될 것이다.

세 번째, 산업은 연기가 나지만 문화콘텐츠는 연기가 나지 않는다. 즉 녹색성장과 그린 IT인 셈이다.

네 번째, 문화콘텐츠는 일반인이 주도하지만 산업은 정부나 기업이 주도한다. 즉 문화콘텐츠는 시장규모가 크고 파급 속도나 효과가 막대하다는 의미가 된다. 토머스 프리드먼이 그의 저서 ≪세계는 평평하다(The World is Flat)≫에서 언급한 "세계화 3.0 시대의 변화의 주역은 개인이다"라는 것과 일맥상통한다고 할 수 있다.

2. 콘텐츠 진흥전략

방송과 통신의 융합의 핵심은 콘텐츠, 네트워크(플랫폼) 및 단말기로 이어지는 비즈니스 구조에서 시작된다. 광대역 네트워크가 증가하여 다양한 플랫폼이 출현하게 되면 네트워크를 통해 교환될 콘텐츠의 수요가 증가할 여지는 충분해지게 된다. 즉 다양한 네트워크의 등장은 다양한 플랫폼의 등장을 의미하고 이는 결국 다양한 플랫폼을 채워야 하는 콘텐츠의 필요성이 증가하게 된다. 결국 방송과 통신의 융합은 콘텐츠를 중심으로 진행되면서 전체 미디어 산업의 가치사슬을 재편하는 방향으로 전개될 것으로 예상된다. 아울러 콘텐츠 산업은 전자기기산업, 제조업 및 서비스 산업과도 산업 연관효과가 있어 콘텐츠 산업의 육성은 곧바로 타산업의 동반성장을 유도하게 되며 국가 브랜드 및 경쟁력 강화에 기여할 것으로 기대된다. 이와 같은 콘텐츠 산업의 육성을 뒷받침하기 위해서는 가장 먼저 소비자가 선택할 수 있는 다양한 콘텐츠 개발이 선행되어야 하고 정부를 포함한 산업계 전반에 걸친 콘텐츠 진흥전략 수립과 추진이 요구된다.

콘텐츠 진흥을 위한 정부, 연구소, 산업계, 학계 및 협회 등 각 기관의 역할이 필요하다. 이와 같은 추진체계에서 전개되어야 할 콘텐츠 기술개발 전략, 콘텐츠 산업화 전략, 콘텐츠 진흥정책 전략, 그리고 문화 콘텐츠 교육 및 인력양성 전략에 대해 알아보자.

1) 콘텐츠 기술개발 전략

문화 콘텐츠 산업은 새로운 신성장 동력산업으로써 새로운 먹거리이자 대표적인 고부가가치 산업이다. 영국을 "창조적 국가"로 전환시킨 〈해리포터〉는 전 세계 200개국에 4억권의 책이 판매되어 3조 원의 수입을 올렸고, 총 5편의 영화는 44억 8천만불의 극장수입을 가져왔으며 그 밖에 게임, 광고, 관광 등 하나의 핵심 콘텐츠가 문화·경제적으로 미칠 수 있는 파급효과를 단적으로 보여주는 사례이다. 이러한 문화 콘텐츠의 파급효과는 세계 각국이 콘텐츠 산업을 육성하는 이유일 것이다.

콘텐츠 산업의 육성은 콘텐츠 산업진흥을 위한 제도적 장치와 관련 예산 뿐만 아니라 콘텐츠 관련 핵심원천 기술개발이 무엇보다도 강력하게 추진되어야 한다.

영화 〈해리포터〉의 성공은 CG 기술의 큰 역할이 있어 가능했고, 이러한 CG 제작기술은 〈매트릭스〉, 〈반지의 제왕〉 등 전 세계적으로 성공한 콘텐츠의 필수적인 제작기술이 되었다.

(1) 선진국의 콘텐츠 기술개발 전략

세계 CG 시장은 미국이 50% 이상을 점유하고 있으며 호주, 뉴질랜드, 캐나다, 영국 등이 세계시장의 대부분을 석권하고 있다. 최근 뉴질랜드는 정부의 집중적인 CG 산업 지원 정책으로 영상 특수효과 등 CG 제작기술을 개발하고 있다. 한편 중국은 2007년 하반기부터 추진하고 있는 국영 디지털 가상세계 건설을 통해 세계 소비자들과의 직접교역 채널을 구축함으로써 세계 생산기지로 도약하는 전략을 추진하고 있다. 또한 핀란드, 일본, 미국 등에서는 디지털 가상세계 관련 프로젝트를 통해 사이버 관광, 전자상거래 등의 산업적 활용을 추진하고 있다. 아울러 미국 CMU는 슈퍼볼 경기중계에 30대의 카메라를 이용한 "Eye Vision" 기술을 통해 3차원 영상의 TV를 생중계하는 등 3차원 영상 기술개발을 진행하고 있으며 싱가포르, 영구, 호주 등에서는 미래형 교실에 관한 연구가 활발하게 진행되고 있다.

(2) 우리의 콘텐츠 기술개발 전략

① 핵심원천 기술개발에 주력

현재 우리나라의 선진국과의 기술격차는 CG 및 디지털 가상세계 분야에서는 3년 정도, IPTV 등을 위한 인터랙티브 콘텐츠 분야에서는 4년 정도의 기술 격차가 있으며 우리나라를 콘텐츠 산업 강국으로 도약시키기 위해서는 영상제작 기술, 게임엔진 기술, 체험형 e-러닝 기술, 가상현실 기술, 저작권 보호 및 유통기술 등 콘텐츠 전 분야에 걸친 핵심원천 기술개발에 전력을 기울여야 하며 산·학·연 협동연구를 통해 연구 결과물의 산업활성화를 이끌어 가야 할 것이다.

방통융합시대에 맞는 융합 서비스, 첨단 단말기와 연계되는 새로운 융합형 콘텐츠 기술개발의 필요성도 증대되고 있다. 이러한 차세대 융합 콘텐츠로 분류되는 기술들에는 CG 기술, 디지털 가상세계, 양방향 인터렉티브 콘텐츠 기술, u-러닝, 가상현실 콘텐츠 기술 등이 있다.

② 영상 특수효과 및 초고속 렌더링 기술개발

세계 최고수준의 CG 기술경쟁력을 확보하기 위해 디지털 크리쳐, 디지털 네이처, 유체 시뮬레이션 등 영상 특수효과 및 초고속 렌더링 기술개발의 필요성이 증대되고 있다.

③ 디지털 가상세계 구현 기술개발

차세대 인터넷 산업 및 관광, 전자상거래 등의 연관 산업을 활성화시킬 차세대 디지털 가상세계 플랫폼, 디지털 가상세계용 인공지능 기술, 디지털 가상세계 저작도구 등 디지털 가상세계 구현기술의 개발이 필요하다.

④ 융합형 콘텐츠 제작 기술개발

2012년 1.2조원 규모로 성장할 IPTV 서비스 시장과 같은 신규 융합 서비스 시장에 제공될 양방향 인터랙티브 콘텐츠를 위한 실사 기반의 고품질 3D영상 복원기술, 홀로그래픽 표현기술, 지능형 콘텐츠 제작기술 등의 융합형 콘텐츠 제작기술이 개발되어야 할 것이다.

⑤ 응용 시뮬레이션 기술개발

실감형, 체험형 및 맞춤형 u-러닝 학습엔진 기술과 관광·체육 및 제조업, 서비스 산업 분야의 콘텐츠 제작에 필요한 혼합·가상현실 기반의 응용 시뮬레이션 기술개발 등 방통융합콘텐츠 개발을 통한 서비스 활성화가 필요하다.

2) 콘텐츠 산업화 전략

신기술 기반의 고품질 콘텐츠를 활용한 세계시장 선점을 위해서는 글로벌 경쟁력을 강화하기 위한 콘텐츠 산업화 전략이 필요하다. 여기에서는 차세대 융합형 콘텐츠 기술을 중심으로 산업화 전략을 살펴보기로 한다.

(1) 콘텐츠 유통 인프라 구축

최근 국내 최대 복수방송채널 사업자 온미디어와 CJ 미디어가 IPTV 제공사업자 KT와 콘텐츠 공급계약에 합의하였다. 지상파 방송사와 실시간 재전송에 합의한 데 이어 온미디어와 CJ 미디어가 IPTV에 콘텐츠를 제공하게 되면 IPTV 콘텐츠 저변이 일시에 대폭 확대되며 따라서 일각에서 제기됐던 IPTV 콘텐츠 부족 우려감이 일거에 제거될 것으로 전망된다. 이처럼 서비스 제공사업자와 콘텐츠 공급사업자와의 협업체계와 콘텐츠의 원활한 유통환경 조성을 위한 표준마련 등 콘텐츠 유통 인프라 구축이 필요하다.

(2) 전략적 산업육성 노력

콘텐츠 분야의 핵심 산업인 CG 산업과 더불어 미래 콘텐츠 유통시장의 핵심 플랫폼으로 등장할 "디지털 가상세계"플랫폼 선점을 위한 정부차원의 전략적 산업육성 노력이 요구된다. 이는 차세대 인터넷 산업 선도 및 관광, 전자상거래 등 연관 산업을 활성화시킬 수 있는 산업으로 주목받고 있다. 산업육성을 위해서 3차원 실감형 역사체험(조선시대 4대문 재현 등), 실감형 관광, 문화체험 공간, 가상정부 구축 및 시범 서비스와 같은 공공분야 3차원 디지털 가상세계 선도 서비스를 발굴하고 가상교육, 의료, 상거래, 부동산, 취미, 오락 등의 3차원 가상공간 구축 및 시범 서비스 등 다양한 3D 웹 콘텐츠가 제작, 유통, 소비되는 서비스 환경을 구축할 필요가 있다.

(3) 해외 마케팅을 위한 협력체계 구축

국내 CG 스튜디오의 해외 글로벌 CG 제작 참여와 Weta(뉴질랜드), Animal Logic(호주), Lucas Film(미국) 등 메이저 CG 스튜디오와의 협업 공동 프로젝트 추진 등 협업 체계 구축이 필요하다. 또한 첨단 CG 제작 클러스터 조성 및 해외 제작물 유치 강화를 통한 글로벌 제작 파이프라인 기지화와 디지털 크리쳐, 디지털 네이처 등 최첨단 기술이 적용된 콘텐츠 제작지원과 영화, 게임, 애니메이션, 방송, 광고 분야에 대한 고품질 CG 제작지원 등으로 국내 CG산업 경쟁력 강화와 신규 시장창출 기회를 만들어야 한다.

(4) 융합형 콘텐츠 제작지원

신규 융합 서비스 시장활성화 및 콘텐츠 시장을 확대하기 위해 양방향 인터렉티브 콘텐츠 기술 등을 활용하여 새로운 유형의 융합형 콘텐츠 제작을 지원해야 한다. 이를 위해 문화체육관광부는 2011년 대구 세계 육상대회에 맞춰 정보-지자체-방송사-육상경기연맹 등이 함께 하는 세계 최초 인터렉티브 3D 중계방송 서비스를 추진중이며 다시점 영상 콘텐츠 디스플레이가 가능한 홀로 그래픽 콘텐츠 시범제작도 지원할 예정이다.

(5) 콘텐츠 시장의 저변확대

최근 관심이 집중되고 있는 사교육 부담완화와 사회적 파급효과가 큰 교육 콘텐츠 시장의 저변확대를 위해서는 언제, 어디서나 맞춤형 실감 체험학습이 가능한 u-러닝 콘텐츠 산업의 육성이 필요하다. 선진 각국은 양방향 학습 콘텐츠 및 몰입감을 높이는 기술 적용을 통한 차세대 u-러닝 콘텐츠 개발 및 시범 서비스를 추진중이다. 우리나라도 디지털 교과서 교육 플랫폼과 연계하여 다양한 신기술(VR, AR 등)이 적용된 첨단형 참고학습 콘텐츠 개발을 지원하여 관련 산업을 육성시킬 필요가 있다.

3. 콘텐츠 진흥정책전략

(1) 선진국의 콘텐츠 진흥전략

OECD는 디지털 콘텐츠 산업의 안정적이며 지속적인 성장을 위해서는 정부와 민간의 역할을 분담하여 정책을 추진해야 함을 피력하고 있다. EU는 'i2010' 전략을 통해 정보공간, 정보통신 기술혁신, 전 국민에게 더 나은 서비스 제공 등의 정책으로 정보통신 및 콘텐츠 산업경쟁력을 강화하고 있으며, 'eContentPlus Program'을 통해 유럽 디지털 콘텐츠의 문화 다양성과 언어 다양성 지원 및 최신 기술의 도입을 촉진하기 위한 범국가적 프로젝트를 추진하고 있다.

일본은 'U-Japan 정책 패키지'를 통해 유비쿼터스 네트워크 정비군, ICT 활용 고도화군, 이용환경 정비군인 3개의 정책군으로 나누고, 각 정책군별 중점 정책을 추진하고 있다.

(2) 우리의 콘텐츠 진흥전략

우리나라는 콘텐츠 관련 통합 법률 제정과 콘텐츠 산업진흥 전담기구를 설립·운영하는 등 범정부적인 콘텐츠 산업진흥을 위한 지원체계 강화계획들을 통하여 콘텐츠 산업의 육성기반을 마련하려 하고 있다. 문화체육관광부는 세계 5대 콘텐츠 산업강국 실현을 위한 융합 콘텐츠 산업육성 비전 및 목표를 설정하였다.

① 콘텐츠 R&D 정책 및 역량 강화

방통융합의 본격적인 확산으로 IPTV, 위성 및 지상파 DMB, WiBro 등 신규 서비스가 등장하였고 유통 채널의 확장을 가져와 2002년 이후 지속적인 하락세를 보이고 있는 디지털 콘텐츠 산업의 신시장을 열어 주고 있다.

디지털 콘텐츠 산업의 지속적인 성장을 위해서는 신시장을 만족시킬 수 있는 차세대 융합형 콘텐츠의 지속적인 제공이 필요하고 이를 위해서는 끊임없는 차세대 융합형 콘텐츠 기술에 대한 R&D가 뒷받침되어야 한다. 문화체육관광부는 문화 콘텐츠 지원예산으로 2,000억 이상을 확보할 예정이며 콘텐츠 진흥을 위한 R&D 예산도 대폭적으로 증액할 것으로 보인다. 또한 R&D 정책 추진체계를 확립하고 콘텐츠 기술 분야 마스터플랜을 수립하고 있는 것으로 보고되고 있다. 이와 같이 차세대 융합형 콘텐츠에 대한 R&D 강화를 위해서는 과감한 투자와 정책지원 및 산 · 학 · 연의 협동연구가 뒷받침되어야 한다.

또한, 실패를 두려워하는 것이 아니고 귀중한 연구결과로 여기는 정책적 뒷받침이 절실하게 요구된다. 더불어 단기간에 연구 성과가 보이는 제품 연구개발 우선 정책보다는 핵심원천 기술을 기반으로 하는 응용 연구개발이 병행됨으로써 기술료 창출이 수반되도록 하여야 한다.

② 콘텐츠 관련 정책지원

방통융합 서비스의 성공은 사용자가 필요로 하는 풍부한 콘텐츠 개발과 사용자가 언제 어디서든 원하는 콘텐츠를 사용할 수 있도록 하는 환경제공에 달려 있다고 해도 과언이 아닐 것이다. 이와 같은 환경제공은 콘텐츠 관련법에 크게 좌우될 것으로 보인다. 콘텐츠 제공 환경에는 방송사업자, 통신사업자, 콘텐츠 및 서비스 제공자, 일반이용자 등 각자의 이해관계가 복잡하게 얽혀 있어 모두에게 이익이 되는 해법을 찾는 것이 결코 쉬운 일이 아닌 것이다.

이를 위해서는 무엇보다도 먼저 범정부적인 콘텐츠 진흥계획을 수립하고 융합형 콘텐츠 산업육성 및 기술개발 강화 등을 포함하는 가칭 '콘텐츠산업진흥법' 제정을 서둘러야 한다. 이 법을 바탕으로 하여 빠른시간 내에 콘텐츠 사업이 활기를 띠어야만 한다.

아울러, 방통융합 관련 법 · 제도 정비가 서둘러져야 만 한다. 관련 법 정비 지연으로 인해 늦어졌던 IPTV의 법제화 및 실시간 방송탑재 등의 이슈가 올해부터 해소되어 최근에 상용 서비스가 시작되었다. 2006년 시범 서비스 이후, 관련 법·제도 정비가 지연되어 관련 콘텐츠 제작 및 개발과 유통이 더디게 진행되고 있었다. 21조원의 생산 유발효과와 4만여 개의 신규 일자리가 떠돌지 않도록 방통융합 관련 법·제도 정비가 빠른 시간 내에 제정 및 정착되어야만 할 이유는 충분한 것으로 보인다. IPTV와 WiBro 같은 토종 방통융합기술이 국내에서 하루 빨리 뿌리를 내려야만 해외 수출을 기대할 수 있을 것이며 콘텐츠 산업활성화를 기대할 수 있을 것이다. 이를 바탕으로 하여 고품질의 값싼 방통융합 콘텐츠 서비스가 가능하도록 시장경쟁 환경을 조성해야 하고 본격적인 무한 방통융합 콘텐츠 활성화로 이어져야 한다.

그 외에도 콘텐츠 관련 산업체의 어려움을 해결해 줄 수 있도록 기존 법률과 제도적인 문제뿐만 아니라 특허·세무·회계와 금융·마케팅·수출·투융자 전략 등 콘텐츠 비즈니스와 관련된 모든 부분에서 종합 컨설팅 서비스가 제공되어야 한다.

또한 이용자 보호와 콘텐츠 산업체의 매출 증대를 위하여 디지털 가상세계 내에서의 창작활동 및 경제활동으로 발생한 소유권과 수익 등에 대한 현실적 가치 인정여부와 상거래 규제방안이 마련되어야 한다.

4. 문화 콘텐츠 교육 및 인력양성

우리나라는 IT 강국이라는 이미지에 어울리지 않게 IT 문화 측면에서는 어두운 그림자를 안고 왔다. 인터넷이 사회적 이슈가 발생하거나 국가적인 어려움에 봉착했을 때는 의견을 수렴하는 등 구심점 역할을 하기도 했지만 인터넷 악플로 인해 많은 부작용이 발생했고 심각한 사회문제로 번져가는 등 감당하기 어려운 상황에 이르고 있다. 더욱 우려되는 것은 이와 같은 IT의 어두운 그림자가 자라나는 청소년의 인격의 한 구석을 차지하지나 않을까 하는 점이다. 우리는 더 늦기 전에 방통융합 콘텐츠를 위한 사용자 교육을 실시해야만 한다. 그래서 현재까지 계속되고 있는 인터넷의 폐해의 고리를 끊어야만 한다. 이를 위해 국가, 사회, 학교, 가정 모두가 발벗고 나서야 할 때이다. 국가와 사회는 건전한 방통융합 콘텐츠를 사용하는 환경이 되도록 적극적이고 실질적인 홍보에 앞장서야 할 것이다. 학교에서는 자라나는 청소년들이 올바른 문화 콘텐츠를 활용할 수 있도록 사회윤리 교육에 버금가는 교육을 실시해야만 할 것으로 생각된다.

최근에 발대식을 갖고 공식 출범한 대한민국 클린콘텐츠 운동연합은 건전한 콘텐츠 제작을 활성화하고 유해 콘텐츠 추방을 위해 결성된 운동연합으로 사회 단체의 매우 중요한 노력이다. 클린콘텐츠 운동연합은 언론과 미디어를 통해 국민적인 '클린 콘텐츠 캠페인'을 펼치고 일반 국민 대상의 클린콘텐츠 공모전 등을 추진해 나갈 계획을 가지고 있어 그 역할이 크게 기대된다.

문화 콘텐츠 인력양성은 선진국에 뒤쳐진 문화 콘텐츠 기술을 추월하기 위해 갖추어져야 하는 중요한 요소로 중장기 적으로 대처해야 하는 매우 중요한 계획이다.

문화체육관광부는 2012년까지 20억 원을 투입하여 문화 콘텐츠 관련 인력양성 기초자료 및 구인구직 종합정보를 제공하는 종합인력정보 서비스를 제공하고 80억원을 투입하여 미국, 일본, 중국 등 해외전략 지역전문가 연수 및 신시장 개척을 위한 글로벌 인력진출을 지원할 예정이다. 또한 300억 원을 투입하여 문화 콘텐츠 전문교육기관을 지원하고 기획·창작 아카데미와 사이버 아카데미를 운영하며 문화 콘텐츠 공공부문 연수과정을 운영할 예정이며 450억 원을 투입하여 콘텐츠 기술기반 융합인력양성 및 국내외 연계 융합형 창의 인력을 양성할 예정이다.

콘텐츠 산업은 아날로그에서 디지털 및 융복합 형태로 진화함으로써 다양한 비즈니스 모델이 등장하고 선진화된 유통구조로 전환되고 있다. 특히 방송과 통신영역의 융합으로 방통융합의 디지털 컨버전스 환경이 확산됨에 따라 단품으로서의 콘텐츠가 아닌 서비스와 네트워크 그리고 단말기기가 결합하여 새로운 시너지를 창출하는 디지털 생태계를 형성해 가고 있다. 이러한 디지털 생태계에서의 성패는 IT 기기 및 기술을 기반으로 하여 소비자가 원하는 콘텐츠를 얼마나 빠르고 편리하게 제공하는가에 달려 있다. 즉 하나의 콘텐츠가 다양한 소비매체를 통해 유통되거나 다른 장르의 콘텐츠로 가공되어 다양한 형태의 부가가치를 창출하도록 해야 한다.

우리나라는 세계 최고 수준의 차세대 융합 콘텐츠 산업을 발전시킬 수 있는 인력, 생산, 소비와 인프라 기반 그리고 창조적인 기업가 정신을 보유하고 있다. 선진국과의 격차가 멀기만 하고 어렵게만 느껴졌던 디자인에서도 최근 들어 괄목할 만한 성과가 나타나고 있다. 또 하나의 새로운 성공의 기반을 다져가고 있는 셈이다.

이처럼 고부가가치를 창출하고 연관 산업의 동반성장을 견인할 수 있는 방통융합 콘텐츠 산업을 글로벌 경쟁력 있는 분야로 중점 육성하기 위해서는 CG, 디지털 가상세계, 3D 융합 콘텐츠, 가상현실 기술 등 차세대 융합형 콘텐츠 개발에 산·학·연의 협동 연구개발이 뒷받침되어야 하고 정부의 지속적인 관심과 투자가 병행되어야만 한다.

하지만, 이 시점에서 우리가 되새겨 볼만한 것은 문화 콘텐츠로의 선택과 집중을 해야 하는 시기를 놓치지 않는 것이다.

영국 극작가 버나드쇼의 묘비에 새겨져 있는 "I knew if I stayed around long enough, something like this would happen"라는 글귀를 한번쯤 깊이 생각해 볼 필요가 있다. 이 말은 "무언가를 해야 하는 상황에서 아무것도 하지 않고 우물쭈물하다가 모든 것을 잃어버리는 실수를 해서는 절대로 안된다"는 것을 의미한다. 우리는 탄탄한 IT 강국을 이루었고 일명 드라마 공화국, 게임의 절대 강국이라는 입지를 확보해 왔다. 우리의 목전에 있는 결실이 남의 손에 넘어가기 전에 새로운 도약을 해야만 한다. 그 열쇠와 돌파구가 문화 콘텐츠에 있는 것은 분명해 보이며 방통융합 서비스가 문화 콘텐츠 산업활성화를 위한 최고의 기회가 될 것으로 기대된다.

06 방송·통신융합 및 콘텐츠 진흥을 위한 법·제도 정비

대표적인 융합형 서비스인 IPTV 규제논쟁을 시작으로 하여 정보통신부 주도의 방송·통신 규제체계 및 규제기관에 대한 논의가 시작되었다. 방송통신융합추진위원회가 구성되면서 방송·통신융합의 주도권 확보를 위한 수평적 규제로의 전환의 필요성에 관한 중장기 단계별 정책방향과 비전이 제시되었으며, 방송을 포함한 수평적 규제체계로의 전환은 융합완료기인 2011년 이후 제도방침이 제시될 예정이다.

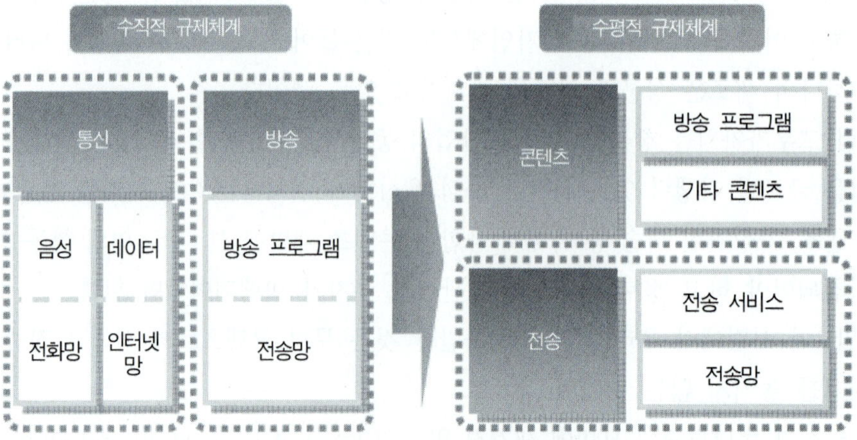

그림 9-14 방송·통신 규제 패러다임의 변화

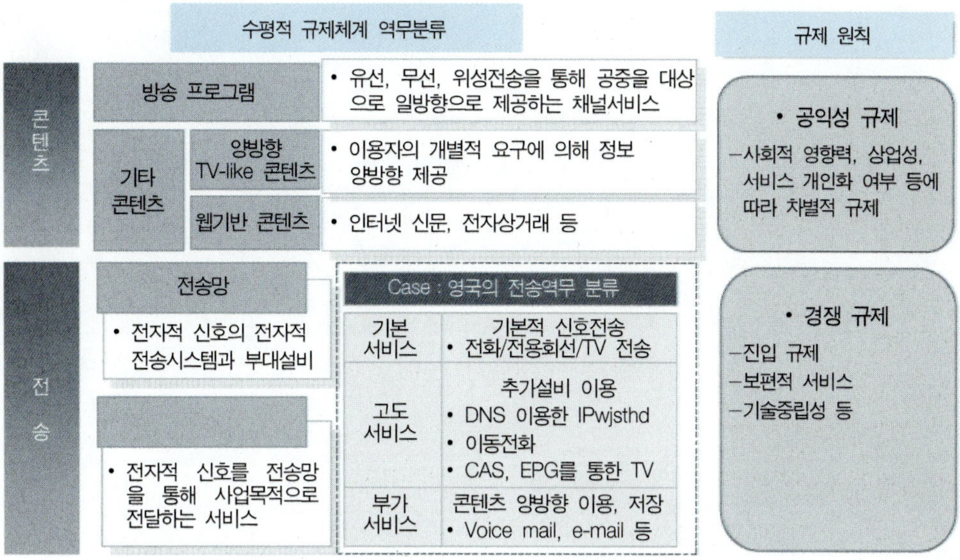

그림 9-15 ▪ 수평적 규제체계의 업무분류 및 규제원칙

방송·통신 간 융합형 서비스가 출현하면서 두 산업의 규제기관들도 역무별로 전통적인 수직적 규제에서 콘텐츠나 네트워크를 중심으로 한 계층별 수평적 규제로 패러다임 전환이 요구되고 있다.

그림 9-15에서 보는 바와 같이 통신분야 영역(음성, 전화망, 데이터, 인터넷망)과 방송분야의 영역(방송 프로그램, 방송망)별 규제가 콘텐츠(방송 프로그램, 기타 콘텐츠 등)와 전송(전송/서비스, 전송망)별 규제로 변화된다.

Chapter

10 미래의 방송·통신융합

01_방송·통신융합 2.0

02_미디어 빅뱅과 디지털 융합의 전개방향

03_미디어 빅뱅 이후의 방송·통신융합 대국

01 방송·통신융합 2.0

현재의 방송·통신·인터넷이 융합·연계되고 있는 상황은 방통융합 1.0환경으로 본다. 그리고 미래 차세대의 사물 인터넷, 시간망, 공간망이 동기화되어 탄생할 새로운 디지털 미디어의 생태계를 방통융합 2.0으로 본다.

새로운 네트워크 혁신이 방통융합 2.0시대의 미디어 빅뱅을 선도하는 심층기반(Deep Infrastructure)으로 보고 차세대를 목표로 하는 방통융합대국의 기본전략을 제시하는데 있다. 네트워크, 컴퓨팅, 인프라의 관점에서 각각 중장기적 발전방향을 서술하고 이 과정을 통하여 만물지능 네트워크(AToN : All Things on Network)의 선제적 구축 필요성을 제안함과 동시에 방통융합으로 진입하는데 요구되는 '만물지능 통신망' 개념과 구축전략 그리고 정책 방향성 등을 서술한다.

표 10-1 ▪ 방통융합 2.0 시대의 국가전략과 만물지능 공간개발

구 분	방통융합 이전	방통융합 1.0	방통융합 2.0
차원	2차원 통신(X, Y)	3차원 통신(X, Y, Z)	4차원 통신(X, Y, Z, T)
대상	사람 × 사람(P × P)	사람 × 기계(P × M)	사람 × 기계 × 사물(P × M × T)
가입자망 속도	K/Mega bit (이동 수천 Kb)	100Mega bit (이동 수십 Mega)	1~10Gign bit (이동 수백 Mega 이상)
정보속성	음성 및 데이터 통신 (Communication)	디지털화한 모든 정보 콘텐츠(Contents)	인간과 만물들 간의 실시간 상황(Context), 최적 해
네트워크	정보통신망(PSTN, ISDN)	광대역방송·통신융합망(BcN)	만물지능 네트워크 (All Intelligent Things Network)
서비스	정보통신 서비스	방통융합 서비스	만물지능공간 서비스
웹 환경/미디어	정보통신 × PCWeb 1.0	방송 × 통신 × 인터넷 Web 2.0/Web blog	만물지능 미디어 Web 3.0/Brogiect
단말	전화, PC, 휴대전화	100억개 단말환경	1조개 단말환경
기술범위	Only IT	Advanced IT	IT × NT × BT × CT × GT
가치사슬	Communication casting as a Services	Contents casting as a Services	Context casting as a Services
공간개발	정보처리/교환 공간 Space of Networking 폐쇄적 사적 공간	가상공간 Space of convergence 참여적 공유 공간	만물지능공간 개발 Space of Intelligent Govemance 공명/통신적 공간
효과	의사소통 증대 정보처리와 공유	지식의 유통과 혁신 디지털 경제 창출	인간과 만물의 상생, 통신 글로벌 국가 과제 해결
비전/국가전략	• 컴퓨터 잘하는 나라 • Cyber Korea • e-Korea	• 방통융합 초일류국가 • Bcn 선도국가 • u-Korea	• 만물지능 네트워크 선도국 • 만물통섭 사회 실현 • Conseilience IT Korea

만물지능공간은 사물 인터넷이 발전된 개념으로서 차세대 방송통신융합의 연장선상에 있다. 만물지능공간은 인간과 만물의 지능이 공명, 통섭되는 공간을 만들고 인간에게는 전지전능하고 무한한 가능성을 제공해 줄 것이기 때문에 오늘날의 관점에서 보는 어떠한 네트워크에서도(Any network) 콘텐츠 캐스팅(Contents casting)이 가능한 것 중심의 방통융합 서비스 공간과는 다르다. 차세대 방송통신융합 시대를 만들어가는 만물지능공간 개발의 다차원적 맥락은 표 10-1에서 정리된 바와 같이 열가지 차원에서 검토해 볼 수 있다.

먼저 통신 차원에서는 2차원 통신에서 3차원 통신으로 3차원 통신에서 '4차원 통신'으로 전이될 것이며 정보통신 대상은 사람에서 기계(컴퓨터, 통신 및 전자기기 등)로, 기계에서 다시 사물로 그 대상이 확장되는 과정을 의미한다. 2차원 통신은 양자간의 음성과 같은 정보를 수 · 발신하는 차원이며, 3차원 통신은 2차원 정보에 3차원의 가상공간 정보가 연계된 정보를 수 · 발신하는 차원이며, 4차원 통신은 3차원 정보에 실시간은 물론 과거와 미래의 시간이 결합된 정보를 수 · 발신하는 통신을 말한다.

예를 들어 4차원 통신은 어떤 사람의 현재 혈압이 위험상황에 처해 있는 것이 실시간으로 감지된다면, 동시에 그의 과거병력에 대한 히스토리 정보들이 실시간으로 추적 · 분석되며 다음으로는 그의 미래 건강상태 변화예측 및 응급조치를 하는데 있어 앞으로 일어날 가능성이 있는 시나리오별로 관련된 상황정보를 수집, 통합, 시뮬레이션하여 중요한 의사결정에 필요한 모든 상황판단이 이루어지도록 하는 것을 말한다.

만물지능 네트워크 기반 방송통신융합 2.0 시대에 가입자망에서 네트워크 속도가 수십기가비트 수준으로 제공되며 정보의 주요 속성은 인간과 사물, 공간 등 만물들 간의 실시간 상황정보 및 최적의 솔루션 정보가 될 것이다.

실시간 통신, 미디어 콘텐츠, 상황정보의 수발신을 처리하고 이를 활용하여 이용자에게 개인화된 컨시어지형 지능 서비스를 제공하기 위해서는 BcN에서 ATcN(All Intelligent Things Network)으로의 망 진화가 요구된다. 즉 만물간의 지능적 통섭을 실현하는 망으로서의 만물지능 네트워크로의 전환이 있어야 한다.

또한, 방송 · 통신융합 2.0 시대에 있어서는 상황에 기반한 지능미디어가 출현하고 Web 3.0 체제가 실현될 것이다. Web 3.0은 지식과 상황정보의 탐색에 있어 지능성이 극대화되고 만물들 하나하나가 인터넷을 기반으로 '사물 블로그(Blogject)'의 주체가 되도록 해줄 것이다

또한, 네트워크 말단에 연결되는 단말/디바이스는 무선 네트워크의 확산과 퍼베이시브화(Pervasive), 임베디드화(Embedded), 임플란트(Implant)화가 급속히 진행됨으로써 방송

통신융합 2.0 시대에는 인간의 삶이 1조개 단말에 둘러싸여 영위될 것이다. ICT에 융합되는 기술범위는 지식의 통섭이 거의 모든 기술영역으로 확장되어 거의 제한이 없어지고 그럼으로써 ICT의 문제해결 역량과 가능성은 그 만큼 커질 것이다. 지능적 상황중심의 만물통섭은 상상을 초월하는 다차원 가치사슬망의 티핑(Tipping)을 가져올 것이다.

공간개발 관점에서는 방통융합 이전의 경우는 네트워크 용량이 공간 그 자체이며 통신당사자간의 폐쇄적인 공간이었다. 방통융합 1.0 시대의 공간은 정보생산자와 소비자 간의 참여가 활성화된 가상공간이며 방통융합 2.0 시대는 가상공간과 현실세계간의 지능연계체계와 이를 전 국가가 사회적으로 운용하는 컨버전스가 확립되어 인간과 사물, 사물과 사물 등 만물 간의 공명, 통섭이 이루어지는 공간을 개발하고 활용하게 된다.

디지털 혁명과 IP 기술의 침투로 네트워크 기능이 더욱 고도화되고 있다. 다양한 환경하에서 다중융합 서비스(MPS : Multiple Play Service)는 물론 실감화, 지능화, 개인화라는 새로운 방송통신 수요도 우리 생활 속으로 파고들고 있다.

머지않아 유선망을 기반으로 3중 융합 서비스(TPS : 전화, 인터넷, 방송)뿐만 아니라 이동통신 인프라와 연계한 4중 융합 서비스(QPS : Quadruple Play Service) 등으로 고도화될 전망이다.

또한 이용자는 IPTV 기반의 학습, 의료 등 융합 서비스로 다양한 멀티미디어 콘텐츠 및 응용서비스의 기반을 제공하는 SoTV(Service over TV)의 혜택도 누릴 수 있게 되고 있다. 방통융합 환경에 따른 다매체, 다채널, 대용량 콘텐츠 소비 등에 대한 이용자의 관심 증대에 따라 고품질 실감형 서비스도 출현을 기다리고 있다.

그러나 2020년을 시계로 하는 미디어 대융합의 세계는 단순히 방송, 통신, 인터넷, 신문 등 개별 미디어의 융합(Media Confluence)에 머무르지 않는다.

두 줄기 강물이 두물머리에서 서로 만나 큰 강물이 되어 도도히 흘러가듯, 디지털 컨버전스의 심화와 네트워크의 완전 IP화 등을 기반으로 방송과 통신 그리고 신문은 서로 합류되어 새로운 융합 콘텐츠 기반의 복합 미디어 생태계를 만들어내고 있다. 그리고 다시 커뮤니케이션의 대상은 '사람들의 네트워크'에서 '사람 · 사물의 모든 네트워크'로 바뀌고 '언제든지 연결된다'에서 '언제나 연결되어 있다'로 지금까지의 네트워크의 상식을 뛰어넘는 방향으로 진화를 가속화하고 있다.

2008년 4월 미국의 국가정보위원회(NIC)는 2025년까지 다양한 분야에서 미국의 국가경쟁력에 영향을 미칠 수 있는 6대 와해성 기술, 즉 와해성 기술이란 정치, 경제, 군사 기타 사회적 측면 등 다양한 분야에서 국가 경쟁력에 위협이 될 수 있거나 혹은 국력신장에 기여할 정도로 파급효과가 큰 기술을 의미한다. 6대 와해성 기술(Disruptive Technology)중의 하나로 사물 인터넷(Internet of Things)을 들고 있다. NIC는 인터넷과 정보통신기술의 지속적인 발전에 힘입어 2020년경에는 인간생활의 거의 모든 부분에 걸처 원격제어와 모니터링이 가능해지고 사물 인터넷이 성공할 경우 국가경제에 엄청난 파급효과를 가져올 것으로 전망하고 있다(그림 10-1 참조). NIC는 사물 인터넷이란 인터넷 및 유사 네트워크를 이용, 원격에서 감지 및 인식을 정보의 교환을 가능하게 하는 기술로 사물이 인터넷의 콘텐츠가 되는 개념으로 보고 있다.

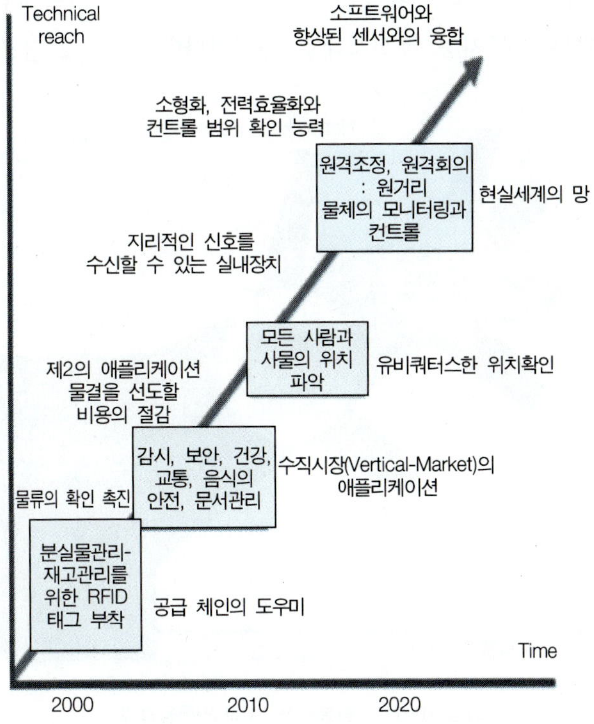

그림 10-1 ▪ 사물 인터넷의 발전 로드맵

강물이 바다를 만나는 기수 삼각주에서 수많은 생명이 모여들듯이 만물지능통신의 바다는 방통융합망을 기반으로 사물망이 연결되고 다시 적절한 시간과 정교한 장소 등이 동기화되어 이용자가 처한 환경을 인식하여 필요로 하는 서비스를 간편하고 안전하게 제공한다. 장소라는 유한자원을 연결(Network of Places)하여 가처분 공간을 확장하고 시간이라는 희소자원을 접목(Network of Time)하여 가처분 시간을 증대시킨다.

만물지능통신(AToN : All Things on Network)이란 사람, 사물, 시간, 장소 등 만물이 서로 동기화되고 공명화되어 시스템의 전체 최적화를 추구하는 커뮤니케이션의 신세계라고 할 수 있다.

작금의 방송과 통신 그리고 인터넷의 융합을 방통융합 1.0단계라고 한다면 모든 사물과 생활세계를 미디어 환경으로 변화시키는 만물지능통신을 방통융합 2.0단계라고 할 수 있다.

사람 중심의 방통융합 서비스 단계를 방통융합 1.0으로 사람과 사물, 환경이 연동되는 사물간의 양방향 서비스 단계를 방통융합 2.0으로 본다. 방통융합 1.0단계가 사람과 사람 간의 쌍방향·광대역 네트워크 시대이었다면 방통융합 2.0단계는 사람·시간·공간 그리고 사물이 동기화되는 만물지능 통신시대로 규정한다(그림 10-2 참조).

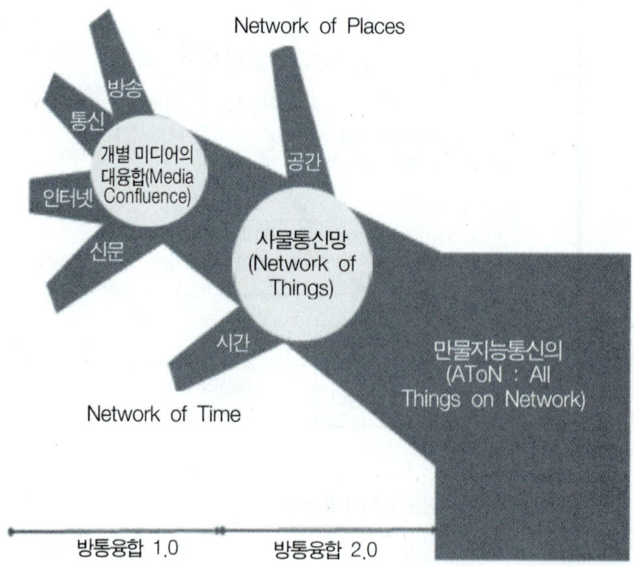

그림 10-2 ▪ 방통융합 1.0과 방통융합 2.0

21세기 초반 미디어 빅뱅의 진보방정식을 풀어낼 수 있는 수단이 만물지능 네트워크의 구축에 있다는 점을 강조하고자 한다.

2020년을 목표로 하는 방통융합 대국의 발전방향을 혁신적 네트워크 기반의 선도적 구축에서 찾는다. 같은 맥락에서 네트워크, 컴퓨팅, 인프라의 관점에서 그 발전방향을 고찰하고 새로운 방통융합 강국전략으로서 '만물통신기반'의 세계 선도적 구축과 정책방향성을 제안한다.

02 미디어 빅뱅과 디지털 융합의 전개방향

1. 통신 패러다임 전환과 미디어 빅뱅

우리가 맞이하게 될 방통융합 2.0의 세계는 어떤 형태일까?

현재 인터넷의 구조적 제약과 광대역 통신망 아키텍처의 한계를 극복하면서 10~20년 후의 네트워크 수요에 대응할 수 있는 네트워크의 형태로서 만물지능 통신망 개념이다. 동시에 만물지능 통신기반을 이용하여 공간적 관계 서비스, 초협대역 서비스, 초광대역 서비스, 글로벌 플랫폼 등의 만물지능 서비스 등이 출현할 것으로 본다.

첫째, 만물지능 통신시대의 핵심은 시간, 공간, 인간을 자유롭게 다스리는 초공간적 관계서비스이다. 사회적 관계망 기반 미디어 서비스(SoNS : Social Networking Service)에서 인간 · 시간 · 장소관계의 새로운 해석(가처분 시간과 공간의 증대)을 통한 공간적 관계망 기반 미디어 서비스(SpNS : Spatial Networking Servic)로의 진화궤적이다(그림 10-3 참조).

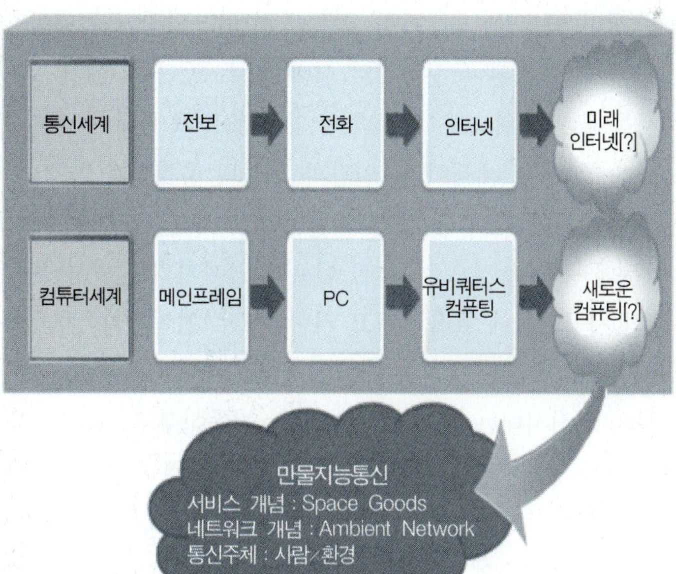

그림 10-3 만물지능통신으로의 패러다임 전환

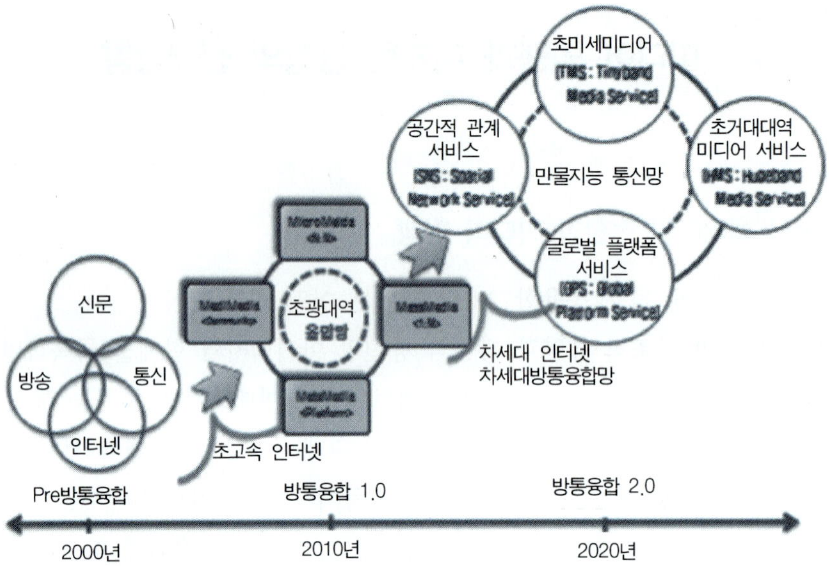

그림 10-4 ▪ 네트워크 진화와 미디어 빅뱅

둘째, 만물지능 통신기반이 구축되면 다양한 초광대역 미디어 서비스(HBMS : Hugeband Media Service)가 부상한다. 이는 10Gbit/s에서 수백 Gbit/s 정도를 목표로 하는 초광대역·완전 연결형 서비스를 말한다. 특히 고품질 시네마 영상이나 고임장감 실감 서비스를 지연시간이 거의 없고 안정된 통신품질로 분배할 수 있어야 한다(그림 10-4 참조).

셋째, 모든 사물이 네트워크에 연결되는 엠비언트 초협대역 미디어 서비스(TBMS : Tinyband Media Service)의 세계이다. 인간과 사물의 움직임과 환경변화 등 실세계의 정보를 통하여 안심·안전의 확보 등 생활의 질(QoL), 사회의 질(QoS : Quality of Society)을 한 단계 높이는데 공헌할 것으로 본다. 이는 지금까지의 단말상식을 벗어난 방대한 수의, 방대한 종류의 사물단말에 효율적이고 저비용으로 접속하여 센싱 혹은 사물간 통신을 실현하게 할 것이다.

넷째, 만물지능 통신시대는 새로운 세계적 지능하부구조(GII : Global Intelligence Infrastructure) 시대를 열게 된다. 주지하듯 PC를 기반으로 하는 웹이 탄생한지 불과 15년 만에 우리 생활은 극적으로 변화하였다.

PC와 네트워크의 존립구조에 따라 1980년대는 IBM이, 1990년대는 MS가 그리고 2000년대는 구글 등이 각각 동 분야의 글로벌 패권을 장악했다.

구글의 창업자들은 "전세계의 정보를 정리하여 누구나 간단히 검색하여 활용할 수 있도록 하겠다"는 비전을 현실로 만들었다. 웹 1.0에서는 어떤 사이트에 나와 있는 콘텐츠는 그 사이트에 접속해야만 볼 수 있던 닫힌 세상이었다. 반면에 웹 2.0의 세계에서는 기술, 이용자, 콘텐츠 모든 것에 "모두가 함께 무엇인가에 공헌한다"는 외부의 리소스와 대량협업(mass collaboration)한다는 발상을 공유한다. 네트워크 효과를 기반으로 인간 관계망을 활용한 집합지성을 존중한다.

그렇다면 웹 3.0의 세계는 어떤 형태로 다가올 것인가? 저자들은 사람, 사물, 환경이 네트워크의 새로운 콘텐츠로 부상하는 만물지능통신시대가 될 것으로 본다.

20여년전의 슈퍼 컴퓨터의 성능을 가진 PC를 모든 사람이 언제, 어디서나 이용할 수 있는 시대가 될 것이라고 누가 상상할 수 있었을까? 2020년경에는 사람, 사물, 환경과 소통하는 다양한 플랫폼이 인터넷과 연결되면서 우리가 미처 상상할 수 없는 어마어마한 신세계가 기다리고 있다.

2. 네트워킹 관점의 디지털 융합전망

네트워크 파워 특히 인터넷의 잠재력과 연계한 2020년의 네트워크의 진화방향은 어떤 모습일까? IP는 컴퓨터 네트워크의 핵심기술로서의 IP는 100년간 지속되어 온 회선교환에 의한 네트워크 시대의 종말을 재촉하였다.

2009년부터는 IPTV, 와이브로, 지상파 디지털 전환 등의 변화에서 예측할 수 있듯 쌍방향 · 광대역 통합망이 급속도로 보급되기 시작한다. 본격적인 방송통신융합과 완전 IP네트워크화의 보급도 보다 가속화된다. 통신사업자 네트워크는 경쟁적으로 유무선을 불문하고 완전 IP로 구성된 네트워크로의 진화를 통하여 망관리 비용을 줄이고 소비자의 다중서비스 수요에 대응한다. 2013년 이후에는 보편적인 FTTH 환경과 4G가 실용화되면서 이동망과 고정망의 4중 연결서비스(QPS : Quadruple Play Service)가 활발하게 실현된다. 동시에 사물과 환경을 인식하는 플랫폼으로서의 RFID/USN 등의 상황인식기반 서비스가 전개되는 유비쿼터스 시대에 본격적으로 진입한다(그림 10-5 참조).

사물 인터넷은 일상사물 전반에 걸쳐 모바일 송수신 기능을 삽입함으로써 언제, 어디서나, 무엇이나 연결되는 3차원 연결구조를 취할 것이다.

미국 대통령과학기술자문위원회(PCAST)는 물리적 세상과 연결된 NIT(Networking & Information Technology) 시스템의 확보는 미국의 국방, 지능형 시스템, 핵심 인프라 및 국가생존과 경쟁력 확보를 위해 필수적이라고 규정하고 동분야에 리더십의 발휘를 촉구하고 있다.

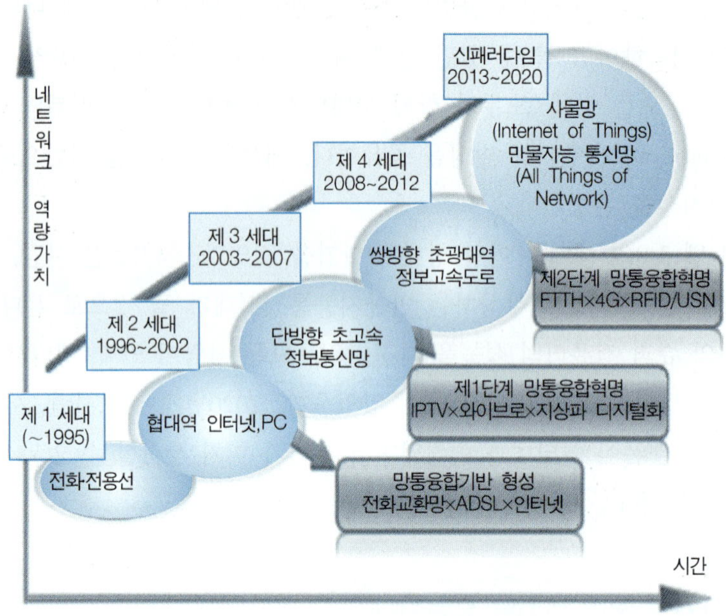

그림 10-5 ▪ 네트워킹 기반의 디지털 융합전망

2020년경의 네트워크 개념은 PC를 연결하는 네트워크 개념은 사실상 무의미한 상황이 될 전망이다. 사물과 환경이 인터넷 콘텐츠가 되는 것은 자연스러운 일로 여겨질 정도이다. 만물지능통신의 세계에서는 모든 물리적 인공물들이 디지털 표현과 제어로 간주된다.

예컨대, 물리적 세계의 원자(Atoms of the Physical World)를 디지털 세계의 비트(Bits of the Digital World)로 연결시킨다. 따라서 물리적 세계에서 물리적 인공물을 조작하면 각각 그와 연결된 디지털 세계의 인공물이 조작되고 그 반대의 경우도 마찬가지이다. 특히 단말간에 자율분산적으로 네트워크를 구축하게 된다. 네트워크, 서비스, 단말이 보다 긴밀하게 연동되어 지능 공간형 서비스를 제공하는 상황으로 나아간다.

3. 컴퓨팅 관점의 디지털 융합전망

컴퓨팅의 능력을 발휘할 수 있는 환경변화로서 포털로 상징되는 Web 1.0에서는 통신이 세계적 규모로 가능하게 되었고 롱테일과 집합지성을 떠올리게 하는 Web 2.0에서는 누구나 정보의 생산과 발신에 참여하여 개방·공유할 수 있는 이용자 환경으로 변화하였다.

2020년을 시계로 하는 컴퓨터 파워의 활용환경은 어떤 모습일까? 마이크로프로세서, 통신, 센서, 액추에이터 기술의 발전전망은 컴퓨팅시스템이 일상생활의 일부가 되는 전혀 새로운 컴퓨팅시스템의 도래를 꿈꾸게 하고 있다. EU의 미래연구그룹 'Beyond the Horizon'은 이러한 미래 컴퓨팅 환경을 편재형 컴퓨팅(Pervasive Computing)의 시대라고 명명한다.

상기 연구진들은 정보통신기술은 일상의 기기와 환경에 완벽하게 눈에 띄지 않게 파급되어 사용자 환경에 맞은 서비스를 제공한다. 컴퓨터는 더 이상 장치나 장치 네트워크 개념이 아닌 디지털 세상에서 태어났지만, 물리적 세계를 통해 인식되는 상황적 서비스의 총체라고 예견한다.

키보드와 컴퓨터 화면사이의 상호작용 시대이후 다시 현실세계에서의 상호작용을 가져오려는 시도에 있어서 컴퓨터는 배경에 내장되어 작동하는 2차적 인공물로 이해되고 있는 반면에 환경에 존재하고 있는 모든 물리적 물체들은 인터페이스(연결장치)라는 1차적 인공물로 이해된다. 기존의 컴퓨팅 수단을 통해서 디지털 정보와 상호작용하려는 대신에 편재형 컴퓨팅은 디지털 정보와의 물리적 인공물을 조작하는 방식을 통한 작용을 목표로 한다.

또한, 멀티네트워크와 멀티인터페이스 조건하에서 주위의 상황이나 이용목적에 따라 자율적으로 네트워크를 구성할 수 있다. 성전력화에 의한 장수명화, 연료전지, 배터리의 장수명화 등으로 초소형 컴퓨터가 융단처럼 깔리고 각 컴퓨터들은 주어진 미션을 수행한다(그림 10-6 참조).

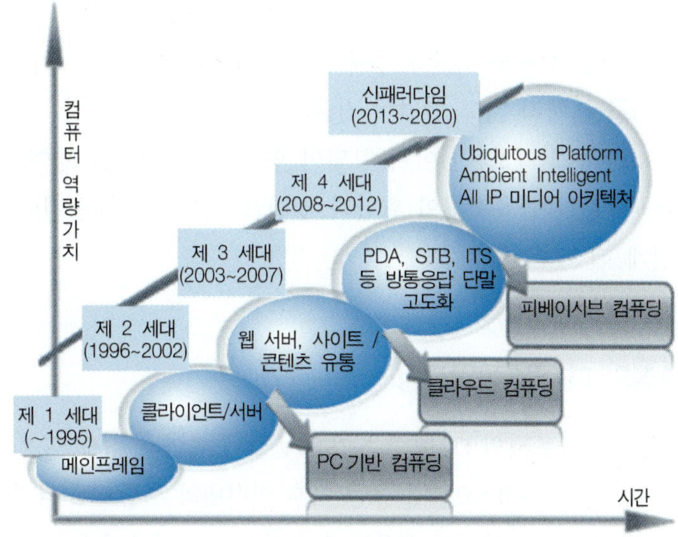

그림 10-6 컴퓨팅 기반의 디지털 융합 전개방향

카메라, 센서 등의 고정조건하의 정보, GPS, 차량용 카메라 등이 포집하는 이동조건하의 정보, Web상의 커뮤니티가 생산하는 관계정보 등을 전체적으로 분류하고 처리하는 컴퓨팅 플랫폼은 국가, 기업, 개인의 활동의 질을 높이는 거대한 유기체로서의 지능형 하부구조와 같은 역할을 할 것이다.

동시에 2015년경에는 "네트워크가 곧 거대한 컴퓨터이다"라는 클라우드 컴퓨팅 환경이 완전히 성숙된 국면에 접어들 것이다. 이는 전기나 수도처럼 간편하고 안전하게 컴퓨팅 파워를 활용할 수 있는 상황을 전제로 한다.

초소형 컴퓨터는 휴대단말, STB, 게임기, 자판기, 개찰기, 계측제어기 등 주변 사물에 속속 파고든다. 센서 네트워크는 물리 환경의 실시간 정보를 발산하고 이러한 콘텍스트를 처리하여 제공하는 새로운 콘텐츠 사업자가 부상한다. 정보대폭발 시대가 예고되는 것도 무리가 아니다. 2020년경에는 본격적인 퍼베이시브 컴퓨팅 시대로 진입한다. 다양한 첨단기술을 탑재한 인공물들이 마치 사회와도 같이 목표를 달성하기 위해 상호 협력하는 환경, 예컨대 네트워크로 연결된 인공물들의 사회(Networked Societies of Artefacts)가 구현될 것이다.

고도로 동적이고 개방적인 기술 및 사용자 상황에 자율적으로 적응할 수 있는 편재적 적응(Pervasive Adaptation) 핵심요건이 된다. 이러한 편재적 적응전략은 단기적응에서 장기적응에 이르기까지 다양한 시간과 속도에 적응해야 하고 세분화되고 추상적인 수준에서 소프트웨어, 하드웨어, 프로토콜 등의 구조적 변화를 의미한다. 네트워크에 연결된 인공물들의 사회 상황은 자율 컴퓨팅과 소프트웨어 로봇이 활동하는 무대이기도 하다.

복잡한 프로세서를 거치지 않고 단말이 자율적으로 판단을 내린다. 컴퓨팅 공간이 물리공간(제1공간)과 전자공간(제2공간)이 융합되어 연계된 제3공간을 넘어, 과거의 데이터와 미래상황을 시뮬레이션하여 총체적인 판단과 진단을 내리는 슈퍼공간(제4공간)을 자유롭게 활용할 수 있게 될 것이다.

4. 인프라 관점의 디지털 융합전망

사회경제사회의 인프라로서의 IT 혁명은 1980년대 중반이후 정보 디지털화를 통하여 효율성을 제고하는 단계를 거쳐 1990년대 중반 이후 인터넷의 부상으로 디지털 경제로 변모하였다. 현실거래의 수단으로 인터넷이 활용되면서 경제 시스템의 효용성을 더욱 끌어올렸다.

2000년대 중반 이후에는 RFID나 휴대단말 등을 활용하여 현실 사회와 사이버 사회를 연결하여 정보의 가치를 높이고 경제사회적 과제를 해결하는 방향으로 나아가고 있다. 브로드 밴드화와 IP화가 진행됨에 따라 정보통신의 가치는 사회경제 인프라에 깊이 침투하여 각 영역에서 부가가치를 창조해가는 상황으로 나아갈 것이다.

사회적 인프라로서의 네트워크와 컴퓨팅의 기본요건은 안심·안전, 신뢰성, 접근성 등을 들 수 있다. 네트워크의 세계와 현실세계가 보다 안정적으로 동기화(Synchronizing)되는 것이 중요하다. 문화, 경제, 일상생활 등 모든 사회활동이 네트워크와 실시간으로 상호작용한다. 센서와 ID에 의하여 현실세계가 네트워크 세계에 그대로 투영된다. 리얼 월드로서의 생활세계를 거울처럼 들여다 볼 수 있게 됨에 따라 데이터를 자동적으로 평가하여 선택해주는 로봇이 각광을 받을 수 있다.

정보통신 인프라를 기존 산업과 전통 인프라의 부가가치를 높여주는 소극적인 인식에서 벗어나 에너지, 환경, 보건의료·복지, 국방, 테러 예방 등 국민의 전생활에 걸쳐 변화인자로 보는 것이 타당하다.

유럽의 경우 기후변화, 청정 에너지, 지속가능한 운송, 지속가능한 생산과 소비를 위해 ICT를 적극적으로 활용하는 야심찬 계획을 갖고 있다.

2010년까지 차량주행거리의 26%가 증가되고 상품 운송량의 38%가 증가되는 전망에 대해 대책을 마련하지 않을 경우 유럽은 GDP의 4% 감소를 초래할 수 있다고 본다. 이러한 도전과제에 대해 ICT는 획기적인 해결책이 될 수 있다. 같은 의미로 ICT 연구는 2010년까지 교통사고 사망자의 50%를 줄이는데도 큰 기여를 할 것으로 내다보고 있다.

"i2010 지능형 자동차" 프로젝트는 이러한 과제를 해결하고 세계 주요 자동차 시장에서 유럽 자동차 부품 및 공급 산업의 경쟁력 및 기술적 우위를 강화할 것으로 전망하고 있다.

사회적 인프라로서의 네트워크와 컴퓨팅이 융합되고 고도로 활용되는 상황은 모든 차원에서 그려볼 수 있다.

2015년경에는 필요한 자원을 필요한 시간에 할당하는 자원과 시간의 최적화(Just in Time), 국가 시스템의 모든 영역에 걸쳐 기존 데이터와 실제세계의 데이터를 실시간으로 검색·추출·공유할 수 있도록 해준다. 국가기능별로 일정한 형식과 표준화된 거대 데이터 베이스가 구축되기 때문이다.

2020년경의 사회적 하부구조로서의 네트워크와 컴퓨팅의 정교한 만남은 이미 구축된 대규모 데이터 베이스를 바탕으로 실제 세계의 예측을 보다 정확하게 하여준다. 경제와 금융의 위기, 기상예측, 지각변동, 건강진단과 질병발견, 기술진화 시나리오 등 모든 국가기능과 정부활동에 창조적 가치를 높이고 불확실성을 줄여준다(그림 10-7 참조).

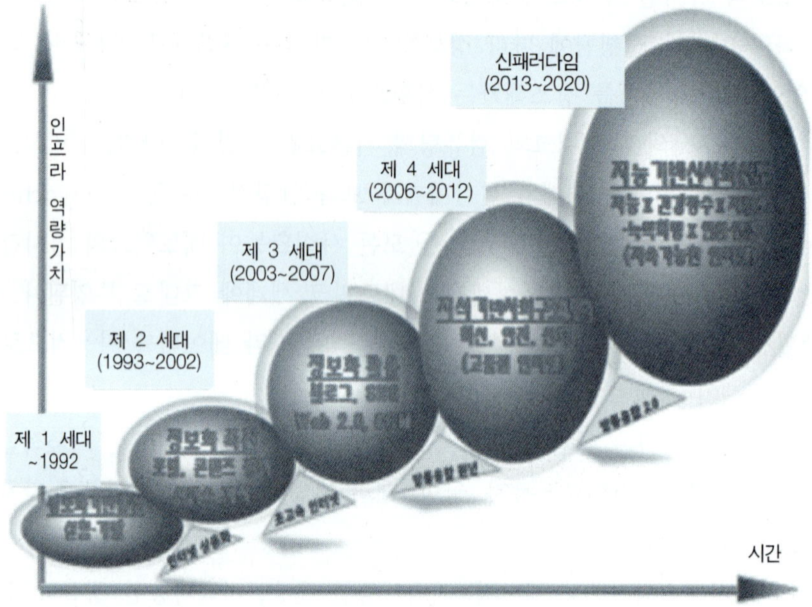

그림 10-7 ▪ 인프라 관점의 디지털 융합 전개방향

우리나라는 1990년대에 들어와서 컴퓨터 활용 기반의 정보화 사회 기반 구축단계와 인터넷의 급속한 보급을 배경으로 진행된 정보화 촉진단계 그리고 초고속 인터넷 기반 구축에 따른 정보화 활용단계를 거쳐 지식정보사회 인프라를 성숙시켜왔다.

앞으로는 지금까지의 기반축적위에 지식기반 사회로의 구조개혁을 완성하고 2020년에는 세계최초로 지능기반 신사회 선도를 위한 방통융합 신략을 적극적으로 추진해가야 할 것이다.

03 미디어 빅뱅 이후의 방송·통신융합 대국

1. 만물지능 통신망의 조건과 주요국의 미래 방송·통신융합망 구상

2000년대 중반에 들어와서 선진각국은 현재의 인터넷의 한계에 도전하면서 새로운 인터넷의 재구축에 경쟁적으로 나서고 있다. 패킷 손실 등이 발생하는 TCP/IP 프로토콜의 문제, 이미 사회적 인프라로 사용되고 있는 상황에서 새로운 기술을 과감하게 검증할 수 없는 문제, 의료·교통·긴급상황 대처 등 시큐리티·안정성의 결여, 광네트워크, 모바일·와이어리스 네트워크와 센서 네트워크 등 혁신적 기술과 신개념의 수용의 문제 등 여러 관점에서 기존 인터넷의 한계가 지적되고 있다.

미래 인터넷이란 이러한 한계점을 근본적으로 극복할 수 있는 혁신적 개념이자 새로운 아키텍처에 의한 구상(Clean Slate)이다. 1990년 초반 웹과 함께 세상에 파고든 인터넷은 인류가 발명한 최대의 과학적 걸작품이자 세계적 인프라로서 자리잡았다. 따라서 미래 인터넷은 첨단 유무선 네트워크 및 서비스 기술을 총칭할 뿐만 아니라 인류사회의 핵심적 하부구조이다. 같은 맥락에서 통신과 방송의 진정한 융합은 인터넷 인프라의 혁신과 분리하여 생각할 수 있는 문제가 아니다. 전화, 방송, 신문 등 대부분의 미디어가 인터넷 속으로 빨려들어가고 인간생활의 대부분이 인터넷 기반위에 올려지는 상황을 감안할 때 미래 인터넷에 대한 적극적인 도전 없이는 방통융합대국전략도 사실상 불가능하다.

미래 방통융합 네트워크로의 고도화를 위한 공통적 조건은 다음과 같다.

첫째, 이용자의 상황이나 요구사항을 적절하게 판단하고 대응하는 이용자 중심 네트워크(User-oriented Network)이어야 한다.

둘째, 미세한 데이터부터 초대용량 데이터까지 처리할 수 있는 유연한 네트워크(Scalalable Network)이어야 한다.

셋째, 이용자가 각자의 장소나 상황에 따라서 간편한 조작방법으로 단말을 사용하고 서비스를 받을 수 있는 연결적인 네트워크(Network Portability)이어야 한다.

넷째, 사이버 공격이나 예상치 못한 재해 등 모든 위협에 대응할 수 있는 신뢰성과 기능의 연속성을 확보할 수 있는 견고한 네트워크(Dependable Network)이어야 한다.

다섯째, 네트워크상의 서비스와 지식이 연계되어 현실세계와 가상세계 간의 끊김없이 연결되는 네트워크(Seamless Network)도 필수불가결한 조건이다.

여섯째, 센서 네트워크나 네트워크상에 축적된 지식이나 경험으로부터 이용자의 행동이나 시스템 유지·관리와 동시에 미래를 예측할 수 있는 네트워크(Predictable Network) 등이 기본적으로 확보되어야 한다(그림 10-8 참조).

동시에 지구온난화의 억제와 경제발전을 양립시키는데 기여하는 네트워크(Green Network), 사물과 환경을 소통하면서 적절하게 제어할 수 있는 똑똑한 네트워크(Intelligent Network) 등도 방통융합 2.0시대의 만물지능 네트워크가 지녀야 할 근본조건이다.

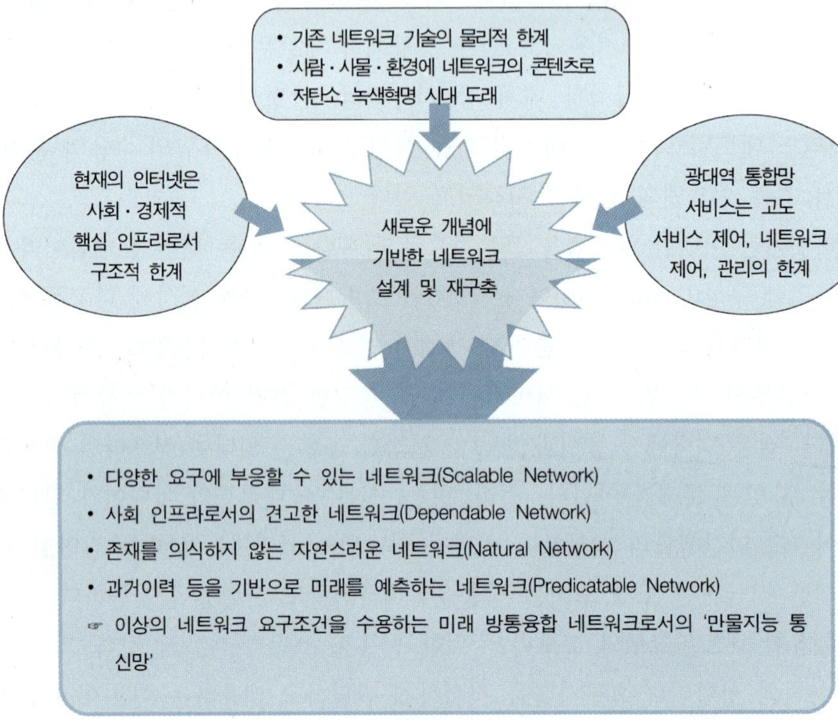

그림 10-8 ▪ 미래방통융합 네트워크의 조건

이번에는 미래 정보통신망에 대한 이상과 같은 상황인식을 배경으로 미국, EU, 일본 등 주요국의 미래 네트워크 확보전략을 간추려 보기로 한다.

먼저 미국은 2000년부터 현재의 인터넷을 그 설계 이념부터 수정하여 장래의 네트워크를 구축하는 클린 슬레이트 인터넷 구상이 논의되기 시작하였다. 그 이후 미국 전미과학재단(NSF)은 완전히 새로운 네트워크 아키텍처나 요소기술연구를 조성하기 위하여 FIND(Future Internet Design)라는 연구 프로젝트를 설립하였다. FIND는 장래의 네트워크에 관한 유망한 연구 테마에 대하여 2006년부터 대학을 중심으로 펀딩을 개시하였다.

FIND의 펀딩 특징은 공모단계에서는 장래의 네트워크의 전체상을 특정하지 않으며 연구 영역에 중점 분야를 설정하지도 않을 뿐만 아니라 단기간에 성과를 요구하지도 않는 기초 연구를 중심으로 하고 있다는 점이다.

또한 현재의 인터넷은 IP를 전제로 하고 있는 만큼 IP에 구애받지 않는 혁신적인 기술을 현재 일상 인프라로 자리잡은 네트워크에 적용하는 것이 어렵다는 판단하에 NSF는 완전히 새로운 네트워크 아키텍처나 요소기술을 개발하기 위한 테스트베드로서 GENI(Global Environment for Network Innovation) 구축을 추진하고 있다.

GENI는 현재 계획·설계단계에 있으며 2010-2011년경에 테스트베드 구축을 시작하여 2015년경에 구축을 완료할 계획이다.

EU의 경우는 EU 전체의 국제경쟁력·기술의 향상 등을 목적으로 한 연구개발 프로그램인 FP7(the Seventh Framework Programme)을 설립하였다.

FP7에서는 "광역·고신뢰 네트워크 서비스 기반"에 대해 정보통신분야 과제 중에서 가장 많은 예산이 할당되어 있으며 새로운 비즈니스를 창출하여 경제적 호기를 가져다줄 것으로 위상을 부여받고 있다(그림 10-9 참조).

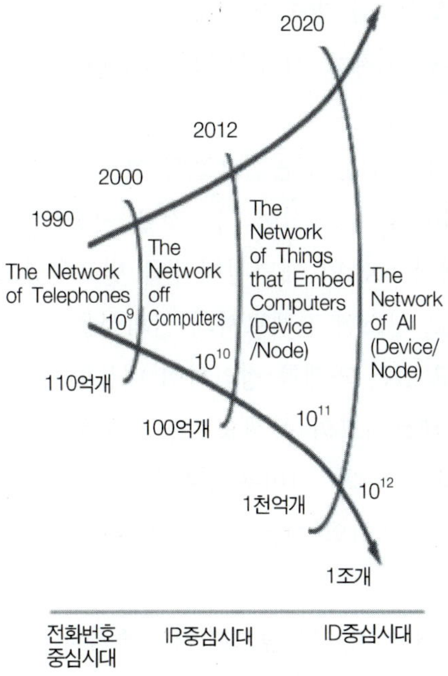

- 미래의 정보 인프라는 수십억의 인구와 무수한 조직 그리고 문자 그대로 100만 조에 달하는 장치(Iterally trllons of devlces)를 연결할 것이다.(CT in PP7 At Glance, November, 2006)
- NGN은 연결 가능한 단말기는 100억대이지만, 2015년의 수요를 전망한 NWGN에는 1000억대의 단말기가 연결될 것이다. (일본 정보통신연구개발 이사장, 2007.10)
- 내장형, 공학적 또는 사이버·물리적 시스템이라고 할 수 있는 물리적 세상과 연결된 Networking&Information Technology) 시스템은 미국의 국방, 지능형 시스템, 핵심 인프라 및 국가생존과 경쟁력 확보를 위해 필수적이다. [Leadership Under Challenge: Information Technolgy R&Din a Competitive World,August 2007

그림 10-9 만물지능통신 빅뱅 시대의 도래

2008~13까지 수행될 FP7의 정보통신기술구상에 의하면, 유럽이 유무선 분야에 있어서 보다 강력한 리더십을 확립하는 것을 목적으로 한 "The Network of Future"와 테스트베드 구축과 탐색적인 장기 연구개발 조성을 위한 FIRE(Future Internet Research and Experiment)라고 하는 연구개발 프로젝트를 야심차게 출범시키고 있다.

전자의 연구개발 목적은

① 유비쿼터스 네트워크의 기초와 아키텍처
② 미래의 네트워크 기반용으로 최적화된 제어, 관리, 유연성
③ 미래의 네트워크를 위한 요소기술과 시스템 아키텍처

등이다. FIRE 프로젝트에서는 장래의 인터넷을 지향한 혁신적 연구의 이론적 성과를 컨셉의 타당성과 이용자로의 사회적·경제적 영향을 실증하는 것을 목표로 테스트 베드의 구축과 장기연구개발의 조성을 동시에 실행한다.

일본은 국제경쟁력 강화를 위해 기본기술의 연장이 아닌 새로운 설계사상·기술에 의한 '신세대네트워크' 기반의 실현을 위한 대처가 시작되고 있다. (독)정보통신연구기구(NICT)는 신세대 네트워크의 아키텍처 확립과 이에 기반한 네트워크의 설계도 작성을 기반으로 2006년에'AKARI 아키텍처 설계 프로젝트'를 발족하였다.

그리고 2007년에는 산학연 공동대응 체제로 적극적으로 대응하기 위하여 '신세대 네트워크 추진 포럼'을 설립하였다.

AKARI의 미래의 네트워크를 설계하기 위한 접근법으로서 현재의 굴레에 얽매이지 않고 백지에서 이상적인 네트워크를 설계하여 이를 실현하는 것을 지향하고 있다.

AKARI는 '신세대 네트워크 아키텍처 AKARI 개념설계서'를 발표하였으며, 동 설계서에서 프로토콜의 계층구조가 복잡화되고 시스템 전체로서의 신뢰성을 유지하는 것이 곤란하다는 점 등의 현재의 네트워크가 안고 있는 과제를 정리하여 대용량, 유연성, 개방성, 안전성, 다양성 등 11개에 달하는 장래 네트워크의 설계요구를 도출하고 있다.

동시에 현재의 패킷 교환망을 보다 대용량·저비용으로 하는 광패킷 교환 등의 광통신 기술을 베이스로 한 새로운 컨셉의 네트워크와 이를 실현하기 위한 광스위치 등 핵심요소 기술을 제안하고 있다.

미국은 차세대 프로토콜 등의 기초연구 비율이 높으며 대학중심의 활동이며 공모단계에서 연구영역에 중점 분야를 설정하고 있지 않다. EU는 고속무선통신을 중심으로 무선연구의 비율이 높으며 산학관이 연계하여 기초부터 응용까지 연구대상으로 하며 공모단계에서

는 연구영역에 중점분야를 설정하고 있지 않다. 이에 반해 일본의 경우는 광통신을 중점 분야로 하고 연구초기 단계에서 전체 아키텍처를 검토하며 설계도 작성부터 착수하고 있다.

그렇다면 우리의 미래 네트워크 전략 모델은 어떤 접근법이어야 할까?

우리나라는 세계가 인정하는 세계 최고의 인터넷 기반국가이고 PC와 인터넷을 자유자재로 활용하는 최고수준의 디지털 네이티브 국가이다. 또한 세계최고의 고밀도 국가이자 아파트 기반의 도시형 국가이다. 바로 이점에서 세계 최첨단 미래 네트워크로서의 만물지능 통신망을 설계하고 세계 최초로 국가경영 전략차원에서 구축하는 만물지능 입국의 정당성을 확보할 수 있다.

2. 차세대 방송·통신융합망으로서의 만물지능 통신망 개념구도

이상에서 살펴본 바와 같이 IT 선진국들은 지금의 인터넷이 갖는 본래적 한계를 뛰어넘고 21세기형 국가적 과제를 극복하면서 국가경쟁력을 유지하기 위한 선제적 대안으로서 미래 네트워크에 대한 전략적 대응을 서두르고 있다.

여기에서 제안하고 있는 만물지능 네트워크는 세계적인 미래 네트워크나 미래 인터넷에 대한 움직임과도 일치하는 요소로서 우리나라가 야심차게 추진해 나가야 하는 전략적 방향이라고 할 수 있다(그림 10-10 참조).

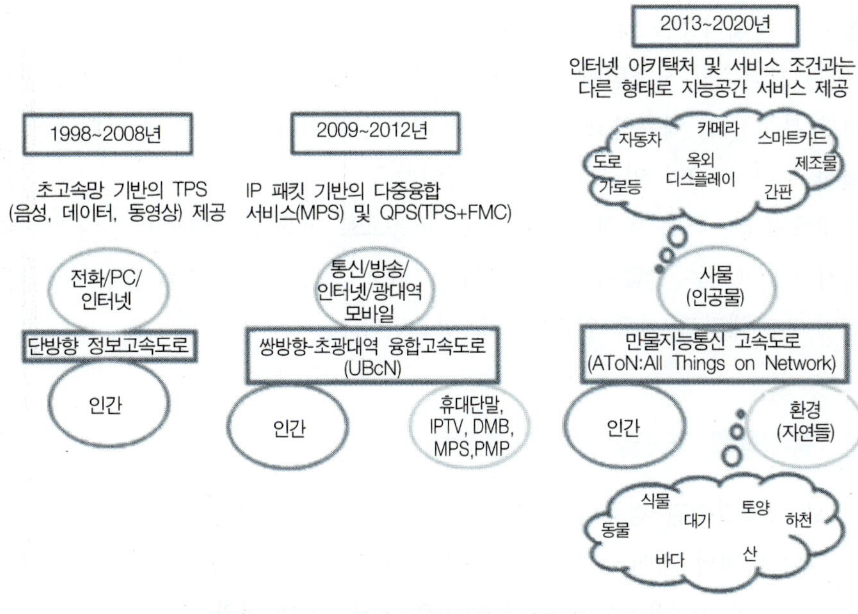

그림 10-10 • 차세대 방통융합망 만물지능 고속도로

특히 미국, 일본, EU의 연구 개발동향이나 정책적 대응방향에서도 알 수 있는 바와 같이 '만물지능 네트워크'를 성공적으로 구축한다면 이는 곧 '새로운 국가경제의 성장동력' '범지구적 과제와 위기 해결의 솔루션', 그리고 '보다 편리하고 안전한 개인의 삶의 질제고'를 가져올 수 있다고 판단하기 때문이다.

'만물지능 네트워크'는 인류사회의 문명사적 관점에서 거대한 메가트렌드이자 패러다임으로서 전세계의 공통 발전을 위한 선결조건이라고 보여진다.

2020년경을 전망한 네트워크 개념설계에 있어서 모든 사물과 환경 그리고 인간이 동기화·공명화되는 만믈 지능통신이라는 대전제는 피할 수 없는 메가트렌드가 될 전망이다.

유럽의 미래지향적 무선통신포럼(WWRF)은 2017년의 만물 네트워킹의 개념을 '세계70억의 인구를 지원하는 70조개의 무선 디바이스'(7 trillion devices serving 7 billion people)환경이라고 규정하고 있다. 예컨대 모든 사물과 사람은 네트워크와 연결되어 있으며 네트워크는 더욱 중요한 역할을 할 것이라고 본다.

미국정부의 경쟁력위원회 위원장을 지낸 새뮤얼 팔 미사노 IBM 회장은 세계는 작아지거나 평평해지고 있을 뿐 아니라 '똑똑해지고' 있다고 다음과 같이 진단한다. "가까운 장래에 세계에는 인간 1명당 10억개의 트랜지스터가 존재하는 사항이 되겠지만 각 트랜지스터의 가격은 1000만분의 1센트에 불과할 것이다. 수천억개의 상품은 지능형 IT를 채용할 것이다. 자동차·가전제품·카메라·도로·건물 심지어 파이프라인까지 처리속도와 에너지 효율을 높이는 자체지능을 갖출 것이다.

어마어마한 클라우딩 시스템이 등장하여 갖가지 사물을 처리할 뿐만 아니라 산더미 같은 데이터를 분석하고, 예측하고 모델화하고 처리할 것이다. 근 미래의 인터넷은 이 모든 것을 연결하고 다시 20억 인구를 연결할 것이다."

기술과 네트워크는 더욱 발전하고 더 낮은 비용으로 이용 가능해지며 우리의 물리적 인프라와 디지털 인프라는 한없이 융합해간다. 그리고 거의 모든 처리과정과 사물들이 디지털로 인식이 가능해지고 서로 인터넷으로 연결된다.

3. 방송·통신융합 대국을 위한 기본전략

세계규모로 상호접속된 컴퓨터 네트워크로서의 인터넷의 부상은 우리나라로서는 축복이었다. 우리의 디지털 네이티브 세대들은 WWW와 전자메일 등과 같은 데이터 유통망 기능을 활용해 PC방 공간을 무대로 온라인 게임을 즐기고 엄마와 아이들은 함께 유치원이나 학교 숙제를 하는 디지털 치맛바람의 대리공간으로서 활용되는 한국적 상황을 낳았다.

디지털 네이티브 세대의 부상을 배경으로 세계최초로 ADSL를 기반으로 초고속 인터넷 기반을 최단시간에 전국적으로 구축하였다. 또 세계 최초로 CDMA 상용화에 성공하면서 모티즌들의 급속한 증가와 세계최고 수준의 단말제조기술을 보유하게 되었다. 지금은 전 국민의 대부분이 최첨단 휴대단말 서비스를 누리는 모바일 정보고속도로 환경(Mobile Wonderland)을 보유하게 되었다(그림 10-11 참조).

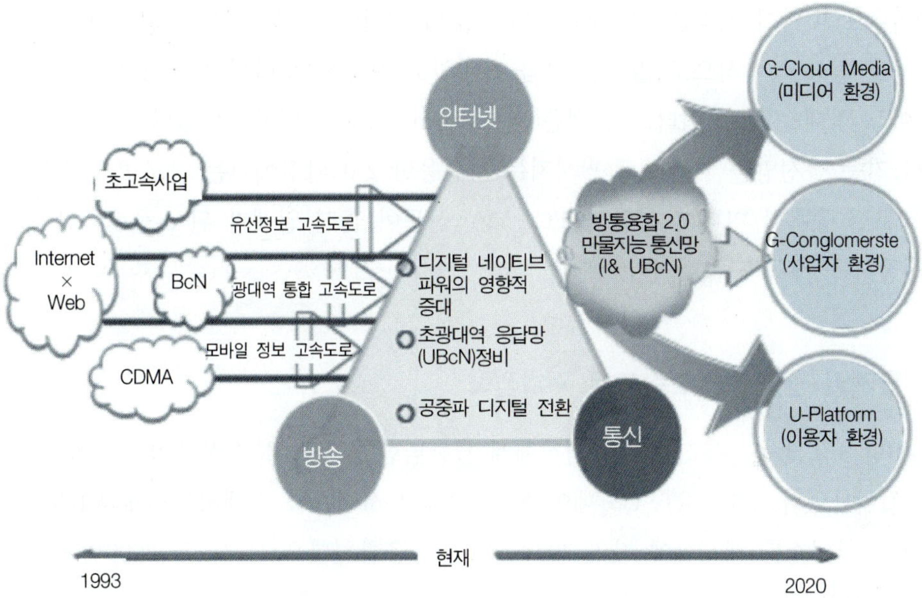

그림 10-11 ▪ 방통융합 2.0 환경하의 미디어 진화

PC 기반의 네티즌, 휴대단말 기반의 모티즌 그리고 최근 웹 2.0 환경하에서 적극적으로 정보를 발신하는 블로그 등 유비티즌의 증가 등 디지털 네이티브 세대들은 기존 매스미디어의 영향력을 능가하는 제4의 권력으로 영향력을 발휘하고 있다. 디지털 네이티브 세대들은 종이신문보다는 네트워크로 원하는 콘텐츠에 접속하고, 방송 프로그램과 상관없이 독자적인 시각으로 뉴스를 발신한다.

향후 쌍방향·초광대역망의 정비와 공중파 디지털화가 완료되면 디지털 네이티브들의 활약무대는 더 한층 넓어지고 매스미디어의 일방향 정보를 대량으로 소비하기보다는 맞춤형 미디어 수용형태를 선호하고 보다 적극적으로 발신하면서 기존 매스미디어와 당당히 경쟁하는 저널리즘을 표방할 수 있다.

신문사나 방송사들은 각각의 주력 콘텐츠 공급자로서 나름대로 저널리즘 활동을 하는 거대한 디지털 구름 속의 미디어 역할를 수용하지 않으면 안 된다. 전력회사가 공급하는 전력 네트워크에 플러그를 꽂고 원하는 서비스를 받듯이 은행의 존재를 의식하지 않고 저축해둔 예금을 ATM으로 필요할 때에 꺼내 사용하듯이 매스미디어와 네트워크로 융합된 거대한 미디어 클러스터를 클라우드 미디어 환경으로 볼 수 있다.

MS나 구글과 야후가 전세계를 상대로 플랫폼을 제공하듯이 미래의 매스미디어들은 글로벌 미디어 복합 기업과 국민국가 단위의 레거시 미디어 기업으로 양극화될 것이다.

클라우드 미디어 환경하에서 구름속의 글로벌 미디어 복합기업들이 쏟아내는 다양한 콘텐츠들을 필요한 형식으로 필요한 만큼 소비하고 활용하는 디지털 네이티브의 미디어 인터페이스 형태를 "유비쿼터스 플랫폼(u-Platform)"으로 명명할 수 있다.

만물지능 통신망을 기반으로 펼쳐지는 방통융합 2.0 환경에서는 글로벌 클라우드 미디어, 글로벌 융복합 미디어 사업자, PC · TV · 신문이 혼연 일체가 된 u-플랫폼간의 역동적인 신질서가 재구축될 것이다.

4. 단계별 만물지능 고속도로 구축전략

2008년 3월 방송·통신일원화 행정체계가 출범함에 따라 본격적인 방통융합 서비스 시대로 접어들었다. KT, SKT, LG 데이콤 등 전국적 서비스를 전개하는 3개의 IPTV 사업자가 선정, 서비스를 개시함에 따라 2008년은 방통융합원년으로 그리고 2009년에는 미디어 빅뱅의 원년이다.

2009년 발표한 방통위의 초광대역 융합망(UBcN : Ultra Broadband convergence Network)이 계획대로 구축되면 우리나라는 세계 최초로 전국 규모의 양방향·광대역 정보고속도로를 보유·운용하는 방송통신강국의 길로 진입하게 된다.

그러나 우리나라가 진정한 차세대 방송통신대국이 되기 위해서는 초고화질·실감형 양방향 TV를 기반으로 전화, 인터넷 및 방송 등이 결합되어 제공되는 다중융합 서비스(MPS)의 기반구축에 머물러서는 안된다(그림 10-12 참조).

그 이유는 두 가지로 요약할 수 있다.

하나는 선진국은 일제히 2015년 이후의 포스트 방송통신수요를 겨냥한 미래 인터넷, 차세대 네트워크 구축에 경쟁적으로 참여하고 있기 때문이다.

또 하나는 네트워크와 콘텐츠의 패러다임이 사람과 사람 간의 방송통신융합 수요를 넘어 도시 시설물과 자연환경까지 소통과 콘텐츠의 대상으로 패러다임이 전환되고 있기 때문이다.

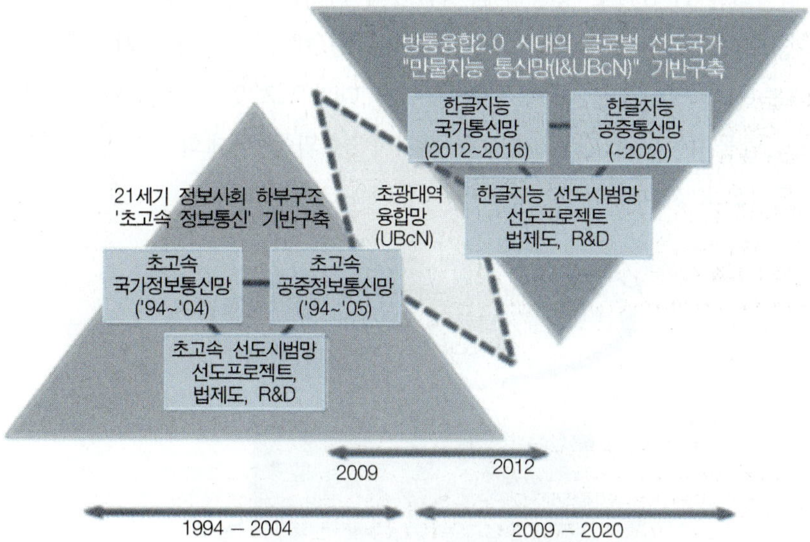

그림 10-12 ▪ 만물지능 통신기반 구축사업의 위상

1998년 당시 IMF 금융위기를 배경으로 ADSL 기반의 단방향 정보고속도로 구축과 인터넷 활용기반의 정비가 환란 극복에 크게 기여하였다. 10년후 우리는 또 다시 미국발 금융위기에 따른 세계동시 불황에 직면하여 방통융합과 IT 전략을 어떻게 운용할 것인가는 우리에게 시사하는 바가 크다.

우리나라가 이 시기에 초고속 정보통신망 구축을 무한경쟁 시대에 필요한 국가발전의 원동력이 되는 새로운 사회간접자본이라고 인식하지 못했다면 아마도 오늘날과 같은 우리나라의 세계적인 정보화 선도국 위치나 혁신적 발전은 어려웠을 것이다.

만물지능 네트워크가 성공적으로 구축되기 위해서 두 번째로 요구되는 사안은 만물을 지능화하는 기술과 대상에서 타국이 전혀 상상할 수도 없는 어마어마한 수준에서 실현해야 한다는 점이다. 빠른 속도로 발전하는 센서 및 RFID 태그 기술을 감안하여 수백억, 수천 억개 이상의 사물이 지능화되어 네트워크에 연결될 수 있는 수준까지 고려해 볼 필요가 있다. 얼마나 많은 사물들을 지능화시키고 네트워크에 연결시키느냐 하는 것이 바로 만물지능화 시대의 생존전략이다.

20세기 후반에 들어 선진국가로 진입하거나 국력을 한층 강화한 나라로 싱가포르, 스웨덴, 핀란드, 노르웨이, 아일랜드 등이 있다. 여기서 눈여겨볼 대목은 이들 국가의 공통점이 정보화 혹은 IT를 국가 성장 동력과 혁신의 지렛대로 활용했다는 것이다. 이는 IT가 지식혁명시대의 국가 미래를 설계하는 강력한 기술이자 비교 우위전략으로 작용했음을 여실히 보여준다. 우리나라는 IT 839로 상징하듯 지금까지 서비스· 인프라·기기간의 가치사슬을 자극하는 정책을 전개하여 왔다. 이젠 IT 패러다임 내에 완결되는 시대가 아닌 제3의 환경으로서 IT를 인식하는 만물지능통신의 시대가 다가오고 있다. 만물지능 통신망과 만물지능 서비스, 만물지능산업 간의 새로운 가치사슬효과를 극대화하는 만물지능 입국의 길을 세계 선도적으로 개척해야 할 때이다(그림 10-13 참조).

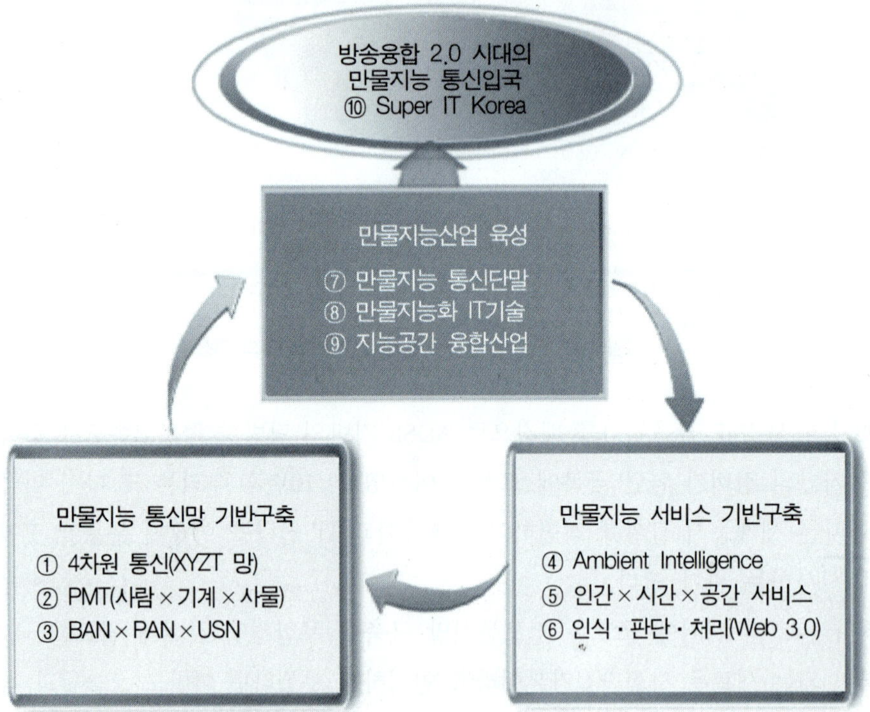

그림 10-13 ▪ 방통융합대국의 가치사슬

만물지능 통신 기반은 두점을 연결하는 선의 통신에 시간과 장소를 연계한 4차원 지능공간통신, 소통의 대상을 사람, 기계, 사물로 확장하고 생명선으로서의 인체 통신과 이용자 주변의 개인통신 그리고 센서 통신망을 유기적으로 연결시키는 것을 말한다.

만물지능 서비 스기반이란 지능이 제3의 환경으로서 우리 주변을 둘러싸고 인간·시간·공간을 연계한 지능공간통신 그리고 인식·판단·처리라는 웹 3.0 환경을 수용하는 상황을 말한다.

마지막으로 만물지능산업이란 방통융합 콘텐츠를 처리하는 단말을 초월하여 사물과 상황을 콘텐츠로 처리하는 단말과 장치산업, 만물지능화 기술을 품은 부품과 소재산업 그리고 무수한 지능공간을 끊김없이 연결하는 융합공간산업으로 구성된다.

5. 디지털 네이티브를 위하여

기술 이노베이션과 미디어의 상호관계는 가변적이다. 기술혁신의 가능성은 폭포효과를 가져오기도 하지만 엄청난 투자를 하여도 실질적인 효과가 나타나지 않는 경우도 있다.

그러나 우리나라는 인류가 발명한 가장 위대한 걸작품으로 일컬어지는 인터넷과 PC를 활용하기에 가장 적합한 조건을 갖추고 있고 또 그것을 실현하고 있는 나라라는 사실은 부인할 수 없다.

"세계 최초로 전가정의 80%가 인터넷을 활용하는 나라"라는 사실은 우리의 세계적 브랜드이고 또 미래 방통 융합대국 전략을 통하여 계속 살려가야 하는 소중한 혁신적 기술의 출현에 의해서 확장될 수도 있고 위축될 수도 있다. TV가 출현하면서 그때까지 매스미디어로서의 주역이었던 라디오는 틈새 미디어로서의 역할로 밀려났다. 21세기에 들어와서도 정보기술의 역할과 가능성은 여전히 새로운 기술의 등장에 따라 쉼없이 흥망성쇠를 거듭할 것이다.

하지만, 분명한 것은 당대의 최첨단 기술을 적극적으로 수용한 미디어가 지배적 미디어로서 생존에 성공한다는 것이다(그림 10-14 참조).

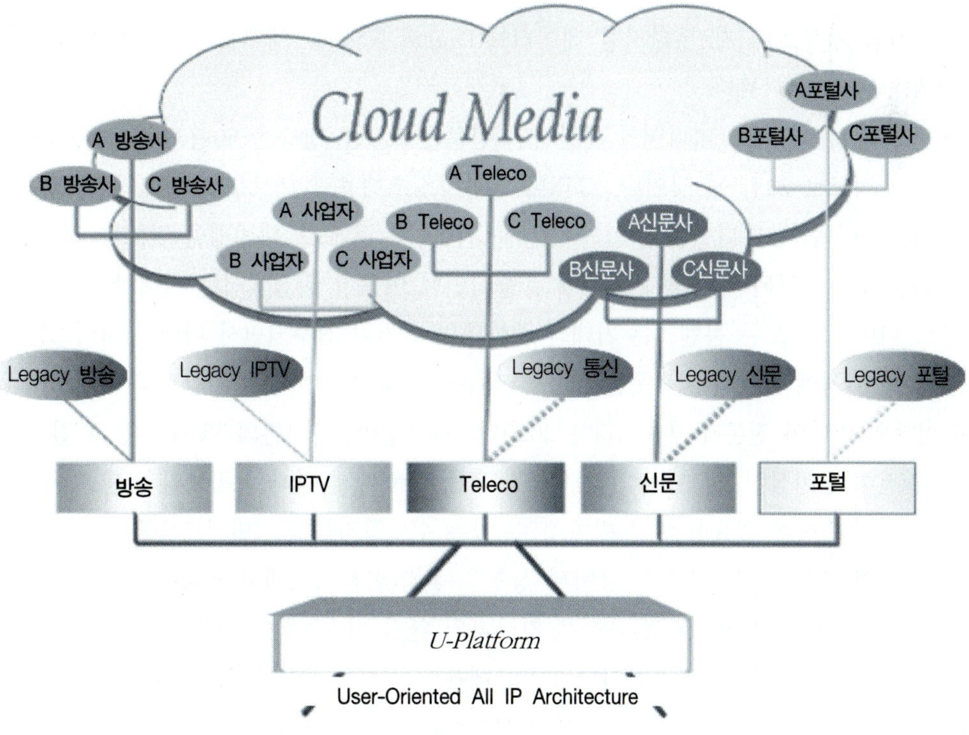

그림 10-14 ▪ 디지털 네이티브 관점의 방통융합 2.0 환경

전파나 네트워크 등 전송수단을 보유하는 사업자가 서비스나 콘텐츠를 일체적으로 제공하는 수직통합형 비즈니스 모델은 점차 한계상황을 맞이하고 있다. 지상파의 디지털화로 TV는 디지털화되고 본래 디지털화이었던 네트워크와 동질화된다. 네트워크가 고품질화·쌍방향·초광대역화됨에 따라 네트워크는 보다 실감적이고 입체적인 영상을 자유자재로 유통시키게 된다. 이는 고품질 영상매체로서의 TV와 네트워크 단말이 균질화됨을 의미한다. 초대용량 하드디스크를 내장한 축적형 TV의 보급으로 24시간, 1주일 모든 TV 프로그램은 서버나 자체 하드디스크에 저장된다. 이는 TV와 PC의 기능을 소멸시키고 이용자의 미디어 수용형태의 변화를 가속화한다. 수직통합형 비즈니스 모델은 이용자에게 필요한 서비스를 패키지로 이용할 수 있도록 하는 장점은 있다.

그러나 이용자가 스스로 원하는 조건을 선택하여 다양한 서비스를 조합하여 맞춤형 서비스를 받도록 하는 데는 한계를 지닌다. 미디어와 네트워크가 대융합되는 환경하에서는 하드웨어로서의 전파방송과 소프트웨어로서의 프로그램 제작은 기능에 따른 수평분리형 또는 계층교차형 비즈니스 모델이 더욱 설득력을 갖게 된다. 이용자의 관점에서는 방송, 통신, IPTV, 신문, 포털 등의 미디어의 구분은 의식할 필요가 없다. 클라우드 컴퓨팅의 개념이 전통적인 미디어 아성을 근본부터 뒤흔들 수 있다. 유년시절부터 PC나 휴대단말은 장난감처럼 주무르며 자란 디지털 네이티브(Digital Native) 세대들은 미디어 수용형태가 기성세대와 크게 다르다.

콘텐츠의 축적량으로 미디어를 개관하면 신문은 100년, 방송은 50년, 인터넷은 15년, 통신은 5년 정도로 보면 될 것이다. 그러나 쌍방향·초대용량 네트워크 시대와 만물지능 통신시대를 거치면서 미디어는 우리의 예상을 뛰어넘는 속도로 대빅뱅을 맞이할 것이다. 지난 100년동안 축적된 에너지가 일시에 분출되면서 이용자 관점에서는 거대한 구름속의 클라우드 미디어로, 모든 콘텐츠는 거대한 종합댐의 물처럼 간주되면서 미디어 서비스는 파이프를 통해 가정에 배달되는 수돗물 같은 클라우드 컴퓨팅 서비스의 일환으로 비춰지지 않을까? 일본의 미디어 전문가 후지하라는 2020년 1월 1일에는 "기존의 TV와 신문과 같은 미디어를 완전히 집어삼킨 인터넷상의 가상공간 'e 플랫폼'에서 원하는 정보와 콘텐츠를 전기처럼 간단히 접속하여 필요한 만큼 받아쓸 수 있는 수도꼭지를 틀기만 하면 물이 콸콸 쏟아지는 미디어와 네트워크가 완전히 융합된 상황을 실감있게 그려내고 있다(그림 10-15 참조).

미디어와 네트워크와의 완전 융합은 지상파의 완전 디지털화와 쌍방향 초광대역 정보고속도로의 보급으로 더욱 가속화되고 TV의 대용량 하드디스크의 내장으로 TV와 PC의 경계는 사실상 없어진다. 방송사는 물론 신문사 등 활자 미디어도 점차 인터넷과 융합되면서 콘텐츠 프로바이더(기사의 공급자)로 그 위상이 약화될 가능성을 배제할 수 없다.

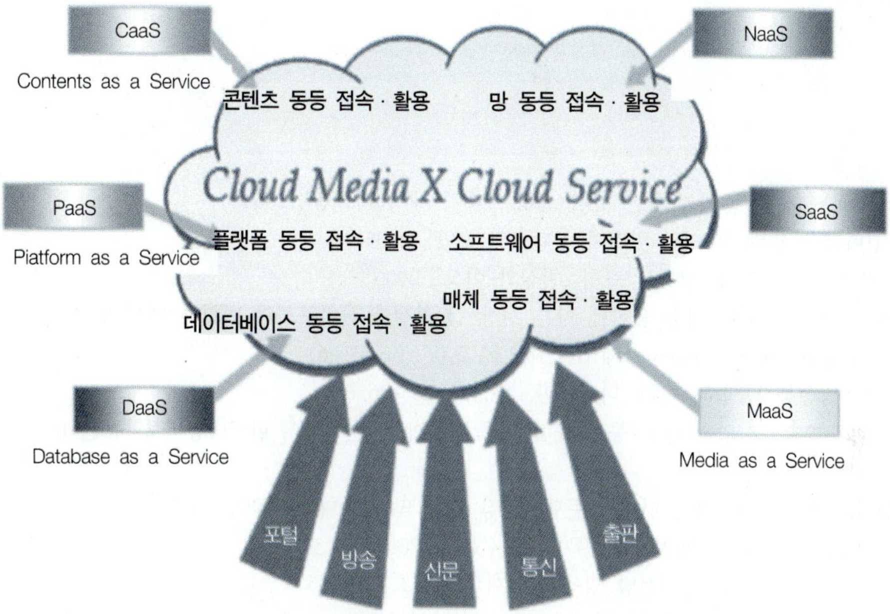

그림 10-15 ▪ 디지털 네이티브(유비티즌) 시대의 미디어 정책기조

우리는 TV, 신문, 통신, 인터넷을 아우르는 미디어 대빅뱅 시대를 앞두고 방송과 통신, 방송과 신문간의 갈등과 대립을 반복하고 있다. 디지털 네이티브가 제4의 세력으로 성장하고 있고 미디어의 디지털화, 전송로의 초광대역화, TV와 단말의 고축적화로 TV, 방송, 통신, 신문간의 경계는 급격히 허물어지고 있다.

사업별 종적 규제체계의 부분적 수정은 어디까지나 상황을 모면하는 미봉책(Patchwork)에 불과하다. 소프트웨어, 네트워크 그리고 콘텐츠 간의 동등 접속과 활용뿐만 아니라 플랫폼, 데이터베이스, 미디어간의 동등 접속과 활용을 보장하는 담대한 기능별 수평 규제체계로의 대전환이 방통융합대국으로 가는 현명한 선택이다.

따라서 디지털 네이티브 세대들의 역량이 마음껏 발휘될 수 있는 세계 최초의 방통융합 2.0 환경을 대비한 만물지능 통신망을 선제적으로 구축하는 일이 무척 중요하다. 동시에 이를 기반으로 만물지능통신 서비스를 창출하면서 만물지능산업을 신성장 동력화하는 강력한 IT 역량화 국가(Strong IT-enabled Nation)전략을 수립하는 일도 절실하게 요구된다.

지금은 미디어 차원의 방통융합을 넘어 새로운 만물지능통신 패러다임의 대전환과 국가적 대응전이 필요하다. 역사상 처음으로 우리에게 주어진 문명사적 선진국가로의 기회를 놓쳐서는 안 될 것이다.

참고문헌

[1] Datacraft Korea, “콘텐츠 차단 서비스 및 트래픽 제어 시스템”, 2004
[2] KI 컨버전스 본부, “디지털 미디어 콘텐츠의 보안”, 2005
[3] KT 경영연구소, “통신 방송의 융합: 현실과 이상”, 2006
[4] 강재원 · 이상우, “통신방송 융합에 따른 시장 간 경쟁과 산업구조의 변화에 대한 연구”, Telecommunications Review, 제16권, 제1호, 2006, pp.47~61.
[5] 김국진, 방송통신융합의 이해, 나남출판, 2003, p.25~26.
[6] 김대호, “미디어 산업의 방송 통신 융합 대응 유형에 관한 연구”, 한국방송학보, 통권 16~4, 2002, pp.7~39.
[7] 김원제, “컨버전스에 따른 미디어 콘텐츠시장 동향 및 비즈니스 전략”, 2007.1
[8] 류춘열, 컨버전스와 사회 변동, 커뮤니케이션북스, 2005, pp.33~34.
[9] 석호익, 방송통신융합 산업전망 및 국민경제적 파급효과, 2006
[10] 유태열, 통신과 방송의 융합 : 현실과 이상, KT경영연구소, 2006
[11] 이준기 · 임일, “웹 2.0 비즈니스 전략”, Sigma Insignt, 2006
[12] 조은기, “방송통신 융합 시장의 경제적 특성과 미디어 기업의 시장 전략”, Telecommunications Review, 제13권, 제4호, 2003, pp.567~575.
[13] 통방융합 정책 및 규제 이슈 연구, KT 경영연구소, 2005
[14] 한국무선국관리사업단, “디지털 통신방송융합시대의 방송정책에 관한 연구”, 2006, p.11.
[15] 한국방송영상산업진흥원, “방송통신 융합시대 디지털콘텐츠의 현황과 미래전략”, 2006
[16] 한국방송영상산업진흥원, “방송통신융합 구조개편의 원칙과 과제”, KBI 포커스 06-04, 2006
[17] 한국방송영상산업진흥원, 독일의 방송통신융합 대응 규제 및 법체계, KBI Issue paper, 05-3
[18] 한국방송영상산업진흥원, 미국의 미디어 규제현황과 시사점, KBI Issue paper, 05-04
[19] 한국방송영상산업진흥원, 영국의 방송통신융합 구조개편과 그 함의, KBI Issue paper, 05-08
[20] 한국방송영상산업진흥원, 프랑스의 방송통신융합 법제개편 및 규제기구의 현황, KBI Issue paper, 05-06
[21] 한국방송영상산업진흥원, 호주의 방송통신 융합관련 법제 현황, KBI Issue paper, 05-9
[22] 한국전자통신연구원, EU의 IT기반 미래 기술 연구 동향 및 시사점, 주간기술동향, 2006
[23] 류춘열, 컨버전스와 사회 변동, 커뮤니케이션북스, 2005, pp.33~34.
[24] 김국진, 방송통신융합의 이해, 나남출판, 2003, pp.25~26.
[25] IPTV의 현재와 미래, ATLAS, 2008.3
[26] KT 메가TV, 시청자가 만드는 UCC, “채널 U” 신설, 전자신문, 2008.10.22
[27] IPTV 서비스의 미래 모습은?, 연합뉴스, 2008.11.08
[28] IPTV 사업 추진 현황 및 계획, KT, 2008.11(NIA원내 발표자료)
[29] IPTV, 2013년 국내 IPTV 가입자 467만 명 전망, 전자신문, 2008.10.23

[30] IPTV와 디지털 콘텐츠 저작권의 이해, 박석규 외 2인, Jinhan M&B, 2008

[31] 사내 방송시장에도 IPTV 바람이 불고 있다, 전자신문, 2008.10.13

[32] IPTV로 사교육비 확 줄인다, 전자신문, 2008.11.11

[33] 메가TV, 학교대상 "T-스쿨" 서비스 실시, 전자신문, 2008.10.28

[34] 대학입시설명회 IPTV로 시청하세요, 디지털타임즈, 2008.11.11

[35] 한국 전자정부, 아프리카 간다, 전자신문, 2008.10.29

[36] IPTV 혁명, 하원규 역, 전자신문사, 2008

[37] IPTV 심층 기술 워크샵, 한국방송공학회 등, 2008.6.11~12

[38] 2008 IPTV Evolution Conference, 전자신문사, 2008.1.22

[39] BcN Technology & Convergence Service Conference, 방송통신위원회 2008.11.4

[40] 2007년 해외 디지털콘텐츠 산업 시장조사 총괄편, KIPA, 2008.1

[41] KT 실시간 IPTV, 잘 나갑니다, 디지털 타임즈, 2008.12.17

[42] IPTV를 활용한 공공서비스 구축, NIA, 2008.11

[43] 방송광고 현황에 대한 광고업계 의견조사, 한국방송광고공사, 2002

[44] 디지털 융합 미디어 서비스 시장 동향과 전망, 삼성경제연구소, 2008.1

[45] 2007 소비자행태조사, 한국방송공사, 2008

[46] 가구의 월 평균 소득별 사교육비, 통계청, 2007

[47] 방통위 업무보고 자료, 2008.9

[48] 2007년 해외 디지털 콘텐츠 시장조사 : 총괄편, 한국소프트웨어진흥원, 2008

[49] 가치사슬을 고려한 디지털 콘텐츠 이용실태 분석, KISDI, 2008.8

[50] 100년 감동의 킬러콘텐츠 육성전략, 문화체육관광부 보도자료, 2008.11.24

[51] 네트워크 : 플랫폼, 백본, 가입자망, 담말 투자 금액, 방송통신위원회

[52] KT의 IPTV 서비스 전략, KT, 2008.1

[53] 디짓월드 서밋 기조연설, 송도균, 2008.11.19

[54] 전국 교통혼잡비용/국가물류비 산출과 추이분석, 한국교통연구원

[55] 국가기간교통망 계획(2000~2019), 건설교통부, 2007.11

[56] 새로운 인터넷 경제의 미래, KT, 2008.12(원내 발표자료)

[57] TV2.0 서비스 동향, 한국소프트웨어진흥원, 2007.9

[58] IPTV 도입의 영향분석 연구, 방송위원회, 2007.12

[59] IPTV와 방송통신융합 시장동향과 전망

[60] 복잡계 개론, 삼성경제연구소, 2008.1

[61] 민재홍 · 조평동, "VoIP를 위한 인터넷과 공중전화망 연동기술의 분석," 전자통신동향분석, 제16권 제5호, 2001.10., pp.21~32.

[62] 민재홍, 조평동, "VoIP 기술 동향," 한국전자통신연구원, 주기기술동향, 1021호, 2001.11

[63] 김정환, "전세계VoIP 시장 동향," 한국전자통신연구원, 주기기술동향, 1055호, 2002.7

[64] 강태규 · 김도영 · 김봉태, "유무선 통합 네트워크에서의 VoIP를 위한 공통 논리 기능 구조 분석," 한국전자통신연구원, 전자통신동향분석, 제17권, 제5호, 2002.10., pp.47~54.

[65] Yoffie, D.B., "Competing in the Age of Digital Convergence", Harvard Business School Press, Boston, Mass achusetts, United States, 1997

[66] Brian petryna, "Meeting the engineering challenges of VoIP communication," EDN, 2000.7., pp.125-136.
[67] 정보통신부," 광대역통합망 구축 기본계획," 2004.2
[68] Igor Faynberg, etc".Converged Networks and Services," John Wiley & Sons Inc., 2000
[69] IDC, "Worldwide Standalone VOIP Gateways Forecast and Analysis," 2002.3
[70] Ovum, "Market Strategies for Telcos and ISPs," 2000
[71] Gartner Dataquest, "Worldwide Switching Market Share and Forecast," 2003.5
[72] Igor Faynberg, etc. "Converged Networks and Services," John Wiley & Sons Inc., 2000.
[73] NGcN 포럼, "차세대 통합 네트워크 기술 워크숍," 2003.6
[74] NGcN 포럼, "차세대 통합망을 위한 개방형 서비스 기술 워크숍," 2003.7
[75] BcN포럼, "광대역통합망(BcN) 기술 및 전략세미나," 2003.11
[76] BcN포럼, "광대역통합망(BcN) 기술 워크숍," 2004.6
[77] 한국전자통신연구원, "유비쿼터스 서비스를 위한 BcN 기술 워크숍," 2004.9
[78] 한국전산원, 2006 국가정보화 백서, 2006.8
[79] TTA, 정보통신 중점기술 표준화로드맵 종합보고서(Ver.2005~vER.2007)
[80] IEEE 802.21," MEDIA INDEPENDENT Handover Draft Specification", 2007
[81] NGIX, http://www.ngix.ne.kr/
[82] Coase, Ronald, Journal of Law and Economics, FCC, Oct. 1959, pp.1-40
[83] Martin Cave, Summit Majunmdar, and Ingo Vogelsang,
[84] Handbook of Telecommunications Economics, Elsevier
[85] Science Company, Sep. 2002, chapter 14
[86] Baumol, William J and Robyn, Dorothy, Toward an Evolutionary Regime for Spectrum Governance
[87] AEI-Brookings Joint center for Regulatory Studies, 2006
[88] Second Report and Order and Memorandum Opinion and Order, FCC 08-260, Nov. 14 2008
[89] U.S. Department of Commerce, Spectrum Policy for the 21st Century-The President's Spectrum Policy
[90] Initiative Report 1 & 2, Feb. 2004
[91] Ofcom, Spectrum Framework Review, Sep. 2005, Section 4
[92] Ofcom, Application of Spectrum Liberalisation and Trading to the mobile sector, 2007
[93] Ofcom, Annual Plan 2008/09
[94] www.ofcom.org.uk/about/accoun /reports_plans/annual_plan0809/updated_projects/spectrum/
[95] 총무성, Radio Policy Vision, 2003
[96] 총무성, Strategies for Future Spectrum Management in Japan, 개방형 스펙트럼 정책 및 이용기술 국제워크샵, 2007.3.28
[97] 차양신, 융합시대의 전파정책방향, Telecommunications Review · 제19권 1호 · 2009년 2월
[98] 김채규 · 임성재 · 이길행 · 이지형 · 김진서, 한국전자통신연구원, 방송통신융합 신전략 : 방통융합기술 발전과 콘텐츠 진흥 전략, Telecommunications Review · 제19권 1호 · 2009년 2월
[99] ETRI, "미래 통방융합 미디어산업 육성 계획(안)에 관한 연구 보고서", ETRI 연구 보고서, 2007. 11.

[100] KIPA, "디지털방송 콘텐츠시장의 생산 및 서비스 구조 분석연구 보고서", KIPA 연구 보고서, 2007.11
[101] ETRI, "방통융합 시장동향 분석을 통한 UCA 서비스 모델 개발에 관한 연구 보고서", ETRI 연구 보고서, 2007. 11.
[102] KIPA, "디지털콘텐츠산업 기본법으로서의 온디콘법 정비방안 연구 보고서", KIPA 연구 보고서, 2007.11
[103] KIPA, "방통융합시대 디지털콘텐츠 진흥(유통) 촉진 선진사례 조사 보고서", KIPA 연구 보고서, 2007.8
[104] KBS, "방송기술연구 : 방통 융합서비스 동향 분석", KBS 방송기술연구, 2008
[105] 박노익, "방송통신 융합시대의IT 정책방향-IPTV 도입정책을 중심으로", 통신연합2008권제45호, 한국통신사업자연합회, 2008.9.30, pp.34~39.
[106] 함창용 · 오성백 · 곽정호 · 나상우 · 천병준, "IPTV시장의 국 · 내외 현황 및 시사점", 정보 통신 정책연구원 이슈리포트, 2008.9.29
[107] 이봉호 · 엄기문 · 이현 · 허남호 · 김진웅, "3DTV 방송기술동향", 방송공학회 논문지 제13권, 2007, pp.4~15.
[108] KBS, "방송산업의 미래전망연구 보고서", KBS 연구 보고서, 2007.12
[109] KIPA, "2007년 해외 디지털콘텐츠 시장조사 보고서", KIPA 연구 보고서, 2008.1
[110] 방송영상산업진흥원, "방송영상산업 2012", 방송영상산업진흥원, 2008.2
[111] KIPA, "2007년도 국내 디지털콘텐츠산업 시장조사 보고서", KIPA 연구 보고서, 2008.1
[112] KIICA, "디지털콘텐츠-품목별 핵심보고서", 정보통신 국제협력진흥원 연구 보고서, 2008.3.13
[113] 문화체육관광부, "차세대 융합형 콘텐츠 육성 전략 보고서", 문화체육관광부 전략 보고서, 2008.10
[114] 김경호 외, 텔레매틱스 표준화 동향, 전자통신동향분석 제20권 제3호, 2005.6
[115] 김향미 · 임명환, 일본 텔레매틱스 사업 및 서비스 동향, IITA 주간기술동향 제 1173호, 2004.11.24
[116] 노일수 · 허필선, 유럽텔레매틱스 서비스 및 사업동향, IITA 주간기술동향 , 제1178호, 2004.12.29
[117] 문영백 외, 텔레매틱스 단말 기술 및 시장 동향, 전자통신동향분석 제20권 제3호, 2005.6
[118] 이준욱, 텔레매틱스 기술 및 테스트베드 동향, 전파 제 126호(2005. 9~10월호), 한국전자통신연구원, 텔레매틱스·USN연구단
[119] 이현호, 텔레매틱스 개요 및 정책 추진 방향, 전파 제 126호, 2005.9
[120] 이혜진, '텔레매틱스 표준화 포럼 운영방안',KOTBA 춘계 워크샵 발표자료, 2005.4
[121] 전황수, 차량종합서비스 텔레매틱스, ETRI CEO Information 제30호, 2005. 9.30
[122] 정보통신부, 텔레매틱스 산업 활성화 기본 계획, 2005.10
[123] 정보통신부, 텔레매틱스 서비스 활성화 기본 계획, 2004.4
[124] 최지훈 · 장병태, 텔레매틱스 기술 및 서비스 동향, IITA 주간기술동향, 제1157호, 2004.8
[125] 허필선 · 임명환, 미국 텔레매틱스 서비스 및 사업 동향, IITA 주간기술동향, 제1170호, 2004.11
[126] 한국전자통신연구소 기술평가팀, 텔레매틱스 기술 및 시장 동향, 2005.6
[127] KOTBA, 국내 텔레매틱스 시장 규모, 2005.6
[128] KOTBA, 텔레매틱스 편람, 2005.5
[129] 총무성, Radio Policy Vision, 2003
[130] 총무성, Strategies for Future Spectrum Management in Japan, 개방형 스펙트럼 정책 및 이용기술 국제워크샵, 2007.3.28

[131] 방송통신위원회, 방송통신망 고도화계획, 방송통신위원, 2009
[132] 總務省, ICT 成長力懇談會報告「, xICT ビジョン: あらゆる産業・地域とICTとの深化した融合に向けて」, 平成20年7月3日.
[133] NIC, Disruptive Civil Technologies, Apr 2008.
[134] President's Council of Advisors on Science and Technology, Leadership Under Challenge, Aug. 2007
[135] EU, Beyond the Horizon Thematic Group: Pervasive Computing and Communication, Jan 2006, p.2.
[136] EU, ICT-Information and Communications Technologies, EU Work Programme 2007-08
[137] The GENI Project Office, GPO GENI Overview 24 Telecommunications Review・제19권 1호・2009년 2월 Presentation, Mar 2008.
[138] FIRE Scientific and Industrial Preparatory Expert Groups, The European FIRE Future Internet Research and Experimentation Activity, Draft Version 14, Jun. 2007.
[139] 西澤秀樹外, 將來のネット-ワを目指す日米EUの研究開發動向, NTT技術, 20(11), 2009, p.51.
[140] AKARI プロジェクト, 新世代ネットワ-クア-キテ クチャAKARI 概念設計書, 2007
[141] KISTEP, 10대 미래유망기술, KISTEP, 미래예측 시리즈(2009-02), 2009, p.42.
[142] 새뮤얼 팔미사노(IBM), 더 똑똑한 IT 시스템으로 위기의 시대 뚫고 나가야, 조선일보, 2009년 2월 7일자, C5면.
[143] 藤原治, ネット時代,10年後新聞とテレビはこ うなる, 朝日新聞社, 2007년 2월
[144] 하원규・김동환・최남희, 유비쿼터스 IT혁명과 제3공간, 전자신문사, 2002, p.276.
[145] 강선무, 미래인터넷 Testbed, 통신학회 3월호, 2008
[146] 디지털타임즈, IT · GT 육성으로 오바마시대 대비해야, 2008년 11월7일자 사설, 2008
[147] 박진우, 광대역통합연구개발망 발전 모델 연구, 한국정보사회진흥원, 2007
[148] 방송통신위원회, 세계 일류 Green-IT인프라 구현을 위한 방송통신망 중장기발전 계획(안), 방송통신위원회, 2008
[149] 정보통신부, 광대역 융합서비스(IPTV) 정책방안, 정보통신부, 2007
[150] 차종환, 'IPTV2.0' 차세대 방통융합 이끈다, 한국정보 통신, 2008
[151] 최재천, 생명의 본질과 지식의 통섭, http://astro1.snu.ac.kr/home/kor/colloquium/file/jchoi.pdf
[152] 최재천・주일우, 지식의 통섭-학문의 경계를 넘다(통섭원총서)(1), 이음, 2007
[153] 프리초츠 카프라, 김용정・김동광(역), 생명의 그물 범양사, 1998
[154] 한겨레신문, SPEED경쟁 한계에 다다른 초고속인터넷, 2008년 11월 4일자
[155] 한국전자통신연구원, ETRI 기술비전 2020, 한국전자통신연구원, 2008.3, p.71.
[156] 환준호・이상우, 방송통신 융합시대 콘텐츠 계층의 규제방안 연구. KISDI 이슈 리포트, 2007.07.16
[157] 홍식직, 대학 중용, 고려원 북스, 2005
[158] D.Clark and M.Blumenthal, Rethinking the Design of the Internet : The end to end Argument vs. the brave new world, TPRC submission, Sep., 2000
[159] Jaeyoung Choi, Addressing in Future Internet: Problems, Issues, and Approaches, 3rd International Conference on Future Internet Technologies(CFI08), 2008. http://as.icu.ac.kr/cfi08/program.php

[160] National Intelligence Council CONFERENCE REPORT, Disruptive Civil Technologies: Six Technologies With Potential Impacts on US Interests Out to 2025, Apr. 2008

[161] Sean Dodson, The internet of things, The Guardian, Oct. 2003

[162] Nova Spivack, The Third-Generation Web is Coming, KurzweilAI.net. 2006

[163] Waldner, Jean-Baptiste, Inventer l'Ordinateur du XXIeme Sie ′ cle. Hermes Science, 2007, p254. ISBN 2746215160.

[164] Waldner, Jean-Baptiste, Nanocomputers and Swarm Intelligence, ISTE, 2008, p227-p231. ISBN 1847040020.

[165] 하원규 · 최문기, "방송통신융합대국 기본구상 2020"Telecommunications Review · 제19권 1호 · 2009년 2월

[166] IMS, Mobile TV-A Complete Analysis of the Global Market, 2007.5

[167] Juniper Research Limited, Mobile TV: Opportunities for Streamed & Broadcast Service, 2007. 9.

[168] 정보통신부, DMB 판매 현황 보고, 2008. 1.

[169] 장범진 외, "유무선 통합에 따른 통신서비스 시장의 구조 변화," 연구보고서 05-09, 정보통신정책연구, 2005.

[170] L. Hettick, "Building Blocks for Converged Applications," Business Communications Review, June 2003, pp.38~41.

[171] 장석권 "컨버전스 서비스 아키텍쳐와 컨포먼스 경쟁이론의 모색," 정보통신정책연구, 제12권 제1호, 2005.3

[172] 송영화 외, "디지털 컨버전스 신규사업의 성장과 고객 수용: 위성 DMB 사업 시장조사 결과의 시사점," 정보통신 정책연구, 제12권 제1호, 2005.3

[173] F.D. Davis, "Perceived Usefulness, Perceived Easy of Use, and the User Acceptance of Information Technology," MIS Auarterly, Vol.13, No.3, 1989, pp.318-339.

[174] E.M, Rogers, Diffusion of Innovations, 5th ed., NewYork: Free Press, 2003.

[175] 김문수 · 김호, "기술 및 수요속성에 따른 정보통신서비스 확산 패턴," 기술혁신연구, 제11권 2호, 2003, pp.71~89.

[176] 김문구 · 박명철, "지각된 가치와 위험이 와이브로 서비스의 이용의도에 미치는 영향에 관한 연구," Telecommunications Review, 17권 6호, 2007.12

[177] 한국전자통신연구원, " DMB 서비스 이용실태조사 보고서," 2007.8

[178] 김문구, 지경용, 박종현, "디지털 컨버전스 시대의 모바일 브로드밴드 전개: 와이브로와 HSDPA," 한국통신학회지, 제26권 제4호, 2006.4

[179] 지경용 외, 휴대인터넷의 이해(개정판), 전자신문사, 2006

[180] 김문구 · 지경용 · 박종현 · 이선미, "모바일 브로드밴드 시장조사 분석 보고서," 한국전자통신연구원, 2006

[181] 김상훈, 하이테크 마케팅, 박영사, 2004

[182] http://cordis.europa.eu/fp7/ict/programme/challenge1_en.

[183] www.drdb.org

[184] MBCo, 2005.

[185] Tech News at TechWhack, "OneSeg: Mobile TV

[186] Services Very Popular in Japan," 2008. 2. 18.

[187] www.dvb-h.org

[188] www.debitel.de

[189] 정보통신부 홈페이지(http://www.mic.go.kr)

[190] T8301/T8302, T8300 Agere product brief note http://www.agere.com

[191] AT75C220, Atmel Data Sheet note http://www.atmel.com

[192] BCM1100, BCM1101 Broadcom product brief http://www.broadcom.com

[193] STLC1502, STMicroelectronics http://www.st.com

[194] TMS320vc5471 TI http://www.ti.com

[195] CS89712, Cirrus Logic. http://www.cirrus.com

[196] Audacity-T2/T2U processor, Netergy http://netergymicro.com

[197] Azurite VoIP chipset, Virata http://www.virata.com

[198] Au1100, Au1101, AMD http://www.amd.

[199] www.terms.co.kr

[200] www.museum.tv39

[201] ITU-T: http://www.itu.int/ITU-T/

[202] MSF: http://www.msforum.org

[203] ISC: http://www.softswitch.org

[204] IEEE P1520: http://www.ieee-pin.org

[205] ETSI: http://www.etsi.org

[206] Parlay: http://www.parlay.org

[207] OSGi: http://www.osgi.org

[208] NPF: http://www.npforum.org

[209] IETF: http://www.ietf.cnri.reston.va.us/home.html

[210] 3GPP: http://www.3gpp.org

[211] ITU-T FGNGN Ouput Documents: http://ties.itu.int/fgngn/fgngn

[212] IETF: http://www.ietf.org

[213] IST: http://www.cordis.lu/ist/

[214] 광대역통합네트워크(BcN) 포럼: http://www.bcnforum.or.kr

[215] http://www.itu.int/ITU-T/ngn/

[216] http://www.itu.int/ITU-T/studygroups/com19/

[217] http://www.3gpp.org/

[218] IST, E2R Project," Workshop Materials", 2004.

[219] www.mozen.com

[220] www.everway.co.kr

[221] www.renaultsamsungm.com

[222] drive.nate.com

[223] k-ways.magicn.com

[224] www.osgi.org

[225] www.ertico.org

[226] www.ami-c.org

[227] www.vics.or.jp

[228] Coase, Ronald, Journal of Law and Economics, FCC, Oct. 1959, pp.1-40

[229] Martin Cave, Summit Majunmdar, and Ingo Vogelsang, Handbook of Telecommunications Economics, Elsevier Science Company, Sep. 2002, chapter 14

[230] Baumol, William J and Robyn, Dorothy, Towardan Evolutionary Regime for Spectrum Governance, AEI-Brookings Joint center for Regulatory Studies, 2006

[231] Second Report and Order and Memorandum Opinion and Order, FCC 08-260, Nov. 14 2008

[232] U.S. Department of Commerce, Spectrum Policy for the 21st Century-The President's Spectrum Policy Initiative Report 1 & 2, Feb. 2004,

[233] Ofcom, Spectrum Framework Review, Sep. 2005, Section 4

[234] Ofcom, Application of Spectrum Liberalisation and Trading to the mobile sector, 2007

[235] Ofcom, Annual Plan 2008/09, www.ofcom.org.uk/about/accoun /reports_plans/annual_plan0809/updated_projects/spectrum/

찾아보기

저자 약력

■ 남 상 엽

- 공학박사
- 삼성종합기술원 정보시스템연구소 근무
- 모토로라 반도체통신(주) 기술연구소 근무
- (현) 국제대학 IT계열 교수

■ 이 경 근

- 서울대학교 전자공학과 졸업(B.S.)
- 한국과학기술원(KAIST) 전기 및 전자공학과 졸업(M.S.)
- 미국 Cornell University, School of Electrical Engineering 졸업(Ph.D.)
- 삼성전자 정보통신본부 수석연구원(1981～1998)
- Samsung Network Labs, Gaithersburg, MD, Principal Engineer(1994～1995)
- (현) 세종대학교 정보통신공학과 교수(1998～현재)
- University of Southern California, CA, Visiting Scholar(2004～2005)
- SOC Solution Group, Inc., Cerritos, CA, Consultant(2008～2009)
- IEEE, ACM, IEICE, 통신학회, 전자공학회, 정보과학회, 정보처리학회 회원
- 논문지 JCN 및 ICPADS, JCCI, HSN, ICOIN 등 국내외 학술대회 운영위원 역임
- 관심분야 : 차세대통신, 네트워크 프로토콜, IPv6, 무선인터넷, 네트워크관리, 홈네트워크 등

디지털 컨버전스 기술

2009년 8월 25일 1판 1쇄 발행

저 자 남상엽 · 이경근
발행인 남 승 우

발행처 도서출판 상尙 학學 당堂
서울특별시 동작구 사당3동 220-43
TEL : 02) 595-1692~4
FAX : 02) 595-1394
E-mail : namdoo6@unitel.co.kr
신고 : 2-155호 (1968. 11. 29)

정가 24,000원

ISBN 978-89-93383-51-5 93560